FRIEDRICH-WILHELM WENTZLAFF-EGGEBERT

DEUTSCHE MYSTIK ZWISCHEN MITTELALTER UND NEUZEIT

EINHEIT UND WANDLUNG IHRER ERSCHEINUNGSFORMEN

WALTER DE GRUYTER & CO · BERLIN

1944

Archiv-Nr. 45 33 44
Druck von Walter de Gruyter & Co., Berlin
Printed in Germany

Vorwort

In der vorliegenden Arbeit habe ich die Erscheinungsformen der deutschen Mystik in einem großen Entwicklungsabschnitt der deutschen Literaturgeschichte darzustellen versucht. Ich bin dabei bewußt über das Mittelalter hinausgegangen, um die Bedeutung dieser geistigen Erneuerungsbewegung für die deutsche Geistesgeschichte sichtbar machen zu können. Gleichzeitig wollte ich aber auch die Einheit dieser Bewegung und ihre Eigengesetzlichkeit gegenüber der außerdeutschen Mystik hervorheben. Gerade die frühen deutschen Quellen zur Mystik offenbaren die für unser Geistesleben entscheidende Steigerung der persönlichen Frömmigkeitsvertiefung, in der sich dann die Individualität des deutschen mittelalterlichen Menschen ausprägt, und deren Wirkung weit über das Mittelalter hinaus bis zur Neuzeit hin reicht. Dabei ist der Schöpfungsakt einer eigenen Frömmigkeitsform durch den einzelnen genau so bedeutsam wie die sichtbar werdende Entwicklung bestimmter Gesetze für Ausbreitung und Vertiefung der Gedanken mystischen Inhalts. Erst unter diesen Gesichtspunkten lassen sich die Sonderformen und die Lebenslehre der deutschen Mystik von fremder Formgebung abheben. Hier die Grenzen zu ziehen gegenüber der Mystik anderer Völker bleibt weiterhin Aufgabe aller geschichtsforschenden Disziplinen, besonders der Germanistik. Einen ersten Beitrag dazu soll die vorliegende Arbeit liefern.

Trotz mancher Berührung mit den Nachbargebieten der Philosophie und Theologie hält sich die Untersuchung bewußt in den Grenzen der deutschen Literatur- und Dichtungsgeschichte und beschränkt sich vorwiegend auf die deutschsprachigen Quellen seit dem St. Trutperter Hohen Lied. Wichtige mittellateinische Texte mußten leider unberücksichtigt bleiben, da hierfür eine Sonderuntersuchung im Entstehen ist und ein Überblick keine wesentliche Förderung des Gesamtthemas ergeben hätte.

Hoch- und Spätmittelalter bilden so den natürlichen Schwerpunkt der Darstellung, während die weitere Entwicklung bis zum Barockzeitalter, in der die Breitenwirkung der Mystik das wichtigste ist, nur in einzelnen Beispielen dargestellt werden konnte. Im 17. Jahrhundert ließ sich für die Dichtung durch die stärker gesicherten Forschungsgrundlagen der Rückgriff auf Erscheinungsformen des Mittelalters nachweisen. Die mystische Naturspekulation und Naturphilosophie mußte auf einen Überblick in der Darstellung beschränkt bleiben, da hier die Einzelanalyse der Texte noch nicht weit genug durchgeführt ist. Das gleiche gilt für die Kapitel über die deutsche Frühromantik und den deutschen Idealismus.

Der methodische Weg der Arbeit unterscheidet sich in einigen wesentlichen Punkten von früheren Versuchen. Mit dem von mir häufig gebrauchten Begriff „Erscheinungsformen der Mystik" soll das deutlich gemacht und in geschichtliche Sicht gerückt werden, was ich in der Gegenüberstellung von Einheit und Wandel deutscher Mystik im Titel herauszuheben versuchte. Wenn ich eine Einheit der deutschen Mystik im Vorgang der unio und ihrer Voraussetzungen sehe und andererseits Wandlungen in den Erscheinungsformen dieser unio, so erscheint mir diese Differenzierung methodisch wichtig, da sich so erst die Bedeutung des soziologischen Problems gegenüber der Leistung der Einzelpersönlichkeit erschließt. Gerade in einer geschichtlichen Sicht bietet diese Betrachtungsweise des Mystik-Problems überraschende Vorteile. Vieles, was in der rein theoretischen Auseinandersetzung mit dem Begriff Mystik verloren geht, wird erst in dem entwicklungsgeschichtlichen Überblick über die Erscheinungsformen deutlich. Ich bin der Ansicht, daß auf diese Weise für die Realität des geistigen Lebens ein farbigeres Bild zu gewinnen ist als bei einer nur systematischen Untersuchung.

Gerade unter Berücksichtigung dieser Gesichtspunkte zeigte sich immer wieder, wieviel an Textinterpretation und an Quellenforschung noch geleistet werden muß, bis die vielen Versuche, das Gebiet der deutschen Mystik in seinem gesamten Wirkungsbereich zwischen Mittelalter und Neuzeit zu überblicken, als abgeschlossen gelten können. So lege ich auch heute nur „Studien" vor, denn größtenteils war ich auf eigene Spezialforschungen angewiesen. Für einzelne Kapitel konnte ich die Ergebnisse eigener schon abgeschlossener Untersuchungen verwerten. Dadurch entstand ein

Wechsel von Einzelinterpretation und zusammenfassendem Überblick bis zur Auswertung der Forschungsergebnisse der Nachbardisziplinen. Ich wollte nicht einen Abriß zur Geschichte der deutschen Mystik bieten, sondern das Gesetz ihres Wandels und ihres Weiterwirkens in unserer Geistesgeschichte zur Diskussion stellen. Vielleicht ergibt sich dann später die Möglichkeit für eine Erneuerung einer historischen Gesamtdarstellung der deutschen Mystik.

Die Fertigstellung der Untersuchung wurde durch Einwirkungen der Kriegsverhältnisse erschwert. So war es mir nicht immer möglich, die notwendigen Originaltexte zu erreichen. Auch sind manche Zitate nach Sammelwerken gegeben, da die kritischen Ausgaben jetzt nicht allgemein zugänglich sind. Ich habe diese gesondert im Literaturverzeichnis genannt. Doch wäre ich der großen Schwierigkeiten nicht Herr geworden, wenn mich nicht die Bibliotheken in Berlin, Freiburg und Straßburg tatkräftig unterstützt hätten. Ihnen wie dem verständnisvollen Entgegenkommen des Verlegers gilt an erster Stelle mein Dank.

Für die Literaturnachweise und den gesamten Anhangsteil hat meine Straßburger Assistentin Ursula Heise unablässig Einzelangaben und Titel gesammelt und überprüft. Ihr habe ich dafür sowie für mancherlei Anregungen ganz besonders zu danken. Verpflichtet weiß ich mich ferner für einzelne Hinweise mehreren Doktor- und Staatsexamensarbeiten aus meinem Schülerkreis in Berlin und Straßburg. Gerade weil jetzt keine Möglichkeit der Drucklegung von Dissertationen besteht, möchte ich die beiden Straßburger Arbeiten von Ursula Riemschneider über „Scheffler und Czepko" und von Maria Hamich über „Novalis" hervorheben, auf die ich im Verlauf der Untersuchung mehrfach verweise.

Wie bei früheren Arbeiten hat auch diesmal meine Frau großen Anteil an der Entstehung und dem Abschluß der ganzen Untersuchung. Ihr möchte ich dafür besonders herzlich danken.

Straßburg i. E., im November 1943

F. W. Wentzlaff-Eggebert

Inhalt

Einleitung

Die Frage der Begriffsbestimmung und der inneren Gesetzlichkeit der Mystik

Vor mehr als 100 Jahren hat der Hegel-Schüler Karl Rosenkranz in einer Rezension zu Diepenbrocks Seuse-Ausgabe in den Berliner Jahrbüchern für wissenschaftliche Kritik den Begriff „deutsche Mystik" geprägt. „Der Begriff faßt hier die mystische Spekulation des Meister Eckhart und seines Kreises als Anfangsstadium der Entwicklung des 'deutschen Geistes', die in der neuen universellen Wissenschaft Hegels ihre Vollendung — 'Synthesis' — erstiegen hätte." Mit dem so von Rosenkranz umschriebenen Gehalt wurde diese Begriffsformel allgemein von der Wissenschaft übernommen. Die deutschen Mystiker galten von da an als die „Erzväter der dem deutschen Geiste eigentümlichen Spekulation". Es ist vielleicht nicht unwichtig, daß auch damals die Mystik bereits im Rahmen einer Entwicklung des deutschen Geisteslebens zwischen Eckhart und Hegel gesehen wurde. Als sich dann aber die Theologen und Philologen des 19. Jahrhunderts der Quellenforschung annahmen, verlor sich der inhaltliche Charakter dieses Begriffs immer mehr ins Allgemeine. Schließlich verstand man unter „deutscher Mystik" lediglich „klösterliche Erbauungsliteratur" in Deutschland (1).

Diese schon stark literarhistorische Begriffsbestimmung, die nur noch äußerlich die geographische Begrenzung im Worte „deutsch" festhielt, hat Günther Müller in seinem bekannten und vielzitierten Aufsatz (2) noch stärker des volksmäßigen Charakters beraubt, indem er eine Zeitbegrenzung für den Begriff der deutschen Mystik vorschlägt und das Wort „altdeutsch" verwendet. Mit dieser zwar chronologisch klareren, aber auch stark verengenden Bezeichnung war die Mystik auf einen bestimmten Zeitraum beschränkt, also einem Abschnitt der deutschen Geistesgeschichte zugewiesen. Ohne daß sich das Beiwort „altdeutsch" in der Forschung eingebürgert hätte, blieb die Vorstellung von deutscher Mystik auf das Spätmittelalter und damit auf das 14. Jahrhundert beschränkt.

Dabei muß man beachten, daß Günther Müller insofern der Sache selbst nützte, als er in der Rückführung der Mystik auf die altdeutsche Zeit den uferlosen Definitionsversuchen von „Auch-Mystik" Einhalt gebot und die Fragestellung auf den Kern des Problems zurückführte. Der Schwerpunkt deutscher Mystik liegt im späten Mittelalter, von dort sind ihre Wirkungen auf die Neuzeit ausgegangen, und insofern entfernen wir uns nicht zu sehr von der Auffassung Günther Müllers, als wir auch die unio mystica in diesem Zeitraum am klarsten und tiefsten ausgeprägt finden.

Wir können aber die Wirkungen der deutschen Mystik über das 14. Jahrhundert hinaus nicht länger unbeachtet lassen, besonders dann nicht, wenn die Fragestellung, was das Deutsche an der Mystik ist, eine dem wissenschaftlichen Forschungsstand angemessene Antwort erhalten soll (3). Auch der deutschen Literaturgeschichte ist die Aufgabe zur Mitarbeit auf diesem Gebiet gestellt, und man spürt recht genau in den zahlreichen kürzlich erschienenen literaturgeschichtlichen Darstellungen das Streben, den neuen großen Überblick zu gewinnen und die Revision der veralteten Anschauungen durchzuführen (4). Die Hauptfragen lauten dabei: Ist der Zeitpunkt, seit dem wir von Mystik sprechen, mit Eckharts Auftreten gegeben? Wo liegen die entscheidenden Merkmalsunterschiede von Scholastik und Mystik im 12. und 13. Jahrhundert? Ist diese Mystik Eckharts dem deutschen Wesen so angepaßt, daß wir hier mit dem Beginn einer neuen Frömmigkeitsform rechnen dürfen? Bricht die Mystik nach Tauler und Seuse ab? Wenn nicht, auf welchen Wegen und unter welchen inhaltlichen Wandlungen dringt sie über das Spätmittelalter hinaus in die sogenannte Neuzeit ein? Welches sind die Träger dieser Mystik?—Alle diese Fragen münden in das Problem, das ich auf diesen Blättern zur Diskussion stellen möchte: Sind die Wege dieser Entwicklung der Mystik in der deutschen Geistesgeschichte zwischen Mittelalter und Neuzeit aus den Substanzen und Formen der mystischen Überlieferung sichtbar zu machen? Es handelt sich dabei nicht um die Festlegung von Jahreszahlen oder um eine formale Aufteilung der Entwicklungsgeschichte der deutschen Mystik, sondern um den Nachweis der Kontinuität einer geistigen Erneuerungsbewegung.

In dieser Fragestellung ist die Kulturphilosophie und Philosophie vorangegangen. Die Wirkungen der Schriften A. Rosenbergs, Alfred Bäumlers und Heimsoeths (5) haben es bewiesen. Rosenbergs frühe Wiederentdeckung des deutschen Bestandteils in der Mystik ist in diesem Zusammenhang besonders hervorzuheben, zumal nach dem Stand der damaligen Mystikforschung gerade dieser wesentliche Zug im konfessionellen Streit der Meinungen unterging. Heimsoeth schlägt in seiner Darstellung den Bogen vom Mittelalter zur Neuzeit, indem er gerade in der Mystik eine wesentlich deutsche Philosophie sieht, gegen die besonders im Jahrhundert der Reformation (zum Beispiel an Böhme gemessen) „alle gleichzeitige Humanistenphilosophie in ihr Nichts versinkt". Nach Heimsoeth liegt die Verbindungslinie zwischen Eckhart und Böhme, den er immer wieder als „Philosophus teutonicus" heraushebt, offen da. „Die Mystik war ja, von Eckhart her und dem Verfasser der 'deutschen Theologie', spekulativ — wollte Spekulation sein über Seele, Gott und Welt, Philosophie und nicht etwa nur Wort- und Begriffsausdruck für religiöses Leben! Sieht man auf sie, so sind mit einem Male jene deutschen Jahrhunderte vor Leibniz nicht arm und gebunden, abhängig von fremder Leistung und ohne eigene Kraft, sondern reich und frei und groß . ." (S. 6). Sieht man die philosophiegeschichtliche Entwicklung zwischen Mittelalter und Neuzeit einmal unter diesem Gesichtspunkt der vertiefenden Kraft, die der Mystik innewohnt und sich auf das damalige deutsche Denken auswirkt, so erscheint der Wert dieser deutschen Frömmigkeitsbewegung besonders klar, selbst wenn man von der so stark überbewerteten Bereicherung der deutschen Sprache durch die Mystik einmal absieht. Dann erst erkennt man, daß wir es bei der Mystik in Deutschland nicht mit einem in sich geschlossenen System oder Dogma zu tun haben, sondern mit einem organischen Wachstum, das sich in der Entwicklung vieler Spielarten über Jahrhunderte erstreckt und sich erst in so großen Zeiträumen als formende Kraft in der deutschen Geistesgeschichte abhebt.

Die Darstellung dieser Entwicklungsgeschichte der deutschen Mystik im Rahmen der literaturgeschichtlichen Forschung bleibt abhängig von einer wichtigen Voraussetzung. Es ist eine klare Unterscheidung der geistigen Substanzen notwendig, die den Kern der Mystik ausmachen, von den mystischen Erscheinungsformen innerhalb der einzelnen Jahrhunderte, die dann im Gesamtbild die Abhebung und Trennung einzelner mystischer Typen ermöglichen. Bisher scheiterte meistens ein Überblick über die Gesamtentwicklung der deutschen Mystik daran, daß das Einheitliche ihres Kernes nicht unterschieden wurde von den Wandlungen ihrer Ausprägung im Schrifttum der einzelnen Jahrhunderte. Die daraus entstehende Unklarheit darüber, was das Wesen der deutschen Mystik ausmache und was auf die Veränderung durch soziale und politische Mächte im historischen Ablauf zurückzuführen sei, ist meistens vernachlässigt worden und hat zu Fehlern in der Methode der Darstellung geführt. Wie sollte man innerhalb der Dichtungsgeschichte eine Bewegung in der Mystik erkennen, wenn der Blick immer nur auf Eckhart, Tauler und Seuse beschränkt blieb, und wie sollte sich eine die Jahrhunderte überdauernde Einheit in einer geistigen Bewegung erkennen lassen, wenn der Forscher es vermied, die lebendigen, weiterwirkenden Kräfte der Mystik des Spätmittelalters und die Rezeption derselben in jüngeren Epochen nachzuweisen! Um eine klare wissenschaftliche Unterscheidung dessen zu erreichen, was als mystisches Gedankengut in der deutschen Literatur und Dichtung anzusehen ist, muß sich der einzelne Forscher für einen Standpunkt entscheiden, der einmal so unabhängig wie möglich von konfessionellen Bindungen ist und der andererseits das Wesen der Mystik von ihren Erscheinungsformen im Verlauf der Jahrhunderte trennt. Beide Voraussetzungen erhalten erst ihre volle Gültigkeit, wenn die Trennung zwischen Mittelalter und Neuzeit durch die Weite des Gesichtswinkels völlig überwunden und damit der Blick für das Wachsen einer geistigen Erneuerungsbewegung freigegeben wird. Als Kernfrage ergibt sich aus beiden Voraussetzungen die nach Kennzeichen und Wesen der Mystik in Deutschland.

Den gewichtigsten Beitrag solcher neuen Form der Mystik-Forschung haben wir in letzter Zeit dem leider zu früh verstorbenen Marburger Philosophen Dietrich Mahnke zu danken, der 1937 sein umfangreiches Werk veröffentlichte: „Unendliche Sphäre und Allmittelpunkt". Man sieht aus diesem Buch, wie die Mystik nicht nur für alle Fächer der heutigen Geisteswissenschaften, sondern auch für Geschichte und Philosophie der Naturwissenschaften wichtig geworden ist. Mahnke bezeichnet seine Untersuchung bescheiden als Beiträge zur Genealogie der mathematischen Mystik. Der Wert dieser geschichtlichen Darstellung, in der ein Urbild und eine Grundvorstellung der Mystik in der ständigen Abwandlung durch die ganze abendländische, besonders durch die deutsche Geistesgeschichte verfolgt wird, ist m. E. noch nicht voll erkannt. Das Schema vom unendlichen Kreis und Allmittelpunkt, das immer wieder von der Antike bis zur Romantik der Erfahrung der

Gotteinigung gedient hat, ist hier zugrunde gelegt und bis in die Neuzeit verfolgt. Es liegt hier nicht nur, wie Ernst Benz es in seiner Besprechung (6) formuliert „ein Traditionsmotiv vor, das durch die Heilige Schrift oder durch das kirchliche Dogma vorgegeben war, sondern das aller Mystik, der christlichen wie der nichtchristlichen gemeinsam ist und auf das offenbar jede Einheitserfahrung und jede Einheitsschau immer wieder hindrängt". Wenn die Arbeit methodisch auch so angelegt ist, daß das Auftreten dieses Schemas vom Punkt und dem Kreis den Weg von der Neuzeit zur Antike, also rückwärts, zurücklegt, so sehen wir doch hier zum erstenmal die Linie deutscher Mystik klar entwickelt, die über folgende Persönlichkeiten des deutschen Geisteslebens bis zum Neuplatonismus hinabreicht: Hardenberg, Franz von Baader, Fichte, Schelling, Leibniz, Böhme, Cusanus und Eckhart. Wenn dabei auch im wesentlichen eine mathematische Vorstellung innerhalb der philosophischen oder ausgesprochen mystischen Weltanschauungen dargestellt wird, so gelangen wir doch mit dem Verfasser bei der Lektüre zu der „überraschenden Entdeckung, daß an diesem Schema sich die wichtigsten Gedanken des modernen Weltbildes, die Idee des unendlichen Wertes der individuellen Persönlichkeit und die Idee der Unendlichkeit des Alls, geformt haben" (7). Unlöslich verbunden bleibt mit diesem Schema das, was Mystik im reinen und eigentlichen Sinne ausmacht: das Streben nach Vereinigung der seelischen Kräfte des einzelnen Menschen mit Gott, also das, was man so unzulänglich und dunkel mit der Formel „unio mystica" umschrieben hat. Ich möchte in dieser in einem Satz zusammengefaßten Formulierung jedoch weder eine Definition dessen sehen, was unter unio mystica in dieser Arbeit verstanden werden soll, noch überhaupt eine Definition der Mystik im allgemeinen. Gerade wegen des notwendigen Überblicks über mystische Sonderformen als Voraussetzung für das Verständnis der deutschen Mystik betone ich so ausdrücklich den Wert dieser Schrift Mahnkes, da sie in der Vielfalt die wesentlichen Züge der Kontinuität, die in der Frage der Entwicklung der Mystik beschlossen liegen, zum erstenmal klar sichtbar macht. Es ist ein Buch, um das sich alle Disziplinen der deutschen Geistesgeschichte werden bemühen müssen, weil es in seiner exakten Methodik die Möglichkeit des wissenschaftlichen Nachweises eines geschichtlichen Wachstumes der deutschen Mystik auf jeder Seite erweist. Einem solchen Werk mathematischnaturwissenschaftlicher Prägung hat die gegenwärtige geisteswissenschaftliche Mystikforschung nichts Gleichwertiges entgegenzusetzen. Der Grund dafür liegt hauptsächlich in dem Überwiegen rein theologischer Forschungen auf diesem Gebiet, wodurch der der Mystik innewohnende irrationale Bestandteil ins rein Dogmatische hineingezogen wird.

Die Frage nach dem Wesen der Mystik selbst und vor allem nach dem der deutschen Mystik läßt sich nicht systematisch beantworten, sondern nur historisch, indem gezeigt wird, wie sich dieser oder jener bestimmte Mystiker zu gewissen immer wiederkehrenden Erlebnissen und Aufgaben gestellt hat. Es gibt keinen Idealtypus des Mystikers, der für alle Zeiten gültig wäre. Die deutsche Geistesgeschichte ist demnach auf die Erforschung der einzelnen Mystiker und ihrer Werke angewiesen. Selbst ein so guter Kenner der Mystik wie Josef Quint, der für die deutschen Texte der großen, von der deutschen Forschungsgemeinschaft herausgegebenen Eckhart-Ausgabe verantwortlich zeichnet, muß nach einer sehr differenzierten Aufzählung allgemeingültiger, in allen Religionen üblicher mystischer Frömmigkeitsformen sich dazu bekennen, daß es bei einer Wesensbestimmung der Mystik keine klare Abgrenzung von mystischer Spekulation oder Philosophie an sich geben kann, weil Mystik keine Weltanschauung oder Religion mit einer eigenen philosophischen Spekulation ist, vielmehr eine solche voraussetzt, um im einzelnen Menschen den eigentlich mystischen Geist zur Entfaltung zu bringen (8).

In diesen Gedankengängen folge ich Quint gerne, weil in ihnen die notwendige Freiheit des Vorstellungsvermögens für seelische Vorgänge der Mystik gegeben ist. Entwicklungsgeschichtlich gesehen würde ich Quints Gedanken folgendermaßen fortführen: wenn sich das Wesen der Mystik nicht in einer Definition im philosophischen Sinne fassen läßt, sondern eher nach ihren Erscheinungsformen, so muß trotzdem eine einheitliche Vorstellung von dem Kern der Mystik bleiben, damit zumindest der Ansatzpunkt für die geschichtliche Darstellung dieser Erscheinungsformen gegeben ist.

Diesen Kern der Mystik in Deutschland und damit das wesentliche Kennzeichen ihrer Einheit im Wandel der Erscheinungsformen sehe ich in dem Vorgang der unio mystica. Ohne an dieser Stelle eine Aufzählung der keineswegs übereinstimmenden Gelehrtenmeinungen über diese mystische Grundvorstellung bringen zu wollen, möchte ich hier nur folgendes festhalten: in der unio mystica ist der innerseelische Vorgang zu sehen, der den einzelnen zu der seinem Wesen gemäßen engsten Verbindung mit Gott führt. Dabei ist es allerdings möglich, daß sich für den Vollzug der Einigung besondere seelische Voraussetzungen aus der charakterlichen Veranlagung und der religiösen Entwicklung dessen ergeben, dem diese unio zuteil wird. Es ist, wie Quint einmal sagt (9), ein ganz bestimmtes, wenngleich ein unsagbares, ein sich dem begrifflichen Erkennen entziehendes und in Worten nicht klar zu umreißendes „Erlebnis", in dem die Einung der menschlichen Seele mit ihrem Ursprung und dadurch mit dem Wesen Gottes im Mittelpunkt steht. Weiter jedoch dürfen wir bei dem Versuch einer Wesensbestimmung der unio mystica kaum gehen. Je allgemeiner wir sonst in gedanklicher Hinsicht den Begriff „mystisch" fassen, um so näher kommen wir dem Geheimnis, das er birgt. Ich schalte dabei absichtlich die nähere Bestimmung des „religiösen Bewußtseins" aus, die Mehlis (10) in seiner sonst klaren, aber wenig vollständigen Definition der Mystik gegeben hat. Es mag vorerst auch unerörtert bleiben, wie weit für diesen Vorgang der unio rein gefühlsmäßige oder affektbedingte Erregungszustände mit einbezogen werden müssen. Unter der Ausschaltung des Begriffes „religiöses Bewußtsein" und unter klarer Betonung der Notwendigkeit der unio mystica würde ich unter Mystik eine Frömmigkeitsform verstehen, in welcher die Überwindung der Trennung zwischen der irrationalen Gottheit und der reinen Seele schon in diesem Leben bis zur vollkommenen Wesensvereinigung in der „unio mystica" gefordert und erlebt wird. Hierin sehe ich das einheitliche Kennzeichen aller deutschen Mystik im Wandel der Jahrhunderte, und in diesem Sinne erblicke ich hier den einheitlichen Grundzug trotz der Vielfalt der auftretenden Erscheinungsformen. Von diesem Vorgang allein heben sich erst deutlich die Wandlungen ab, die durch die seelische Struktur des einzelnen genau so bedingt sind wie durch die Einwirkung geistiger Erneuerungskräfte ganzer Zeitalter, wie wir sie im Humanismus, in der Reformation und der Aufklärung vor uns haben. In einer stark konstruktiven Formulierung könnte man die These aufstellen, daß die unio mystica als Einheit im Wechsel ihrer Erscheinungsformen den geistesgeschichtlichen Wandel der deutschen Mystik am klarsten wiederspiegele.

Bei dem Zusammendrängen der Begriffsbestimmung auf wenige, möglichst klare Vorstellungen von dem, was wir unter Mystik zu verstehen haben, darf nun nicht die Ausprägung einzelner Mystikertypen verloren gehen. Je nach dem Vorherrschen der einen oder anderen Seelenkraft von Fühlen, Wollen und Denken erhalten wir eine mehr gefühls-, willens- oder gedanklich betonte mystische Frömmigkeitsform. Entsprechend der seelischen und charakterlichen Haltung des einzelnen Menschen können wir die in jeder Mystik zum Ausdruck kommende Sehnsucht nach einem frei gewählten, persönlichen Verhältnis zu Gott in entsprechende Typen mystischer Frömmigkeit gliedern, wobei ich hier wie im folgenden unter dem Wort „Typen" nur ein Gliederungsmerkmal verstehe. Weder mit einer Typologie noch mit einer die Jahrhunderte vermischenden Systematik des theologischen Dogmas wird man den mystischen Bestandteilen in der deutschen Geistesgeschichte gerecht. Die Gefahr einer solchen Typologisierung beruht in der Verwischung der geschichtlich trennbaren Erscheinungsformen und in der allzustarken Psychologisierung der für uns schwer erschließbaren mystischen „Erlebniswelt".

Darum suche ich in dieser Arbeit unter Mystik nicht ein starres philosophisches oder theologisches System zu verstehen, sondern eine organische geistige Bewegung, die sich aus der Tradition des Neuplatonismus entwickelt und über die Scholastik hinaus in ersten besonderen deutschen Frühformen im 12. Jahrhundert sichtbar wird, die sich aber erst in der ersten Hälfte des 14. Jahrhunderts voll entfaltet. Dann allerdings setzt sie sich das Ziel, den einzelnen deutschen Menschen vom kirchlichen Mittlertum unabhängiger zu machen und ihm die seinem Wesen entsprechende Möglichkeit zu geben, zu einem persönlichen Verhältnis zu Gott zu kommen. Demnach ist weniger ihr Ursprung als ihre Ausbreitung aus einer Auflehnung gegen kirchliche Verfallszustände abzuleiten, wobei ihre Hauptvertreter dieses Ziel durchaus noch innerhalb der kirchlichen Orden zu erreichen trachten. Von ihnen wird die Idee der Bewegung gestaltet, die aber in einer Zeit, in der das Volk als Ganzes besonders aufnahmebereit ist für jede Form kirchlicher Erneuerung, bald mißverstanden wird. Die große denkerische Leistung vollbringen für diese ursprünglich religiöse Erneuerungsbewegung die großen Persönlichkeiten, die Meister Eckhart, Tauler und Nikolaus von Cues; die Epigonen verflachen später das Erlernte. Festhalten müssen wir, daß die Vorbedingungen für diese geistige Bewegung durch die persönliche Kraft des einzelnen Mystikers geschaffen werden, wobei wir zu berücksichtigen haben, daß für den Mystiker Frömmigkeit nicht mehr lediglich von lehrbarer oder erlernbarer kirchlicher Dogmatik abhängig ist wie in der Scholastik, sondern ein eigenes Erleben voraussetzt, das der einzelne seinem Innern abringt.

In dieser eigentümlichen Einheit des Beharrens bei der unio einerseits und in der auffallenden Wandlung mystischer Erscheinungsformen in neuer Frömmigkeitsverkündigung andererseits liegt wohl die Lösung des Rätsels begründet, weshalb der Einfluß dieser Bewegung so mächtig auf das Laienvolk gewirkt hat. Arthur Hübner (11) hat nicht nur in seinem Geißlerbuch, sondern immer wieder bei der Behandlung der Mystik auf das soziologische Moment hingewiesen und betont, daß neben den großen Vertretern die breite Masse die mystische Bewegung trug, wenn sie auch später bald die Mystik nahezu als Mode betrachtete und allzu schnell den ihr eigentümlichen Zug der kirchlichen Erneuerung vergessen hat.

Die mystische Bewegung fand in der kulturellen, kirchlichen und politischen Lage des späten Mittelalters den besten Nährboden. Ein Stück Volksgeschichte tut sich uns auf, wenn wir bei der Frage nach ihrem Aufbruch den Blick auch nur flüchtig über die wichtigsten Geschehnisse der damaligen Zeit hingleiten lassen. Es ist die Zeit des Verfalls der höfisch-ritterlichen Kultur und des in einer starken Krisis heraufkommenden bürgerlich-städtischen Handwerks und Handelsgeistes, angefüllt mit Kampf zwischen Papsttum und Kaisertum, bedroht von Brand, Raub, Verwüstung Bann und Interdikt, überdies die Zeit furchtbarer Naturkatastrophen. Es ist die Zeit der Geißlerzüge, des schwarzen Todes, die klassische Zeit des Totentanzes. Die Mystik lag — wie Hübner es gelegentlich formuliert hat — als Stimmung für diese Zeit geradezu in der Luft, es bedurfte keines besonderen Anlasses zu ihrer Enstehung. In diesem Zeitraum bricht die Sehnsucht des deutschen Menschen durch, sich vom kirchlichen Mittlertum zu befreien und zu einem persönlichen Verhältnis zu Gott zu kommen, und hier vermag die Kirche Roms nicht mehr den Gegendruck des Laienvolkes auszugleichen und muß den größten Vertreter dieser wichtigen mystischen Welle verurteilen. Es gelang der Kirche nicht, die überall auftretenden Sektenbildungen aufzufangen und für sich zu gewinnen. Dadurch daß Meister Eckharts Schriften von

Rom verfemt wurden, haftete der deutschen Mystik auch nach außen hin sichtbar der häretische Zug an, ein Zug zur Befreiung der persönlichen Frömmigkeit, die die Kirche Roms nicht dulden wollte und konnte. Von diesem Zeitpunkt ab ist die Bewegung nicht mehr aufzuhalten. Noch nicht ein Jahrhundert später knüpft Nikolaus von Cues an Eckharts Rechtfertigungsschrift an und versucht, dessen Mystik mit seinem philosophischen Weltbild zu vereinigen. Er sammelt möglichst viele von Eckharts Predigten und bewahrt uns diese wichtigen Quellen der mystischen Bewegung. Nach kaum einem weiteren Jahrhundert steht Luther in der Linie der Mystik und beruft sich auf Tauler und die „Theologia Deutsch", ehe er zum offenen Kampf gegen Rom vorgeht. Die Fäden reißen im Weiterwirken der Mystik nicht ab, sondern führen auch nach der Reformation direkt in eine Epoche neuer Mystik hinüber, die sich im Zeitalter der Gegenreformation ausbildet, da während des 30jährigen Krieges eine ähnliche Situation in Deutschland entsteht wie im sogenannten „Herbst des Mittelalters". So trägt die Mystik auch im Geschichtszusammenhang gesehen einen kirchlichen Reformcharakter und bricht als Reformbewegung in die deutsche Geistesgeschichte ein. Als Reformbewegung bindet sie die Zeiten und trennt sie zugleich.

In dieser Richtung aber liegt der allgemein historische Wert unserer Fragestellung und das allgemeine Ergebnis, das am Ziel dieses Überblicks und vieler noch zu leistender Einzelforschung stehen müßte. Die geistesgeschichtliche Forschung der Gegenwart ist augenblicklich mit der geschichtlichen Einordnung vergangenen geistigen Lebens beschäftigt. In diesem Prozeß ist ein Stadium erreicht, in dem der einzelne Forscher sich freizumachen versucht von konfessionellen oder politischen Vorurteilen. Allerdings ist auch heute noch keineswegs ein klares Ergebnis über Gliederung und Wesen der großen Perioden der Geschichte erreicht. Wohl ist die Schematik überwunden, aber die Frage nach dem, was etwa das Wesen des deutschen Mittelalters ausmacht, oder auch nur die Frage nach dem Beginn des „Deutschen" in der Geistesentwicklung zwischen 800—1000 ist noch ebensowenig beantwortet, wie die, wo es beginnt und womit es endet. Wenn man Heimpels schwerwiegende Formulierung „Deutschlands Mittelalter — Deutschlands Schicksale" (12) als Gesichtspunkt beibehält, ist nun erst recht für jeden einzelnen Zweig der historischen Forschung die Aufgabe gestellt, an den entstandenen Problemen von seinem besonderen Stoff aus mitzuarbeiten. Je mehr wir gelernt haben, abzusehen von der bequemen Voraussetzung, wonach aus einer der geschichtlichen Mächte alle anderen Bewegungen sich herleiten lassen, je mehr wir also die Vielheit selbständiger und weitgehend voneinander unabhängiger Strömungen zu unterscheiden vermögen, je mehr wir die Realität der Situation des mittelalterlichen Menschen begreifen, umso zuversichtlicher kann die Erwartung sein, aus dem Zusammentreffen der gesonderten Forschung Entscheidendes zu gewinnen für die umfassenden Fragen, umso dringlicher aber wird dabei die Frage nach der tatsächlichen geistigen Einheit von Mittelalter und Neuzeit.

Die erste Voraussetzung für eine unter diesem Gesichtspunkt neu ansetzende Mystikforschung beruht darauf, daß wir ganz entschieden den Blick vom Mittelalter als einer in sich geschlossenen Epoche fortlenken und versuchen, den ganzen Zeitraum vom Mittelalter bis zum beginnenden 19. Jahrhundert in das Blickfeld zu bekommen. Wir müssen also die Mystik durchgehend nicht als ein System, sondern als eine sich organisch entwickelnde geistige Bewegung innerhalb der deutschen Geistesgeschichte zu erkennen suchen. Im geschichtlichen Ablauf sehen wir, wie sich dieser später so tiefgehende Strom der mystischen Bewegung im sogenannten Mittelalter im Herzen Deutschlands sein Bett gräbt und ungehindert das Spätmittelalter durchströmt. Wir sehen, wie er erst in der sogenannten deutschen Frührenaissance sich verzweigt und können beobachten, wie die neu entstandenen Flußarme im großen Sammelbecken des Reformationszeitalters aufgenommen und mit der neuen Lehre weitergeleitet werden. Sie scheinen nach dem Barock zu versiegen, steigen aber in der Romantik aus fast schon vergessenen Quellen wieder auf.

I. Kapitel

Voraussetzungen zum Verständnis der deutschen Mystik

1. Die Einheit deutscher Mystik im Erlebnis der visio, speculatio und unio

Wenn als ein Zeichen der Einheit deutscher Mystik das Erlebnis der unio selbst und seine Wirkung auf die Gesamthaltung des Mystikers dem diesseitigen Leben gegenüber erkennbar werden soll, so müssen wir die Voraussetzungen für das Entstehen der unio wiederum so klar abgrenzen, daß Mißverständnisse vermieden werden. Dabei ist es mit einer persönlichen Deutung der Terminologie nicht getan, denn die Wissenschaft von der Mystik hat hier soweit vorgearbeitet, daß im wesentlichen eine Übereinstimmung in der Anwendung der Begriffe erreicht ist.

Ausgangsbasis muß das Spannungsverhältnis bleiben, das aus dem Erlebnis von Immanenz und Transzendenz erwächst, in dessen Kräftefeld der Mystiker bleibt und bleiben muß, da sein Weg durch die Welt des Diesseits zur Einigung mit der Welt des Jenseits führt. Dies Einigungsstreben enthüllt die Kräfte des Menschen, die zu Gott dringen und gleichzeitig die, die von Gott her dem Menschen zuströmen. „Mystik schwebt nicht im luftleeren Raum, sondern ist gebunden an seelische Momente, die vom einfachen Erlebnis und dem dadurch bedingten Denken bis zur Ekstase und zum mystischen Rausch führen. Maßgebend für die Mystik aber bleibt das Einzelerlebnis, das in typischer Form eine bestimmte Lebenshaltung in sich schließt. Der mystische Mensch dringt hinab in letzte Tiefen einer Vereinigung mit dem Überweltlichen" (13).

Bei dieser sehr geglückten Formulierung dürfen wir nicht darüber hinlesen, daß in ihr zwar wenig herausgehoben, aber klar genug der Ursprung der Gottbegegnung überhaupt angedeutet ist. Wenn vom „einfachen Erlebnis" gesprochen wird, so ist damit der Ursprung gerade der deutschen Mystik angedeutet, der in der Erfahrung der wirkenden Kraft Gottes auf den Menschen begründet ist. In seiner Gottsehnsucht wird der Mensch betroffen und von Gott berührt. Diese Einwirkung stellt ein bedeutsames seelisches Moment dar, das ursprünglich jenseits von Denken und Fühlen des Menschen bleibt. Darum erscheint mir die visio Gottes und ihre Wirkungskraft schon in den frühesten mittelalterlichen Zeugnissen die entscheidende Mystik-bildende Kraft zu sein. Die Begegnung mit Gott im „blic“ führt uns notwendig nochmals zurück auf das Urwort der Mystik, auf das μύειν, auf das Schauen mit geschlossenen Augen. Solche Visionsmystik (vgl. Hildegard von Bingen) bedeutet für den mittelalterlichen Menschen insofern eine neue Bewußtseinstufe innerhalb des Religiösen, als sich der Mensch des 12. Jahrhunderts ja in einer festen Frömmigkeitsbindung mit Gott wußte, die ihre äußere Ausprägung in den Formen der katholischen Kirche fand. Der Augenblick der Vision und der Zustand der mystischen Kontemplation sind innerlich verbunden. Schon in der Vision kann es zum Erlebnis der Gotteinigung kommen, und es kann in ihr eine Vorstufe zur unio liegen.

An dieser Stelle müssen wir mit dem Begriff des religiösen Bewußtseins arbeiten, weil sonst die Eigenart der gradualen Vertiefung innerhalb der deutschen Mystik nicht klar zum Ausdruck kommt. Am besten hat Edvard Lehmann diese Differenzierung zum Ausdruck gebracht: „Durch Kontemplation und Ekstase erhebt sich der Mystiker auf eine neue Bewußtseinsebene, wird die Subjekt-Objekt-Spaltung aufgehoben, verschiebt sich der Schwerpunkt und wandelt sich das Polare der Beziehungen zwischen Gott und Mensch in ein unnennbares Eins-Sein der Menschenseele mit dem Göttlichen“ (14). In dem Zustand der Kontemplation ist dem Menschen die visio geschenkt und zum „einfachen Erlebnis“ geworden. Die erste Berührung — aus der anderen Welt bis in die diesseitige wirkend — hat stattgefunden.

Von diesem Augenblick an ist die Möglichkeit für den Menschen gegeben, das einfache Erlebnis zu vertiefen und weitere Erlebnisstufen der Mystik zu erreichen. Als Reaktion auf diese einmal erlebte visio ist nun das Streben nach dem Wieder-Erreichen des gleichen Zustandes zu erklären. Wird dem Menschen solche Wiederholung zuteil, so kommt es meist zu einer erneuten Steigerung der inneren Anteilnahme in dem Versuch, die zum zweitenmal geschenkte Gotteinigung zu vertiefen. Durch die Beteiligung der rationalen und affektiven Kräfte des Menschen entsteht in diesem Zustand der unio die weiterwirkende Triebkraft zum Verbleiben in der Spekulation oder in der Ekstase, zum Leben auf die unio hin. Aus der einfachen Gottberührung in der Vision ist damit einerseits die Möglichkeit der Wiederholung dieser bereits einmal vollzogenen unio gegeben, andererseits entspringt aus ihr die Leidenschaft der Gottsehnsucht, die sich im weiteren Leben des einzelnen in Spekulation oder Ekstase ausdrückt. Der Mensch weiß aus der ihm zuteil gewordenen Erfahrung der Gottberührung, daß sich in diesen seelischen Zuständen jedesmal das Wunder der unio vollenden kann. Man darf demnach sagen, daß visionäre, spekulative und ekstatische Mystik ihren ersten Ursprung und ihr letztes Ziel in der unio mystica haben. Kräfte des Denkens, Fühlens und Wollens vereinigen sich im Einzelmenschen und bilden so die dem Charakter entsprechenden Voraussetzungen für die erstrebte Gotteinigung. Die Schilderungen dieser in dem mystischen Schrifttum niedergelegten Erlebnisformen der unio bilden bei aller Kargheit der Beschreibung das gemeinsame Vorstellungsbild dieses mystischen Grunderlebnisses. Man sieht, wie die Verschiedenheit der Ausdrucksformen letztlich aus einem gemeinsamen Ursprung herauswächst, und es wird uns so im wissenschaftlichen Sprachgebrauch ermöglicht, von der Einheit der deutschen Mystik im Erleben der unio zu sprechen. Dabei ist es unwichtig, ob die unio erwächst aus einem „passiven Mitsichgeschehenlassen", oder aus einem „aktiven Hineindrängen" wie es Hederer einmal nennt (15). Entscheidend ist lediglich, daß aus diesen Visionen, Spekulationen und Ekstasen ein Wissen für den Einzelnen geboren wird, das nun auch die Haltung des Mystikers dem diesseitigen Leben gegenüber bestimmt.

2. Die Wirkungen der vita contemplativa und der vita activa auf die mystische Lebenshaltung.

Trotz aller Transzendenz, die der Mystik anhaftet, bleibt sie an die Lebenshaltung des Menschen gebunden. Diese Lebenshaltung aber verursacht wiederum Veränderungen in den Erscheinungsformen der Mystik, die nicht zu übersehen sind.

Zwar drängt der Einzelne, dem die unio zuteil wurde, nach der Einsamkeit, um die „fructio dei" noch mehr auskosten zu können. Alles Gegenständliche erscheint ihm im Vergleich zu der erlebten unio als unwesentlich. Seine menschliche Existenz bedarf nicht mehr der Werte dieser Welt, und aus dem Vergleich der in der unio erlebten Seligkeit mit der äußeren Welt reift der Entschluß im Menschen, die vita contemplativa zu beginnen, da aus einer solchen passiven Lebenshaltung heraus der Weg zur unio am kürzesten erscheint. Beispiele für eine solche Wendung zur Kontemplation ließen sich mehrfach aufzählen, aber eigentlich ist jedes Beispiel nur wieder ein Einzelfall, für den bestimmte Voraussetzungen gelten. Seuses Vita unterscheidet sich in diesem Punkt klar von der des Rulman Merswin und von den Viten der Schwestern zu Töß. Wir wissen aber auch, daß die Warnungen vor der „contemplacie" schon zu Eckharts Zeiten begannen und von Tauler zur drohenden Mahnung gesteigert wurden. Denn das ist nicht die einzige Lebenshaltung des Mystikers. Eine völlig von der Welt zurückgezogene Einsamkeit ist oft zwar das Ziel seiner Sehnsucht, aber keineswegs unabdingbare Voraussetzung für die unio mystica. Der Weg führt nach dem Einzelerlebnis der unio in der deutschen Mystik nicht sofort zur reinen vita contemplativa, sondern erst nachdem sich in ihm die Bewertung des Seins seltsam verwandelt hat.

So ist mit dem Begriff der „vita contemplativa" vorsichtig umzugehen. Niemals darf die Fragestellung darauf hinauslaufen, ob eine Entscheidung für oder gegen die vita contemplativa von dem einzelnen Mystiker gefällt wurde. Wichtiger erscheint mir die Wirkung, die ein Verbleiben in der Kontemplation auf die mystisch-religiöse Erfahrung des Menschen ausübt.

Allgemein gesehen erstreckt sich die Wirkung der in der vita contemplativa bleibenden Mystik auf eine starke Verinnerlichung religiöser Werte. Merkel faßt seine Ausführungen dazu (nach der Besprechung mehrerer Arbeiten zur Psychologie des Mystikers von W. James, Leuba und Tor Andrae (16)) so zusammen: „Menschen mit mystischer Erfahrung erleben in der Tat neue Inhalte ihres Inneren, und wir beobachten, wie ihr Bewußseinsumkreis größer wird, ihre Erfahrungsinhalte reicher. Ihnen wird das Erleben höherer und stärkerer Werte geschenkt als es dem unangerührten Menschen geschieht. Der Mystiker fühlt sich nicht mehr gebunden an äußerliche Mittler der Offenbarung göttlichen Lebens, wie Schrift, Sakrament, Kirche, sondern er erlebt unmittelbar in seinem Innern das Wirken einer höheren Macht. Es ist das Moment der ‚Innenoffenbarung', wie es H. Scholz in seiner ‚Religionsphilosophie' nennt, das hier in Erscheinung tritt. Das seelische

Geschehen steht im Bewußtsein der Mystiker so sehr im Vordergrund des religiösen Interesses, daß die übrigen Ausgangspunkte der Religion und ihre Gestaltungen zu sekundärer Bedeutung herabsinken. Der Mystiker erlebt eine Umwertung der bestehenden religiösen und diesseitigen Werte, oder er überhöht alles in eine überweltliche Späre". In dieser kurzen, das Wesentliche heraushebenden Charakteristik der aus der Kontemplation herrührenden Wirkungen ist als wichtigster Zug die sich von selbst ergebende „religiöse Freiheit" anzusehen, die den einzelnen Mystiker leicht so nahe an die Kirchenfeindlichkeit heranführt. Die Wirkung der „Innenoffenbarung", die gerade den Mystiker kennzeichnet, dem in dem Erlebnis der unio etwas ganz Einmaliges zuteil geworden ist, ist viel zu wenig in Zusammenhang gebracht worden mit dem in der deutschen Mystik so stark ausgeprägten häretischen Zug. Die Überwindung der Trennung zwischen Gott und Mensch, die innerhalb der katholischen Kirchlichkeit erreicht wurde durch das Mittlertum des Papstes als des Vertreters Christi auf Erden, ergibt sich von selbst in dem Erlebnis der unio mystica. Die Einschränkung des kirchlichen Mittlertums entspricht dem Wesen des mystischen Gläubigen und erscheint in der vita contemplativa dem einzelnen erreichbar. Unter diesen ersten Befreiungsversuchen von der Herrschaft der Kirche ist jedoch noch keine bewußte Häresie zu verstehen. Sie entspringen meist einem gefühlsmäßigen Streben nach echter Frömmigkeitsvertiefung, werden allerding unterstützt durch Kritik an den Vertretern der Kirche und am ehesten hervorgerufen in Zeiten revolutionärer kirchenfeindlicher Bewegungen.

Der besondere Lobpreis, der der kontemplativen Lebenshaltung des Mystikers im Schrifttum immer wieder zuteil wird, ist allerdings auch gleichzeitig zu erklären als Auswirkung der Heilsgewißheit in der Armut, die nach den Forderungen des Mönchtums geradezu zur allgemeinen Lebenslehre gehörte. Gegen eine Übertreibung und Ausnutzung der Kontemplation richteten sich aber in der deutschen Mystik des Mittelalters die Warnungen der Ordensprediger, in denen immer wieder die zeitliche Abgrenzung der contemplacie betont wird, wie ich sie als Forderung Taulers herausgearbeitet habe, bei dem die „vita" contemplativa auf eine „hora" contemplativa beschränkt wird (17). Von einigen Ausnahmen abgesehen ist das unmittelbare Gotterlebnis nicht auf die Lebenszeit ausgedehnt, sondern auf Augenblicke und Stunden in der Vita des einzelnen Mystikers beschränkt, wobei allerdings

Wirkung und Wandlung im oben beschriebenen Sinne nicht außer acht gelassen werden dürfen.

So ergibt sich nicht unbedingt ein Gegensatzpaar in der vita activa und der vita contemplativa des Mystikers. Auch in diesem Punkte werden wir unsere Auffassung ändern müssen. Im Sinne des wahren Mystikers bildet sein ganzes Leben eine Weihe an den erlebten Gott. In der indischen Mystik und im griechischen Mysterium können wir als Folge dieser Einstellung die völlige Versenkung in die Kontemplation erschließen. Auch in der romanischen Mystik, besonders in der spanischen, scheint mir diese volle Konsequenz noch sichtbar zu sein. Gewiß sind Einzelerscheinungen dieser Richtung auch in Deutschland nachzuweisen (18), aber das Streben des deutschen Mystikers geht doch darauf hin, im Leben, und zwar im tätigen Leben, zu bleiben (19). Die Forderungen der vita activa sind von den großen Meistern nicht überhört, sondern in eigener Weise gelöst worden.

Aus der Wirkung der vita activa auf reine, tragkräftige spekulative Mystik kann in der Lösung der Frage des Verhaltens zum Diesseitigen sogar eine dritte Form der unio entstehen: die der „Wirkeinheit" mit Gott, die in einer vollendeten Überformung, in dem bloßen Leben aus dem Seelengrund, erreicht sein müßte. Bei Eckhart, für den die unio Teilhabe am innertrinitarischen Lebensvollzug bedeutet, entspräche das dem Akt der Rückkehr des heiligen Geistes (= der Liebe) in das Herz des Vaters. Für den Menschen bedeutet das die Verwirklichung des Idealfalles des reinen, völlig losgelösten und instinktiven Handelns aus Gott und mit Gott in der Welt. — Hier also überwiegt die unio die Lebenslehre und überbildet sie. Diese Höhe der Vergeistigung wird jedoch nur selten erreicht. Als ein Nachklang ist es anzusehen, wenn in der Mystikerpredigt Taulers nicht nur an die Laien aller Stände, sondern auch an die geistlichen Kreise die Mahnung gerichtet wird, nicht in einer falschen contemplacie zu verharren, sondern zu arbeiten und zu helfen (20).

Das Gegenbild dazu erscheint dann, wenn die Lebenslehre das unio-Streben überwiegt und verdeckt. Diese einschneidendste Veränderung mystischer Erscheinungsformen tritt da ein, wo das Glaubens- und Weltbild so verwandelt wird, daß der Zustand der vita contemplativa nicht mehr als der allein erstrebenswerte gesehen wird, ja vielleicht nicht mehr als erlaubt erscheint, und die Bewährung des Helfens in der vita activa am höchsten steht.

Dann ergeben sich neue Typenbildungen, die der eigentlichen mystischen Lebensform ferner stehen, wie wir sie in der „Devotio moderna" und später im Pietismus am klarsten ausgeprägt finden. Durch eine Frömmigkeitsform, die ihre eigenen Gesetze hat, zwar noch in der Kirche bleibt, aber diese im Grunde überflüssig macht, da bereits das tägliche Leben ein Gottesdienst ist, erhält die „devotio moderna" ihren eigenen Zug: Der einzelne erfährt an sich selbst die Berufung zur Wandlung seines Lebens, er gründet eine Gemeinde und sucht nun sich selbst und seinen Jüngern den Weg zu Gott zu bereiten, so wie der Mystiker, der dem Ruf der visio und unio folgte. Aber diese Bewegung, die von der Mystik niemals ganz zu trennen ist, verharrt entschlossen und absichtlich in der vita activa. Man kann so weit gehen, das Bleiben in der handelnden, helfenden Werktätigkeit geradezu als neue Erfüllung des glanzlos gewordenen mystischen Lebens anzusehen, ja als eine Erneuerung seines eigentlichen Anliegens. Durch die Scheidung von Gottlehre und Lebenslehre gliedern sich auch die mystischen Erscheinungsformen nach Luthers Zeit und heben sich voneinander besonders sichtbar ab.

Weniger in der Gottlehre der Mystik als in der Lebenslehre offenbart sich also der Wandel mystischer Gehalte. In der deutschen Mystik formt der Einzelne die Idee der persönlichen Gottbegegnung und setzt häufig damit einer religiösen Erneuerungsbewegung das Ziel. Aber die Hörerschaft dieser einzelnen Lehrer, die keineswegs immer zu dem Stand der Prediger gehören müssen, verwandelt die dem einzelnen in der unio geschenkte Erfahrung. Dem weiten Publikum aller Stände erscheint der Vorgang der unio anders als dem einzelnen, und nur der einzelne Gläubige schafft dem eigenen unio-Erlebnis eine seiner Persönlichkeit gemäße Form. Bei der imitatio der mystischen Erscheinungsformen innerhalb der Vielheit der Gläubigen kommt es zu einer unübersehbaren und aus der literarischen Überlieferung nur selten wissenschaftlich nachweisbaren Fülle von Variationen des mystischen Grunderlebnisses. So wird die Mystik im späten Mittelalter aus dem Einsamkeitsbewußtsein gelöst und zum seelischen Besitz aller Schichten des deutschen Volkes, die für ihr Streben nach einer vertieften Religiosität hier die Erfüllung fanden. Aus derEinheit des Unio-Erlebnisses mußte sich unter dem Zwang der soziologischen und bildungsmäßigen Umstellungen eine vielfache Wandlung der Lebenslehre ergeben, die in späteren Jahrhunderten immer neue Änderungen mystischer Lebensformen nach sich zog.

3. Mystik als Frömmigkeitsform des einzelnen und als geistige Erneuerungsbewegung

So sichtbar nun die Einheit aller Ausprägungen mystischer Frömmigkeit in dem Vorgang der unio aus ihrem geistigen Niederschlag im Wort wird, so verhüllt liegt noch die Wirkung dieses Vorgangs auf die Vielheit der Frommen vor uns. Sucht man die Träger dieser geistigen Erneuerungsbewegung zu erkennen, so löst sich die Gestalt des einzelnen als Schöpfer des Gedanken- und Vorstellungsgutes und als Verkünder der mystischen Gottlehre heraus und hebt sich klar ab von den Vielen, die unter der Führung dieses einzelnen stehen, seien sie nun durch Ordenssatzungen oder durch selbstgegebene Laiengesetze an ihn gebunden.

Hier liegt ein Hauptmerkmal der deutschen Mystik, denn es offenbart sich, daß die mystische Frömmigkeitsform, die sich immer an den einzelnen wendet und ihm den Weg zu Gott bereitet, auch seine gesamte Individualität formt. Dabei ist es weniger wichtig, ob Ekstase oder Spekulation die Voraussetzungen der persönlichen Erlebnisform einer unio mystica ausmachen. Immer führt der Weg zu einem persönlichen Gotterlebnis und bedingt so die Größe und Einmaligkeit dieser Gottbegegnung. Wenn wir diesen gesamten seelischen Vorgang überblicken, sehen wir, wie der einzelne auf seinem Weg nach innen zu einer überdurchschnittlichen religiösen Haltung gelangt, die uns hier die Tiefen der Lebensformen des mittelalterlichen Menschen ahnen läßt, wie wir ihnen sonst nur in den ganz großen Schöpfungen Wolframs von Eschenbach und Gottfrieds von Straßburg begegnen (21).

Andererseits erschließt sich dem einzelnen aus dieser Tiefe seines religiösen Erlebens oder seiner Spekulation das Wissen, daß jeder Mensch den Weg zu Gott durch die Mystik finden kann, wenn er die innere Zucht für die vita activa gewinnt und bereit ist, auch die harten Forderungen der vita contemplativa zu erfüllen. Erst von diesem Gesichtspunkt her gewinnen wir Maßstäbe der Wertung für ihre Wirkung auf die Vielen, die Gemeinden und das Volk, die vorwiegend durch die große einzelne Persönlichkeit hervorgerufen wird. „So sehen wir in dem Individualismus der Mystik diese doppelte Tendenz: die Betonung und Bewertung der auserlesenen starken Naturen und die Anerkennung des unendlichen

Bedeutungsgehaltes in jeder menschlichen Natur. Die eine führt zu der Vorstellung, daß es nur wenigen gegeben sei, die ungeheure Tat der Selbstüberwindung an sich zu vollziehen, die zu der göttlichen Vereinigung führt, die andere läßt jedem Individuum die Straße offen, die zu der seligen Schau des Göttlichen leitet" (22).

Damit ergeben sich Voraussetzungen und Gesichtspunkte für Verständnis und Wertung der Mystik überhaupt, die zur Vermeidung von Mißverständnissen kurz dargelegt werden müssen.

Wir können dann von einer mystischen Bewegung sprechen — wenn nicht nur ein einzelner vom Wunder der unio kündet, sondern eine ganze Gruppe von Gläubigen im gleichen oder unmittelbar folgenden Zeitabschnitt — und wenn von diesen einzelnen eine gemeinschaftsbildende Wirkung auf die Vielheit der Frommen ausging und diese sich nicht nur in einer Generation, sondern in einer Folge von Generationen quellenmäßig nachweisen läßt. Gerade im deutschen Mittelalter in der Zeit zwischen 1120—1320 ist durch die Vertiefung des Unio-Erlebnisses und in der Folgezeit durch die aus der neuen Frömmigkeit entwickelte „Lebenslehre" der Mystik eine geistige Reformbewegung ausgelöst worden, deren Wirkungen in der Literatur und Dichtung bis in das Zeitalter des Barock, der Klassik und Romantik spürbar werden. Allerdings sind diese Wirkungen der Mystik nicht mehr gleichzusetzen mit den Erlebniswerten der Mystik im Mittelalter, sondern in ihrer Abwandlung und inhaltlichen Veränderung zu erkennen. Durch diese klare Unterscheidung einmal der Mystik des einzelnen und der Menge (in Verbindung mit dem historischen Wandel von mittelalterlicher zu nachreformatorischer Mystik) sind für Verständnis und Darstellung dieser Erneuerungsbewegung in Deutschland klare Abgrenzungen gegeben. Erst durch diese Scheidung zeigt sich ein inneres Gesetz, das in der Vertiefung der mystischen „visio" und „speculatio" bei dem einzelnen begründet ist. Jedoch unterliegt das Unio-Erleben der Gefahr der Unsagbarkeit, und so erklärt sich andererseits durch diese Unterscheidung die schnelle Verflachung des spekulativen Gedankengutes und die beabsichtigte Anpassung an das Erkenntnisvermögen der Menge.

Demnach läßt sich bereits jetzt in Grundzügen die deutsche Mystik einmal als Frömmigkeitsform des einzelnen und gleichzeitig als religiöse Erneuerungsbewegung erkennen. Es ergeben sich gleichzeitig Unterschiede in den Ausdrucksformen der Mystik des einzelnen und der Gemeinschaft, wenn auch beiden der Grundzug des Strebens nach der Gotteinigung gemeinsam ist. Nicht nur Spekulation und Ekstase als Grundstimmung für das Erwachsen der mystischen unio, sondern die individuell verschiedene Beteiligung von Denken, Fühlen und sittlichem Wollen ergeben die verschiedenartigen Ausdrucksformen und bedingen kaum vergleichbare Unterschiede in den Erscheinungsformen der unio mystica. So bedarf es kaum eines Hinweises darauf, in welchem Maße sich das Unio-Erlebnis des einzelnen bei einer Menge Gleichgesinnter verwandelt. Man erkennt die Gefahren, die jeder Mystik mitgegeben sind. Was unsagbar ist und nur bildlich geschaut werden kann, gehört dem einzelnen, nicht der Masse. Die Gemeinschaft steht in der Funktion des Empfangens, Annehmens und Lernens unter Verzicht auf den eigengebahnten Weg zu Gott. So mußte die mystische Gottvorstellung, aber auch die mystische Lebenslehre, wie es das Beispiel Taulers zeigt, viel von ihrer Tiefe verlieren, wenn sie nicht auf den einzelnen, sondern auf die Gemeinden berechnet wurde. Demnach verhält sich die Vertiefung mystischer Frömmigkeit zu ihrer Ausbreitung wie die Beteiligung des einzelnen zu der der Gemeinden (23). Aus diesem Widerspiel und dem Wechsel von einsamem, hohem Erleben und seiner Ausbreitung, sowie von Verkündigung und Lehre erwachsen die immer neuen Triebkräfte und Ziele in der Entwicklungslinie der deutschen Mystik.

II. Kapitel

Die Bedeutung von Vision und unio in der Frauenmystik des Mittelalters

Es ist ein natürlicher Vorgang, wenn im Durchbruch einer geistigen Bewegung wie der Mystik die erste ihrer Erscheinungsformen die ganze Kraft und Form des Kerns entfaltet und ihre Entwicklung aus dieser ungebrochenen, von Gesetzen der Zeit wenig berührten Urkraft nimmt. So ist das erste Auftreten der Mystik in Deutschland geprägt durch die aller Mystik zugrundeliegende Schau oder Vision. In der Vision vollzieht sich die erste Einung göttlichen und menschlichen Geistes, die erste unio mystica. Kennzeichnend für die deutsche Mystik ist die Tatsache, daß zuerst einzelne, meist Klosterfrauen, dieses Erlebnis der visio haben. Mancher von ihnen wird die Berufung in der Vision schon vor ihrem Eintritt in die Kongregation der Schwestern geschenkt und dadurch vielleicht erst die Entscheidung über eine Änderung in der Lebensweise herbeigeführt. Von diesen Berufungen durch die Schau ist allerdings weniger häufig im Schrifttum der Mystik die Rede. Wir finden Hinweise darauf nur als Feststellungen in den Selbstbiographien. Meist ist der seelische Antrieb noch nicht tiefwirkend oder noch nicht Besitz genug, um eine poetische Umschreibung des visionären Vorgangs zu veranlassen. Sichtbar aber wird er im Leben der Frauenklöster. Gerade durch die in der Askese gesteigerte glühende Empfindungskraft sind diese gottgeweihten Nonnen für die in der Ekstase empfangene Vision seelisch so vorbereitet, daß man sagen kann, daß der Trennungsabstand zwischen Gott und Mensch auf ein geringstes Maß zurückgeführt ist. In dem sehnsüchtigen Drang nach der Gotteinigung, in dem der Gedanke an die Rückkehr in die Gebundenheit der Sinnenwelt völlig zum Schweigen gebracht ist, ist die Passivität erreicht, die für die göttliche Einwirkung notwendig ist. Darum ist unter dem Begriff „Ekstase" nicht nur die seelische Übersteigerung im Sinne des griechischen „Außer-Sich-Selbst-Seins" zu verstehen, sondern in gleicher Weise der Zustand, in dem Askese und

Vision sich begegnen und ineinander übergehen, wobei dann also in der Askese die Vorbereitung der Vision und in der Ekstase ihre Wirkung zu verstehen ist. Dabei ist unter der Askese allgemein die innerseelische Bereitung zu verstehen, nicht nur die strenge Durchführung der Ordensregel in Fasten, Wachen und Beten. Das Sich-Abschließen von den Einwirkungen (nicht nur von den Freuden) des Diesseitigen, das Einsamsein aus innerer Notwendigkeit, aus der Erwartung des Göttlichen heraus gehört dazu. Es ist also nicht etwa nur ein krankhafter Zustand, sondern eine Gefühlsvorbereitung auf die Rezeption des Göttlichen. Die Kräfte der Gefühlsbeteiligung und Gefühlssteigerung sind die Voraussetzungen, die die weiterwirkende Kraft der Vision in solchem Maße bedingen, daß wir von ekstatischer oder visionärer Mystik sprechen können.

In dem so vorbereiteten Seelenzustand kommt es zum Gotterlebnis in der „visio" und damit zu einer Erscheinungsform der „unio", die allerdings von der der „speculatio", die nur durch die Kräfte des Denkens hervorgerufen wird, völlig verschieden ist. Wir können bei dieser Gelegenheit das Verhältnis von Wortgebung und Wahrnehmung in der visio oder unio nur streifen. In der ekstatischen Mystik ist der Weg zur Wortgebung kürzer und länger als in der spekulativen. In der spekulativen Mystik könnte man das Wort (bzw. den Gedanken) fast als Medium und Bereich des Erlebens auffassen, das jedoch schwer in die Sphäre realer Mitteilbarkeit eingeht. In der ekstatischen Mystik wird das Wort notwendige Reaktion auf das in der visio erfahrene Wunder der Gottbegegnung, das in seiner affektiven Kraft zur Verkündigung treibt und dennoch letztlich unbeschreibbar ist.

Das Wort wird notwendige Reaktion auf das in der visio erfahrene Wunder der Gottbegegnung: Im Bild oder im Vergleich mit Erfahrungen des Menschen im Diesseitigen wird versucht, dem Unsagbaren, Göttlichen menschliche Vorstellungsformen zu geben. In der Frauenmystik gelingt der Schritt zum dichterischen Wort am leichtesten, weil hier nicht wie bei den Meistern der Denkprozeß die Unmittelbarkeit des Aussageversuchs hindert. Hederer hat in seinem Buch mehrfach diesen Vorgang beschrieben (24), und es ist nur zu bedauern, daß dabei nicht das klärende Gegenbild der spekulativen mystischen Prosa verwertet wurde.

Bei der ursprünglich noch geringen Geschmeidigkeit der Sprache, die den Mystikerinnen zur Verfügung stand, ist hier auf den neu geschaffenen Reichtum der Bildersprache hinzuweisen (25), bei dem notwendig an die Vorstellungen und Vergleiche des Hohen Liedes angeknüpft wurde. Mehrfach ist auf diese Bereicherung der Dichtersprache hingewiesen worden. Schon Huizinga beginnt den Abschnitt über „Religiöse Erregung und religiöse Phantasie" in seiner Darstellung mit diesem Problem (S. 274). Dort ist allerdings stärker die „süß-schmerzliche Rührung über das Leiden Christi" hervorgehoben als die Begegnung mit dem Hohen Lied, auf die Julius Schwietering hingewiesen hat (26).

Wichtig erscheint mir in diesem Zusammenhang die so gegebene natürliche Erklärung für die überall in der ekstatischen Mystik spürbare Erotik, die oft so stark diesseitig und unheilig anmutet. Weniger neurotische Schäden (wenn solche auch in Einzelfällen in der Frauenmystik nicht geleugnet werden sollen (27)) als Versuche in der Wortgebung für die unsagbare Schau sind darunter zu verstehen. Das Wort wird für die hohe ekstatische Mystik die beruhigende und ausgleichende Kraft, die sich nun in der Verkündigung des Wunders verströmt. Gerade in der Darstellung der deutschen Frauenmystik ist zu betonen, daß im frühen deutschen Beginenwesen weniger eine krankhafte Übersteigerung durchbricht, als daß eine merkliche Zurückhaltung, ja Herbheit spürbar wird, — trotz aller Gefühlsbeteiligung. Diese beherrschte Kraft in der Gefühlsäußerung möchte ich gerade für Hildegard von Bingen und Mechthild von Magdeburg betonen. Arthur Hübner hat darauf hingewiesen, daß die Mystik und besonders die Frauenmystik eine aristokratische Haltung erfordere. Die Frau habe ihre literarische Selbständigkeit und Mündigkeit gerade in der Visionenliteratur der Mystik erworben. So ist es auch eine ehrfurchtlose Einstellung zu dem gesamten Mystikproblem, wenn n u r krankhafte, psychopathische Züge darin gesucht werden (28). Die Mystik der Frauen ist Teil der Gesamtmystik, und diese bleibt im deutschen Mittelalter die tiefste Ausformung individueller religiöser Kräfte. In den Trägerinnen der mystischen Frömmigkeit haben wir die ganz Großen, einzelnen dieser Jahrhunderte von 1100 bis 1400 vor uns. Sie sind die Träger der echten Mystik, die später von den breiten Massen verfälscht wird.

Die visio wie die unio bringt diesen Frauen das echte Erlebnis einer Individualität in einer frühen und mittelalterlich bedingten Form, genau so wie die speculatio den Meistern. „Die große Glut" hat Karrer diese rückhaltlose Gefühlsbefreiung genannt (29), und hinter diesem Bild steckt sehr viel Wahres, wenn man geneigt ist, das darunter lebende echte Pathos anzuerkennen als freie Seelenäußerung, die ihre immer neue Kraft aus der unmittelbaren Gottbegegnung genommen hat.

1. Hildegard von Bingen

Wir haben bei Hildegard von Bingen Zeugnisse dafür, daß sie fest daran glaubte, daß ihre Gesichte echt und nicht aus einer Ekstase geboren seien (30). Sie mußte sie im Auftrage Gottes verkünden. Der Zug zur Prophetie ist seit ihren „Gesichten" in der deutschen Frauenmystik erhalten geblieben und hat sich dem Begriff der „Vision" verbunden. Dabei ist aber zu beachten, daß es sich hier um etwas anderes handelt, als in Massenbewegungen wie denen der Geißler darunter verstanden wird. Diese Art der Vision ist auch nicht mit irgendeiner der vielen Ekstasen zu verwechseln, von denen wir später im Schwesternbuch von Töß hören. Bei Hildegard von Bingen geht es vor allem um die Wahrheit und Beweiskraft ihrer Erfülltheit davon, daß immer der Ursprung der „naturalia" sich mit dem Endpunkt der „divina" berühre.

Allerdings erwächst bei Hildegard mystisches Erleben aus einem zunächst mystikfremden Raum. Die geistigen Voraussetzungen für das Entstehen ihres Hauptwerkes „Scivias" beruhen auf einer im 12. Jahrhundert besonders gesteigerten Form mittelalterlicher Symbolik, die in der Linie von Rupert von Deutz, zu Anselm von Havelberg, Hugo von St. Viktor zu Hildegard von Bingen eine neue geistige Erlebnisform darstellt und dem Jahrhundert (nach Dempf) die Bezeichnung „Symbolismus" aufprägen könnte. Dies Streben des Geistes nach Verbildlichung hat zwei Wurzeln: die Verkörperlichung und Anthropologisierung metaphysischer Vorstellungen (Allegorie) und die Deutung alles Wirklichen auf Gott hin (Symbol). Im Zeitraum der genannten Symboliker des 12. Jahrhunderts nun wird das „Videmus nunc per speculum in aenigmate, tunc autem facie ad faciem" des Paulus zum unmittelbaren Ausdruck des Wissens um das neue Reich Gottes, das sich in der Welt verwirklicht, und darüber hinaus zur „unmittelbar geistig-religiösen Haltung ... mit der Absicht, zum einzigen Weltsinn vorzustoßen" (31).

Hildegard ist sich dabei ihrer Berufung bewußt, und so sind ihre Visionen dem liturgischen Brauch der kirchlichen Feier angeglichen und in einem Maße stilisiert, wie es dem modernen Denken und Erlebnisbegriff schwer nachfühlbar wird (32). Bühlers Gesamtcharakteristik trifft zu: „Ihre Persönlichkeit hat ein ganz anderes Gepräge, als das einer in Gefühl und Ekstase dahingerafften „Minnerin"; dafür ist in ihr zuviel von der altbenediktinischen Diskretion und Würde. Nimmt man aber den Bregiff der Mystik in einem weiteren, die ganze Entwicklung umfassenden Sinne, dann fügt sich die große Seherin von Bingen einer kaum übersehbaren Kette als herrliches Glied ein" (33).

Den Abstand von den anderen Menschen und, was wichtiger ist, von falschen Propheten ihrer und vergangener Zeit gewinnt sie durch die Selbstkritik und innere Zucht ihrer Begnadung. Sie kennt bereits die Gefahren der Berufung; sie weiß, daß sie als Mensch in ihren Grenzen und in der Versuchung bleibt, die gottgegebenen Erfahrungen zu übersteigern und in der Wiedergabe zu verfälschen. In ihrem Brief an Wibert von Gembloux (34) aus dem Herbst des Jahres 1174 sagt sie ausdrücklich:

„Multi autem sapientes miraculis ita confusi sunt, ut plurima secreta aperirent: sed propter vanam gloriam, illa sibimetipsis ascripserunt, et ideo ceciderunt. Sed qui in ascensione animae sapientiam a Deo hauserunt, et se pro nihilo computabant, hi columnae coeli facti sunt." (Pitra S. 332)

(Viele Weise sind schon durch erhaltene Wundergaben zu Fall gekommen. Sie taten sehr viele Geheimnisse kund, schrieben das aber in eitler Ruhmsucht sich selbst zu und stürzten deshalb. Diejenigen jedoch, die im Aufstieg ihrer Seele Weisheit aus Gott schöpften und sich selbst für nichts erachteten, die sind Säulen des Himmels geworden. (Oehl S. 108.)

Hier kommt zum erstenmal etwas von der edlen, zuchtvollen Haltung zum Ausdruck, besonders wenn man die vorhergehenden Worte mit in Betracht zieht:

„Si Deo placeret, ut corpus meum sicut et animam in hac visione levaret, timor tamen ex mente et ex corde meo non recederet, quia me hominem esse scio..." (Pitra S. 332.)

(Wenn es Gott gefiele, in dieser Vision meinen Leib und meine Seele zu erheben, so wiche doch die Furcht nicht aus meinem Sinn und Herzen, weil ich weiß, daß ich nur ein Mensch bin..) (Oehl S. 108.)

An höfische Zucht erinnert diese Selbstdisziplin, die ja auch nur geübt wird um des Auftrags willen, den genau so jeder Ritter in sich spürte wie diese Seherin. Sie wehrt sich geradezu gegen einen Vorwurf, wenn sie sagt:

„Ista autem nec exterioribus auribus audio, nec cogitationibus cordis mei, nec ulla collatione quinque sensuum meorum percipio; sed tantum in anima mea, apertis exterioribus oculis, ita ut nunquam in eis defectum extasis passa sim.." (Pitra S. 332.)

(Ich höre dies jedoch nicht mit den äußeren Ohren und nehme es nicht in den Gedanken meines Herzens oder irgendwie durch Mitwirkung meiner fünf Sinne wahr; vielmehr schaue ich es nur in meiner Seele, mit offenen Augen, ohne jemals eine Ekstase dabei erlitten zu haben) (Oehl S. 109.)

Dazu gehört es, daß sie immer wieder darauf hinweist, daß sie nicht von sich aus auszudrücken vermöge, was ihr in der Vision an Fülle der Erscheinungen begegne. Von der Heiligen selbst wird jedesmal niedergeschrieben, daß ihr diese oder jene Erscheinung als so und nicht anders zu verstehen bezeichnet werde. Das gehört zu jener erwähnten Selbstkritik, entspringt vielleicht auch dem Streben, das unmittelbar Göttliche der ihr geschenkten Vision möglichst objektiv herauszuheben. Daß dies nicht der allgemein üblichen Bekräftigung der Wahrheitsfiktion zugehört, läßt sich bei Hildegard von Bingen noch aus anderen eigenen Kommentaren zu ihren Visionen begründen. Dazu gehört in erster Linie der Hinweis auf die richtige Wiedergabe des Geschauten. „Sie sei ungelehrt" heißt es; das muß recht verstanden werden. Es ist nach dem bisherigen Stand der Forschung wohl so zu verstehen, daß hier an keine Unbildung im philosophischen Sinne gedacht werden kann. Dieser Hinweis soll nur die Echtheit und Unmittelbarkeit der göttlichen Bestandteile ihrer Visionen hervorheben. Und so ist auch wohl die viel besprochene Stelle zu verstehen:

„Nec alia verba pono, quam illa quae audio et latinis verbis non limatis ea profero, quemadmodum illa in visione audio: quoniam sicut philosophi scribunt, scribere in hac visione non

(Ich setze keine anderen Worte als die, welche ich höre, und ich bringe sie in ungefeilten lateinischen Worten vor, so wie ich sie in der Vision höre. In dieser Vision werde ich nicht

doceor; et verba in visione ista non sunt, sicut verba quae ab ore hominis sonant, sed sicut flamma coruscans, et ut nubes in aere puro mota." (Pitra S. 333).

gelehrt, wie die Philosophen zu schreiben; und die Worte in der Vision sind nicht wie Worte, die vom Munde des Menschen ertönen, sondern wie eine blitzende Flamme und wie eine Wolke, die sich in reiner Luft bewegt.) (Oehl S. 109/110.)

Ein weiteres Moment, das in allen Visionen wieder auftaucht und zur Mystik hinüberweist, ist die überall beherrschende, unmittelbare Vision des Lichtes für die Gottheit und ihre Kraft, das wohl ein mystisches Grunderleben überhaupt ist. Dies Erleben ist Ausgangspunkt der Visionsschau und Aufruf zur Verkündigung für Hildegard gewesen. In diesem Licht erscheint ihr alle religiöse Erkenntnis neu geoffenbart. Mit ihm aber steht sie auch in geradezu psychischer Verbindung: hier „erleidet" sie Gott. So sind wohl die folgenden Zeilen zu verstehen:

„Sed et prae assidua infirmitate, quam patior aliquando, taedium habeo verba et visiones quae mihi ibi ostenduntur proferre: sed tamen cum anima mea gustando illa videt, in alios mores ita convertor, quod, ut supra dixi, omnem dolorem et tribulationem oblivioni trado. Et quae tunc in eadem visione video, et audio, haec anima mea quasi ex fonte haurit; sed illa tamen plena et inexhausta manet. Anima autem mea nulla hora caret praefato lumine, quod umbra viventis luminis vocatur, ..." (Pitra S. 333.)

(Wegen der steten Krankheit an der ich leide, habe ich manchmal Überdruß, die Worte und Gesichte vorzubringen, die mir da gezeigt werden. Wenn aber meine Seele dieses Licht sieht und kostet, dann werde ich, wie ich oben sagte, so verwandelt, daß ich allen Schmerz und Kummer vergesse. Und was ich dann in der Vision schaue und höre, das schöpft meine Seele wie aus einem Quell, der aber doch voll und unerschöpflich bleibt. Zu keiner Stunde entbehrt meine Seele das vorgenannte Licht, das „der Schatten des lebendigen Lichtes" heißt.) (Oehl S. 110.)

Die Menge dieser Lichtvisionen bezeichnet Hildegard also als Erleben des „Schattens des lebendigen Lichtes". Darüber hinaus aber gibt es für sie auch die seltnere Schau des „Lux vivens", die unbeschreiblich und nur in ihrer Wirkung zu kennzeichnen ist. Sie empfängt hier die Schau des Kerns der in der Vision entstehenden Helligkeit, von der es heißt, daß sie unerträglich für Menschenaugen sei, so wie die Sonnenscheibe selbst, und daß sie alle Trauer und Bedrängnis auflöse und in die vollkommene Ruhe der Gegenwart Gottes wandle:

„Huius quoque luminis formam nullo modo cognoscere valeo, sicut nec sphaeram solis perfecte intueri possum. In eodem lumine aliam lucem, quae Lux vivens mihi nominata est, interdum et non frequenter video; et quando, et quomodo illam videam, proferre von valeo; atque interim dum illam video, omnis tristitia et omnis angustia a me aufertur..." (Pitra S. 333.)

(Dieses Lichtes Gestalt vermag ich in keiner Weise zu erkennen, wie ich ja auch die Sonnenscheibe nicht voll anschauen kann. In diesem Lichte sehe ich zuweilen, nicht häufig, ein anderes Licht, das mir als „das lebendige Licht" bezeichnet wird. Wann und wie ich dieses sehe, vermag ich nicht auszusprechen. Solange ich es sehe, wird jede Traurigkeit und jede Angst von mir genommen, ...) (Oehl S. 110.)

Für diese Steigerung des Erlebens von Lichterscheinung zu Lichtkern ist wohl die Annahme berechtigt, daß es sich um die Unterscheidung von allgemeiner Vision und unio mystica handelt. So könnte man das Erleiden der Gottschau und das selige Erleben der Gotteinigung darin wiedererkennen.

Aus der wahren Schau heraus ist das Werk der Hildegard entstanden, das die eigentliche Wegweisung zu Gott enthält: sci vias. In ihm haben wir die erste Lebenslehre bei aller Fülle der darin aufgezeichneten Visionen enthalten, wir stehen vor der Wegweisung zur Himmelsharmonie, von der es bei Hildegard heißt:

„Nam coelestis harmonia de homine sic faciente, Deo cantat, illum laudans, quia cinerosus homo Deum tantum diligit, quod propter Deum se ipsum ex toto contemnit." (Pitra S. 333/34.)

(Die Himmelsharmonie singt von einem Menschen, der so handelt, Gott Lobpreis, weil der staubgeborene Mensch Gott so sehr liebt, daß er Gott zuliebe sich selbst gänzlich verachtet.) (Oehl S. 111.)

Wenn der Titel von Hildegards pädagogischem Hauptwerk „Wisse die Wege" diese starke, fast befehlende Stimme, die die

Heilige in der Vision zu hören vermeint, wiedergibt, die zur Beachtung und Befolgung der Lehren aufruft, so begründet die Verfasserin des Titels schon im Anfang der Schrift die Gottgewolltheit solcher Lehre ausdrücklich. Gewiß ist die Anlehnung an die vielen alttestamentlichen Vorbilder nicht zu übersehen, und doch erhalten wir für die Heilige vom Rupertsberg viele charakteristische Merkmale. Auch für sie ist diese Botschaft eine Himmelsnachricht an eine Auserwählte, der es bedingungslos zu gehorchen ziemt. Diese Unbedingtheit des Gehorsams wird immer wieder hervorgehoben, und es wird darauf hingewiesen, daß ein Vergleich mit einem menschlichen Befehl unmöglich sei (35):

O homo fragilis, et cinis cineris et putredo putredinis, dic et scribe, quae vides et audis. Sed quia timida es ad loquendum, et simplex ad exponendum, et indocta ad scribendum ea, dic et scribe ea non secundum os hominis, nec secundum intellectum humanae adinventionis, nec secundum voluntatem humanae compositionis, sed secundum id, quod ea in coelestibus desuper in mirabilibus Dei vides et audis; ea sic edisserendo proferens, quemadmodum et auditor verba praeceptoris sui percipiens, ea secundum tenorem locutionis illius, ipso volente, ostendente et praecipiente propalat. Sic ergo et tu, o homo, dic ea quae vides et audis: et scribe ea non secundum te, nec secundum alium hominem, sed secundum voluntatem scientis, videntis et disponentis omnia in secretis mysteriorum suorum. (Migne S. 383).

Du gebrechlicher Mensch, Asche von der Asche und Staub vom Staube, sage und schreibe, was du siehst und hörst! Weil du aber vor dem Sprechen Angst hast, im Darlegen einfältig bist und nicht gelernt hast zu schreiben, so sprich und schreibe nicht, wie es Menschenmund tut, nicht wie es menschliche Einsicht und Erfindung macht und nicht in freigewollter Komposition, sondern so, wie du es von oben her in himmlischen Wundern schaust und hörst. Du mußt es vorbringen wie jemand, der die Worte seines Lehrmeisters vernimmt und in sich aufnimmt und dann deren Wortlaut verkündet, so wie er es will, zeigt und vorschreibt. So offenbare auch du, o Mensch, was du siehst und hörst, und zeichne es auf, nicht wie du oder ein anderer Mensch es wünscht, sondern nach dem Willen dessen, der alles in den Geheimnissen seiner Mysterien weiß, sieht und anordnet. (Bühler S. 169.)

Ausdrücklich wird betont, daß auf diese Botschaft hin nicht sofort mit dem Schreiben und Aufzeichnen begonnen worden sei, sondern erst nach einer inneren Weigerung, das Geheimnis den Menschen zu verkünden. Es heißt im Bericht der Hildegard, daß daraufhin für sie eine Krankheitszeit angebrochen sei, deren Ende erst dann erfolgte, als die Visionen von ihr niedergeschrieben worden seien. Es handelt sich hierbei um die gleichen Erscheinungen, die im Mittelalter immer wieder auftauchen und die im Schrifttum der Zeit dafür ausgewertet werden, daß der göttliche Zwang zur Offenbarung des himmlischen Rufes unter Beweis gestellt werden soll. Man vergleiche dazu einmal die Stellen in den Briefen der Elisabeth von Schönau an die heilige Hildegard (Oehl, S. 131 ff.), wo ähnliche Schilderungen gegeben werden. In diesem Zusammenhang fällt unter wiederholter Berufung auf den göttlichen Befehl der Aussage das entscheidende Wort, das uns wieder die Zusammenhänge mit dem eigentlichen mystischen Problem enthült: die Aufforderung, die Unmündigen und Verirrten unter den Mitmenschen teilhaben zu lassen an dieser vom Himmel gekommenen „mystischen" Belehrung (36). Es ist der Wille der Gottheit, durch einzelne Berufene die ohne Führung Bleibenden zur Einheit mit Gott zu bringen.

O homo fragilis pulvis de pulvere terrae, et cinis de cinere, clama et dic de introitu incorruptae salvationis: quatenus ii erudiantur qui medullam Scripturarum videntes, eam nec dicere, nec praedicare volunt, quia tepidi et hebetes ad conservandam justitiam Dei sunt, quibus clausuram mysteriorum resera:

quam ipsi timidi in abscondito agro sine fructu celant. Ergo in fontem abundantiae ita dilatare, et ita in mystica eruditione efflue, ut illi ab effusione irrigationis tuae concutiantur, qui te propter praevaricationem Evae volunt contemptibilem

Du gebrechlicher Mensch, Staub vom Staube der Erde und Asche von der Asche, rufe und künde vom Eintritte der makellosen Erlösung, damit jene unterwiesen werden, die zwar das Mark der heiligen Schriften sehen, sie aber doch nicht verkünden und predigen wollen, weil sie in der Erhaltung der göttlichen Gerechtigkeit lau und stumpf sind.

Tue ihnen auf das Schloß der Geheimnisse, das sie auf verborgenem Felde furchtsam verheimlichen! Breite dich also in überfließendem Quell aus und ströme aus in mystischer Belehrung, damit jene von deiner

esse. Nam tu acumen hujus profunditatis ab hominem non capis, sed a superno et tremendo judice illud desuper accipis, ubi praeclara luce haec serenitas inter lucentes fortiter lucebit.

Surge ergo, clama et dic: quae tibi fortissima virtute divini auxilii manifestantur, quoniam ille qui omni creaturae suae potenter et benigne imperat, ipsum timentes et ipsi suavi dilectione in spiritu humilitatis famulantes, claritate supernae illustrationis perfundit, et ad gaudia aeternae visionis in via justitiae perseverantes perducit. (Migne S. 385/86.)

Ausgießung und Bewässerung erschüttert werden, die dich wegen Evas Übertretung für verächtlich halten wollen! Denn du nimmst ja die Erhabenheit dieser Tiefe nicht von einem Menschen, sondern vom höchsten, furchtbaren Richter, von der Höhe, wo in hellstem Lichte diese Heiterkeit unter Leuchtenden stark strahlen wird.

Erhebe dich also, rufe und künde, was dir in der riesenstarken Kraft göttlicher Hilfe geoffenbart wird! Denn der, welcher jeglichem seiner Geschöpfe machtvoll und wohlwollend gebietet, durchgießt die, welche ihn fürchten und ihm in anmutiger Liebe im Geiste der Demut dienen, mit der Klarheit himmlischer Erleuchtung und führt die auf dem Wege der Gerechtigkeit Ausharrenden zu den Freuden der ewigen Vision. (Bühler S. 172/73.)

Immer deutlicher schält sich so das Wesen der mystischen Vision heraus. Ihre Kennzeichen sind abgesehen von der dem einzelnen geschenkten Mitteilung die Erweiterung der aus der Vision gewonnenen Erfahrung zur Belehrung für die nicht von der Schau Begnadeteten und als Wichtigstes das Versprechen der Abwendung des drohenden Gottesgerichtes.

In engem Zusammenhang damit steht die Erwägung der Möglichkeiten, durch die der Mensch überhaupt solchen Anforderungen gerecht zu werden vermag. Hier dringt Hildegard sehr tief in das philosophische Denken ihrer Zeit ein. Sie äußert sich über die geistigen Kräfte des Menschen und zwar über die Funktionen von Seele, Intellekt und Willen, wobei ihre schöne Sprache mit dem Reichtum an mystischen Bildern und Vergleichen auffällt:

..quoniam ipsa anima hoc modo omnia discutit, sicut et triticum ab omni contrarietate expurgatur: perquirens utrum utilia an inutilia, utrum amabilia an odibilia sunt, vel utrum ad vitam an ad mortem pertineant.

Unde sicut esca sine sale insulsa est, sic etiam caeterae vires animae sine intellectu insipidae et non discernentes sunt.

Sed et ipse in anima ut scapula in corpore, medulla in cerebro caeterarum virium animae existens et velut humerus corporis fortis, divinitatem etiam et humanitatem in Deo intelligens quaedam inflexio brachii est, ita quoque rectam fidem in opere suo habens: quod etiam inflexio manus est, cum qua tunc diversa opera in discretione quasi cum digitis discernit; ipse autem non operatur ut caeterae vires animae. Quid hoc?

Voluntas enim opus calefacit et animus illud suscipit et ratio producit, intellectus autem opus intellegit bonum et malum ostendens, velut angeli intellectum habent bonum diligentes et malum odientes. Et ut corpus habet cor, ita et anima intellectum, qui etiam in illa parte animae vim suam exercet, sicut et voluntas in altera. Quomodo? Voluntas enim magnam vim animae habet. Quomodo? Anima stat in angulo domus, id est

Die Seele untersucht alles, so wie der Weizen von allem Unzugehörigen gesäubert wird.

Sie erforscht, was zuträglich und wertlos, was liebwert und zu hassen ist, und was zum Leben und was zum Tode führt.

Wie die Speise ohne Salz geschmacklos ist, so sind auch die übrigen Seelenkräfte ohne den Intellekt dumpf und können nichts prüfen.

Er ist in der Seele wie die Schulter am Körper, wie das Mark im Gehirne und wie ein kräftiger Saft im Leibe.

Wie in einer Armbiegung erkennt er die Gottheit und die Menschheit in Gott. Hat er in seiner Betätigung den rechten Glauben, dann ist der Intellekt wie eine Handbewegung, mit der er gleichsam mit Fingern die verschiedenen Werke unterscheidet. Er selbst aber arbeitet nicht wie die übrigen Seelenkräfte. Wieso?

Der Wille gibt dem Werke Wärme, die Seele nimmt es auf, die Vernunft führt es aus, und der Intellekt zeigt, ob es gut oder böse ist, ebenso wie die Engel einen Intellekt haben, da sie das Gute lieben und das Böse hassen. Und wie der Körper ein Herz hat, so hat die Seele den Intellekt, der in diesem Teil der Seele seine Kraft ausübt, wie der Wille im anderen. Wieso? Der Wille besitzt eine große

in firmamento cordis velut aliquis homo in aliquo angulo domus suae et totam domum perspiciens, omnia instrumenta domus regat, dextrum brachium levans signando et ostendendo quaeque utilia domus suae et se ad orientem vertens. Sic et anima facit per plateas totius corporis, ad ortum solis respiciens; ipsa enim voluntatem quasi dextrum brachium ponit in firmamentum venarum et medullarum ac in commotionem totius corporis, quoniam voluntas quodcunque opus sive bonum sive malum sit operatur. (Migne S. 425/26 B.)

Seelenkraft. Wieso? Die Seele steht im Herzensgrunde, wie der Mensch an einer Ecke seines Hauses, um es ganz zu überschauen, alle Werkzeuge des Hauses zu leiten, und sich nach Osten kehrend mit erhobenem rechten Arme ein Zeichen zu geben, was man zum Wohle des Hauses erledigen soll.

So macht es die Seele gegen Sonnenaufgang gewendet durch die Straßen des ganzen Körpers hin. Sie legt den Willen gleichsam als den rechten Arm auf den Grund der Adern und des Markes, um den ganzen Körper zu bewegen; denn der Wille tut alles, das Gute und das Böse. (Bühler S. 182/83.)

Der gesamte Kampf dieser geistigen Kräfte im Menschen wider das „Böse", aber auch der Kampf um den Menschen selbst im Rahmen einer kosmologischen Schau wird häufig genug zum Inhalt der Visionen. Das ganze „Scivias" steht in seinem Aufbau sowohl in der Einzelvision, die jeweils aus Schau und Deutung besteht, wie in Inhalt und Zusammenfügung aller Visionen unter dieser Zielrichtung auf die Rettung des Menschen und den Endpunkt der Heilsgeschichte hin.

Auch der seltsame Vorgang der systematischen Zusammenfügung von erlebten Einzelvisionen zu einem in seiner Totalität überragenden Bild der Welt- und Heilsgeschichte findet in diesem Lehrauftrag seine Erklärung (37). —

Die in den angeführten Zitaten gegebenen Beispiele für den dichterischen Stil häufen sich in den großen Dialogszenen des Hauptwerkes, in denen mit Recht schon von Dichtung gesprochen werden kann (38).

Ein großartiges Bild entfaltet sich in der 13. Vision, die einen Mittelpunkt des Buches bildet, weil in ihr die Begegnung der himmlischen Kraft mit ihrer Gegenkraft, dem Teufel, ihre Darstellung findet. Dabei bleibt es nicht bei der Ausgestaltung des beschreibenden Wortes allein, sondern die hohe Steigerung über das gewöhnliche Maß der Visionsschilderung hinaus beruht auf der Einschiebung lyrisch-musikalischer Wirkungen. Visuelle und akustische Reize bestimmen die Eindruckskraft dieses großen Dialogs, der uns erkennen läßt, in welchem Maße hier schon die Möglichkeiten der Liturgie ausgenutzt sind. Außer den Lichterscheinungen nimmt Hildegard „verschiedenartige Musik" wahr:

...in laudibus civium supernorum gaudiorum, in via veritatis fortiter perseverantium, ac in querelis revocatorum ad laudes eorumdem gaudiorum et in exhortatione virtutum se exhortantium ad salutem populorum, quibus diabolicae insidiae repugnant; sed ipsae virtutes eas opprimunt, ita tamen quod sic fideles homines tandem a peccatis ad superna per poenitentiam transeunt.

Et sonus ille ut vox multitudinis in laudibus de supernis gradibus in harmonia symphonizans, sic dicebat; O splendidissima gemma, serenum decus solis tibi infusum est, fons saliens de corde Patris........ (Migne S. 729.)

Sie erscholl in den Freudenliedern der himmlischen Bürger, die auf dem Wege der Wahrheit tapfer aushielten, und in den Klagen der von dem Tode Auferweckten — diese Klagen werden ihrerseits zu diese Freude preisenden Liedern —, und in dem Ermunterungsrufe der Tugenden, die sich gegenseitig zum Heile der Völker auffordern. Die teuflischen Nachstellungen kämpfen zwar gegen die Tugenden, aber diese unterdrücken sie, so daß die Gläubigen endlich durch die Buße von den Sünden zum Himmlischen übergehen. Und dieser Schall, der wie der Gesang einer großen Menge in den Preisliedern in Harmonie zusammenklang, kündete: Hellglänzender Edelstein, herrliche Sonnenzier ist dir eingegossen, du bist ein dem Herzen des Vaters entspringender Quell,...
(Bühler S. 193.) (Scivias 19.)

Wie ein szenischer Entwurf wirkt diese Einleitungsschilderung der Vision, die sich von dieser Stelle an bereits in einen Dialog auflöst. Stimmen antworten einander in Klage, Ermunterung, Preis und Dank. Erst mit der Beschwörung des Teufels verwandelt sich das große Himmelsbild in ein Kampffeld, auf dem nun nicht mehr Stimme gegen Stimme, sondern die Kraft Gottes gegen die Gewalt des Teufels steht, auf dem Verbündete beider Parteien ihre Ziele und Aufgaben bekennen. Aus dem liturgischen Dialog entsteht der dramatische, ohne auf seine starke lehrhafte Tendenz zu verzichten.

Im Mittelpunkt bleibt das Thema von der Errettung der Seele, die Gott gehört, von dem Teufel, der hier die Gegenkraft des Reinen darstellt. Die geschilderte Situation, die durch die Personifikation der miteinander kämpfenden Mächte geradezu dramatischen Charakter erhält, wird auf die entscheidenden zwei Fragen der Mystik abgestellt: auf das Moment der Stärkung der Seele in diesem Kampf durch das Wissen um den göttlichen Ursprung und auf die Wiedervereinigung mit Gott. Dabei werden die Hilfsmöglichkeiten in diesem Kampf um das Bleiben und Wiedereinswerden in Gott mit der reichen Schilderung aller Einzeltugenden belebt, die ihren Wert preisen und sich selbst charakterisieren. Immer weiter spannt sich die Szenerie. Patriarchen, Propheten und Engel vermischen sich mit dem Chor der Auferstehenden, der Seligen und der Verdammten. Monologe aller Tugenden wechseln mit denen des Teufels und des Gottessohnes. Aber alle Stimmen verbinden sich schließlich in dem Thema der Gotteinigung, sei es im Preisen oder Verwehren dieses letzten Zieles. Immer wieder bricht dabei das mystische Bild hindurch, besonders klar an den Stellen, an denen es um den Lobpreis der unio geht. So bekennt die glückliche Seele (Bühler S. 199): „Süße Gottheit, süßes Leben, in dem ich das herrliche Kleid tragen und erhalten möchte, das ich beim ersten Erscheinen verloren habe, zu dir seufze ich und rufe alle Tugenden an." Die Tugenden antworten: „Glückliche Seele, süßes Gottesgeschöpf! Du bist aufgebaut auf die tiefgründige Höhe der Weisheit Gottes; du hast eine große Liebe". Die glückliche Seele: „Gerne käme ich zu euch, damit ihr mir den Herzenskuß gäbet". Die Tugenden treten hinzu, um an der Seite der glücklichen Seele den Zugang zu Gott freizukämpfen. Die Demut, die Liebe, die Furcht Gottes, der Gehorsam schützen die Seele auf diesem Wege vor der Anfechtung des Teufels. Zusammen mit der „Furcht Gottes" übernimmt die „Liebe" die Führung bis zum Eintritt in das Heiligtum. „Die Liebe: Ich bin die Liebe, eine anmutige Blume. Kommet zu mir, ihr Tugenden, ich führe euch in das helle Licht des blühenden Reises. Die Tugenden: In brennendem Eifer eilen wir zu dir, geliebteste Blume. Die Furcht Gottes: Ich bin die Furcht Gottes, ich bereite euch, überselige Töchter, vor, daß ihr den lebendigen Gott anschauen könnt und nicht zugrunde geht" (Bühler, S. 202).

Mit Absicht wird der letzte Teil des Weges zur Vereinigung mit Gott unter Hervorhebung aller Schwierigkeiten und teuflischen Versuchungen geschildert. Doch treten immer neue Helfer auf, zu denen vor allem der „Gehorsam" zu rechnen ist, der zusammen mit der „Keuschheit" die letzten Hindernisse überwinden hilft: „Ich bin der helleuchtende Gehorsam, kommet zu mir, ihr wunderschönen Töchter, und ich will euch in das Vaterland zum Kusse des Königs führen." Ein Vorgefühl der zukünftigen Glückseligkeit in der unio mit Gott weckt die 'Keuschheit', die durch diese beseligende Aussicht den ermüdeten Kämpferinnen Kraft einflößt: „Jungfräulichkeit, du stehst im Brautgemache des Königs! Wie süß entbrennst du in den Umarmungen des Königs, während dich die Sonne umglänzt, so daß deine edle Blume niemals abfällt. Dich Vornehme wird nie ein Schatten beim Verwelken der Blume treffen" (Bühler, S. 203) (39).

In einer ununterbrochenen Kette von Bildern läßt Hildegard die hilfesuchenden Seelen als Sprecherinnen auftreten, die in ähnlichen Monologen und Dialogen die Tugenden anrufen. Durch deren Unterstützung und nie versagende Hilfe vermögen sie den Versuchungen des Teufels standzuhalten. Bis zu seiner endgültigen Fesselung durch den „Sieg" führt das Wechselgespräch. Am Schluß geht der Ton immer stärker in die Verkündigung über. Im Nachspiel wird Gottes Macht und Kraft in himmlischer Vollkommenheit dargestellt als Überwindung aller anderen Gegenkräfte. Hoch und erhaben, weltordnend und rettend überglänzt seine Größe alles. Wie im Vorspiel, so hört man jetzt auch im Nachspiel zum Dialog Stimmen von oben.

Sed et iterum vox de coelo vociferatione maxima clamabat, dicens: Audite et attendite omnes qui supernam remunerationem et beatitudinem habere desideratis. O vos homines qui credula corda habetis, et supernam remunerationem exspectatis:	Und wiederum erscholl eine überaus gewaltige Stimme vom Himmel her: „Höret und habet acht ihr alle, die ihr euch nach Himmelslohn und Himmelsseligkeit sehnet! Menschen mit gläubigen Herzen, die ihr Himmelslohn erwartet, nehmt doch

sermones istos suscipite, et eos in interiora corda vestra ponite, nec admonitionem istam in visitatione vestra recusate. Nam ergo testificator veritatis, vivus et verus loquens et non tacens Deus, dico atque iterum dico: Quis mihi praevalere poterit? (Migne S. 737/38.)

diese Worte auf, leget sie in euer Herzensinneres und weiset die Ermahnung von eurer Heimsuchung nicht zurück! Denn ich, der ich die Wahrheit bezeuge, der ich Leben habe und die Wahrheit spreche, ich, der nicht schweigende Gott, künde und künde wiederum: 'Wer will mich überwältigen?' (Bühler S. 215)

Diese Stimme Gottes dringt besonders zu der einen Begnadeten, die sich ganz unter seinem Schutze weiß und zu deren Erhöhung es am Schluß des Buches Scivias heißt, daß sie in Gottes Auftrag den Menschen seinen Willen in diesem Werk übermittelt habe.

Unde et quisquis mystica verba hujus libri recusaverit, arcum meum super eum extendam et sagittis pharetrae meae eum transfigam, et coronam ejus de capite ipsius abjiciam atque eum illis similabo, qui in Oreb ceciderunt, quando contra me murmuraverunt. (Migne S. 738)

Wer also die geheimnisvollen Worte dieses Buches zurückweist, über dem spanne ich meinen Bogen, durchbohre ihn mit den Pfeilen meines Köchers, schleudere die Krone von seinem Haupte und mache ihn denen gleich, die am Horeb fielen, weil sie gegen mich murrten. (Bühler S. 216).

Die einzelne, die den anderen Menschen den Weg zum Ziel weist, bleibt die Vollkommene, deren Name gleichsam von Gott selbst geheiligt wird.

Sed si quis haec verba digiti Dei temere absconderit, et ea per vesaniam suam minuerit, aut in alienum locum alicujus humani sensus causa abduxerit, et ita deriserit, ille reprobus erit, et digitus Dei conteret illum. (Migne S. 738)

Wer aber diese Worte des Fingers Gottes verwegen verbirgt, sie in seinem Aberwitz verringert, und sie wegen irgendeiner Menschenmeinung an einen fremden Ort verschleppt, und sie also verspottet, der wird verdammt werden, und Gottes Finger wird ihn zermahlen. (Bühler S. 216).

Der hohe Ton der Weissagungen und der Verklärung, der hier zu finden ist, klingt nur an dieser Stelle der frühen Mystik auf und wird später nur von ganz wenigen wie Mechthild von Magdeburg auf anderen Wegen wieder erreicht.

Deutlich spürbar wird hier noch das Problem der sprachlichen Ausdruckskunst. Hildegard von Bingen steht nur das Latein als Mittel ihrer hohen Stilistik zur Verfügung. Bei aller persönlichen Handhabung bleibt diese Sprache fremd und wirkt erhaben. Sie ist nicht mehr einfach und dadurch groß wie das klassische Latein, sondern vergröbert und dadurch unlateinisch. Man empfindet die Zwiespältigkeit, den deutschen Unterton (vgl. Hederer S. 216). In dieser frühen Mystik spürt man die sprachliche Hemmung in der Aussage, besonders für die Vorstellungen, die im mittelhochdeutschen Vokabular erst geschaffen werden mußten, da sie ja wenigen einzelnen gehörten, die gerade der unio noch keinerlei Ausdruck hatten verleihen können.

Aber schon aus den gegebenen Beispielen läßt sich erkennen, in welchem Maße die Sprache und der Inhalt der Visionen Hildegards trotzdem gewirkt haben müssen. Dabei sehe ich die Wirkung auf die Zeitgenossen für besonders bedeutsam an, da sich daraus erst ablesen läßt, welche Macht in dieser Art der Offenbarung durch Visionen gelegen haben muß. Wenn wir auch bei der Benutzung der Briefe der Rupertsberger Nonne sehr vorsichtig sein müssen, so scheint doch eins festzustehen, daß ihr Ansehen und ihr Rat in geistlichen Kreisen geradezu unabmeßbar gewesen ist. Tatsache ist auch die Verbreitung ihres Rufes über die ganze Welt (40). Nach der Darstellung W. Oehls hat sie „weithin über Mitteleuropa und darüber hinaus mit Päpsten, Erzbischöfen, Bischöfen, Kaisern, Königen, Fürsten, Grafen, Äbten und Äbtissinnen, Pröpsten, einfachen Priestern, Mönchen und Nonnen, ferner mit sonstigen weltlichen Personen Briefe gewechselt" (S. 61). Selbst wenn wir die wirkliche Echtheit der überlieferten Briefe nur auf das Material beschränken, das bei Oehl, S. 64ff. abgedruckt ist, so zeigen Namen wie die des Bernhard von Clairvaux, der Elisabeth von Schönau, des Abtes Philibert von Park und der Insassen des Klosters Zwiefalten, mit welcher Aufmerksamkeit die Stimme der Heiligen vom Rupertsberg gehört wurde. Wie hoch ihr Urteil geschätzt wurde, ergibt sich aus den Antworten auf die Anspielungen des Abtes Philibert von Park über den Verfall der damaligen Kirchenzucht (Oehl, S. 87). Ähnliches können wir herauslesen aus den

Briefen an Elisabeth von Schönau, der sie ihre Erfahrungen über die Gnade der Visionen mitteilt (Oehl, S. 129 und S. 135). Das großartigste Zeugnis liegt uns allerdings doch in dem Bekenntnisbrief an den Mönch Wibert vor, den wir weiter oben so ausführlich herangezogen haben.

Bei Hildegard von Bingen ist die Einwirkung göttlicher Kraft auf ihr innerlich zu dieser Form der unio in der Vision bereitetes Gemüt offensichtlich. Die dieser Frau zuteil gewordene Schau wirkt sich also stark erhöhend aus. Überall im einzelnen ist diese steigende Kraft spürbar. Die in ihrem Werk lebende Zeitklage, die dunklen eschatologischen Töne gewinnen nie die Oberhand. Die Vision selbst ist eingebaut in eine Kosmologie, die durch die Übergröße der Schau ihre Besonderheit erhält. Alle Ekstase verblaßt dagegen. Mit offenen Augen, wie sie selbst im Brief an den Mönch Wibert sagt, sieht Hildegard in das Göttliche hinüber (Bühler, S. 32ff.). Sie trägt die unerschütterliche Gewißheit der ihr von Gott verliehenen visionären Fähigkeiten. So hat sie Würde und Haltung und vermag zugleich in der Welt zu bleiben. Gott hilft ihr durch die Schau und sie hilft den Menschen durch die Belehrung aus der Vision und durch die Erkenntnis der heilenden Kräfte der Natur. Sie steht bei den Menschen und doch über ihnen, einsam, aber in der Nähe des Höchsten als „Prophetissa teutonica" (41).

So rundet sich das Bild dieser Einzelpersönlichkeit unter den Frauen des frühen Mittelalters. In ihm zeichnen sich die Merkmale mystischer Lebensgesetze, wie sie später immer wieder auftauchen, deutlich ab. Erscheinungsformen jenes geheimnisvollen Wirkens des göttlichen Geistes in der Seele des einzelnen tun sich auf, die uns diesen Menschen zwischen Zeit und Ewigkeit bleibend erscheinen lassen. Wir sehen erstens die Begnadung durch die Vision und die persönliche Vertiefung dieser Einwirkung Gottes zu einer mystischen Gottschau. Zweitens erkennen wir das Motiv der Verkündigung der höchsten Wahrheit, die in Gottes Aufforderung liegt, den Menschen zurückzurufen zur alten Einheit. Drittens werden die Grundzüge einer Anweisung zu kämpfendem mystischem Leben deutlich, die im Wandel der Jahrhunderte immer wieder verändert auftauchen.

Das Werk der Hildegard also ist die symbolistische Gesamtdarstellung der Heilsgeschichte der Kirche als „corpus mysticum Christi." Es steht fest in dieser Kirche, und dennoch setzt sich ein neues Frömmigkeitsgefühl durch, das in Mut und Kraft und Freiheit zur Totalität und zur Unmittelbarkeit der visionären Schau spekulativer Erkenntnisse als Vorform der Mystik angesprochen werden darf. Es entsteht in ihm die einmalige Verbindung von Dogma und Vision zur Offenbarungsdichtung der Heilsgeschichte. Gewiß handelt es sich bei Hildegard von Bingen um einen Einzelfall. Aber es sind gerade diese Kräfte einer überdurchschnittlichen Persönlichkeit, die über die damaligen Frömmigkeitsformen hinausgreifen, und eine Vorform der deutschen Mystik schaffen, die sich von der eines anderen Kulturkreises deutlich abhebt.

2. Das St. Trudperter Hohe Lied

Etwa zeitgenössisch mit Hildegard von Bingen kommt es in der zweiten Hälfte des 12. Jahrhunderts zum erstenmal neben der Strenge objektiver Verkündigung und der kosmischen Weite Hildegards zu einem reinen Erblühen deutscher Mystik in der zarten Kraft und Schwerelosigkeit des für Nonnen gedachten und gedichteten St. Trudperter Hohen Liedes (42). Es entsteht nach dem Vorgang von Willirams Paraphrase des Hohen Liedes, aber im Gegensatz zu ihm nicht als dogmatisch starre Auslegung, sondern in neuer Freiheit innigster Gotterkenntnis, die sich eine schwingende deutsche Sprachform schafft. Auch hier ist die deutsche Frauenmystik noch auf dem Wege zu ihrer Eigenart.

Diese Dichtung lebt in Einzelteilen (großen vielschichtigen allegorischen Deutungen und einzelnen zarten symbolhaften Bildern) aus den Formen der Zeit, aus Allegorie und Symbol, wie es durch Quelle und Thema des Hohen Liedes vorher bestimmt ist. Sie umfaßt die Gesamtheit der Heilsgeschichte und legt sie zugrunde. Aber ihre Eigenart und ihre Begegnung mit Gott liegt nicht in der Visionsschau, sondern in einem viel stärker subjektiven Erleben, das im Wort seinen fließenden und bewegten Ausdruck findet.

Bezeichnende Einführung in diese neue Thematik und neue Gottnähe ist schon der Prolog (43): Ein hymnischer Preis des heiligen Geistes, der Gestaltwerdung der göttlichen Liebe (6_1—8_5). Er ist tragende Kraft des Werkes und Ziel der Erhebung der Herzen; auf ihn hin wird die Gestalt des Bräutigams des Hohen Liedes gedeutet, weit mehr als auf Christus:

Aus dem Munde des Geistes wird der canticus canticorum geboren. Der Sang also ist der Geist selbst, ist ein Hervorgang aus ihm, der sich bis zum Menschen hinneigt und in den der Mensch hinaufwächst. Er ruht im Grunde der Weisheit (6_{7-8}); vom Menschen aus gesehen aber ist er heilende Kraft (6_{8-13}), Mut und Sieg spendende, krönende Macht (6^{14-16}); in der „corôna des magetlichen lebennes" (6_{21}) aber wird er zur „mandunge der ruowenten" und zum „umbehalsen des winelichen kusses" (6_{17-18}). Die Beseligung klingt aus in einem Hinweggenommensein in Musik (6_{22}ff.) und Licht (7_{10}ff.). Im Menschen aber muß „minne" dieser Geist-Kraft entgegenwachsen, sonst „zerbrichet" ihn dieser Sang (7_{31}). — Diese Eingangsstelle ist bezeichnend für die Höhe der Sprachform. Sie steigt auf in starker hymmnischer Steigerung, jedoch nicht in barocker Häufung, sondern in zunehmender Sublimierung göttlicher Leichtigkeit. Schon hier zeigt sich eine Emporsteigerung aus dem Wissen um die Unio zu ihrer begnadeten Wortwerdung, ein Singen — getragen von der Kraft der Liebe und gezogen von ihr.

So ist die ganze Dichtung eine Hymne auf den Geist (die Liebe) als den Bräutigam des Hohen Liedes. Die Braut aber wird — und das ist das entscheidend Neue — gedeutet auf Maria, deren Gestalt einerseits auf die übliche (auch bei Williram gegebene) Deutung als Ecclesia ausgeweitet wird, die andererseits aber in der anima des Menschen ihr Bild wiederfindet (44).

Der Mensch war Gottes „insigel", das durch den Sündenfall zerbrochen wurde (8_{12}). In Maria aber erscheint diese ursprüngliche Schönheit des Menschen in reiner Vollendung. An ihr wird durch die Gnade sichtbar, was Gott mit dem Menschengeschlecht gemeint hat. In ihr werden „wille" und „minne" wieder zum reinen Mund, der die Gottheit empfangen darf (8_{29}). In ihrer Unio mit dem Geist vollzieht sich die Menschwerdung Gottes (8_{34}ff.). Maria aber ist nicht die einmalige Frucht dieses Liebegedankens Gottes, sondern gleichsam die Spitze der Pyramide aller derer, die zu „brûten" des Herrn bestimmt sind: „nûne sulin wir daz nith alsô virnemin, daz er si eine kuste unde niemen mêre. si hâth uns allen hulde gewunnin ze kussene.." (10_{30}—11_{1}). (45).

U. Pretzel hat darauf hingewiesen, daß nicht so sehr in der ehrfürchtig demütigen Liebe des Menschen zu Maria, sondern eher in der Vorstellung von der Minne Gottes zur Jungfrau das Verbindungsglied von der Marienverehrurng zum mystischen Bereich wie zum Minnedienst liegt (46). Diese Vorstellung, „die die Realität mit dem Wunder verschmelzen will", beginnt bereits, den Menschen von Gott her zu sehen und in seiner liebenden Zu-Neigung den unmittelbaren Berührungspunkt für die aufsteigenden Seelenkräfte zu ahnen.

Das wird am St. Trudperter Hohen Lied besonders deutlich: in der bräutlichen Vereinigung von Geist und Maria ist die Verbindung zum Menschen mitgeschaffen und die Seele steigt — sich ihr öffnend — zu ihr auf (47). —

Schon in dieser Deutung der Mariengestalt wird das der Dichtung innewohnende starke, edle Selbstbewußtsein des geistlichen Standes offenbar, der sich unmittelbarer Gnaden und Aufgaben teilhaftig weiß (48). Aus ihm lebt das Ethos der Dichtung. Sie steht dabei in adliger Zucht und weiß um die Härte des Kampfes, der der Seele nicht erspart bleibt (49). Auch der Begriff der „edelen sêle" ist in ihr schon nachzuweisen (50).

Es entspricht also der Gottlehre und hymnischen Gotterfahrung der Dichtung in klarer Ausgewogenheit die Kennzeichnung der irdischen Verfangenheit (51) und der daraus entspringenden gesunden Praxis der eigenen Bereitung einerseits (52) und des Lehrauftrages andererseits (53). Beides hält sich auch rein textlich die Waage. Die Dichtung verurteilt geradezu die Anmaßung einer „meisterschaft" Gott gegenüber (etwa im Einsiedlertum), ehe Gott dazu rufe (70_{13-24}); sie betont die Wichtigkeit des Auftrages der geistlichen Hilfe vor der „Pflege" der eigenen Seele (54). Ausgehend von den Tugenden der Maria schafft sie ein Lebensvorbild für ihre Zuhörerinnen. Immer wieder wird der Weg des Menschen vom Kampf gegen das Böse und vom Werk aufwärts geschildert (55), auf dem die Sehnsucht nach Gott Triebkraft ist.

So entsteht in der Dichtung eine Lebenslehre des weiblichen geistlichen Standes (56), in reiner Harmonie und zuchtvoller Vereinigung mit der Lehre des Weges zu Gott und dem wortgewordenen Abglanz der Gotterfahrung in der unio. Aber alles Werk ist in ihr nur Vorbereitung, und seine Überwindung liegt im Zuge der Dichtung (57): Die Seele sucht Gott in heißer Begier überall und findet ihn nirgends, nicht im Werk (38_{17}) (58), nicht in der Weisheit der Philosophie (38_{28}), nicht im Wort der Propheten (39_{3}); — aber in der „willeclichen bekêrde" zum geistlichen Leben, in der „virsmâhede" ihrer selbst und der Welt (39_{15}; 51_{8}), in der Umkehr des Willens, da vollzieht sich das Wunder, daß der Gott, der für alle Dinge zu groß war, überall ist und im eigenen Herzen (39_{31}ff.):

„Des nahtes an mîneme bette dô ruofte ich mîneme wine den mîn sêle minnet, er ne antwurte mir niet, ich suohte in unde nevant sîn nieht" (37_{29-31}).... „ich suochtin mit vasten mit wachenne mit almuosine mit manegen werltlichen guotâten, dâ man sich gote mite nâhet unde die sunde mit tiligôt. doch newirt got dâmite nieht garlîche fundin noch gezartet vone manegeme. geschihit iz abir, daz ist seltsâne, wande swie guot almuosînâre er ist" (38_{17-23}).... Nach der Erkenntnis der Notwendigkeit der völligen Zuwendung zu Gott und des Freiwerdens vom eigenen Selbst aber heißt es:

„Nû hân ich den fundin den mîn sêle minnet.... wan senfte ist diu stat zerchennenne dâ got ist, vil unsenfte ist daz ze wizzenne wâ er niene sî. wan er ist gagenwurtich in allen stetin, sô daz er nesitzet noch nestêt dâ ze himile, sundir er ist dâ. noch er liget noch ne stêt in des menneskin herzen, sundir er wonet dâ unde ist dâ in heiligeme bilde" (39_{23}ff.).

Die Seele also bildet sich mit guten Werken; Gott aber hat den Keim zu liebender Sehnsucht und zu einer heißen „girde" nach Gotterkenntnis in sie gelegt: „ih lôste dic mit mîneme tôde, dô du uiele ane dîne girde zi diu daz dû mîn minniclîche gerest. ih zôch dih iunge unwellente in mîne kemenâten an daz bette gaistlicher râwe zi diu, sô dû ze sinne chomest, daz dû mich minnest uure elliu dinch unde ubir elliu dinc" (136_{9-14}) (60). Dieses „siechtuom" der Sehnsucht trägt ihre Minne-Kraft empor. Über allem aber steht die Erlösung durch die Gnade der Liebe (60), das Einfließen der Seele in Gott (61).

Die unio aber ist nicht nur inniger Gefühlsvorgang, — und darin besteht die überirdische Reinheit dieser frühen Dichtung geistlicher Minne, — sondern es liegt ihr die klare Vorstellung eines Aufstiegs der Seelenkräfte zugrunde, emporgetragen von den Gefühlskräften, zu einer Geistberührung mit den Gotteskräften.

In größter Konzentration wird dies Ausstrahlen der trinitarischen Gotteskraft und das suchende Aufsteigen der ebenfalls trinitarisch angelegten Seelenkräfte zur Geistberührung, das die ganze Dichtung durchzieht, ausgesprochen an der Stelle 53_{1-20} und in folgender Schichtung dargeboten:

1. über die einfache Zucht des Daseins (in „gedancen-wort-werc");
2. zur Bereitung durch die Klostertugenden der Regel („gehorsam — gedult — diemuot");
3. zu den daraus entspringenden, auf Gott gerichteten Seelenkräften („glouben — gedingen — minnen");

4. zu den Kräften der Gotterkenntnis und -empfängnis („gehuht — vernunst — guoter wille").
5. Hier setzt die Schau der Gottkräfte ein: als erstes die Erkenntnis der Erhabenheit Gottes („erkennen daz reht — minnen die wârheit — vurhten daz urteil").
6. Aus dem Richter wird der allgewaltige Helfer, dem der Mensch hoffend sich nahen darf („nâhen sîner sterke — gedingen ze den êwigen — trôst haben zu sîner erbermede").
7. Daraus erwächst unendliches Gotteslob und unendliche Gottesminne im Menschen („den vater loben — den sun êren — den heiligen geist guotlîchen").
8. Letztes aber ist das Suchen und Erkennen Gottes, das Eingehen in Gott („daz wir den gewalt suochen, den wîstuom vinden unde den hailigen gaist in aller unser sêle minnen".)

Dieser Vorgang der vergeistigten unio durchstrahlt das Bild der bräutlichen unio in dieser Dichtung immer wieder: „Nû geit iz an die brûtluofte. nû hebe ûf dîne gehuht mit der heiliger geluobe nâch deme gewalte des schephâris. si wirt ime gefuoget als ein brût. hebe ûf dîne vernunst mit gedingen hin ze deme wîstuome dînes urlôsâres. si wirt ime gefûgit same chcne karle. hebe ûf dînin willin mit der heiligun minne nach der oberôstin guote des heiligin geistes, ime wirt dîn sêle gefuoget ze êgelikir unde ze rehtir wineschefte. dâ wirt si zerrennet als ein wahs mit der hitze des heiligen geistis. dar ziuhet dînen willin seraphin. sô ziuhet dîne vernunst an den wîstuom cherubin. sô ziuhet dîne gehuht trôn an den stuol des allir hôhesten. diz ist diu allir beste brûtluofte." (13$_{4-17}$) (62). Die höchsten Empfängniskräfte begegnen sich mit den Kräften des Schöpfers in der „stille" der Seele, und in einer „suozzen bewegede lîbis unde sêle" (18$_{34}$) erkennt die Seele, daß sie in der Liebe steht. Sie geht ein in das Schweigen, das über dem Gebet ist (63), in dem die inneren Kräfte sich wortlos dem Gebet der Gotteskräfte vereinigen.

Die Spitze der Geist-Unio aber bildet überall die Minne (64): Wo die Minne im Menschen wächst, da „siechen geloube und gedinge" (74$_{18}$—75$_{4}$), so wird es kühn ausgesprochen, — denn: wo die Einheit in der Liebe erreicht ist, da sind Glaube und Hoffnung zur Wahrheit geworden und schwinden in der Verschmelzung.

Das „minnente herze gotes" ist das „vorderôste und daz allir beste guot" (89$_{19-23}$). Das Herz des Menschen aber ist die Pforte dieses Gottes (126$_{2-4}$), und niemand kann von ihm aussagen, der ihn nicht selbst in sich erkennt (89$_{21}$). Himmel und Erde vermögen

Gott nicht zu umfassen, aber des Menschen Herz umfängt ihn: . . . . (127_{31}) . . . „Wer wart ie sô geturstich, daz er sich vermâzze, daz er got vâhen wolte? iâne mahte in himel unde erde nie umbe vâhen. alle mennisken die vâhent in . . . . . der sunne wermet den blinden, er intlûteth in aber nieht . . . . (128_{4}) der sunne wirt mit deme ougen an daz herze gezogin, wande iz deme sunnen aller gilîchiste ist. Alsô gefert iz umbe got".

Die Minne als bindende Zentralkraft Gottes und des Menschen steht in geheimem Zusammenhang und in Entsprechung zur menschlichen Seelenkraft des Willens einerseits und zur Gnade und Güte Gottes andererseits (65). Der Wille als Haupt der Seelenkräfte (66) verleiht dieser Frömmigkeitsform starken ethischen Charakter (67); aber in seiner engen Beziehung zum Minnebegriff erhebt er sich zugleich über das rein Ethische hinaus und gibt der Dichtung ihre Wendung zur Gottbegegnung (68).

Über aller ethischen Bereitung steht als Ziel die Überformung in der Minne: (117_{1}) „Wie scône dû bist unde wie ziere in dînen zartwunnen, dû mîn liebestiu. nû sulin wir sehen weder der zart gotes sî hin ze der sêle odir der sêle ze gote. wir negeturren der durnahtigen sêle nieht versagen den zart . . ." (117_{28}) „Waz ist der wunnicliche zart? Weder chumet got here zuo der sêle odir diu sêle hin ûf ze gote" (69); das Wunder der unio vollzieht sich in der letzten Stille liebenden Seins, das die Dichtung, sich selbst und ihre Frömmigkeitsform kennzeichnend, nennt: die „minneclîche gotes erkennusse" (145_{13}).

Der Minnebegriff erhebt sich also zu lauterer klarer Vergeistigung, die den der Erkenntnis in sich aufnimmt.

Über die Möglichkeit der unio werden, entsprechend dem empfindlichen Gefühl für Näherung und Entfernung des Mystikers zu seinem Gott und im Zuge des Ausschwingens der Dichtung völlig verschiedene, fast widerspruchsvolle Aussagen getan:

Die unio wird einerseits als Erreichtes im Aufflug des Wortes nachgezeichnet (70), — sie wird andererseits besonders bei der Darstellung der Lebenslehre bisweilen als Ziel in die Ewigkeit hinausgerückt (71), — sie ist unzweifelhaft verheißen in der Anlage der Seele (72), — aber sie ist auf verschwindendes Maß begrenzt (73), — sie erscheint „in troumes wîs" (74).

Dem entspricht das Schwanken zwischen hoher Gott-Heiterkeit (85_{23}—86_{9}) und tiefer Gott-Trauer ($143_{18ff.}$), — der Beginn der Dichtung in der Freude und ihr Ausklang im Schmerz.

Weder das eine noch das andere ist dualistisch zu sehen, sondern in schwingender, aber letztlich aufsteigender Linie. — Die Dichtung selbst kennzeichnet diese Pole der Trauer und der Freude als das Besessen-Werden der Seele von Gott und als das Besitzen Gottes (128^{25-33}). Niemals ist sie aus Gott und ohne Gott. Auch der Schmerz, das Gott-Leiden, ist „gradus" auf Gott hin. Die „durnahtige minne" aber bleibt in höchster Vergeistigung vollzogen. Wille und Minne bleiben im Geist beheimatet, während das irdische Dasein in seinen Gesetzen des Leidens, Wirkens und Helfens erfüllt werden muß.

So lebt diese frühe mystische Dichtung aus einer in sich geschlossenen, reinen und klaren Einheit von Gottlehre und Gottminne einerseits, von Lebenslehre und Unio-Erfüllung andererseits. Eine hohe, bisweilen erstaunlich kühne und freie Auffassung von Kraft und Adel der Seele und die Unmittelbarkeit des Gotterlebens zeugen von aufbrechendem Neuen. Aber der Weg nach innen und der Aufblick in die Gnade halten sich in klarer Sicherheit die Waage. Der Minnebegriff ist das einende Band, das hier noch — fern aller minnesängerischen Terminologie, jenseits von Erfülltheit oder Unerfülltheit — ewig in Gott einströmend in ihm ruht.

Jener Grundeinheit des Erlebens aber entspricht die für diese Zeit erstaunlich gelöste, schwingende Sprachform, die — in sich vollendet — der in der Mystik so oft sich offenbarenden Urschicht der Einheit von Religion und Dichtung angehört.

3. Mechthild von Magdeburg

Als ein weiterer Rückgriff in diese Ureinheit von Religion und Dichtung und als neue Befreiung der Seele ist es zu werten, wie später Mechthild von Magdeburg den Reichtum der Bilder des deutschen Minnesangs für die Mystik erschließt und so auf eine Sprache zurückgreift, der seit Reinmar ein aristokratischer Zug eigen geblieben ist. Hoher Minnesang und hohe Mystik gehören in der Geschichte der deutschen dichterischen Sprache zusammen. In beiden Ausformungen mittelalterlichen Geistes in Deutschland lebt die Zucht der inneren Bewahrung trotz aller Leidenschaftlichkeit des Gefühls.

Bräutliche und prophetische Mystik treten schon in den Aufzeichnungen der Hildegard hervor. Bei allem befreiten Pathos wirkt ihr Preis der unio jedoch adlig und maßvoll, nur für die

Aufnahme in starke Herzen geeignet. Letzte Gefühlsstufen des Gotterleidens in der Einigung scheinen hier in einsamer Höhe erreicht zu sein. Nichts vom Stolz der Begnadung, nichts vom fessellosen Sturm erotischer Verwirrung gelangt zur Aussprache. Die innere Gehaltenheit des Gefühls kommt der Konzentration des Denkens bei den großen Meistern der Mystik gleich. Die Vertiefung des Urerlebnisses der Mystik durch Hingabe an das Wunder der Vision ist in Hildegard vollendet. Weder Elisabeth von Schönau noch irgendeine der uns bisher bekannten Mystikerinnen des 12. Jahrhunderts erreicht eine solche beherrschte Kraft. Es gibt nur eine ähnlich Begnadete unter den Frauen, die die Vertiefung der unio in der Schau in dieser Reinheit und Zucht bewahrt hat, das ist Mechthild von Magdeburg. Kürzer und affektiver vielleicht als die heilige Hildegard bleibt sie gebannt in den Rausch der Vision, dessen Höhepunkt die unio wird, aber sie stimmt mit ihr überein in der Reinheit und zuchtvollen Verhüllung der Gefühlsbefreiung, in der mâze (75). Nur an wenigen Stellen überschreitet sie diese Grenze. Es sind die Abschnitte in ihren Minne-Dialogen, in denen sie ganz bewußt fordernd als „vollewahsen brût" spricht und nun die „unio mystica" bis zur Neige auskosten will.

Und doch bleibt ihre Grundhaltung in einem Geist-Erlebnis befangen. Sie berührt sich nicht nur mit der Visionsmystik der heiligen Hildegard, sondern auch mit der bräutlichen des St. Trudperter Hohen Liedes. Die Ähnlichkeit aller drei Dichtungen liegt in dem Willen, den Klosterinsassinnen einen Eindruck zu vermitteln von dem Weg durch das Diesseits zur höchsten Einigung im Geiste. Die bräutliche Bereitung, die „Lebenslehre" dieser Frauen ist bei Mechthild ganz auf die Erfassung der möglichen Wege zur „unio" gerichtet. Die Vorstellung von der Gotteinigung ist bereits viel klarer und abgestufter wiedergegeben. Prophetie und Vergeistigung verhüllen nicht mehr wie bei Hildegard und im St. Trudperter Hohen Lied das Rätsel der unio. Als hätte Mechthild die Notwendigkeit erkannt, klärend und dadurch vertiefend zu wirken auf alle, die ihren Weg noch nicht zu gehen bereitet sind, sucht sie zu umschreiben, wofür es keine Worte gibt. Zwar sind auch von ihr Äußerungen erhalten, die die unio als unsagbar und unbeschreiblich kennzeichnen (76), trotzdem läßt sie uns aber das Wunder der unio in der menschlichen Vorstellung nacherleben.

Unter „unio mystica" versteht Mechthild ein lebendiges Wechselverhältnis zwischen Gott und der menschlichen Seele. Mechthilds

Sprache dafür ist bildhaft, alles Erfühlte nimmt bei ihr lebendiges Wesen an. So personifiziert sie die Seele und Gott. Aus der Seele spricht sie selber, Gott aber schuf sich die Seele zur Braut, damit „er etwas zur Minne habe". Er gibt der Seele seine göttliche Minne. Sie wird zur Königin aller Kreatürlichkeit. Gott ist in ihr und in allen Dingen, aber nicht in Gleichsetzung mit ihr, sondern als ihr Anfang und ewiges Ziel. Die Vereinigung der Seele mit Gott wird von Mechthild im rein erotischen Bild gesehen. Unerschöpflich sind die Vergleiche, die diesen Vorgang symbolisieren sollen. Gott und die Seele fließen zusammen wie Wasser und Wein. Die ermüdete Seele ruht an der göttlichen Brust und „erkühlet" sich. Mechthild meint dabei eine geistige Form der Liebe, bei der die Seele gegen ihren Leib ankämpfen muß und ihn überwindet. Ganz deutlich wird hier die Abstufung Askese-Vision-Ekstase. Bei der Personifikation geht das Spiel der anthropomorphen Bilder soweit, daß auch Gott sich nach der minnenden Seele sehnt und ihr entgegenkommt. Nicht nur bei Lebzeiten des Leibes soll die Seele mit Gott vereint sein, das ist der große Trost. Auch nach dem Tode geht sie zu ihm (77).

Bei aller Echtheit des Gefühls, die sich in einer solchen freien Hingabe der weiblichen Empfindung an das bräutliche Einigungsbild äußert, wird in der Darstellung durch die adlige Haltung, die wir aus der höfischen Dichtung kennen, die Gefahr der übersteigerten Erotik gebannt. Genauso sicher in der Grenzziehung bei der Enthüllung erotischer Stimmungen wie der Dichter des weltlichen Tagliedes im hohen Minnesang bleibt Mechthild in ihrem geistlichen Minnelied. Sie hat das Gefühl für die Grenzen einer echten, nur im Ahnenlassen und Andeuten sich befreienden Sprache. Dies natürliche Empfinden für die Grenze kennzeichnet nicht nur ihre Dichtung von der unio, sondern auch ihre prophetische und eschatologische Mystik. Diese instinktmäßige Sicherheit leitet sich vielleicht aus ihrer hohen Abkunft her und wird vertieft worden sein durch die Erfahrung der in ihrer Zeit schon deutlich hervortretenden Verfallserscheinungen im Priester- und Nonnenleben.

Es paßt zu dem Bild der Mechthild, daß sie als Dichterin fast spielend die für das Gedankengut ihrer Dialoge gemäßen Formen findet (78). Es ist nur natürlich, daß ihre Phantasie dabei unaufhörlich den Vorgang der Einigung umspielt. Aus der visio kommt sie unter dem Sturm der Empfindungen zur unio, deren Bilder sich bis zum Hymnischen steigern (79).

„Swenne min herre kunt, so kum ich von mir selben,
Wan er bringet mir so mangen sůssen seitenklang,
Der mir benimet allen mines vleisches wank,
Und sin seitenspil ist so vol aller sůssekeit,
Da mît er mir benimet alles herzeleit“ (S. 13_{34-38}) (80).

Dabei bleibt sie aber nicht in dieser Befangenheit des Gefühls, sondern überwindet kraftvoll den rauschhaften, ekstatischen Zustand: in der Form bildet sich hier die Klarheit und Schlichtheit des Liebesgespräches heraus. In den späteren Büchern werden die Hymnen matter unter scharfer begrifflicher Antithetik und zeigen bald den Lehrstil, der schließlich zum Traktat wird (81). Damit ist auch bei Mechthild wieder der Wandel des unio-Erlebnisses von der Vision über die Ekstase zur Paraenese erreicht. Diese Wandlung ist bei ihr so deutlich zu verfolgen, daß man fast von Altersdialogen sprechen kann, die schon die Sehnsucht nach der Gotteinigung im Diesseits überwunden haben und nach einem unio-Erlebnis im Todesverlangen streben.

Auffallend gegenüber der heiligen Hildegard bleibt bei Mechthild die seltsame Mischung von echt Poetischem, ja Lyrischem innerhalb einzelner Bücher mit Lehrhaftem. Während sich bei Hildegard die visio schnell zur Prophetie wandelt, bleibt Mechthild, wie ich es in der Entwicklung der Unio-Auffassung innerhalb der einzelnen Bücher des „Fließenden Lichtes“ schon anzudeuten suchte, viel stärker in der Beschreibung des Gefühlslebens befangen. Dabei ist diese Dichtung von dem Weg der minnenden Seele zu Gott nicht ohne Gedanklichkeit. Die in ihr ruhende Spekulation ist sogar von wesentlicher Bedeutung für die Entwicklung des mystischen Minne- und unio-Begriffs, noch entscheidender aber für seine Wirkung. Hier besteht keine Vergleichsmöglichkeit mehr zu Hildegard oder Elisabeth von Schönau. Hier liegt ein entscheidender Schritt, der wieder von einer Einzelpersönlichkeit getan wird und der zur Mündigkeit der Frauendichtung in der deutschen Mystik führt.

Die Beteiligung von Spekulation und Ekstase tritt uns am deutlichsten im ersten Buch des „Fließenden Lichtes“ entgegen, und zwar im 44. Kapitel:

„Von der minne weg an siben dingen,
von drîn kleidem der brúte und vom tanze“ (I, 44) (80).

So beschreibend, fast oberflächlich uns diese Überschrift des Kapitels anmutet, so gewichtig ist sein Inhalt, in dem wir dem Sinn des neuen über Hildegard weit hinausführenden unio-Begriffes begegnen. Das Kapitel stellt einen Gipfel mystischer Erfahrung in der Form der unio affectiva intellectualis (der geistigen Schau, — im Gegensatz zur bildhaften, erzählenden unio imaginativa) dar; es handelt sich um eine stark affektive Vision aus der Frühzeit Mechthilds, wie sie in den späteren Büchern verlorengeht. Das Ganze steht unter dem Symbol der Brautschaft, — aber die Allegorie ist nicht Ausgangspunkt, sondern sie ist transparent zu sehen, als Ausdruck der Realität der unio, die durch das Bild ins Wort gelangt.

Diese neue Visio Mechthilds erwächst bei aller adeligen Zucht aus starker vitaler Affektbeteiligung zu fast revolutionärer Kraft. Sie kommt aus einer Einsamkeit des Erlebens, wird errungen und vollzieht sich allein im Raum des Ich und sprengt die Tradition in der Berufung auf die Gottoffenbarung und Gottverwandtschaft der Seele. Hier wird mit einem Male der gefährliche Tiefgang des mystischen Stromes deutlich, der im Bereich der katholischen Kirche sein Bett gräbt und alles mitzureißen droht, was nicht fest gegründet und im Fundament schon gesichert ist. Die Vision, die bei Hildegard noch im Schauer der Ehrfurcht befangen bleibt als einzelne begrenzte Begnadung der Seele, die in der Aufgabe alles Eigenen zum Munde Gottes gewürdigt wird, offenbart sich bei Mechthild als Teil des Innersten, als persönliche Kraft, die sich ihr Recht nicht nur zu verschaffen droht, sondern es sich bereits nimmt.

Formal baut sich das Kapitel als Dialog auf, in dem sich rhythmische Prosa und unregelmäßig gebundene Verse ablösen. Das Eindrucksvollste daran aber ist die Verlegung des Kampfes in das Innere des Menschen. Als Gesprächspartner wechseln Gott und Seele, Seele und Sinne. Die Seele also steht im Kreuzungspunkt der Kräfte. Die Sinne *und* Gott reichen in ihren Raum hinein. Im Menschen vollzieht sich die Offenbarung des Unio-Weges. Im Zusammenklang von visio und unio geschieht das Wunder der Würdigung des Menschen durch Gott. So wirkungsvoll die Gedanken einander gegenübergestellt sind und in der Klarheit der Bilder leuchten, so eindringlich bricht die Kraft des einzelnen hervor, der ein neues Ziel sieht: die *direkte* Einigung mit Gott. Ja, der Widerstreit gegen jede Mittlerschaft der Kirche ist hier plötzlich in den Dialog hineingenommen, und zwar von einer Frau, die ihr Recht auf diesen Weg zu Gott fordert. Diese Form der Gottbegegnung überschreitet fast die Heilsformen und das kirchlich Mögliche, — und ist doch nicht Häresie. Denn gerade in dieser Wende des späten Mittelalters werden die weitesten Spannungen im Menschen ausgetragen und umschlossen. Dennoch aber vollzieht sich ein Schritt zur Neuzeit: eine „Erweiterung" des Begriffs Kirche auf das Individuum hin.

In dieser Aufgliederung des Dialogs zwischen Gott und Seele, Seele und Sinnen klingt aber noch ein anderes Moment mit: das höfische. Das Verhältnis dieser Partner untereinander schon ist bezeichnend: Gott spricht mit der Seele in zwar hoheitsvollem Abstand, aber doch auf gleicher Ebene, etwa wie 'herre' und 'frouwe'. Die andern beiden Partner, die Seele und die Sinne, bewegen sich auf verschiedenen Ebenen: Die Sinne sind die 'kameraere' der Seele. Schon daraus läßt sich die höfische Sphäre wiedergewinnen, in die Mechthild ihre Begegnungen wohl bewußt stellt, denn in diesem höfischen Rahmen gewinnt das Gedicht von dem Brautspiel der Seele und die daraus gezogene Lehre ihren eigenen Glanz. Wenn man überhaupt von einer religiösen Minnedichtung sprechen will, dann hier bei Mechthild (82). Die Parallele zur höfischen Dichtung ergibt sich besonders in der Stimmung des Scheidens. Wie im Taglied der owê-Ruf die dunkle Brücke schlägt zur Wirklichkeit, so die Klage der Mystikerin über das Scheiden aus dem Zustand der Einigung.

Im genannten Kapitel aber lassen sich noch mehr Berührungspunkte im einzelnen nachweisen: „Von der minne weg", heißt es in der Überschrift, und mit Recht. Denn hier wird für die unio mystica das Streben höchster Liebesbegegnung, dies im Minnebegriff des deutschen Mittelalters seltsame Widerspiel der Kräfte zwischen Freude, Entsagung und Liebeserfüllung zum Grundgedanken genommen (83). Wir dürfen bei Mechthild wohl noch nicht den vollen Gleichklang des Wortes „minne" mit „Liebe" heraushören, sondern müssen viel von seinem höfischen Gehalt mit hineinnehmen, in dem immer das Streben nach innerer Vollendung den Kern des Wortsinnes bildet.

Aber der Minnegedanke ist noch in einem anderen und weiteren Sinn zu verstehen: Die wunderbare Verbindungskraft des Minnebegriffs in seiner gleichzeitigen Umspannung Gottes und der Seele im Diesseits bildet den Grundakkord dieser Szene. Aus dieser engen Beziehung ergeht die Frage Gottes an die Seele, ob sie „ihren Weg" wissen wolle. Schon damit ist etwas fest umrissen: es kann sich nur um den Weg der Seele zu Gott handeln, der dieser nun von Gott selbst enthüllt sein soll. Die beunruhigendste Frage der Zeit steht im Vordergrund. Nur Gott selbst kann sie beantworten, und es ist ein Wunder, daß des Menschen Geist gewürdigt wird, diese Antwort Gottes zu vernehmen. Die Voraussetzungen einer mystischen Frömmigkeitsform ermöglichen es allein. Visio- und Unio-Erlebnis bestimmen die Seele der Mechthild zu dieser Deutung des mystischen Weges. Ganz in Bilder getaucht verbirgt sich die eigentliche mystische Lehre so sehr, daß es schon der genauen Wortdeutung bedarf, um hier die persönliche Beteiligung des Einzelmenschen, die individuelle mystische Erlebnisform und die dichterische Leistung begreifen zu können (84).

Wir stehen gleich im ersten Abschnitt dieses großen Dialoges, der ja in der Urform wie ein Prosastück wirkt, mitten im seelischen Geschehen. Denn so lautet schon die Eingangsrede Gottes an die Seele: Wenn du auf dem irdischen Weg alle Stufen deiner Reinigung durch Reue, Beichte und Buße, durch deinen Sieg über alle Versucher genommen hast, hast du nicht mehr die Kraft weiter zu dringen. Du rufst nur in deiner Ermattung „schône jungeling, mich lustet din; wa soll ich dich vinden?" (Quint, 16, 21/22) Mit diesem Eingang, der deutlich epischen Charakter trägt, ist eine Schilderung des irdischen Gebundenseins gegeben, in dem das Aufblicken zu Gott den Übergang bildet zum Jenseitigen. Dichterisch vollkommen ist dieser Übergang gelungen. Wie aus der fernen Gotteswelt hebt die Stimme des Gottessohnes an. Ganz im Stil des höfischen Liedes, ja, in der Terminologie und Thematik des Minnesangs geht die Antwort vom beschreibend Erzählten in lyrische Prosa über.

„Ich hôre ein stimme,
Diȩ lutet ein teil von minnen.
Ich han si gefriet manigen tag,
Das mir die stimm nie geschach.
Nu bin ich beweget,
Ich mus ir engegen.
Sú ist diejene, die kumber und minne mitenander treit."
(Quint, S. 16, 24—30)

Die Seele ist in diesen Zeilen, deren Gesamtstil an Dietmar von Aists Lieder erinnert, in denen noch der Unterton des volkstümlichen Liedes mitschwingt und doch schon Minnesangstradition spürbar wird, die lange Umworbene, nun aber Gewährende, der sich der Geliebte nicht versagt. Dabei sind die charakteristischen Minnesangszüge nicht zu übersehen: das vergebliche Werben des Liebenden um die Seele der Frau (daz mir die stimme nie geschach), das Nebeneinander von minne und kumber. Die Situation des Weckens der Herrin bleibt erhalten und wird im gleichen Stil fortgesetzt. Dabei ist auffällig, wie hier die mystische Terminologie verdeckt wird durch die bildliche Motivik des Minnesangstils:

„Des morgens in dem sůssen tŏwe — das ist die besclossen innekeit,
Die erst in die sele gat —
So sprechent ir kamerere, das sint die vúnf sinne."

(Quint, S. 16, 31—33)

Erst in dieser Stimmung kann der Seele das Nahen des Gottessohnes mitgeteilt werden. Bis ins Einzelne ist die psychologische Situation aufgegriffen und verstanden. Die bestürzte Antwort: „wa sol ich hin" ist Wirkung dieses Weckens mit der Aufforderung: „vrŏwe ir sŏllent úch kleiden". Der kurze Dialog zwischen den Sinnen und der Seele endet mit der Ankündigung des Herrn, wobei wieder genau die Situation des Eingangs beachtet wird.

(Die sinne): „Wir han das runen wol vernomen,
Der vúrste wil úch gegen komen
In dem tŏwe und in dem schŏnen vogelsange.
Eya vrŏwe, nu sument nút lange."

(Quint, S. 17, 3—6)

Erst an dieser Stelle bricht der rein lyrische Teil ab und geht in die aus den ersten Zeilen bekannte Erzählform über, deren Charakter nun wieder — genau wie im Anfang — anstatt durch den Minnesangstil durch den klerikalen Darstellungsstil bestimmt wird. Die Seele kleidet sich mit den drei Tugenden „demůtekeit", kúschekeit" und „heiligem geruchte", und nimmt den Weg zu der „gesellesschaft heiliger lúten".

Damit ist dann wieder ein neuer Abschnitt erreicht, in dem nun nochmals das weltliche Spiel der höfischen Formen beginnt. Im himmlischen Paradies unter den Klängen der Gesänge derer, die sich in der „einunge mit gotte tages und nahtes" befinden, ist alles für den Tanz bereitet. Da tritt eine überraschende Wendung ein. Die Seele, die vom Gottessohn aufgefordert wird, in der Art der versammelten Heiligen mitzutanzen und sich ihrem Reigen anzuschließen, weigert sich. Sie will nur mit dem Herrn selbst zum Tanze treten:

„Ich mag nit tanzen, herre, du enleitest mich.
Wilt du das ich sere springe,
So mûst du selber voran singen.
So springe ich in die minne,
Von der minne in bekantnisse,
Von bekantnisse in gebruchunge,
Von gebruchunge úber alle mônschliche sinne."

(Quint, S. 17, 24—30)

Wie im Anfang des Kapitels, als die im irdischen Leben vorgeschriebenen Stufen der Reinigung überwunden sind, aber das Verlangen nach der Nähe Gottes längst nicht gestillt ist und erst Gottes Geist die Seele empfangen und ihr entgegengehen muß, so auch hier. Die Seele folgt den ihr vorangegangenen Heiligen nicht. Sie begnügt sich nicht mit ihrer Gesellschaft. Sie will nicht tanzen außer mit Christus. Nur ihm will sie folgen, und unter seiner Führung ahnt sie einen neuen Weg: „von der minne in bekantnisse, von bekantnisse in gebruchunge, von gebruchunge úber alle mônschliche sinne" (Quint, S. 17, 27—30). Dies ist ein für Mechthild charakteristischer Zug, wie ich ihn bereits vorher andeutete. Hier stehen wir vor der selbständigen, in sich sicheren und festen Seele, die auf Grund ihrer im Leben vollzogenen Einigung mit Gott fordern darf. Und ihre Forderung wird erfüllt: „unde mûs derjungeling singen alsus". Wie weit sie dabei über alles in der Sprache der Kirche gewohnte Maß hinausgeht und immer wieder den eigenen direkten Weg zur Einigung nimmt, das zeigt sich erst im folgenden Abschnitt.

Hier beginnt eine bisher in der Dichtung unbekannte Steigerung, die in der unio mystica ihren Höhepunkt erreicht. Nach dem Dank der Seele für die Gewähr ihrer Bitte, nur dem Gottessohn folgen zu wollen, nach der Schilderung des Wunsches, vom Tanze auszuruhen, kommt es zum Versprechen des Zusammenseins. Wieder ist es Gottes Verheißung, daß die Seele ihre Einigung mit Gott finde. Deswegen genügen nicht die bekannten Formen der kirchlichen Gnadenmittel. Wie eine Zurechtweisung klingt die Ablehnung, die die Seele den Kämmerern zuteil werden läßt, als sie die Kühlung der vom Tanze Ermüdeten in den „minnetrehnen Sante Maria Magdalenen" vorschlagen (85):

„So sprichet dú sele zů den sinnen, die ire kamerer sint: Nu bin ich ein wile tanzens můde; wichent mir, ich můs gan, da ich mich erkůle. So sprechent die sinne zů der sele: Vrŏwe, wellent ir úch kůlen, in den minnetrehnen Sante Maria Magdalenen, da mag úch wol benůgen. Die sele:

Swigent, ir herren; ir wissent nit alle, was ich meine.
Lant mich ungehindert sin;
Ich wil ein wile trinken den ungemengeten win."

(Quint, S. 18, 9—15)

Die Wirkung der Ablehnung wird ganz scharf unterstrichen in dem folgenden Dialog zwischen Sinnen und Seele, in dem nun aufgezählt wird, was im Gnadenweg der Kirche an Möglichkeiten der Versenkung in das göttliche Wesen zu nennen ist. Es würde zu weit führen, hier jedesmal die überlegene, abweisende Antwort der Seele zu nennen, deren Ziel immer klarer hervortritt: die Liebeseinigung mit Gottes Wesen. Hinweisen möchte ich auf die Steigerung, die in der Ablehnung der einzelnen Vorschläge liegt. Nachdem die Versenkung in die Passion, in das selige Leben der Engel abgelehnt ist, lautet der vorletzte Vorschlag:

„(Sinne:) So kůlent úch in dem heligen herten leben,
Das got Johanni baptisten hat gegeben."

(Quint, S. 18, 35—36)

Die Ablehnung dieser Zumutung bedeutet geradezu eine Überschreitung der kirchlichen Regel, denn die ablehnende Antwort der Seele setzt das mystische Leben über das der Selbstkasteiung und über alle „arbeit", über jede selbstgewählte Anstrengung und Mühe. Auch die letzte Aufforderung, im Bilde der Anbetung der Maria zu „erkůlen", verfällt der Absage, einer Absage, die nur aus dem Begehren der Mystikerin zu verstehen ist und die uns die persönliche kraftvolle, weibliche Haltung der Mechthild widerspiegelt. Hier zeigt sich ihr Eigenwesen, ihre Größe, ihre Selbständigkeit gegenüber jeder Beeinflussung aus dem vormystischen Schrifttum. Während sie eine solche Versenkung in die Anbetung mit der Bemerkung abtut, daß das ihr nicht gebühre, weil es „kintlich liebi" sei, beruft sie sich auf ihre Erfahrung in der Minne, auf ihre Kraft und innere Reife:

„(Seele): Ich bin ein vollewahsen brut,
Ich wil gan nach minem trut."

(Quint, S. 19, 10—11)

Immer mehr geht die Seele aus ihrer Zurückhaltung heraus, und immer ausgebreiteter erscheint ein Lehrstil im Dialog. Aus der Zweiseitigkeit geht er zur grundsätzlichen Problemdeutung der Gottbegegnung über. Die innere Begründung der unio mystica wird sichtbar.

Die Sinne warnen vor einer solchen Gottbegegnung, da das feurige Licht der Gottheit die Seele verzehren werde und ihres Bleibens in solcher Glut nicht von Dauer sein könne. Dagegen richten sich die klaren Einwände der Seele, die sich auf ihre gottgleiche Natur beruft:

„(Seele:) Der visch mag in dem wasser nit ertrinken,
Der vogel in dem lufte nit versinken.
Das golt mag in dem vúre nit verderben,
Wand es enpfat da sin klarheit und sin lúhtende varwe.
Got hat allen creaturen das gegeben,
Das si ir nature pflegen;
Wie môchte ich denne miner nature widerstan,
Ich mûste von allen dingen in got gan,
Der min vatter ist von nature,
Min brûder von siner mônscheit,
Min brútegóm von minnen
Und ich sin ane anegenge?"

(Quint, S. 19, 23—34)

Damit ist der mystische Kern dieses Dialoges ganz freigelegt. Gott ist der Vater, der Schöpfer der Seele „von nature", ist ihr Bruder „von siner mônschheit", ist ihr Bräutigam „von minnen". Sie gehört Gott „ane anegenge" von Ewigkeit zu Ewigkeit. Aus dieser engen Verwandtschaft mit Gott, ja aus einer Zusammengehörigkeit des gleichen Ursprungs gewinnt die Seele ihre Sicherheit auch im Fordern.

So kommt es nun zur Begegnung von Gottes Geist und der Seele in der unio. Der Weg der Minne ist vollendet. In höchster Spannung vollzieht sich diese Begegnung. Der Dialog wird nicht aufgehoben, er verwandelt seine Struktur und erhält geradezu stichomytischen Charakter.

„So gat dú allerliebeste zû dem allerschônesten in die verholnen kammeren der unschuldigen gotheit; da vindet si der minne bette und minnen gelas, und gotte unmenschliche bereit. So sprichet únser herre: Stant, vrôwe sele. Was gebútest du, herre? — Ir sônt us sin. — Herre, wie sol mir denne geschehen? Vrǒw sele, ir sint so sere genatúrt in mich, das zwischent úch und mir nihtes nit mag sin. Es enwart nie engel so her, dem das ein stunde wurde gelúhen, das úch eweklich ist gegeben. Dar umbe sont ir von úch legen beide vorhte und schame und alle uswendig tugent. Mer alleine die ir binnen úch tragent von nature, die sont ir eweklich enpfinden wellen, das ist úwer edele begerunge und úwer grundelose girheit; die wil ich eweklich ervúllen mit miner endelosen miltekeit."

(Quint, S. 20, 4—15)

Wir haben hier eine der wenigen Stellen der deutschen Mystik vor uns, aus denen wir eine unmittelbare Vorstellung von der unio gewinnen können. Diese Darstellung entspricht ganz dem Wesen der Mechthild in der Natürlichkeit der Minneempfindung, in der Vitalität der Gefühlsäußerung, besonders aber in der Bildlichkeit der unio spiritualis. In einem letzten, rein lyrischen Ruf erfüllt sich die Vision der Gotteinigung. Schon aber deutet sich die Rückkehr in die Weltwirklichkeit an, auf die das Erfahrene einen nie verlöschenden himmlischen Glanz verbreitet:

„Herre, nu bin ich ein nakent sele,
Und du in dir selben ein wolgezieret got.
Únser zweiger gemeinschaft
Ist der ewige lip ane tot.
So geschihet da ein selig stilli
Nach ir beider willen.
Er gibet sich ir und si git sich ime.
Was ir nu geschehe, das weis si,
Und des getrǒste ich mich.
Nu dis mag nit lange stan.
Wa zwǒi geliebe verholen zesamen koment,
Si mûssent dike ungescheiden von einander gan."

(Quint, S. 20, 16—27)

Mit dieser Interpretation des einen Hauptdialogs der Mechthild ist wieder eine Veränderung in den Erscheinungsformen der Mystik deutlich geworden. Es zeigt sich die Macht der freien Gefühlsbeteiligung in der Ausformung einer mystischen Lehre für die, die sie suchten und die aus der Unsicherheit im Diesseits und der Furcht vor dem Jenseits ihren Weg zur Mystik nahmen und dabei den Raum der Kirche an seinen Grenzen berührten und überschritten. Es mehren sich Anzeichen für eine neue Frömmigkeit, die das Problem der Immanenz und Transzendenz sehr stark vertiefen. Bei Mechthild sieht man deutlich das Wachsen einer mystischen Frömmigkeitsform vor sich. Aus dem allgemeinen Gedanken des Eingehens in Gott entwickelt sich das Symbol der Gotteinigung in vielfältiger Variation dichterischer Bilder und Vergleiche. In der Vorstellung der Seele als Braut Gottes erhöht sich die mystische Hauptspannung zur unio und wird als Weg zu Gott dargestellt. In barocker Steigerung offenbart sich auch sprachlich die Innigkeit des individuellen Verhältnisses zu Gott. Dabei formt sich eine mystische Frömmigkeitslehre, ohne schon zu einer abgeschlossenen Gott- oder Lebenslehre zu gelangen. Der verborgene Beginn der Spekulation wird noch kaum deutlich, da die Aufzeichnungen wie bei Hildegard noch ganz als göttliche Offenbarung gesehen werden sollen. So überwiegt die Vision als Offenbarungsprinzip und damit der Gefühlston die Verstandesanschauung. Dichtung überwiegt die Philosophie. Allerdings zeigt sich hier schon die Gefahr, die in einer so starken Beteiligung des weiblichen Gefühls liegen müßte, wenn die innere Glut nicht bewahrt würde in so kraftvoller Zucht der Selbstbeherrschung. So ist es nicht verwunderlich, daß nach einer derartigen Steigerung des Gefühlserlebnisses im einzelnen die Rückwirkung auf die Masse besonders weittragende Folgen haben und die nun sich in den Klöstern und Schwesternschaften ausbreitende Bewegung erfassen mußte.

4. Margarete Ebner und die Nonnenviten

In der deutschen Frauenmystik vor Meister Eckhart und seinem Kreis stehen, neben dem St. Trudperter Hohen Lied, Hildegard und Mechthild an erster Stelle wegen der Tiefe ihres Erlebnisses und der Vollkommenheit seines dichterischen Ausdrucks. Nicht alle Mystikerinnen haben in gleichem Tiefgang und der gleichen wortkünstlerischen Vollendung dem Unio-Erlebnis Ausdruck verliehen. Die Zahl der Namen all derer, die ebenfalls an der „Überlast göttlicher Gnade“ durch die Schau teilhaben, ist groß, sodaß wir uns hier mit wenigen Beispielen begnügen müssen. Trotzdem verliert das Bild der deutschen Frauenmystik durch diese Beschränkung keine wesentlichen Züge, denn die Häufung vieler Proben würde nur eine Vielfalt und Wiederholung der Erscheinungsformen bedeuten, ohne uns neue Züge zu entdecken (86). Allerdings aber würde dem Überblick über den Wandel der Erscheinungsformen deutscher Frauenmystik Wichtiges fehlen, wenn man nicht andeutete, wie sich die Visionsmystik auf die Klöster auswirkte.

Während bei Hildegard und Mechthild die Selbstkritik und die „mâze" die falsche Ekstase und jede unechte Wirkung der Visionen verhinderten, bleibt diese Begrenzung der Schau auf die einzelne Persönlichkeit — als Bestandteil der späteren Nonnen-Mystik — nicht erhalten. Mögen bei Hildegard und Mechthild Herkunft und Bildung, Teilnahme am geistigen Leben der Zeit durch Reisen und Umgang mit den Großen der Kirche und der Welt diesen Adel der inneren Haltung gewährleistet haben, so mußte diese Würde und Herbheit der Haltung verloren gehen in der Begrenzung auf den engen Raum des Klosters, wo die Vorbildlichkeit jener Großen zur Nachahmung Anlaß gab, ohne daß der Weg durch das eigene Innere durchmessen wurde. In dem Augenblick, in dem die Notwendigkeit und Freiheit der inneren Entscheidung, welchen Weg der einzelne gehen wollte, als eigentliches Moment deutscher Mystik ausfiel, als die Selbstkritik an erlebten mystischen Erscheinungsformen schwand und der Gedanke der Lehr- und Lernbarkeit auftauchte, geriet das Kostbarste der Frauenmystik, die Vision, in die Gefahr der bewußten Wiederholung, der beliebigen Nachahmung. Gerade unter der Wirkung der Verfallszustände der damaligen Kirche mußte der hohe, aber noch gebändigte Schwung der Seele in Übersteigerung ausarten, mußte sich der helle Schein, der die wenigen Großen umglänzte, zerstreuen. Eine Zeitlang, während des Wirkens der Meister, bleibt die Mystik der Frauenklöster noch in den strengen Bahnen der Selbstzucht. Solange die Spekulation die Schau vertieft, zumindest ihr noch die strengen und herben Ausdrucksformen bietet, erhält sich die Würde in der Mystik der Dominikanerinnen. Daran haben die Prediger in den Orden, zu denen die Meister der Mystik gehören, den größten Anteil. Aber nach einer kurzen Zeit der unbeaufsichtigten Eigenentwicklung bricht diese Schranke, und unter den Leiden der Zeit, als die Mystik zur Volksbewegung wird, können die Orden Zucht und Ordnung in den Klöstern nicht mehr gewährleisten. Die Göttlichkeit der Begnadung wird im Rausch der sinnlosen Askese erzwungen und durch Wiederholung verfälscht. Ein krankhafter Zug kommt in die Frauenmystik. In dem Zeitpunkt, in dem das Erlebnis des Einzelnen zur Sehnsucht der Vielen wird, sinkt das Niveau. Es entsteht nach dem Vorbild der Heiligenleben ein neues literarisches

Genos (wie es Arthur Hübner in seinen Vorlesungen zu nennen pflegte): die Schwesternbiographie mystischer Frauen.

Diese Schwesternbücher zeigen die Wirkung der hohen Mystik des 13. und 14. Jahrhunderts auf die Masse. Die Niederschriften der Mechthild von Magdeburg, die — wie man glaubt — tagebuchartig aufzufassen sind (87), wurden in den Händen Unberufener eine Gefahr in ihrer übergroßen Gottunmittelbarkeit. Die Schwesternviten entstehen aus der intensiven Beobachtung innerseelischer Vorgänge, aus der Sucht nach Gottbegegnung, Verzückung und Vision und den allgemein umgehenden Vorstellungen davon. Sie sollen Spiegel des vollkommenen Lebens sein, wie es Schwestern des eigenen Kloster geschenkt worden ist. Sie werden als erzieherische Erbauungsbücher geschrieben, nicht mehr unter göttlichem Auftrag und innerem Zwang zur Kündung überirdischen Geheimnisses. Ursprünglich mag man wohl nur vom frommen Leben begnadeter Schwestern erzählt haben, um die Echtheit ihrer Visionen zu beweisen. Aber allmählich rückt das Gotterleben immer mehr in den Mittelpunkt, die Visionen („Gnaden" werden sie jetzt genannt) werden zur Belohnung für frommes Leben und zur Bestätigung des göttlichen Wohlgefallens am Menschen; die Vorbildlichkeit in der Führung geistlichen Lebens wird Thema der Darstellung. So sind die „Offenbarungen" in den Schwesternviten in Ausdruck und Erlebnistiefe sehr stark unterschieden von denen Mechthilds. Der dichterische Schwung fehlt meist völlig, Wiederholungen reihen sich aneinander. Trotzdem sind sie aufschlußreich für die Ausdehnung mystischen Lebens in den Frauenklöstern Deutschlands.

Das Werk der Margarete Ebener nimmt hier eine klare Mittelstellung ein. Weichheit, Empfindungskraft und Gottnähe leben noch darin und werden von ihr mit überzeugender Wahrhaftigkeit zum Ausdruck gebracht, wie überhaupt ihre Offenbarungen ursprünglich aus ernsten Visionen herrühren und erst später in übersteigerter Form erscheinen. Man darf sie nicht mit den Visionen des Tösser Schwesternbuches auf eine Stufe stellen. Zarte und poetische Klänge werden bei Margarete Ebener angeschlagen, die uns Aufschluß geben über ihren Seelenumgang mit Christus und Gott:

„ze der zit wart mir daz von got geben mit creftiger genade: 'du bist der warhait ain begrifferin, miner süessen genad ain enphinderin, mines götlichen lustes ain versuecherin und miner minne ain minnerin. ich bin ain gemahel diner sel, daz ist mir ain lust ze miner ere. ich han ain mineklichez werck in dir, daz ist mir ain süesses spil. des zwinget mich din minne, daz ich mich lauz finden, daz ez der sel as genuoch ist, daz es der lip nit liden wil. din süezzer lust mich findet, din inderiu begirde mich zwinget, din brinnendiu minn mich bindet, din luteriu warhet mich behaltet, din ungestüemiu lieb mich bewart. ich wil dich frölich enphahen und minneklich umvahen in daz ainige aine, daz ich bin. daz ist miner güetkait nit ze vil. da wil ich dir geben den minnenkus, der diner sel ist ain lust, ain süesses inners berüeren, ein minnekliches zuofüegen" (88).

Dieses eine Zitat zeigt bereits, in welchem Maße hier rein gefühlsmäßige Züge das klare Bild der Geistwirkung zerstören. Aber auch die Form ist völlig verändert. Gegenüber dem berühmten Dialog der Mechthild (I, 44) ist auffällig, wie hier alles in die Forderung Gottes gelegt ist. Gott spricht, und es gilt nur, sein Geheiß zu erfüllen. Er rechtfertigt und fordert zugleich, er verspricht und ruft. So geht die innere Spannung verloren, die in Mechthilds Dialogen liegt. Sie wird ersetzt durch eine gewisse Einheitlichkeit der Schilderung und durch eine sehr geschickte Formgebung. Der Parallelismus von forderndem göttlichem Sein und gehorchender menschlicher Activitas ist so fein ausgeführt, daß die Entsprechung von Substantiv und Verb sich gegenseitig bedingt: Zu „warheit" gehört die „begrifferin", zur „süezen genad" die „enphinderin", zur göttlichen Lust die „versuecherin" und zur Minne die „minnerin". Die Einheitlichkeit der einzelnen Schilderung ist geradezu vollendet, in der Gesamtheit allerdings wirkt sie fast monoton. Aber die Wirkung dieser Visionen ist sehr stark gewesen, wie es die der Margareta entgegengebrachte Verehrung beweist.

Diese Visionen sind aus der reinen contemplacie empfangen. Ihre Wirkungen mußten bei weniger starken Geistern zu Unnatürlichkeit, Halluzinationen und Fälschungen führen. Schon bei Margarete Ebner wird gelegentlich die Gefahr der Übersteigerung deutlich, wenn auch bei ihr die Schilderungen noch an der Grenze des für eine natürliche Frömmigkeit Erträglichen liegen, wie z. B. im folgenden: „ich han ain grozz crucifixus, des wart ich bezwungen von grosser minn und von der gegenwertket gotes, daz ich daz selb criucz nime und ez auch an min blozz herze druk und zwinge as vil ich von allen minen creften mag. und von dem lust und von der süezzen genade, die ich da zuo han, mag ich ez nimmer enphinden, und druck doch as vast, daz mir totmal werdent an minem herzen und an minem libe. von minem herren wird mir dik zuo gesprochen minneklichen und süezzeklichen: „schone din selbes und lauz uns sunst bi anander sin. des lust mich von rehter minne von dir." (Strauch S. 88, 19—30.)

Hier verrät sich bereits der später übersteigerte Kultus der Passions-Imitatio. Wenn wir in der Mystik von pathologischen Zuständen gerade unter den Frauen des 14. und 15. Jahrhunderts sprechen, so gehören diese Schilderungen dazu. Bei Margarete Ebener wird noch die Grenze gewahrt, die dann in den Nonnenklöstern unbedenklich überschritten wird. Aber selbst wenn Margarete Ebener in ihren Bildern noch im Rahmen der Passion oder der unio-Vorstellung bleibt und die beschworene Stigmatisation noch in eine unio-Stimmung verwandelt, so erkennt man doch auch bei ihr schon die Gefahren verdrängten weiblichen Gefühls, z. B. in der Erscheinung des in der Krippe liegenden Kindes, das in der Nacht nach Wartung verlangt (Strauch S. 90, 22—91, 12).

Schon an diesen Beispielen der Gesichte der Margarete Ebner wird ein neuer Zug der Visionenliteratur deutlich: der der „Beschreibung" des Erlebten. Damit ist dem unio-Erlebnis die echte mystische Heiligung genommen. Was in der noch ernstgemeinten Schilderung der Margarete Ebner erzählt wird, tritt zwar nicht aus dem Rahmen der göttlichen Gnade der Schau heraus, bleibt aber schon der Grenze des in der Beschreibung Möglichen so nahe, daß wir die helfende Hand des Menschen spüren.

Noch in einem anderen Beispiel verrät sich die neue Formgebung der Gesichte: In der Beschreibung der menschlichen Seele, wie sie Sophia von Klingenau sieht. Auffällig ist dabei, daß diese von Elsbeth Stagel geschilderte Mystikerin eine bildliche Vorstellung von ihrer eigenen Seele hat und sie in erstaunlicher Einfachheit und Naivität mitteilt, wobei eine fast handgreifliche Trennung von Körper und Seele in der Art der Autosuggestion herbeigeführt und in der nachträglichen Erinnerung daran dargestellt zu sein scheint. Es kommt zu einer Schilderung der Einwirkung Gottes auf die eigene Seele, wie wir sie sonst nicht erhalten. Es heißt da im Schwesternbuch von Töß von der Vision der Sophia von Klingenau (89):

„Und also machet ich ain crútz vor mir und wolt mich legen růwen und las den vers: in manus tuas. Und do ich den gelas, do sach ich das ain liecht kam von himelrich, das was unmass schǒn und wunneklich, und umgab mich das und durchlucht und durchglast mich allensament, und ward min hertz rech geches verwanlet und erfúlet mit ainer unsaglicher und ungewonlicher frőd, also das ich gar und gantzlich vergass alles des widermůttes und seres das ich da vor ie gewan. Und in dem liecht und in den frőden do sach ich und enpfand das min gaist ufgenommen ward von dem hertzen, und ward gefůrt ze dem mund hoch in den luft, und ward mir da gegeben das ich min sel lutterlich und aigenlicher sach mit gaistlicher gesicht denn ich mit liplichen ogen ie kain ding geseche, und ward mir alle ir gestalt und ir gezierd und ir schonhait folleklich erzaigt. Und was wunders ich an ir såch und erkante, das kúndind alle menschen nit ze worten bringen." (Vetter S. 57.)

An diesem Beispiel wird einmal die neue Vorbereitung und innere Einstellung auf die Vision sichtbar. Die Wirklichkeit der Umgebung lebt noch in den Eingangszeilen. Dann aber kommt die Herrlichkeit der Lichtbegegnung in allen Entwicklungsstufen zum Ausdruck. Die Veränderung der Herzensstimmung, ja des ganzen seelischen Seins gehört in diese Verwandlung hinein, die sich im Menschen vollzieht, wenn sich ihm eine Vision ankündigt. Ich habe an keiner anderen Stelle in der mystischen Literatur eine so genaue Schilderung der Emanation der menschlichen Seele gefunden wie hier, eine Schilderung, die in der Wiedergabe von Gestalt und Färbung, von Leuchtkraft und Durchsichtigkeit so stark in Einzelbeschreibungen ist, daß eine klare Vorstellungsmöglichkeit für andere geschaffen wird.

In der Weiterführung der Schilderung muß man auf die mitklingende „unio"-Vorstellung zwischen Seele und Gott hinweisen, die in ihrer einfachen Anschauung vom Ineinander des leuchtenden Gottes mit der leuchtenden Seele, in der Entdeckung der schlichten Zärtlichkeit der „Einigung" und in der beruhigenden Mitteilung der Sündenvergebung durch Gott im Augenblick der unio ganz einmalig ist für die Vereinfachung der in der Vision erlebten unio mystica. Vorbereitung und Beschreibung der Vision sind nicht zu trennen. Das eine ist nicht ohne das andere denkbar, und so beruht die Wirkung dieser Visionsbeschreibung auf der Geschlossenheit des mystischen Gesamtbildes:

„Und do manet sy die schwester aller trúwen, und bat sy mit allem ernst das sy ir saity wie die sel geschaffen wer. Do antwurt sy und sprach: ‚Die sel ist ain als gar gaistlich ding das man sy ze enkainen liplichen dingen aigenlich gelichen mag. Doch won du sin als ser begerest, so gib ich dir ain gelichnus, by der du ain wenig verston macht wie ir form und ir gestalt was. Sy was ain sinwel schône͂s und durchlúchtendes liecht, gelich der sunnen, und was ainer goltfarwen rôti, und was das selb liecht so gar unmas schôn und wunnenklich das ich es zů núti gelichen kan. Won werint alle sternen die an dem himel stond, als gross und als schôn als die sunn, und glastind die alle in ain: der glantz aller môchte sich nit gelichen der schonhait die an miner sel was, und dunkt mich das ain glantz von mir gieng der alle die welt erluchte, und ain wunnenklicher tag wurde úber alles ertrich, und in disem liecht, das min sel was, sach ich Got wunneklich lúchten, als ain schones liecht lúchtet usser ainer schône lúchtenden lucernen, und sach das er sich als mineklich und als gůtlich zů miner sel fůgt das er recht geainbart ward mit ir und sy mit im. Und in diser minenklichen ainbarung ward min sel gesichret von Got das mir alle min sùnd vergeben werind lutterlich, und das ich als rain und als lutter wer und als gar un all masen als sy was do ich uss dem toff kam. Und hie von ward min sel als hoches můttes und als gar frôdenrich das sy dunkt das sy alle wunn und alle frôd besessen het, und ob sy wunnsches gewalt hetti, das sy doch nit me môcht noch kúnd noch wôlte me wúnschen" (Vetter S. 57/58).

Auch von der anhaltenden Wirkung der Vision ist die Rede. Es bleibt lange die Süßigkeit der Empfindung spürbar, ja im Augenblick der Gotteinigung tut sich der Himmel auf, und die Rufe der Engel werden hörbar, die der Seele nochmals die Liebe und Güte Gottes für den zukünftigen Weg verkünden. So endet diese unio-Darstellung mit dem ausdrücklichen Hinweis auf die anhaltende beglückende Stimmung, die der Visionärin selbst für längere Zeit geschenkt wird, als die Seele schon in den Körper zurückgekehrt ist.

„Darnach do sach ich das sich der himel uff tet ob mir, und das wunneklich gret von dem himel herab giengent untz an die stat da ich was, und hort da fil stimen baidi engel und hailgen, die růftend von dem himel herab zů mir mit lutter stim und sprachent also: 'Gesach dich Got, hochgemůte sel, was dir Got gůtes hat geton und noch tůn wil.' ...

Und do ir ietz aller best was und sich mit der obresten wolnust niettet ir selbs und Gotes, den sy mit ir geainbart sach: do kam sy wider in den lib, sy enwist wie. Und do sy wider zů dem lib kam, do ward sy diser frôlichen beschôwd nit berobet, won das sy noch in dem lib wonend sich selber und Got in ir als lutterlich und aigenlich schowet als do sy von dem lib verzuckt was" (Vetter S. 58).

Derartige genaue Wiedergaben der in der Offenbarung geschauten Vorstellungen, die bei der einzelnen Mystikerin noch als echte Vision anzusehen sind, solange diese noch Selbstkritik und innere Zucht genug besitzt, um nicht durch Übersteigerung der eigenen Empfindung während der Schau das göttliche Geschenk zu entwürdigen, häufen sich dann in den Schwesternviten der Nonnenklöster. Damit beginnt die Verfälschung der mystischen Vision. Mit ihr verbindet sich die Auflösung der reinen mystischen Vorstellungen. Die Vision wird zum Schema, die seelische Vertiefung der unio zu verflachtem Gefühlserlebnis. Wenn wir schon bei den Schilderungen der Stigmatisierung im späten Mittelalter vorsichtig sein müssen und sie keineswegs immer als Ausdruck mystischer Frömmigkeit werten können, so finden wir in den Nonnenviten geradezu Verfälschungen dieser Anteilnahme am Passionserlebnis. Die Übersteigerung und gleichzeitig die Vermenschlichung und Konkretisierung des Vereinigungsgedankens führt zu solchen Einbildungen und Selbsttäuschungen, wie wie sie uns am sichtbarsten in der Vision der Mechthild von Stans entgegentreten (90):

„Schwester Mechthild, du solt wissen, das Got din begird erhören wil, und als du begert hast das er dir geb siner zaichen etliches ze tragen, des wil er dich nun geweren. Und du solt sin zaichen zů dem hertzen enpfachen, und solt du das tragen durch sin liebi die wil du lebest." Und alzehand do befand sy der wunden ser zů dem hertzen, und do hůb sy den schapren uff und lůget: do sach sy und enpfand das ir hertz durchwundet was, und sach das die wund wol in der mass wit was als aines mans finger gross ist, und sach das sy als tieff was das ir die tieff untz an den rugen gieng, und zwen rúns, ainen von wasser und ainen von blůt davon fliessen (Vetter S. 64).

Über diese sich in den Frauenklöstern ausbreitende übersteigerte Mystik berichten viele der Klosterchroniken. Die sicherste und der Wirklichkeit entsprechendste Auskunft gibt bisher die Schilderung der Elsbeth Stagel über das „Leben der Schwestern zu Töß" (91), der auch die obigen Beispiele entnommen sind. Man hat nach diesen Lebensskizzen mystischer Frauen den Eindruck, daß die meisten Klosterinsassen von diesen „Gesichten" befallen wurden, und daß sich unter dem Zwang solcher Erscheinungen immer neue Schilderungen dieser Zustände ergaben und aufgezeichnet wurden. Die Beispiele ließen sich beliebig häufen, wenn man die Offenbarungen der Adelheid Langmann (92), der Christina Ebener (93) oder die Schwesternbücher der Nonnen zu Diessenhofen, Engeltal und Söflingen heranziehen würde (94). In allen diesen Chroniken wird von derartigen mystischen Visionen berichtet, wobei je nach dem Grad der gefühlsmäßigen Anteilnahme das Mystische oft verzerrt und geradezu bis ins Spiritistische herabgedrückt wird. Man erkennt hier die Vielfalt mystischer Erscheinungsformen in der gleichen Epoche und unter den gleichen Trägern dieser Bewegung. Es prägt sich mehr und mehr der Eindruck aus, daß sich die einzelnen Nonnen unter ganz bestimmten Gottesforderungen fühlten, durch die psychische Zustände hervorgerufen wurden, wie Weinen, von Gott Reden, Stimmen Hören und ähnliches. Immer stärker wandelt sich das geistige Erlebnis in ein körperliches, so daß diese Schwesternviten eher den Charakter von Wunderchroniken tragen als den mystischer Offenbarungen. Einzelne Darstellungen erinnern noch an die seelische Vertiefung der in der unio erlebten Gotteinigung, aber auch hier ruft mehr die formale Ähnlichkeit des Wort- und Bildgebrauchs solche Eindrücke wach (95). Selbst in dem vorher erwähnten Beispiel von der Vision der eigenen, aus dem Körper herausgetretenen Seele bleibt das gegenständliche Beschreiben im Vordergrund. Ein Vergleich mit Mechthilds Visionen ist daher unmöglich. Am deutlichsten wird dieser Abstand von der Frauenmystik des 12. Jahrhunderts, wenn man an die Traumvorstellungen denkt, die sich mit Jesus beschäftigen. Die mystische Askese, die von diesen Nonnen in Unerbittlichkeit gefordert und äußerst streng durchgeführt wird, hat sicherlich ausgesprochen pathologische Zustände bewirkt. Das Krankhafte mischt sich mit Gesundem in den Darstellungen der unio mystica, die jetzt nicht mehr allein als Geschenk göttlicher Gnade verstanden werden kann.

Wir wissen, daß durch viele solcher Fälle der gewollten unio, besonders durch ihre Sichtbarmachung und die damit verbundenen Krankheitserscheinungen, der Irrweg und die Verfälschung der Mystik in den Klöstern begann. Die großen Meister Eckhart, Tauler und Seuse haben sich dagegen gewendet. Von Seuse, der wohl am längsten in der strengen Askese blieb, wissen wir, daß er sich später gegen die Selbstzüchtigung und die verschärften Formen der Disziplin immer wieder wandte und seine Briefe in diesem

Sinne an Elsbeth Stagel richtete (96). In derselben Art predigt Tauler den Klosterfrauen in Straßburg, und es wäre leicht, viele Stellen anzuführen, aus denen hervorgeht, bis zu welchem Ausmaße die Gefahr des mißverstandenen geistigen Eros angewachsen war.

Verfolgte man die mystische Dichtung der Frauen des 14. Jahrhunderts weiter, so würde sich sehr schnell der Übergang in die der hohen Mystik fremde Sphäre der einfachen Beschreibung und der Übernahme von abgebrauchten mystischen Begriffen ergeben. Die dem höfischen Stil nahen Dialoge, wie wir sie bei Mechthild kennengelernt haben, verlieren sich schnell in die unkomplizierte Reimpaardichtung, wie das Gedicht von der „Tochter Syon", dessen entsprechend einfache Inhalte sich um mystische Termini schließen, aber dem man anmerkt, wie wenig werbende Kraft und mitreißende Kühnheit ihm innewohnt. Mystik wird allmählich Gedankengut des bürgerlichen Publikums. Nicht so sehr die unio selbst, als die Darstellung dessen, was unter den Begriffen speculatio, contemplatio, jubilatio und unio zu verstehen ist, bleibt im Vordergrund. Dabei ist in der Formgebung das Wortspiel, und zwar nicht nur das begriffliche (etwa in der Bedeutungsüberschneidung von speculatio = Spiegelung), sondern genauso das klangliche des Reimwortes entwickelt. Ein Hang zum Erklären dessen, was Mystik ist, beherrscht z. B. den folgenden Abschnitt. Er gibt Antwort auf die Frage: speculiern waz ist daz,

„daz ist der in den spiegel siht
de creature die vns vergiht
gotes in siner drivalt
nach sinem wunder vngezalt,
wie lanc wie hoch wie wit wie breit
sin grundelosiu wisheit,
wie ungemezzen sin gewalt,
dabi sin gute manicfalt.
so ymaginatio die bilderin
und ratio diu liuhterin
daz wise ane zwieren,
daz heizet speculieren." (97.)

Im weiteren Verlauf geht ein solches Gedicht immer einseitiger zur direkten Belehrung über, ohne dabei noch etwas von dem Wunder der Gottbegegnung auszustrahlen. Es wiederholen sich die Fragen nach dem rechten Weg an Fides, Cogitatio, Spes und an die anderen Tugenden, bis endlich Sapientia alle Ratsuchenden an die Minne verweist, die allein den Weg zu Gott kennt und die Seele dorthin führt. Die unio selbst wird kaum erwähnt, viel weniger noch gedeutet. Wie sich hier schon die Auflösung in rein inhaltliche Beschreibung und formale Wortspielerei, aber auch das Einmünden mystischer Strömungen in kirchliche Bahnen auftut, so steigert sich das im weiteren Verlauf dieser stark didaktischen Zeugnisse bis zu einer völligen Verflachung des mystischen Ideals, weil diese Lehre für die Ausbreitung in der großen Menge der Laien gedacht ist. Besonders in der allzu engen Begrifflichkeit und der platten Realistik der Darstellung des Mönches von Heilbronn (S. 97/98) lassen sich diese Erscheinungen der Abwertung mystischer Spekulation erkennen (98). Das führt zu der völligen Abwendung von der hohen Dialogsprache zwischen Gott und Seele, wie wir sie bei Mechtild kennengelernt hatten. Am deutlichsten zeigt sich dieser Unterschied, wenn man das Dialoggedicht: „Der Minne Spiegel" (99) mit dem großen Zwiegespräch der Mechthild (I, 44), das wir oben ausführlich besprochen haben, vergleichen wollte. Die ganze Entwicklung von den Höhepunkten mystischer Spekulation bis in die Niederungen einer problemlosen, ja geradezu verängstigten Volksfrömmigkeit täte sich dabei auf. Die Klage um die sorglos verbrachte Lebenszeit und die Bitte um Gnade vor dem ewigen Tod hat jetzt als Inhalt mystischer Dichtung den hohen Schwung einer Höchstes fordernden Frömmigkeit abgelöst. Der Lehrstil, der in der Reformationsdichtung des 16. Jahrhunderts mit der Hervorkehrung eines moralischen Schlußsatzes seine besondere Ausprägung erhält, ist in dieser Art mystischen Schrifttums bereits vorbereitet, wie es in dem Jahrhundert der Didaxe nicht anders zu erwarten war. In groben Bildern mischen sich jetzt die Vorstellungen des Tanzes der menschlichen Seele mit Christus zwischen die aufmunternden und tröstenden Sätze frommer Volksbelehrung. Bis zur Geschmacklosigkeit verlieren sich Schilderungen der unio in den Lehrgedichten von der geistlichen Minne (100) oder in den mühseligen Reimen der Klausnerin „Engelbirn" (101).

So tritt in der geschichtlichen Darstellung die Parallele zur Umwertung der höfischen Werte des deutschen Minnesangs zwischen 1200 und 1400 in der mystischen Dichtung der Frauen immer wieder hervor. Und trotzdem wäre es falsch, von einem Verflachen der Mystik sprechen zu wollen, sobald man sich der Wende vom

14. zum 15. Jahrhundert nähert. Die Mystik der Meister, die mit mit Eckhart um 1320 ihren Höhepunkt erreicht und sich in dem Werk Taulers und Seuses bis zum Cusaner erhält, beweist das Gegenteil. Immer wieder bewahrheitet sich die These, daß die Höhe der sprachlichen Form und die Vertiefung des mystischen Problems abhängig bleiben von der Einzelpersönlichkeit, und daß die Verflachung und Verfälschung mit der allzu starken Ausbreitung verbunden ist. Die Frauenmystik einer Mechthild von Magdeburg liegt auf der Ebene der mystischen Frömmigkeit eines Eckhart, Tauler und Seuse, während die liedhafte Mystik, wie sie oben gekennzeichnet wurde, mit den Prosatraktaten der mystischen Konventikel zusammengehört.

Daß diese beiden Ausbreitungsgesetze der deutschen Mystik sich immer wieder in den Jahrhunderten bestätigen, wird der weitere Verlauf der Darstellung zeigen. Dafür aber ist es notwendig, wenigstens an einem frühen Beispiel die Beteiligung mystischer Frömmigkeitsformen an den großen Volksbewegungen zu zeigen, wie sie uns in den beiden Geißlerzügen begegnen, damit deutlich sichtbar bleibt, wie stark diese geistige Erneuerungsbewegung der Mystik auch in den Kreisen der Laien wirkte, als die großen Prediger der mystischen Problematik ihre oft mißverstandene philosophische Vertiefung erkämpften.

III. Kapitel

Die Geißlerbewegung in ihrem Verhältnis zur deutschen Mystik

Die Geißlerzüge in ihren Zusammenhängen mit der Mystik zu sehen, mag auf den ersten Blick gewagt erscheinen. Und doch darf man diese frühe Volksbewegung des Mittelalters nicht übersehen, wenn man die Mystik im Wandel ihrer Erscheinungsformen geschichtlich betrachten will. Denn die Geißlerzüge sind Ausdruck einer Bewegung, die sich nicht auf einzelne Gläubige oder Berufene beschränkt, sondern die Masse unter die Fahnen eines Kreuzzuges ruft, der als eine Form des Kampfes gegen die Verfallserscheinungen der Kirche zu sehen ist.

In den Reformkämpfen, in welche die Kirche des Mittelalters zwischen 1250—1350 verwickelt ist, zeigt sich die ungeheure Gefahr der damals bereits eingetretenen Auflösung früherer kirchlicher Formen. Nur wenn Clunys Reform stark genug blieb, konnte der Kirche der eindeutige Sieg über die Zersetzung der presbyterialen Ordnung zufallen. Dazu mußten sich die Führer der kirchlichen Reformbewegungen mit den weltlichen Laienbruderschaften zu verbinden trachten, um Kräfte für diesen Kampf zu sammeln. Sie versuchen also, diese Unterstützung in den Lagern der Unzufriedenen, Verzweifelten, Verängstigten zu finden und bemühen sich durch die Aufnahme von Laienbruderschaften den wieder sichtbar werdenden Zug zur kirchlichen Strenge in diesen Kreisen auszubreiten. Aber immer mehr Laienbruderschaften und -schwesternschaften blühen auf; eschatologische Vorstellungen gewinnen mit unheimlicher Schnelligkeit an Boden. Die Kirche vermag nicht mehr, alle Frömmigkeitsbestrebungen der Laien in sich aufzunehmen, da sie den immer sichtbarer werdenden Zusammenbruch kirchlicher Zucht nicht aufzuhalten vermag. Ein Jahrhundert hindurch gelingt es ihr nicht, ihre Gegner in den Laienbewegungen abzuschütteln, zumal sie sie nicht immer rechtzeitig als Gegner erkennt.

Zu diesen Gegnern gehören die Geißlerbruderschaften. Mag die Frage noch unentschieden bleiben, ob sie eine einheitliche Führung von Italien aus gehabt haben, wie es Pfannenschmid vermutet (102), das Entscheidende sind in diesem Zusammenhang ihre Verbreitung und ihre Voraussetzungen. Da es sich um eine Reformbewegung handelt, darf man den antikirchlichen Unterton nicht überhören, der in ihren Liedern und Liturgien zu uns dringt. Sie gehören zu den Laienbruderschaften, die als freie Vereinigungen von Christen durch besonders strenge Askese und Selbstkasteiungen das Gottesgericht über sich selbst und über die Menschheit aufhalten wollen. Unter allen derartigen Laienbewegungen nimmt die der Geißler eine Sonderstellung ein, weil sie die Erscheinungsformen einer solchen Massenbewegung am deutlichsten in ihren geschichtlichen und literarischen Zeugnissen bewahrt hat und weil sich erste Anzeichen der Mystik in ihr erkennen lassen.

In den meisten Darstellungen der Geißlerbewegung findet sich kein Hinweis auf ihren Zusammenhang mit der Mystik. Es liegt das wohl an dem weiteren Kreisen noch unklaren Bild von der Wirklichkeit dieser Jahrhunderte, in dem dem Geißlertum dieselbe Rolle zugewiesen wird wie den Tertiariern und den Waldensern. Erst Joseph Bernhart (103) hat im einleitenden Abschnitt über die „kulturelle Lage" in seinem Buch über die deutsche Mystik des Mittelalters darauf hingewiesen, daß bei den Geißlern ähnliche Voraussetzungen vorliegen wie bei der Mystik (104).

Wir verdanken die genaue Kenntnis der Geißlerlieder den Forschungen Arthur Hübners, der 1931 seine Studien unter dem Titel „Die deutschen Geißlerlieder" abschloß. Dieses Buch enthält weit mehr, als der Untertitel „Studien zum geistlichen Volkslied des Mittelalters" allzu bescheiden mitteilt. Sein Hauptwert liegt darin, daß neben der vollkommenen Beschreibung der Geißlerbewegung, ihrer literarischen Formen und Inhalte eine genaue Schilderung des Publikums dieser Zeit gegeben wird. Für unsere Fragestellung zeigt sich darin gleichzeitig ein Beispiel der Stellung des einzelnen innerhalb einer religiösen Bewegung.

Schon in den frühesten Anfängen der Geißlerbewegung lassen sich nämlich Zusammenhänge mit der Mystik erkennen, vor allem in der Welle von 1260, die von Italien ausgeht und nach Deutschland vordringt. Wenn die Quellen auch nur wenig genaues Material bieten, so genügt dieses Wenige immerhin für das Erschließen einer

Ähnlichkeit in der Frage der Berufung. Auch hier ist es — wie in der Mystik — der einzelne, der die Berufung in der Vision an sich selbst erlebt und nun im Auftrag Gottes den Menschen seiner Zeit den Weg aus der Unsicherheit der religiösen Werte in die alleinige Sicherheit einer neuen Glaubensform zeigen darf und will (105).

Hübner hat nachgewiesen, daß die Entstehungsgesetze der in Nord- und Oberitalien aufflackernden Bewegung von 1260/61 in engem Zusammenhang bleiben mit den Geißlerzügen von 1349 in Deutschland. So sind uns die für die italienische Bewegung erhaltenen literarischen Quellen deswegen besonders wertvoll, weil sich aus ihnen die deutsche Parallelerscheinung erklären läßt. Ein Beispiel für die Art der Berufung eines Führers der Geißler wird uns in diesen Quellen gegeben. So soll ein Eremit aus der Gegend von Perugia, Raniero Fasani, den Anstoß zu der Bewegung gegeben haben, weil eine himmlische Stimme ihm mitteilte, die Stadt würde zugrunde gehen, wenn ihre Einwohner nicht Buße täten. Eine Legende aus dem 14. Jahrhundert berichtet, daß Fasani sich mehr als 18 Jahre heimlich geißelte; dabei sah er, wie den Augen des Marienbildes, vor dem er die Disziplin vollzog, Tränen entströmten. Es wurde ihm durch einen „Himmelsbrief" mitgeteilt, er solle die Disziplin, die er so lange in aller Verborgenheit vollzogen hätte (occulte), nun öffentlich durchführen vor allem Volk. Er bekam weiterhin den himmlischen Befehl, dies dem Volk mitzuteilen. Sobald seine Stimme in der Öffentlichkeit diese himmlischen Offenbarungen preisgab, beteiligte sich das Volk an den Geißelungen. So heißt es in der Quelle (Hübner S. 57): „Lecta autem littera multi cum domino fratre Rainero nudi ceperunt facere disciplinam; et sic cohoperante divina gracia secundo die nullus remansit in urbe qui non iret nudus faciens disciplinam."

Liest man diese legendäre Quelle vorsichtig und kritisch, so bleibt das Eine: die Aufforderung zur Durchführung der Geißlerdisziplin kommt von Gott selbst, denn in allen Berichten wird gesagt, daß die Geißler sich bei ihren Umzügen immer wieder auf Gottes Stimme berufen und damit auf ihren himmlischen Auftrag. Man hört 'dei voces non hominis'. Hinzu kommt, daß Fasani nach der Handschrift aus Bologna, die diese Legende wiedergibt (vgl. Hübner S. 58), als Stifter der Geißlerbruderschaft geehrt wird, da er ihr die Vorschriften für die Art der Geißelung gegeben habe (106). All dies läßt die Auffassung als berechtigt erscheinen, daß Vision und Berufung als die auslösenden Momente der Geißlerzüge anzusehen sind. Man muß sich vorstellen, welche Wirkung auf eine erregte Volksmasse durch eine Bewegung ausgeübt wurde, die sich an alle Stände und Bildungsschichten mit der Aufforderung zur Geißelung wendete und die ihren Erfolg zu gutem Teil dieser Herleitung vom Reich Gottes verdankte. Sicherlich ist darauf auch die weite Ausbreitung zurückzuführen.

Diese Ausbreitung kann zahlenmäßig leicht überschätzt werden, wenn man den Angaben der Städtechroniken folgt (Hübner hat allerdings wohl zu sehr vor diesen Übertreibungen gewarnt). In der räumlichen Ausdehnung ist mit der Umspannung erheblicher Entfernungen zu rechnen. Im Anfang des Jahres 1261 bis 1262 hat die italienische Geißlerbewegung nach Deutschland übergegriffen. Dabei ist der ganze Süden Deutschlands von der Bewegung erfaßt und von Osten nach Westen durch einzelne Bruderschaften beunruhigt worden. Die Darstellungen der Städtechroniken aus der Steiermark (107) und Böhmen verraten, in welchem Maße alle Stände — von dem armen Bürger bis hinauf zum Ministerialen — davon angesteckt worden sind und wie die Bußfahrt auch die Frauen in ihren Bann gezogen hat. Schon bei der ersten Geißlerfahrt durch Deutschland sollen von den Teilnehmern Irrlehren verbreitet worden sein, so das Laienrecht zur Abnahme der Beichten, der Absolution von Todsünden und schweren Verbrechen gegen den Nächsten, die Fürbitte für die Seelen der Verstorbenen. Darauf seien dann der Einspruch der Kirche und die Bekämpfung der Flagellanten erfolgt, und eine gewaltsame Ausrottung habe zu ihrem Ende geführt.

Wichtig erscheint für unseren Zusammenhang der Nachweis 1. der Ausbreitung im Süden Deutschlands, 2. der Aufnahme aller Stände in die Bruderschaften und 3. der Irrlehre, die den kirchenfeindlichen Zug ergibt. Besonders beachtenswert ist das Platzgreifen zwischen Elsaß und Böhmen und die anhaltende Kraft der Bewegung, die sich von 1260—62 und dann wieder im Elsaß um 1296 (Straßburg) durchgesetzt hat (108). Die eigentlichen Geißlerfahrten, die uns durch ihre ausgiebige Beschreibung in den Chroniken und durch ihr Liedgut weithin vorstellbar geworden sind, beginnen erst um 1349. Bei ihnen treten mystische Züge noch deutlicher hervor.

Zwischen 1260 und 1349 liegt ein Entwicklungsabschnitt der hohen deutschen Mystik, der von der Rezeption mystischer

Vorstellungen bei Albertus Magnus über die Frauenmystik hinaufreicht bis zur Mystik der Meister. Man übersieht oft, daß sich diese Mystik ganz klar abhebt von gleichzeitigen volksläufigen mystischen Erscheinungsformen, wie sie unter der Wirkung der Geißlerzüge schon in diesem Zeitraum der hohen Mystik sichtbar gewesen sein müssen. Nur ist die Überlieferung dafür sehr unvollkommen; erst durch Hübners vorsichtige Analyse wird es uns möglich, den großen Leistungen einzelner Mystiker das dunklere Zeitbild entgegenzuhalten, das besonders nach Eckharts Tod von den Wirkungen der Geißlerzüge in Deutschland bestimmt wird. Mit Sicherheit sind Schilderungen von Geißlerzügen schon in den Jahren zwischen 1300 und 1349 im Umlauf gewesen. Aber solange das Geißlertum ohne eigentliche Führer in Deutschland blieb, vielleicht auch solange die Wirkung Meister Eckharts noch nicht spürbar wurde, konnte dieses erste Auftreten der Geißler um 1260 nicht zur vollen Wirkung gelangen. Bevor es zur Beteiligung der unvorbereiteten Menge an den Geißlerzügen kam, blieb es auch bei der Wirkung des mystischen Gedankengutes in den Konventikeln, Orden und Klöstern, das durch die Predigt nach außen drang. Wenn wir an die uns überlieferten Zahlen der Zuhörer bei den großen Münsterpredigten in Straßburg denken, müssen wir die Wirkung der Massensuggestion durch die mystische Predigt hoch veranschlagen, selbst wenn wir starke Übertreibungen mit in Betracht ziehen. Daran hinderte das 1327 oder 1328 erlassene Verbot der Verbreitung Eckhartischer Schriften wenig. Die Kraft der Ausstrahlung Eckharts lebt in seiner Umgebung weiter und wird besonders deutlich in Taulers Reden und sogar noch ein Jahrhundert später im Predigtwerk des Nicolaus Cusanus (109). Durch diese Mystikerpredigten also wird der Boden bereitet. Äußere Wirren und Wunden der Zeit aber, wie der schwarze Tod, zwingen auch das Volk in die Frömmigkeitsbewegung hinein, — die, die so lange abseits geblieben waren, und die nun die Fanatiker der Geißlerbewegung von 1349 werden. Es ist also eine soziologisch zu verstehende Wechselwirkung zwischen der Ausstrahlung der Mystikerpredigt der Kirche und der aufkommenden Geißlerstimmung im Volk anzusetzen.

Vor 1349 umschloß die Mauerkirche die Frommen und nahezu Heiligen, deren Leben im Diesseits schon früh auf das Jenseits gerichtet und geordnet blieb. Wir haben in dieser früheren Zeit für die Ausbildung der hohen Mystik ein Publikum vor uns, das in der Frömmigkeit schon aufwuchs und darin blieb, dessen religiöse Gefühle schon bereitet waren und durch das Wort der Meister nur stärker erregt wurden. Es waren Menschen, denen der Widerspruch von Diesseits und Jenseits aufgehoben erschien, die den Tod durch ihr gläubiges Herz zu überwinden vermochten und die Furcht vor der letzten Stunde und der des Gerichts nicht mehr kannten. Dies war das Publikum, das sich täglich aufs Neue Gott verband und das allein geistig fähig war, die Lehre der Meister zu verstehen und diese durch seine Aufnahmefähigkeit zu veranlassen, noch weiter in das mystische Dunkel vorzustoßen. Der Meister blieb der Herr über die Gläubigen.

Anders stellt sich die Geißlerbewegung dar. Der Hauptunterschied liegt in dem Fehlen jeglicher Spekulation über die unio. Wohl ist der Gedanke einer Annäherung an Gott da, aber mehr aus einem verzweifelten Buß- und Reue-Verhältnis heraus, aus Furcht vor der Pest und dem Gottesgericht, die noch durch die Weltuntergangsprophetien der damaligen Zeit genährt wurde, als aus dem freien Entschluß des Mystikers der großen Gemeinden um Eckhart. Nur der Führer, der Meister der Disziplin, handelte aus einer Berufung heraus. Nur er hatte die Möglichkeit, sich auf einen Himmelsbrief oder auf einen in der Vision gegebenen göttlichen Auftrag zu berufen, um so dem Volk den Glauben zu erwecken, die Geißelfahrt sei „eine unmittelbar göttliche Anstalt, errichtet und geleitet durch Gottes Geist" (110). Hier ist mit Recht ein für die damalige Zeit revolutionärer Zug gegenüber der Kirche zu sehen, der aber den Anhängern der Bewegung in dem Augenblick seelischer und körperlicher Bedrohung unbewußt blieb. Um so wirkungsvoller war die Möglichkeit der Berufung auf einen Gottesbefehl für die Masse selbst. Die Meister der Geißlerdisziplin bedurften „zu ihrer Legitimation in den Augen des Volkes wie ihrer Widersacher eines göttlichen Auftrags (Pfannenschmid S. 145). Wir haben Zeugnisse dafür, daß in dieser Berufung des Meisters die Heiligsprechung der Lehre inbegriffen ist. In der Schilderung, die Fritsche Closener uns überliefert, sind außer den Verordnungen über das Geißeln einige Sätze über die Heiligkeit der Predigt enthalten: „Die von Closener mitgeteilte Predigt nennt sich die heilige Botschaft (vrone botschaft), die auf einer marmornen Tafel von Christi Hand geschrieben, vom Himmel zu Jerusalem auf St. Peters Altar herabgefallen und von einem Engel aufgerichtet und von dem erschreckten Volke gläubig verehrt worden sei. Die Tafel sei zu dem Könige in Sizilien gekommen, der dann zu der Geißlerfahrt geraten habe" (111). Es wiederholen und verstärken sich also hier die Berufungsmotive der italienischen Geißlerbewegung. Denn die Berufung des Meisters und die Heiligsprechung seines Wortes haben auf die Menge sichtlich größten Eindruck gemacht und die Stellung des Meisters in der Geißlerbruderschaft gesichert. Dieser Zug der göttlichen Berufung ist durchaus eng verwandt mit den ältesten Erscheinungsformen der Mystik. Und es läßt sich denken, daß bei solcher gleichen Bereitung des Bodens religiöser Sehnsucht und Rezeptivität zwischen diesen beiden in ihrer ursprünglichen soziologischen Grundlage so verschiedenen Bewegungen sich von selbst Brücken der Beeinflussung schlugen.

Für die so aufgerufene religiöse Erregung mußte nun die Lenkung durch Lehre und Weisung einsetzen. Was bei dem einzelnen Mystiker durch Versenkung und andauernde, ja lebenslängliche Betrachtung der Leiden und Opfer Christi in der stets auf Gott gerichteten seelischen Bereitschaft erweckt werden sollte, wurde durch die Geißlerpredigt auf einen bestimmten Zeitraum zusammengedrängt und durch die Forderung der Geißelung verstärkt. Das Moment der Öffentlichkeit spielt dabei eine große Rolle. So ist der Aufbau der Geißlerpredigt entsprechend klar und geschlossen: Sie gliedert sich nach der Aufzeichnung Closeners (112) in drei Teile. Der erste Teil handelt von der Sonntags- und Freitagsfeier, die sträflich vernachlässigt werde, und von anderen die Menschheit belastenden Sünden, weshalb auch des zürnenden Gottes schreckliche Strafgerichte die Menschheit gezüchtigt haben und deren gänzliches Verderben von Christus beschlossen sei auf den zehnten Tag des siebenten Monats, nämlich auf den Sonntag „nach unserer Frauen Geburt". Aber auf unablässiges Fürbitten der Mutter Maria und der Cherubim und Seraphim habe er noch Aufschub bewilligt, im Falle Bekehrung eintreten werde (Closener S. 111—114). Der zweite Teil der Predigt (S. 116—117) zeigt, daß diese Bekehrung herbeigeführt werde nach dem Vorbilde der Lebensjahre Christi durch eine auf 33 ½ Tage zu beschränkende Wallfahrt der Geißler, die ihnen in Sizilien kundgetan sei. Der dritte Teil (S. 117) gibt eine kurze Beschreibung des Ganges der Pest durch einen großen Teil des mittleren Europas bis ins Elsaß. Zur ausgebreiteten oder auch nur stichwortartigen Spekulation bleibt hier kein Raum. Es muß sich aber der stereotype Hinweis auf den göttlichen Ursprung der Lehre immer häufiger wiederholt, und er muß bei den kirchlichen Instanzen Anstoß erregt haben.

Denn so sind die Zeilen aus den von Hugo von Reutlingen aufgeschriebenen Liedern zu deuten:

„Nec nisi confessus hiis fratribus associatur,
Quique satisfacere lesis per verba probatur."
(Hübner S. 40.)

Nach dieser Kritik, die schon offen den Grad der Verblendung der Massen widerspiegelt, werden aber letzlich auch die „plurima bona" erwähnt, so daß die Bewegung als Bußbewegung durchaus anerkannt bleibt.

Hierher gehört noch ein Wort über die Geißelung, die ja vor der Zeit der Züge und über sie hinaus als Sitte in den Klöstern verbreitet war und blieb. Dabei wird der italienische Einfluß von Fasanis Vision bei der Prozedur der Geißelung entscheidend eingewirkt haben, denn wie Hübner nachgewiesen hat, wiederholen sich einzelne Sätze aus dem Geißler-Himmelsbrief des Fasani immer wieder wörtlich, und auch die von mir oben zitierte Legende aus dem 14. Jahrhundert spricht dafür. Für die deutsche Literaturgeschichte hat das Geißlerzeremoniell besondere Bedeutung durch die Lieder, die dabei gesungen wurden. Hübner hat sie in das älteste deutsche geistliche Liedgut eingefügt. Aber damit ist ihre Gesamtheit noch nicht genug gekennzeichnet. Diese Lieder gehören in das mystische Liedgut, wenn sie auch ihrem Inhalt und ihrer Struktur nach ganz anders zu sehen sind. Es sind Lieder, die nicht dem einzelnen, sondern einer Gemeinschaft gehören und sich dadurch von dem eigentlich mystischen Liedgut abheben. Sie enthalten keinerlei Glorifizierung des mystischen Erlebnisses, sondern schlagen nur die dunklen Töne des Bußliedes an und gehören notwendig zum Geißelungsakt. Aber der Ritus der Geißelung ist ja nicht nur als sichtbarer äußerer Ausdruck der Reueempfindung und des Sündenbekenntnisses zu sehen, sondern hat engen Zusammenhang mit der Passion Christi. Es ist eine vergröberte Vorform des späteren Wundenkultus in der Mystik des 17. Jahrhunderts und im Pietismus. Denn in den Liedern wird die Steigerung der Reueempfindung so gedeutet, daß durch das eigene Blutvergießen bei der Geißelung gezeigt werden soll, in welchem Maße der Mensch bereit ist, das Leiden des Herren anzuerkennen und auf sich zu nehmen. So sind die Bilder dieser Strophen zu deuten, die den Gedanken an das Blut des gemarterten Christus mit der Geißelung verbinden.

Jesus Crist der wart gevangen,
An ain crůtz wart er gehangen.
Daz crůtz daz wart dez blůtes rot.
Wir clagen gots marter und sinen tot.
Durch got vergiess wir unser blůt,
Daz ist uns fůr dîe sůnde gůt.
Dez hilf uns, lieber herre got!
Des bitt [wir] dich durh dinen tot.

(Hübner S. 106, 10—17.) (113)

Daß diese Deutung nicht überinterpretiert ist, geht daraus hervor, daß das in den Liedern so häufig angewandte Bild vom Kreuz ja auch eine sichtbare Verkörperung erfuhr, indem die Geißler sich mit ausgebreiteten Armen zu Boden warfen (Hübner S. 109). Diese Art des Bußopfers, durch das die Vergebung Christi und die Abwendung seines vernichtenden Zornes erreicht werden sollte, muß von ungeheurer Wirkung auf die der Disziplin zuschauenden Bürger der Städte gewesen sein. Unterstützt wurde diese Wirkung durch Strophen, die sich besonders an die Zuschauer, an die Sünder, wenden, denn in ihnen wird gerade der Sinn des Opfers der wenigen für die Gesamtheit hervorgehoben. Es entwickelt sich eine Art von Responsorium. Christus fragt die Sünder: „Sůnder, wa mit wilt du mir lonen? . . . Waz wilt du liden nu durh mich?" und darauf folgt der Ruf der Geißler:

„So rôfen wir in lutem done:
'Unsern dienst geb wir ze lone.
Durh dich vergiêss wir unser blůt,
Das ist uns fůr die sůnde gůt.

So[sů]alsus worent uf gestanden zu ringe, so stundent ir etwie maniger, die die besten senger worent, und vingent einen leys an zu singe[n]de. Den sungent die bruder noch, alse man zu tantze noch singet. Die wile gingent die brudere umbe den ring ie zwen und zwene und geischeltent sich mit geischeln von riemen... Nu ist der leiß oder leich den sů sungent:

Nu tretet her zu, die bußen wellen!
Fliehen wir die heißen hellen!
Lucifer ist ein bose geselle.
Sin mut ist wie er uns vervelle.
Wande er hette daz bech ze lon.
Des sůllen wir von den sunden gon.

Der unserre buße welle pflegen,
Der sol bihten und widerwegen.
Der bihte rehte, lo sunde varn,
So wil sich got uber in erbarn.

Der bihte rehte, lo sůnde ruwen,
So wil sich got selber im ernůwen.
Jesus Crist der wart gevangen,
An ein krůtze wart er erhangen.
Daz crůtze wart von blute rot.
Wir klagent gotz martel und sinen tot.
Durch got vergießen wir unser blut,
Daz si uns fůr die sůnde gut.
Daz hilf uns, lieber herregot,
Des biten wir dich durch dinen tot.

Sůnder, wo mit wilt du mir lonen?
Drie nagel und ein důrnin kronen,
Daz crůtze fron, eins speres stich,
Sunder, daz leit ich alles durch dich.
Waz wilt du liden nu durch mich?

So rufen wir us lutem done:
'Unsern dienest gen wir dir zu lone.
Durch dich vergißen wir unser blut,
Dez hilf uns, lieber herre got!
Des bitt wir dich durch dinen tot.'

(Hübner S. 106, 23—108, 28.) (114)

Diese Betonung des Leidens um der Wiedergutmachung der Schmähung willen, die dem Gottessohn durch die eigene Sündhaftigkeit angetan wird, steht in der Fassung des Fritsche Closener im Zusammenhang mit einem Gedanken, der nicht in allen Geißlerliturgien überliefert ist. Dort heißt es, daß Gott sich in dem Sünder, der zu rechter Buße geneigt ist, wieder erneuern wolle. Hier ist in der Terminologie der mystische Unterton hörbar, der gerade in Straßburg um 1349 wohl stets in der Predigt vorhanden gewesen ist (115).

„Der bihte rehte, lo sunde růwen,
So wil sich got selber im ernůwen"

(Hübner S. 107, 11—12.)

Dazu paßt dann besonders gut der Schluß der Liturgie mit dem Anruf, daß Christus den Sünder vor dem „gehen tot" bewahren soll, vor dem unvorbereiteten Sterben, dem noch keine innere Erneuerung vorausgegangen ist.

Weitere Anklänge an mystische Thematik gewinnt das Geißlerlied durch den eingeschobenen Anruf der Mutter Gottes. Dieses neue Motiv bringt nach der ersten Beugung vor Gott der Teil „ad secundam genuflexionem". Hier wird das Leidensbild der Mutter Gottes beschworen, die den Martertod ihres Sohnes mitansehen muß und doch Gott um Gnade bittet, als dieser die Welt vernichten will. Hier kommen die zeitüblichen Drohungen zum Durchbruch: „dez wil ich lan die welt zergan" (Hübner S. 108, 56), und auf diesen wirkungsvollen, in der Art eines Dialogs vorgetragenen Teil folgt nun die Aufzählung der schweren Sünden, folgt die Androhung der ewigen Strafen für die Mörder und Straßenräuber, die Ehebrecher und Feiertagssünder. Auch hier läuft das Ende des Liedes wieder auf die Drohung des Weltunterganges hinaus. Die niederdeutsche Fassung O betont ganz besonders die Fürsprache der Maria, denn dort heißt es, daß nur durch ihre Fürbitte die ewige Strafe und der Weltuntergang nochmals aufgeschoben worden sei:

„Ir ne wilt vch ouer nemende barmen.
des sin gy eweliken vor loren.
were dusse bote nicht ge worden,
de cristenheit wer gar vor svunden . . .
Maria hat lost vnsen bant."

(Hübner S. 117, 86—90.)

Nicht genug betont wurde bisher in diesem Liedteil eine Stelle, die für die gesamte Bewegung entscheidend ist: Als Christus vor allen Engeln ausrief, daß er nun die Welt zerstören wolle, da antwortet Maria, daß er die Menschen büßen lassen solle. Sie wolle Botschaft senden, daß diese Umkehr eintrete:

„'Vil liebes kint, la si geboͦssen,
So wil ich schiggen daz si moͦssen
Bekeren sich. dez bitt ich dich,'
Dez hilf uns, Maria [kunigin,
Daz wir dins kindes huld gewin!]"

(Hübner S. 110, 60—64.)

Damit ist der göttliche Auftrag der Geißler bewiesen. Das, was dem einzelnen wie Fasani in der Vision zuteil wurde, ist jetzt allen, die es hören wollen, kund gemacht.

Man sieht deutlich, daß hier in diesem Teil — wie in der Mystik des Mittelalters überhaupt — durchaus der Rahmen der kirchlichen Liturgie sowie ihr Inhalt erhalten bleibt, daß aber alles abgestellt ist auf einen durch das Vorbild der Geißelnden erzeugten „geswinden kêr", auf eine innere Umkehr, die besonders durch die eschatologischen Vorstellungen und die Drohungen vom Weltuntergang bewirkt wurde. Auf die Erzeugung des Gottesbildes im Menschen besonders in der Passion Christi kommt es hier an, nur dadurch kann der „gehe Tod" vermieden werden.

Es wurde somit auch dem einzelnen, der dieser Geißelung zuschaute, eine ungeheure Verantwortung auferlegt, zumal er selbst bedroht war von dem jähen Abruf durch Gottes Willen, der ja den Menschen dieser Jahre im „großen Sterben" traf. Und so mußte gerade der Schluß des Refrains, der auf den schwarzen Tod anspielt, besonders wirkungsvoll sein:

„Nu hebent uf dîe ủwern hend,
Daz got daz grozze sterben wend!
Nu reggen uf die uwern arm,
Um daz sich got ủbr uns erbarm!

Jesus, durch diner namen dri
Du mach uns, herre, vor sủnden fri!
Jesus, durch dine wunde rot
Behốtt uns vor dem gehen tot!"

(Hübner S. 108, 39—46.)

Durch diese eindrucksvolle Verbindung von zeitlosem himmlischem Auftrag und zeitnaher Not, durch das Bleiben in den kirchlichen Vorstellungsformen und durch das fanatische Bahnen des direkten Weges aus der eigenen Sündhaftigkeit heraus zu Gott unter Ausschaltung des Priesters hatten Glauben und Kultus der Geißler ihre unheimliche Wirkung. Hinzu kommt, daß das moralische Verhalten (wie Pfannenschmid es S. 208 nachweist) tadelfrei blieb und so der Bewegung etwas von Fanatismus und Selbstheiligung anhaftete, was auch von den Widersachern in den Chroniken zugegeben werden mußte (116).

Es ist zusammenfassend darauf hinzuweisen, daß in der Gleichzeitigkeit von Geißlertum und Mystik sich zum ersten Male das

Verhältnis einer Volksbewegung zu einer hohen aristokratischen Frömmgikeitsform spiegelt, daß hier das Gesetz des Widerspiels von einzelnem und Vielheit, von Kirche und Volk deutlich wird. Es wird an dieser Stelle einmal etwas vom realen soziologischen Bild der religiösen Erregung der Zeit in seinen „Imponderabilien" sichtbar.

Die Parallelen zur Mystik scheinen am deutlichsten in den allgemeinen Erscheinungsformen der Geißlerbewegung erkennbar zu sein. An folgenden Stellen ergaben sich Berührungspunkte oder Analogieformen des Geißlertums zum Bereich der Mystik:

1. In der öffentlichen Geißelung wird der sonst an den einzelnen ergehende Ruf nach Reinigung vor Gott, nach dem „geswinden kêr" auf alle Menschen ausgedehnt. Die Menge wird damit aufgefordert, den direkten Weg zur Gottbegegnung zu wählen, unabhängig von der Werkgerechtigkeit und der Vermittlung der Kirche.

2. Die dahinwirkende Geißlerpredigt beweist klar das aus Zeitnot geborene Streben nach Gotterneuerung ohne Wahrnehmung der Sakramente in kirchlicher Zeremonie (117).

3. Wie in der Visio wird durch die vom Himmel erfolgte Berufung der Meister der Geißlerbruderschaften der Glaube an die Gottgewolltheit zum Ausdruck gebracht.

4. So kann die Geißelung selbst die magische Wirkung auf die Masse ausüben, weil durch diesen Akt die sofortige Hilfe gegen die Bedrohung des Gottesgerichts zugesagt wird. (Inwieweit hier die echte Mystik verlassen wird, die niemals die Sicherheit der Sündenvergebung, sondern nur die Möglichkeit der Gottbegegnung für den einzelnen versprach, wird der Masse der Gläubigen nicht deutlich.)

5. Die Geißlerpredigt selbst trägt in ihrer suggestiven Wirkungskraft Kennzeichen mystischer Prägung. Unter Ausnutzung von Buße und Beichte, die vor den Menschen, vor Laien erfolgte, durch Erteilung der Absolution maßte sich die „fraternitas" der Geißler kirchliche Rechte an, die sie mit der vom Himmel gesandten Strafe der Pest, mit dem sittlichen Verfall des Priestertums und mit dem geschickt verwendeten Hinweis auf die im Volk umlaufenden eschatologischen Gerüchte begründete (118). Dabei erhält die Predigt der Geißler wie die öffentlich durchgeführte Disziplin ihren besonderen mystischen Charakter durch die freiwillige Unterwerfung aller an den Geißlerfahrten Beteiligten unter eine selbstgewählte Autorität.

Im ganzen also stellt sich in diesen mehr inhaltlichen Momenten eine Vergröberung, Vereinfachung und Fanatisierung dar, wie sie für den Übergang hoher geistiger Freiheit in die Masse typisch ist, und wie sie ihre besonderen Vorzeichen durch die Schrecknisse und das Grauen der Zeit erhält.

Das wichtigste Argument jedoch ist die Verwendung der deutschen Sprache, die um 1349 in der Kirche die Mitteilungsform der Mystik ist. Dadurch hoben sich Liturgie und Predigt, Brief und Einzellied von den kirchlichen Normen ab. Ohne diese deutsche Form von Predigt, Lied und Gebet wäre die Ausbreitung und Wiederholung der Bewegung unmöglich gewesen. Darin liegen die deutlichen Reformbestrebungen, daß durch das Mittel der Sprache dem Laien die Möglichkeit gegeben wurde, geistliche Funktion zu übernehmen. Nur so war auch die Ausbildung eines Liedgutes möglich, das — wie Hübner meisterhaft gezeigt hat — über das italienische Vorbild hinaus ganz aus deutscher mittelalterlicher Liedtradition lebt und den Anfang des deutschen geistlichen Volksliedes darstellt.

Schließlich wären als Parallelen zur Mystik noch die in der Predigt der Geißler häufigen Angriffe gegen den Klerus zu erwähnen, wie sie Fritsche Closener in der Wiedergabe des Himmelsbriefes verzeichnet: „ja sint es etteliche priester, die darumbe priester werdent daz sü wol eßen und trinken wellent" (Closener S. 115, 1—3).

Am deutlichsten wird die antikirchliche Absicht der Geißlerfahrten in den Maßnahmen zu ihrer Unterdrückung. Von den Kanzeln, in Streitgesprächen zwischen Meistern der Flagellanten und Dominikanerpriestern, durch Gewaltverordnungen weltlicher Stellen in Frankreich und Italien und schließlich durch den Befehl des Papstes Clemens VI. am 20. Oktober 1349, die Geißlerzüge mit allen Mitteln zu unterdrücken, wurde die beunruhigende Strömung im Volk zu beseitigen versucht. Wenn die Unterdrückung auch nicht gelang, ja nicht einmal durch die weltliche Obrigkeit durchzusetzen war, so wurde doch wenigstens die öffentliche Geißelung unterdrückt und auf die Durchführung im geheimen beschränkt. So blieb sie — in dieser Form niemals von der Kirche verboten — bis zum 15. Jahrhundert erhalten. Besonders aus den Kreisen mystischer Gemeinschaften aber erfahren wir immer wieder von dieser Form der strengsten Askese.

Auffällig bleibt dabei, wie die Bewegung der Geißler in den deutschen Bezirken weit länger als in ihrem Ursprungsland Italien wirksam blieb und gerade in Deutschland und den Niederlanden ihre weiteste und wirksamste Ausbreitung fand.

In ähnlichem Rahmen wiederholt sich mehrfach die Ausbreitung solcher von mystischen Bestandteilen durchsetzten Gemeinschaftsbewegungen in der deutschen Geistesgeschichte, so in der Devotio moderna und im Pietismus, nur daß sich später die aus dem gleichen Ursprung gewachsenen Erscheinungsformen gedanklich und glaubensmäßig stark verändern.

IV. Kapitel

Die Vertiefung des unio-Erlebnisses in der Mystik der Meister

Wenn die deutsche Mystik ein Hauptkennzeichen in der Beteiligung der Einzelpersönlichkeit an der Ausprägung ihrer Frömmigkeitsform hat, so mußte es bei dem spekulativen Grundzug der Mystik gerade in Deutschland zu einer Auseinandersetzung mit der Scholastik als der damals bestehenden und die Religiosität bestimmenden kirchlichen Lehre kommen. Der Ausgangspunkt dafür mußte notwendig in den Klöstern liegen, denn in diesen und besonders in den Frauenklöstern war es notwendig geworden, daß dem ungebundenen mystischen Seelenerlebnis der unio eine Lebenslehre übergeordnet wurde, um diese Bewegungen zusammenzuhalten. Es häuften sich die Anzeichen, daß trotz der Ordensschranken aus diesen Zentren mystischer Frömmigkeit allmählich Bewegungen des „freien Geistes" erwuchsen, bei denen die neue Frömmigkeit in die Gefahr der Verfälschung geriet. Erweitert wurde der Kreis durch die Beginengründungen. Dies waren weltlich-geistliche Vereinigungen, denen die Gelübde der Keuschheit und der Armut nicht abverlangt wurden und die in freien Schwesternschaften zusammengefaßt waren. Mit diesem Publikum mußten die Orden rechnen. So wurde 1290 die allgemeine Verordnung notwendig, daß die Priester in den Frauenklöstern vorwiegend in deutscher Sprache predigen und so die theologischen Lehren leicht verständlich vortragen sollten. Joseph Bernhart hat diesen Zeitpunkt als die Geburtsstunde der „deutschen Mystik" bezeichnet (119). Unter gewissen Einschränkungen und unter seinem Gesichtspunkt der philosophischen Mystik kann man dieser Auffassung zustimmen, besonders wenn man den Zwang der Deutschsprachigkeit für die Ausbreitung der Mystik in den Vordergrund rückt. Denn nach dem Erlaß mußte deutsch gepredigt werden, was zu einer eigentümlich persönlichen Art der Auslegung und des Gebrauchs der deutschen Prosa führte. Außerdem mußte der Erbauungscharakter der Predigten zunehmen und damit ihr lehrhafter ethischer Ton. Soziologisch gesehen erleben wir darin die Auswirkungen einer bürgerlichen Bildungsbewegung in ungelehrten Kreisen. Theologische Bedeutung gewinnt diese Maßnahme insofern, als die Verlagerung der religiösen Thematik aus der rein scholastischen Lehre ins seelische Einzelleben sichtbar wird. Es beginnt mit dieser Popularisierung der lateinischen Scholastik eine neue Philosophie, die gleichzeitig zur Schöpfung einer neuen philosophischen Sprache führt. Ohne auf alle Vorläufer Eckharts hinweisen zu können, stehen wir mit einzelnen Vertretern dieser Klosterprediger vor Persönlichkeiten, die in die Lieddichtung der damaligen Zeit eingegangen sind. Einer von den vielen, wie Alberts des Großen Schüler Hugo von Straßburg (gest. 1277), wie David von Augsburg (gest. 1272) und Engelbert von Admont (1250—1331), ist jener Dietrich von Freiberg, ein Dominikaner, dessen Hauptwirksamkeit zwischen 1270 und 1310 liegt (120). Seine Wirkung muß sehr stark gewesen sein, da er mit Meister Eckhart zusammen in einem Liede genannt wird (121) und einzelne seiner Thesen in diese volksläufigen Strophen eingegangen sind. Auch im Liede erscheint er als einer der Mystiker, der die Begriffe der Scholastik unter einem neuen Gesichtspunkt verwertet, und der den Seelengrund als Mittelschicht zwischen Gott und Mensch erkannt hat.

„Der hohe meister Diderich
der wil vns machen fro,
er sprachet lvterlichen
al in principio.
des adelares flvke
wil er uns machen kunt,
dy sele wil er versencken
in den grunt ane grunt.
Scheidet abe gar,
nement godes in vch war,
senkent vch in eynekeit,
so werdent ires gewar."

Genauso typisch scheint mir in der vierten Strophe dieses Liedes der Hinweis auf Eckharts oft „unverstandene" Predigten.

„Der wise meister hechart
vil vns von niche san:
der des niden verstat,
der mag ez gode clan.

in den hat nit gelvchet
des gvdeliche schin.
Scheidet abe gar,
nement godes in vch war,
senkent vch in eynekeit,
so werdent ires gewar.“

Es wird hier sichtbar, in welchem Maße die Gestalt des größten mittelalterlichen Mystikers, Meister Eckharts, auch dem Ungelehrten nahe war und wie breite Kreise die mystische Bewegung erfaßt hatte (122).

1. Meister Eckhart

In allen Eckhart-Darstellungen ist die klare und weithin sichtbare Trennung von der Gefühlsmystik aufgewiesen worden. Für das Gesetz der mystischen Bewegung liegt hier ein entscheidender Gesichtspunkt. Denn wieder wird in der Neuformung der mystischen Geisteshaltung durch den einzelnen eine Vertiefung erreicht, die in der Läuterung von allen Übersteigerungen — wie wir sie am Schlusse der Darstellung der Frauenmystik andeuteten — sich auswirkt. Das Feuer der Spekulation reinigt die Bewegung von den Schäden des aufbrechenden freien Geistes in den Klöstern. Dabei wird die Mystik wieder zum Ausdruck einer reinen Frömmigkeit, wie sie uns ursprünglich bei Hildegard und Mechthild begegnete.

So heilsam die kraftvolle Wirkung der spekulativen Mystik als Gegengewicht gegen die ekstatische Visionsmystik war, so notwendig blieb sie auch für die Lenkung des Frömmigkeitsgefühls dieser Zeit. Denn erst aus der Vereinigung der in der Frauenmystik gelösten Kräfte mit den Gedanken, die durch Eckharts Predigten und Traktate wirksam wurden, konnte eine mystische Lehre entstehen, die das Verhältnis des Menschen nicht nur Gott, sondern auch den Mitmenschen gegenüber festlegte. War die ekstatische Mystik in ihrem Ursprung nur verständlich aus einer Flucht aus der Zeit, so mußte eine Lebenslehre, wie sie Eckhart schuf, das Bleiben in der Zeit zum Mittelpunkt haben und so alte und neue mystische Frömmigkeitsformen verbinden. Somit mußte sie notwendig dem religiösen Leben außerhalb und innerhalb der Klostermauern neue Frömmigkeitsformen schaffen. Die Hilfe, die dem deutschen Menschen damaliger und aller Zeit daraus erwuchs, sehe ich in dem Streben nach einer dem Menschen wahrhaftig erscheinenden Lebens- und Gottlehre, die frei war von falscher Wertung des Weltlichen und Geistigen im Diesseits. Dem einzelnen wurde der Blick über den Weg seiner Entwicklung aus Gott und zu Gott hin wieder eröffnet, ohne daß das Leben in der Welt einer verächtlichen Abwertung verfiel. Die unio mit Gott begann bereits im tätigen Leben, und der Weg zu ihr war schon in der Welt offen. Daß dieser Art der mystischen Lehre eine solche Wirkung zuteil wurde, lag einmal an der Persönlichkeit und Größe Eckharts, dann aber an dem Inhalt seiner Lehre von der „ecclesia spiritualis in mundo". Allerdings wächst mit dieser reinigenden Kraft der Spekulation auch die Gefahr, mit den neuen Denkvorstellungen über den Umkreis der Kirche hinauszugelangen.

Aus der politischen und kulturellen Lage in Deutschland zwischen 1300 und 1350 ist diese Lehre gewachsen und damit lebensnah geblieben. Allerdings ist daraus auch ihr kirchenfeindlicher Charakter zu erklären, da die mystische Frömmigkeit in dieser Epoche einen stark reformatorischen Grundzug entwickelte. Daß gerade Meister Eckharts Gott- und Lebenslehre dem römischen Interdikt verfielen, beweist, in welchem Maße die damalige Kirche jede neue Möglichkeit der Beunruhigung ihrer Gemeinden zu verhindern suchte. Seit diesem Urteil Roms mußte allerdings auch der häretische Zug, der der deutschen Mystik anhaftet, um so sichtbarer hervortreten und seine über die Jahrhunderte anhaltende geschichtliche Wirkungskraft beweisen.

So hoch man die Wirkung Eckharts auf die große Masse der Gläubigen seiner Zeit veranschlagen mag, geistesgeschichtlich gesehen beruht seine Wirkung auf der über Jahrhunderte reichenden Kraft seiner philosophischen Spekulation und seiner Frömmigkeitslehre, die er aus der unio entwickelt. In Meister Eckharts Mystik gewinnt das Streben nach einer persönlichen Gottannäherung auf dem Wege der Spekulation für den deutschen Menschen so klar festgelegte philosophische Formulierungen, daß sein Weg zu Gott für das Freiheitsstreben der Einzelpersönlichkeit beispielhaft wird und von nun ab den Charakter der vorbildlichen deutschen Frömmigkeitsvertiefung des einzelnen gewinnt. Die unio mystica ist das letzte heilige Ziel aller Mystiker, auch das Eckharts. Durch seine spekulative Deutung der unio aber gewinnt das Problem seine erste Ausweitung auf die Philosophie und Geistesgeschichte Deutschlands. Dabei geht es nicht um eine dogmatische Variante, sondern um die Neuartigkeit seiner Gott- und Lebenslehre, die wir in unserem Zusammenhang so weit umreißen müssen, daß wir die darin wirkenden mystischen Kräfte klar erkennen. Denn zu Eckhart kehren die Großen der späteren Mystik immer wieder zurück: Nikolaus von Cues, Böhme, Fichte u. a. Dabei kann es sich gerade in diesem Überblick nur um einige Hauptpunkte der Lehre Eckharts handeln, an die wir in der späteren Darstellung wieder anknüpfen müssen (123). So mag auch hier der Gedanke der unio als Leitmotiv dienen.

Eckhart läßt zugunsten des Erkenntnisdranges und -willens das Gefühl, die Quelle des Unio-Erlebnisses der Frauenmystik, weit zurücktreten. Die unio mystica ist seiner Überzeugung nach für den Menschen unmittelbar möglich auf Grund der göttlichen Immanenz in der Seele. So folgert Eckhart in dem „Buch der göttlichen Tröstung": Der Mensch steht in ständigem Schöpfungszusammenhang mit Gott. Aus Gott geboren sehnt er sich in seinem Vereinigungsstreben zurück in den Ursprung. In klarer Bildsprache veranschaulicht Eckhart dieses gläubige Streben. Der Funke, dessen irdischer Vater das Feuer und dessen irdische Mutter das Holz ist, jagt zum himmlischen Vater alles Feuers, zu Gott, empor (124). Dieser „Funke" göttlichen Ursprungs wohnt in der Seele des Menschen und stillt seine Unruhe erst nach der Vereinigung mit Gott. In der Schrift „vom edelen Menschen", auf die der Meister im „Buch der göttlichen Tröstung" zu dessen besserem Verständnis hinweist, adelt er den inneren Menschen durch den von Gott selbst eingepflanzten Samen (S. 43), der zwar vorborgen ruht und gepflegt werden muß für eine glückliche Entfaltung, aber nie verlorengehen kann. In der Rechtfertigungsschrift begründet Eckhart die Fünkleinthese mit der Behauptung, daß Gott als wirkende und zeugende Kraft dem von ihm erzeugten Menschen sein Wesen gebe (125). Die Annahme eines göttlichen Ursprungs der Menschenseele, die Immanenzspekulation Eckharts, gründet auf einer Verbindung des christlichen Schöpfungsbegriffes mit der neuplatonischen Lehre der Emanation. Nach Plotin strahlt Gott als das Ewigseiende (ἕν) die Idee Gottes (νοῦς) aus, Rückstrahlungspunkt der Idee ist wiederum die Seele. Wenn aber die Idee in Gott entspringt, trägt auch die Seele göttliches Wesen in sich. Die philosophische Voraussetzung der unio mystica ist also mit aus den Gedankengängen des Neuplatonismus entwickelt. Die Vereinigung mit Gott ist dem Menschen möglich, weil er göttliches Wesen in sich birgt und sich nach der in seiner Seele angelegten Gleichheit zurücksehnt (126). Darüber hinaus klingt schon hier — in der Ewigkeit des Schöpfungsvorgangs (als dauernder Ausstrahlung) — der Gedanke der Sohngeburt an, der bei Eckhart sich mit der Vorstellung eint, daß Gott in jedem Augenblick in die Seele eingeboren wird, wie es im unten folgenden darzulegen ist.

Die theoretische Möglichkeit der unio mystica besteht also für jeden Menschen. Aber es gilt, zu dieser ewig sich vollziehenden Gottgeburt vorzudringen, sie in sich zu befreien. Die praktische Verwirklichung gelingt nur dem, der sich der sittlichen Aufgabe, „plos, arn und itel" (127) zu sein, unterzieht und die Kraft hat zum „entbilden sin selbes" (128). Die Notwendigkeit der Herzensbloßheit betont Eckhart durch das Gleichnis des Auges: weil das Auge selbst frei ist von aller Farbe, erkennt es alle Farben — nur wenn das Herz leer ist, kann es Gott empfangen und aufnehmen. Anweisung für die sittliche Tat des Verzichtes auf alles Äußere gibt Eckhart in der „Schrift vom edelen Menschen" (129). Der Mensch vollzieht sie in sechs Entwicklungsstufen. Während er sich auf der ersten Stufe auf ein Nachleben edler Vorbilder beschränkt, gelangt er nach der Abwendung von allem Geschaffenen und Hinwendung zu Gott, dem Unerschaffenen, auf der fünften Stufe zu dem Frieden in Gott und auf der sechsten zu der Überbildung, der unio mit Gott. Im „Buch der göttlichen Tröstung" betrachtet Eckhart im Hinblick auf die unio den „willen des mannes" (130) als die ethische Kraft, die rein und frei ist von fleischlichem Begehren und eingehen kann in Gott. Der Mensch kann trotz der Sünde, die ihm anhaftet auf Grund der Erbsünde, sich emporschwingen zur Befreiung von allem Kreatürlichen, denn das ihm innewohnende „Fünklein" befähigt ihn zum Wollen und Vollbringen der unio mystica. Nach Eckhart schaltet die Erbsünde die Freiheit des Willens zum Guten nicht aus.

Aus diesen (stark zusammengezogenen) Gedankengängen Eckharts ergibt sich weiter, daß seine Lehre von der Gottähnlichkeit des Menschen ebenso streng die vita activa wie die vita contemplativa fordert. Das Ergebnis einer heiligen Innenschau, die unio mystica, verpflichtet zu edler Lebensführung, die in hoher Vollkommenheit gelingt, wenn Gottes und des Menschen Wille übereinstimmen (131). In besonders schwierigen Lebenslagen, in Kummer und Heimsuchung erweist sich die ethische Kraft der Eckhartschen Lehre. Sie führt den Menschen nicht nur hin zur unio mystica, sondern erhält ihn auch in dieser Vereinigung mit Gott sein Leben lang, wenn er für dessen Aufnahme dauernd bereit bleibt. Als weiser Menschenkenner und wissender Seelsorger führt Eckhart den leidenden Menschen von der Anerkennung der Schwere alles Ungemachs zu dem Wissen um die Freude alles Leids. Indem er das Leid als Leid verneint, bereitet er auf die Bejahung alles Leids als Vorstufe der unio vor.

Die tiefe Ethik und Zeitlosigkeit der Eckhartschen Lehre erweist sich so im „Buch der göttlichen Tröstung". Der Meister gibt dem Menschen in der Notlage des Lebens, in Leid und Verzweiflung, den sichersten Halt. Der Mensch betrachtet das Leid als Gottes Willen, als Gott selbst und überwindet es durch Erfüllung seiner unermeßlichen Liebe und Erkenntnissehnsucht nach Gott. Auch die zeitlich unbegrenzte unio mystica entbindet den Menschen nicht von den Aufgaben der Gegenwart. Sie führt ihn in die „Wirkeinheit" mit Gott. Aus ihr heraus meistert er das Leben mit innerer Festigkeit, denn er lebt nun aus Gott und mit Gott. Die unio mystica ist der tiefste Ausdruck der Größe der Eckhartschen Lehre. Sie schließt die vita activa nicht aus, sondern verknüpft diese mit der vita contemplativa in sinnvoller Weise: die stille Innenschau geht der unio voraus, die Tatfreudigkeit folgt ihr, denn das „inre werk der tugende" (132) ist so angefüllt mit ethischer Kraft, daß sie sich tätig erweisen muß im wirkenden Leben.

Ein anderes Hauptproblem der Eckhartischen Mystik läßt sich aus der Lehre vom Seelenfünklein und aus der dadurch gegebenen Möglichkeit einer unio mit Gott im Geiste erkennen: das der guten Werke. Schon in der frühen Schrift Eckharts, in den „Reden der Unterscheidung", haben wir es deutlich vor uns und stehen auch hier vor einer besonderen Eckhartischen Lösung. Mit einer kurzen Überschrift könnte man Eckharts Antwort auf die Frage nach Wert und Wirkung der guten Werke zusammenfassen: Der höchste Wert liegt im Gut-Sein, nicht im Gut-Tun. Das Werk wächst aus dem Wesen des Menschen, in ihm liegt alle Vollkommenheit des Seins, nicht im Werk an sich. Gott wirkt auf dieses Sein. Der Mensch muß sein Wirken nur zu erkennen suchen. Dann ist es ihm leicht, Gott anzuhangen und tüchtig zu sein.

Zehn Gebote lassen sich aus einer einzigen Stelle herauslesen. Ohne das Problem der guten Werke aus dem Auge zu verlieren, können wir hier einen Blick auf die Formung dieser Gedanken werfen. In Eckharts Darlegungen steht man immer wieder vor dem Wunder seiner Sprache. Höhe und edle Kraft zugleich strahlen jenen unvergänglichen Glanz des neu geprägten Wortes aus, so daß wir es heute noch selbst aus dem ungewohnten Faltenwurf mittelalterlicher Stilisierung heraus als unser deutsches Wort vernehmen. An dieser Stelle durchdringen sich kräftiger Parallelismus und innere Steigerung. Die Stelle lautet wie folgt:

„1. Die lut dǒrften nymer vil gedencken, was sie tǻtten; sie solten aber gedencken was sie wǻren.
2. wǻren nün die lüt gůt und ir wise, so mǒchten ire werck vast lüchten.
3. bist du gerecht, so sind och dine werck gerecht.
4. nit gedenckt man heilikeit ze seczen auf ain tůn, man sol hailikayt seczen uff ein sin.
5. wann die werck heilgend uns nit, sunder wir sollen die werck heilgen.
6. wie heilig die werck ymmer sind, so heilgen sie uns zemal nit als verr sie werck sind,
7. mer: als ferr als wir sind und wesen haben, als ferr heilgen wir als unser werck, es sy essen, schlaffen, wachen, oder was das sy.
8. die nitt von grossem wesen sind, was werck die wirckend, da wirt nit uss.
9. Hie merck, das man allen flyss sol haben und dar uff legen, das man gůt sy, nit als vil was man getů oder welcherley geschlecht die werck sind, sunder wie der grund der werck sy.
10. Der grund, daran das litt... das ist: das des menschen gemůt genczlich zů got sy... sůch gott, so vindestu gott und alles gůtt" (133).

Bei dieser Aufzählung ist nur das letzte Gebot aus dem folgenden Kapitel genommen, das im ganzen gesehen nur erklärende und zusammenfassende Bedeutung für das vorhergehende hat. Allerdings ist das letzte Gebot: „sůch gott, so vindestu gott" durch einen wichtigen Nachsatz ergänzt, der Eckhart in der Kraft seiner Verkündigung offenbart: „ja in der warheit, du mǒchtest in sǒlcher meinung uff ein stein tretten, es wer mer ein gǒtlich werck, dann ob du des dinen mer meintest in dem, das du nǻmest den lychnam unsers herren" (134).

Jetzt stellt sich die große Antithese von Werk und Wesen erst recht deutlich dar. Das um eines „warumbe" willen getane Werk gilt (im Sinne der Werkgerechtigkeit) nichts vor dem Werk, das aus dem guten Wesen des Menschen kommt. Dies ist im Grunde ein häretischer Zug, wenn man an die kirchliche Lehre des Mittelalters denkt, und gehört später auf eine Linie mit Luthers Kampf gegen die Überschätzung der guten Werke. Es ist kirchenfeindlich, wenn die Aussage zu solcher Radikalität wächst, daß die Bewegung des auf einen Stein Tretens mehr ist als das Sakrament-Nehmen. Hier spüren wir die gefährliche Tendenz der sonst in der Kirche bleibenden Lehre Eckharts, die gleichwohl immer um eine innere Reform bemüht ist.

Bedeutsamer noch im Sinne dieses Reformstrebens und gewaltiger erscheint seine Spekulation, wenn sie sich dem Problem der Gottgeburt der Seele nähert. Diese Frage hat für die deutsche Mystik eine besonders wichtige Rolle gespielt. Von hier aus wurde über Jahrhunderte hin die Befreiung der Individualität erörtert und im kirchlichen Dogma umkämpft. In der Mystik Eckharts und der Meister spielt dies Problem die Hauptrolle, weil bei der Bejahung der Fragestellung, ob zwischen Gottes Wesen und dem Wesen des Menschen eine innere dauernde Verbindung besteht, die Unmittelbarkeit des Weges zu Gott entschieden wurde. Darüber hinaus lag darin die Möglichkeit der Willensfreiheit und der Gewissensentscheidung beschlossen. Ja, die Anerkennung des Papstes als Vertreter Christi auf Erden konnte und mußte in Zweifel gesetzt werden von denen, die folgerichtig dachten und in der mystischen Vereinigungsvorstellung die neue Frömmigkeitsform erkannten, besonders zu einer Zeit, in der der Verfall der kirchlichen Institutionen und die Unwürdigkeit der priesterlichen Amtsführung so offenbar war wie um 1330—1350.

Wohl bei keiner Frage ist darum in der Eckhartforschung so viel Verwirrung gestiftet worden wie bei dem Problem der Gottgeburt der Seele. Diese Verwirrung mußte erst recht entstehen, solange das Dogma die Reinheit der Lehre Eckharts in den Vordergrund rückte. Im Sinne einer unbescholtenen Katholizität ist hier die Beweisführung genauer versucht und durchgeführt worden als umgekehrt. „Ketzer" oder „Reformator" hieß dann das Ergebnis (135), und es hätte doch lauten müssen „Mystiker". Aber die Frage der Mystik selbst trat mehr und mehr dahinter zurück. Im Zusammenhang dieser Darstellung hat uns das Problem der Gottgeburt der Seele ganz besonders zu beschäftigen, denn von hier aus ging die Hauptwirkung Eckharts auf die folgenden Jahrhunderte aus. Einige Hinweise mögen dazu erlaubt sein.

In der 6. Predigt „Iusti vivent in aeternum" (136) geht Eckhart auf dies Problem ein. Es ist eine Predigt, die auch bei der Rechtfertigungsschrift im Vordergrunde steht, da ja nur von hier aus die Frage der Rechtgläubigkeit zu beantworten möglich erschien. Wären Eckharts Worte ohne dialektischen Nebensinn zu verstehen, so hätte der Ansatz zur Häresieverdächtigung nicht vorgelegen. Wir sehen folgende Stelle nur unter dem mystischen Problemzusammenhang. Der Inhalt lautet wörtlich:

„Der vater gebirt sînen sun in der êwicheit im selber glîch. Daz wort was bî gote, und got was daz wort': ez was daz selbe in der selben natûre. Noch spriche ich mêr: er hât in geborn in mîner sêle. Niht aleine ist si bî im noch er bî ir glîch, sunder er ist in ir, und gebirt der vater sînen sun in der sêle in der selben wîse, als er in in der êwicheit gebirt, und niht anders. Er muoz ez tuon, ez sî im liep oder leit. Der vater gebirt sînen sun âne underlâz, und ich spriche mêr: er gebirt mich sînen sun und den selben sun. Ich spriche mêr: er gebirt mich niht aleine sînen sun, mêr: er gebirt mich sich und sich mich und mich sîn wesen und sin natûre. In dem innersten quelle dâ quille ich ûz in dem heiligen geiste, dâ ist ein leben und ein wesen und ein werk (137)."

Hier geht es um das eigentliche Sein, um das Wesen des Menschen. Das Wichtigste ist die Geburt Gottes selbst in der menschlichen Seele. Bei dieser Vorstellung handelt es sich darum, daß göttliches Wesen im Akt der Schöpfung aus seiner Absolutheit in die Seele des Menschen eindringt. Der Gedankengang dieser Stelle, die ja als Predigtstelle, nicht als philosophische Erörterung zu werten ist, ist dieser:

Gott ist Schöpfer seines Sohnes jenseits der Zeitlichkeit. Dieser Sohn ist ihm selbst gleich. Er behält diesen ihm gleichen Sohn nicht in seinem himmlischen Bereich, sondern er gebiert ihn nochmals in die Seele des Menschen: „Niht aleine ist si bî im noch er bî ir glîch, sunder er ist in ir, und gebirt der vater sînen sun in der sêle in der selben wîse, als er in in der êwicheit gebirt, und niht anders. Er muoz es tuon, ez sî im liep oder leit" (Zeile 4—7). Damit ist eine ständige Vereinigung der Seele mit Gott hergestellt, denn indem Gott seinen Sohn in der Seele des Menschen aus seinem Wesen nochmals ihm selbst gleich schafft, kommt sie mit Notwendigkeit hinein in das gleiche Verwandtschaftsverhältnis zu Gott wie der Sohn. In der weiteren Konsequenz liegt der tausendfach dem Meister Eckhart nachgesprochene Gedanke, den wir im 17. Jahrhundert bei Czepko genauso finden wie bei Scheffler, daß Gott ohne diese Seele des Menschen sich selbst aufgeben müsse. Denn so heißt es weiter: „Er muoz ez tuon, ez sî im liep oder leit. Der vater gebirt sînen sun âne underlâz, und ich spriche mêr: er gebirt mich sînen sun und den selben sun." Und in weiterer Steigerung: in diesem Vorgang ist der Mensch nicht nur ins Sohn-Sein, sondern auch in die Person des Vaters einbezogen: „Ich spriche mêr: er gebirt mich niht aleine sînen sun, mêr: er gebirt mich sich und sich mich und mich sîn wesen und sîn natûre" (Zeile 7—10).

Eckhart faßt diese These mit der Entwicklung des Gedankens von der Gottgeburt zusammen, indem er nun auch die Anteilschaft des Menschen an der 3. Person, dem Geist, ausspricht: Der Mensch bleibt durch sein Gott gleich geschaffenes Wesen immer in fließender Verbindung mit dem Ursprung. „In dem innersten quelle dâ quille ich ûz in dem heiligen geiste, dâ ist ein leben und ein wesen und ein werk"(Zeile 10—11). Und als wollte Eckhart diese noch unklare Vorstellung erhellen und für jeden verständlich machen, fügt er eine Formel an, die ihm alles vereint und jede Unsicherheit beseitigen soll. „Allez, waz got würket, daz ist ein; dar umbe gebirt er mich sînen sun âne allen underscheit" (138). Ich weise auf diesen Satz besonders hin, weil er mir für die Eigenart Eckhartischer Predigt bedeutsam erscheint. Er ist Ausdruck der „Einheit" der productio verbi und der Schöpfung. Denn in der Bedeutung dessen, was hier unter den Worten „âne allen underscheit" zu verstehen ist, sehe ich eine Betonung der Gottgeburt und damit des göttlichen Anteils im Menschen; das geht nicht nur aus den Varianten des Textes zu dieser Stelle hervor (alle bemühen sich, dieses „ohne Unterschied zu Gott" genauer herauszuarbeiten, z. B. Bra3: mich vnd sinen svn ăn alles vnderscheiden"), sondern auch aus dem nachfolgenden Text, in dem die Gott ungleiche Eigenschaft des leiblichen Vaters hervorgehoben wird. Darüber hinaus liegt hierin aber auch eine Unterstreichung der Allgemeingültigkeit der Lehre. Eckhart will beweisen, daß in der Gottgeburt ein Ursprünglich-Gutes, weil Gottgleiches, dem Menschen geschenkt wird, das ihn für immer mit seinem Ursprung verbindet. Dieses Gesetz der Gottverbindung durch die Gottgeburt gilt für alle Menschen. Sie ist kein Erlebnis des einzelnen, das nur dem zuteil werden kann, der sich besonders dazu bereitet, sondern das sich (unbewußt) in jedem vollzieht und das sich (bewußt) in jedem wieder vollziehen kann, wenn er seinen Ursprung wiederzugewinnen bestrebt ist. Denn das ist die Schlußfolgerung: Gott ist das Wesen des Menschen.

Wenn Eckhart nun von der Wiedervereinigung mit Gott predigt und diese fordert, so muß damit ein besonderer Gedanke verknüpft sein, der bei ihm zu einer Lehre wird. Hier kommt es auf das Wort „Wesen" an. An dieses Wort knüpft sich ein entscheidender Bestandteil in Eckharts Lehre, der unabhängig von konfessioneller Bindung klar zu erkennen ist. Glücklich erscheint mir dafür die Formulierung von Käthe Oltmanns: „Wesen" bedeutet hier: „etwas, was im Menschen in ganz verschiedener Weise „da" sein kann, nämlich als Aufgabe, im Vollzug oder Nichtvollzug, aber nie als feststellbare Eigentümlichkeit oder als gleichgültige, in das menschliche Belieben gestellte Möglichkeit" (139). Ich glaube, daß diese Formulierung der richtigen Wertung des Geistes bei Eckhart am nächsten kommt und uns zugleich die Möglichkeit bietet, Eckhart in seinem Bleiben in der katholischen Kirche und seinem noch ganz mittelalterlichen Individualitätsbegriff und in seinem gleichzeitigen Herausstreben aus deren Grenzen zu erkennen. „Eckhart sagt einerseits, das menschliche Wesen sei göttlich, andererseits ist doch der Mensch als Mensch nicht göttlich, sondern soll erst zur Einigung mit Gott kommen"(139). Es wäre demnach falsch zu behaupten, daß Eckhart den Menschen gleichsetzen wolle mit dem Sein und der Kraft Gottes. Eckhart hat das, soweit ich es übersehe, nirgends gesagt. Ja, er hat sich in seiner Rechtfertigungsschrift dagegen gewehrt(140). Es ging ja seiner Zeit und besonders der Mystik nur um den Weg zu Gott und um die äußere und innere Abgrenzung der Menschenkraft Gott gegenüber. Nur die Möglichkeit der freien Entscheidung soll vom Menschen als gegeben erkannt werden. Daß diese freie Wahl im Mittelalter, um 1350 besonders, noch für die Mehrzahl der Menschen im Lebensgesetz der Kirche und der von ihr gegebenen Richtlinien geschehen kann und soll, ist von Eckhart sicherlich angenommen worden und in seinen Predigten entsprechend formuliert. Wir müssen in seiner Deutung vom Wesen des Menschen immer das Eine erkennen: der Mensch lebt nur aus einer Beziehung seines Wesens auf Gottes Wesen, er ist auf Gott angewiesen. In jeder Abkehr von Gott verliert sich der Mensch selbst. So müssen Eckharts Predigten wie sein Denken immer wieder auf die Erreichung dieses Zusammengehörigkeitsbewußtseins (bei der deutschen Frauenmystik war es eine Empfindung) hinweisen, und so kommt es zu seiner Forderung des Einsseins, des Einswerdens, der unio überhaupt.

Wieder wird nun bei Eckharts Vorstellung von der unio die Kraft des Geistes betont. Nur im „Geist" im allgemeinsten Sinne des Wortes kann es zur Einigung mit Gott kommen. Der Geist des Menschen hat in Gott seinen Ursprung, und so gilt es als Aufgabe des Menschen, seinen Geist immer wieder dorthin zu lenken. Es kommt also auf eine Besinnung und Lebensentscheidung des einzelnen an, auf die Besinnung zum eigenen Selbst, zum eigenen Wesen, auf die Entscheidung zu Gott. Wenn wir jetzt die Kennzeichnung von Gottes Wesen auf das des Menschen übertragen, so können wir sagen: Es kommt im Leben des Menschen auf den Vollzug der ihm gestellten Aufgabe an. Diese Aufgabe kann nur die Einigung im Geiste sein. Sie hebt die tägliche Pflicht zur „Arbeit" (im mhd. und frühnhd. Sinn!) nicht auf, sondern vertieft sie; aber sie gibt ihr die göttliche, dem Ursprung entstammende Freiheit, Leichtigkeit und selbstverständliche Richtigkeit.

So mußte sich Eckharts mystische Lehre in gleichem Maße auf eine Gottlehre und auf eine Menschenlehre konzentrieren. Für beide bleibt die unio im Mittelpunkt. Der Geist vollzieht von beiden Polen her diese Einigung: von Gott zum Menschen und umgekehrt vom Menschen zu Gott. Die unio vollzieht sich also über die Gottgeburt der Seele einmal von Gott ausgehend zum Menschen, dann vom Menschen ausgehend zu Gott.

Es ist unter diesen Gesichtspunkten zu verstehen, welche Bedeutung die Lehre von der Einigung mit Gott in einem Zeitalter größten seelischen Suchens und größter religiöser Aufnahmebereitschaft haben mußte, wenn sie in einfacher Größe gesehen und als Lebenslehre verstanden wurde. Dann mußte sich als letzte Folgerung diese ergeben: Wenn die Seele die Einigung vollzieht, dann bestimmen ihre Kräfte den Weg zu Gott. Die Hauptkräfte sind Erkenntnis und Wille, die vom Geist gelenkt werden. Da dieser Geist Gottes Geist ist, muß er das Gute wollen. Ebenso ist Gottes Geist in der Vernunft. Nur die Trennung von Gottes Geist bringt die Kräfte der Seele in Gefahr. Im Falle des Nichtvollzuges der unio kommt es zu solcher Trennung von Gottes Geist und Menschengeist. Die Seelenkräfte dürfen also nicht schlafen, nicht ermüden. Das ist die Aufgabe der Menschen. Eckharts mystische Lehre gipfelt in der Forderung: mit Gott eins zu werden im dauernden ununterbrochenen Vollzug der Erkenntnis und des Willens unter Erfüllung der Pflichten des täglichen Daseins. Mit dieser Lehre wurde für den Menschen die Idee der Freiheit in einem Maße sichtbar gemacht, wie nie im Mittelalter. Es ist nur die Erfüllung eines Gesetzes der eigenen Artentwicklung unseres Volkes, wenn dieses Glaubens- und Gedankengut immer wieder im Lauf der Jahrhunderte zwischen dem Mittelalter und der Gegenwart zur Frömmigkeitsform des einzelnen erhoben wurde.

Es ist hier nicht der Ort, auf den Streit um den „Scholastiker" und den „Mystiker" Eckhart einzugehen. Man könnte sich auf die Formel einigen, daß der Mystiker den Scholastiker überwunden hat, denn es zeigte sich im Verlauf der Darstellung, daß Eckhart mehrfach über die Scholastik hinausgeht:

1. in der Auffassung vom Seelenfunken in der unio mystica,
2. in der Auffassung der Heiligung des Werks durch das Sein des Menschen,
3. in der Auffassung von der Gottgeburt der Seele.

Das entspricht auch den sichtbaren Spuren seiner Wirkung. Obwohl die lateinischen Werke Eckharts die deutschen an Quantität überragen, liegt die Wirkung doch ausschließlich bei den deutschen. Dieses deutsche Schrifttum erhielt sich auch nach dem Verbot der Hauptschriften Eckharts, der Traktate und Predigten, in seinen Schülern Tauler und Seuse. Über Nicolaus Cusanus, Daniel Sudermann und den Kreis der schlesischen Dichter des Barock setzt sich die Tradition Eckhartischen Gedankengutes fort.

Es ist dabei hervorzuheben, daß Eckharts Vorstellung von der unio mystica gegenüber allen Vor- und Frühformen der deutschen Mystik aus der rein religiösen Sphäre in die philosophische gerückt worden ist. Er ersetzt die „visio" der Frommen durch die „speculatio" des Weisen. Dabei wird sein Abstand von der Frauenmystik deutlich. Gerade aus der Ablehnung ihrer übersteigerten Erscheinungsformen ist seine Lehre zu verstehen. Eckhart wehrt sich

1. gegen die Mystik der Vision,
2. gegen die Mystik der Ekstase,
3. gegen die Überbewertung der Kontemplation.

Er braucht weder die Berufung auf einen Himmelsbrief oder eine Vision noch Offenbarungen, weil seine Lehre vom Denken und Erkennen ausgeht. So kommt er immer wieder auf die Einigung mit Gott im Geiste zurück. Dazu braucht er die Lehre von dem Seelenfunken, von der Gottgeburt der Seele und von den Werken, die nur aus dem guten Wesen des Menschen ihren Wert nehmen und niemals an sich gut sind. Darum lehnt er die „physisch-sakramentale Einigung ab, lehrt eine spirituelle, intelligible" und kommt immer wieder „auf die Betonung der Geistigkeit, auf die Intellektualisierung und Spiritualisierung, unter der die Unio zwischen Seele und Gott begriffen wird, zurück... Das Neue für seine Zeit war, daß Eckhart die kirchliche, durch die aristotelisch-thomistische Ontologie besonders fundamentierte Materialisierungstendenz der Frömmigkeit radikal vergeistigte, sublimierte, spiritualisierte, indem er alle in dieser Richtung sich ihm darbietenden Gedanken aufnahm, die franziskanisch-augustinischen sowohl wie die verkirchlichten arabistisch-aristotelischen. Getragen wird dieser Spiritualismus aber von der neuplatonischen Denkweise." Das Ergebnis dieser Untersuchungen läßt sich demnach so formulieren: „Die Mystik Eckharts wurzelt und entspringt der augustinisch-aristotelischen Problematik des 13. Jahrhunderts, die sich in den Schulkontroversen zwischen Thomisten und Franziskanern zur Zeit Eckharts offenbart. Sie findet ihre Lösung in einem neuplatonischen Spiritualismus, der die kirchlichen Lehrformen sprengt und in seiner Art etwas Neuartiges ist"(141). Durch die aus dem Neuplatonismus wieder aufgenommene Lehre von der Präexistenz der menschlichen Seele in Gott und von dem daher notwendigen Rückweg zu der Wiedervereinigung mit diesem Ursprung ermöglicht Eckhart dem Einzelmenschen ein Leben in der Welt ohne Furcht, in Freude und Kraft, aber in ständigem Streben des Menschengeistes. Das ist zugleich die gefährliche Tendenz, die als häretischer Zug in seiner Zeit erkannt wurde, weil aus ihr eine eigene Religionsform im Geiste Eckharts entstehen konnte und entstanden ist. Sie hat sich durch Jahrhunderte erhalten und bildet eine deutsche Geistesmacht über das Mittelalter hinaus zur Neuzeit(142).

Es kann in diesem Rahmen nicht der ganze Weg der Entwicklung Eckhartischer Spekulation über den Anteil Gottes am Sein des Menschen wiederholt und zur Frage nach der Auseinandersetzung mit früheren Philosophen erweitert werden. Nach der sehr genauen Untersuchung Ebelings können wir uns Eckharts Weg von frühen überwundenen Anschauungen zur Selbständigkeit so vorstellen: „Die Aussagen über das Fünklein konnten in drei Gruppen deutlich unterschieden werden. Die erstere war ihrer Struktur und ihrem Inhalt nach echt stoisch. Die andere deckte sich vollkommen mit der Lehre des Aquinaten über die Synteresis, die dritte trug ausgesprochen das Gepräge der älteren und mittleren Franziskanerlehre. Sie zerfiel in zwei Unterteile, von denen der eine sich als Wiedergabe der Lehre Bonaventuras über die Erkenntnisse in den rationes aeternae durch den intellectus agens und die ratio superior erwies. Der andere ist die Wiederholung der früh- und mittelfranziskanischen unter Einfluß des arabistischen Aristotelismus einerseits und Augustins andererseits gebildeten Doktrin über den intellectus separatus"(143). Man sieht, daß Eckhart in mehreren Entwicklungsphasen thomistischer, dann franziskanischer Lehre folgt, zuletzt aber sich neuplatonischen Ideen aufschließt. Tatsache ist, daß Eckharts Spekulation über den Gottesbestandteil in der Seele des Menschen auf seinem Kampf mit den Kräften thomistischer und franziskanischer Gedankengänge beruht. So ist die Verbindung von Scholastik und Mystik kaum zu trennen. Und doch ist das Ergebnis dieser Spekulationen, daß wir in der vom Neuplatonismus bestimmten Mystik Eckharts etwas Neues von weltbewegender Wirkung in seiner Zeit und darüber hinaus vor uns haben. Eine besondere Kraft mußte dieser Eckhartischen Lehre eigen sein. Es hätte sonst nicht zu einer derartigen Beeinflussung ganzer Schulen und Konventikel, zum Prozeß und Interdikt seiner Schriften, aber auch zur ewigen Wiedergeburt seines Geistes in der deutschen Mystik späterer Jahrhunderte kommen können. Dabei ist mit Recht behauptet worden, daß nicht der Prozeß und nicht das Schrifttum Eckharts selbst das eigentlich häretische Moment freigelegt haben, sondern ,,vielmehr die heimliche und offene hinter ihnen stehende Absicht und Tendenz..... eine Tendenz, die die Scholastik sprengt und neuplatonisch ausläuft" (Ebeling S. 344). Diese Tendenz ist, kurz gesagt, die Lehre von der unio mystica in speziell Eckhartischer Deutung. Ihren Spuren begegnen wir deutlicher, weil vereinfachter, bei Tauler und Seuse. Sie konnten sich in Jahrhunderten nicht verwischen, weil sie aus der seelischen Not und Unfestigkeit der damaligen Glaubensformen von einem deutschen Menschen geschaffen wurden. Der Freiheitsbegriff war hier für immer zur Frömmigkeitsform deutscher Menschen erhoben. Diese Freiheit blieb damals noch unter der mystischen Vereinigungsvorstellung verborgen. Erst allmählich löste sie sich von der Kirche des Mittelalters und blieb nach Luthers Bewegung unverlierbares Eigentum des deutschen Geisteslebens, weil sich mit der Freiheit der religiösen Entwicklung die Freiheit des

Denkens, Fühlens und Wollens, die Freiheit der Einzelpersönlichkeit verband.

2. Tauler

Wenn sich nach 1290 durch die Verordnung der deutschsprachigen Predigt in den Frauenklöstern und durch die Ausbreitung der Laienpredigt überhaupt der Umkreis des Publikums besonders stark erweiterte, so mußte es in den folgenden Jahren zu einer Entscheidung kommen, wie weit die inneren Reformversuche der Mystik von der katholischen Kirche des Mittelalters anerkannt wurden; es mußte sich zeigen, ob die auseinanderstrebenden Kräfte der Gläubigen gesammelt werden konnten, sodaß die Einheit der Kirche gewahrt blieb. Die mystische Bewegung war in Deutschland ja entstanden einmal aus dem Suchen einzelner nach einer Festigkeit religiöser Werte gegenüber der allgemeinen Abnutzung kirchlicher Frömmigkeitsformen, dann aber weiterhin aus dem Streben einzelner nach einer dem Wesen des deutschen Menschen entsprechenden Freiheit der Gottbegegnung. Dieser Freiheit der persönlichen Gottbegegnung hatte Eckharts Mystik einen ungeheuren Raum gewonnen. Dabei ergab sich schon nach 1325, daß Meister Eckharts Lehre für die katholische Kirche und für die breiteren Volksschichten zuviel Gefährliches enthielt, als daß aus ihr eine von Rom gebilligte Frömmigkeitsform entwickelt werden konnte. Der Prozeß um Meister Eckhart hat den doppelten Beweis geliefert, daß seine mystische Lehre sowohl für die alte wie für die neue Frömmigkeitsform untragbar war. Sie eilte den Anschauungen der Zeit um Generationen voraus: die Überwindung der Scholastik durch die Mystik war in der ersten Hälfte des 14. Jahrhunderts nur dem einzelnen in dieser Form möglich, nicht der Gesamtheit der deutschen Menschen. Jegliche Wirkung Eckharts in dieser Hinsicht wäre nach der Verfemung seiner Schriften durch den Spruch des Papstes hinfällig geworden, wenn nicht Taulers Predigten, die er in deutscher Sprache hielt, für die Ausbreitung der Eckhartischen Lehre gesorgt hätten. Hier konnte sich zeigen, wieweit Eckharts Lehre kraftvoll genug war, um sich auch unter dem Verbot der Kirche durchzusetzen.

Mit Tauler war für die Entwicklung der deutschen Mystik die Stunde angebrochen, in der aus der mystischen Gottschau eine mystische Lebensschau werden mußte und konnte. Jetzt mußte es sich zeigen, ob in der neuen Frömmigkeitsform der Mystik, die den einzelnen, wie Meister Eckhart, zu einer solchen Selbständigkeit des Denkens und der Gläubigkeit führte, die Substanzen für eine neue Lebensform im weltanschaulichen Sinne enthalten waren.

In Taulers Predigten spüren wir die innere Verbindung mit seinem Publikum, mit den Klosterinsassen und mit den Bürgern der großen Städte in jedem Wort und in jedem Bild (144). Die spekulative Mystik Eckharts hat sich bei ihm in eine praktische Lebens- und Gottlehre verwandelt. Tauler kennt das Aufnahmevermögen und die Bildungsgrade seiner Hörer so genau, daß er Eckharts Gottesbegriff, der gleichzusetzen ist mit einer Vorstellung vom unendlichen Sein und in dem alles Geschaffene nur als eine Verwirklichung göttlichen Seins zu verstehen ist, wieder ins menschlich Vorstellbare rückt und ihm so den rein spekulativen Charakter nimmt. Genauso wirkt Taulers Begriff von der menschlichen Seele gegenüber dem Eckharts weitaus verständlicher. Wohl ist Eckharts Vorstellung von der Gottgeburt der Seele auch bei Tauler wirksam, aber er braucht dafür eine klarere Formulierung. Er spricht vom „Seelengrund" und dieses Wort wird ihm nachgesprochen und allmählich als Bestandteil seiner Seelenlehre Allgemeingut der Mystik (145). Er unterscheidet im klaren Gegensatz zu Meister Eckhart einen vom Menschen gebildeten und durch den menschlichen Willen geschaffenen Seelengrund gegenüber dem gottgeschaffenen. Es gelingt ihm dadurch, die Gefahr der Gleichsetzung der Seele des Menschen mit Gott zu überwinden. Er vermeidet so die Häresieverdächtigung und gewinnt andererseits eine einfachere Möglichkeit der Verbreitung einer neuen Lebenslehre. Durch seine Ausschaltung des philosophischen Gehaltes in der Seelenvorstellung kommt er dem Verständnisvermögen seines Publikums so nahe, daß es in ihm auch einen Führer für das diesseitige Leben erblickt und in ihm einen Prediger sieht, der unter seinen Mitmenschen lebt und nicht wie Eckhart über dem Einsichtsvermögen der Menschen bleibt. Für Tauler ist das Spekulative in der Predigt nie Selbstzweck, sondern immer nur Mittel zur Verdeutlichung und Lehre des Weges zu Gott. Nach einem Wort Arthur Hübners, das gedruckt nicht überliefert ist, sind Eckhart und Tauler zwei klassische Zeugen dafür, wie dieselbe religiöse Grundhaltung sich verschieden auswirken kann. Bei Eckhart ist das Höchste die Spekulation und von dort führt der Weg zur unio mystica, bei Tauler ist dieser gesteigerte Spiritualismus abgelöst von einer Lebenslehre, in der die unio ein Akt des Willens und nicht wie bei Eckhart des Erkennens ist. Das Wissen um die Möglichkeit der Geisteinigung bei Eckhart ist bei Tauler ersetzt durch einen dauernden Kampf um die seelische Bereitung für diese Einigung. Während Eckharts Predigten etwas Zeitloses haben, spiegelt sich in denen Taulers seine Gegenwart und seine Hörerschaft. Tauler bleibt dem wirklichen Leben so nahe, daß wir in seinen Predigten immer wieder die scharfe Kritik an weltlichem und kirchlichem Regiment spüren. In der Kirche, wie er sie fordert, unterscheidet er die Gemeinde der Heiligen, die frei von allem Menschenwerk ist, und der es Aufgabe genug sein soll, zu der Gottesdienerschaft berufen zu sein, von denen, die im Leben stehen und dem Menschen helfen sollen. Beide, Mönche und Laien, sollen in ihrem Innersten frei sein und eine unmittelbare Verbindung zu Gott haben. Die Vermittlung des Sakramentes kann dafür unnötig werden: „jeder soll sin selbes priester sin". Tauler ist keineswegs ein Bekämpfer der Kirche, sondern scheidet nur scharf zwischen ihren inneren und äußeren Möglichkeiten. Immer wieder fordert er die Freiheit eines direkten Weges zu Gott, der dem Einzelnen offen stehen soll in der mystischen Gotteinigung. An dieser Stelle begegnet er Eckharts Forderung von der Freiheit der religiösen Persönlichkeit, ohne dadurch das kirchliche Dogma des Mittelalters völlig zu verneinen. Die Lehre Taulers vereinigt also Gottschau und Lebensschau durch die mystische unio. Sie wird zu einer Ergänzung von Eckharts Spekulation. Man kann sie als real-praktische mystische Lebenslehre bezeichnen.

Es ist hier eine Klärung des Begriffes der „Lebenslehre" notwendig, der ja auch schon in den vorhergehenden Kapiteln und besonders bei Eckhart auftauchte. Der Begriff wurde ursprünglich an Tauler offenbar und von mir für ihn geprägt. Er tauchte dann verschieden ausgebildet immer wieder auf, bei Eckhart in sehr vordringlicher Stellung, getragen von der Spekulation und eingeformt in sie. So muß er als Glied mystischer Kontinuität erkannt werden.

Bei Tauler nun wird er in reale Praxis übersetzt und rückt so sehr in den Vordergrund, daß er zum beherrschenden Moment überhaupt wird. In einer Akademieabhandlung (146) habe ich in diesem Zusammenhang besonders das Quietismusproblem bei Tauler behandelt. Ich glaube nachgewiesen zu haben, daß Taulers Auffassung vom Wirken des Menschen im Diesseits keineswegs einen Widerspruch darstellt zu seiner sonstigen mystischen Lehre. Die

Forderungen der vita activa und der vita contemplativa sind zu vereinigen. Tauler räumt beiden eine gleich große Bedeutung ein, denn aus der Erfüllung der Kontemplation erwächst das Erlebnis der unio mystica, auf das er als Mystiker nicht verzichten kann, weil dem Einzelnen daraus die Kraft für sein Leben im Diesseits kommt. Nur ändern sich gegenüber Eckhart die Voraussetzungen für dieses Unio-Erlebnis. Bei Tauler tritt immer deutlicher zutage, daß man bei ihm nicht von einer „vita", sondern von einer „hora" contemplativa sprechen sollte, also von einem zeitlich begrenzten Erlebnis der unio mystica. Aus diesem Nachweis ergibt sich für die Lebenslehre Taulers, daß Wille und Werk des Menschen auch im Sinne des Wollens und Wirkens in der vita activa nicht nur ihren gelegentlichen Platz haben, sondern durchaus auch für den Mystiker in das diesseitige Leben gehören. Das Erlebnis der unio mystica wird von den Forderungen der vita activa nicht beeinflußt, die mystische Lebenslehre Taulers kann neben seiner mystischen Gottlehre bestehen, denn der Wille, der das Leben im Diesseits ordnet, bestimmt bei Tauler alle Handlungen, auch die mystischen Frömmigkeitsäußerungen. Der Wille verlangt die Konzentration des Bewußtseins auf ein Ziel, meist auf eine Handlung, deren Abschluß ein Werk oder ein Wirken ist. Willenlosigkeit führt zur Werklosigkeit. Durch diese Parallelität der Begriffe erhalten wir bei Tauler mit der Auslegung des Willens zugleich eine Vorstellung von seiner Ansicht über das Wirken und umgekehrt.

Ohne auf den systematischen Nachweis, den ich in meiner Abhandlung bereits geführt habe, ausführlich einzugehen, will ich in diesem Zusammenhang nur zwei Beispiele aus Taulers Predigten herausgreifen, die die Verbindung zu Eckhart herstellen und doch Taulers Eigenart hervortreten lassen: über die „Geistwirkung" und über die „Überformung" im Zusammenhang mit der Unio-Auffassung.

In der Predigt 42 geht Tauler von dem neutestamentlichen Text aus: „Divisiones ministracionum sunt, idem autem spiritus" (I. Kor. 12, 6) und stellt den Gedanken in den Mittelpunkt, daß die Werke der Menschen einem göttlichen Geist entspringen, der jeden einzelnen auf eine besondere Lebenstätigkeit hinweist.

„Eime ieklichen wirt gegeben offenbarunge des geistes ze sinem nutze und frucht. Einem anderen wirt gegeben rede der kunst in dem selben geiste, und nemment da vil underscheides der gaben, und wúrket alles ein und der selbe geist, und er sprichet vil zů bewerunge des gelŏben" (Vetter S. 176, 23—26).

Früheste Zeugen dieser Auswirkungen des Geistes sind die Qualen der Märtyrer und Heiligen, die ihren Glauben mit dem Tod besiegelten. Heute bedarf es einer Auswirkung des Geistes in derartigen Beweisen nicht mehr, obgleich bei den meisten Christen nicht mehr Gläubigkeit lebendig ist als bei einem Heiden oder Juden. Jetzt verteilen sich die Wirkungen des Geistes auf die einzelnen Glieder der Christenheit so verschieden, daß die einen Lehrer (ŏgen), die anderen Einzelglieder wie Hand, Fuß, Mund und Ohr des großen christlichen Organismus sind. Jedem Glied ist seine Aufgabe zugewiesen, sie sei groß oder klein:

„Wan ein ieklich kunst oder werk, wie klein die sint, das sint alles sament gnaden, und wúrket alle der selbe geist ze nutze und ze frucht des menschen" (Vetter S. 177, 16—18).

In der geringsten Tätigkeit drückt sich der göttliche Geist aus, da nur er den Menschen befähigt, zu arbeiten und zu wirken. So kommt der Prediger Tauler zu einer geradezu selbstverständlichen Wertung der Arbeit.

„Wissent, und wer ich nut ein priester und wer under einer samenunge, ich nems fúr gros ding das ich kŏnde schůch machen, und die wolt ich in allen vor machen, und och wolt ich gerne min brot mit minen henden verdienen" (Vetter S. 177, 23—25).

Diese irdische Ordnung entspringt einem einzigen großen Gedanken Gottes: jeder Mensch soll sein Amt und seinen Beruf zum Nutzen des Anderen ausfüllen.

„Ein ieklichs sol sin ambacht tůn, das im Got zů gefůget hat, wie grob das ist, und das ein ander lichte nút getůn enkan...... Es enist niergen enkein werklin so klein noch kúnstelin noch so snŏde, es kome al von Gotte, und es ist sunderlich gnade. Und das sol ein ieklich dem nechsten vor tůn des es nút als wol enkan, und geb gnade von minnen umbe gnade. Und wissist das: wel mensche nút enůbet noch us engibet noch enwúrkt dem nechsten ze nutz, er můs Gotte grosse rede und antwúrt dar ab geben, als das evangelium sprach das der mensche můste antwúrt geben von sinre meigerschaft; das sol und můs ein ieklichs wider geben das er von Gotte enphangen hat, als er es vermag, fur einen anderen und im Got gegeben hat" (Vetter S. 177, 26—27; 177, 32—178, 5).

Diese starke Betonung der menschlichen Verpflichtung zur Arbeit darf nicht als eine bloße Deutung des Lebenssinnes im allgemeinen, sondern muß als eine **Forderung** an jeden Menschen angesehen werden, der sich niemand entziehen kann und bei deren Erfüllung jeder die höchste Sorgfalt anwenden muß. Wenn sich Menschen beklagen, daß sie durch die Verrichtungen des täglichen Lebens am Gottesdienst behindert und in ihrem Gewissen gequält und beunruhigt werden, so liegt das nicht am Wirken:

„Was dir disen unfriden machet, das entůnt nút die werk, nein nút, es tůt din unordenunge, die du hast in den werken" (Vetter S. 178, 10/11).

Im gleichen Zusammenhang deckt Tauler die menschlichen Schwächen auf, die er in so vielen seiner Predigten seinen Zuhörern vorhält: schlechte oder auf Anerkennung und Lob allein zugeschnittene Arbeit, Arbeit zum eigenen Vorteil und Gewinn, Arbeit, die durch unnötige Sorge den Menschen nicht zum Herrn ,sondern zum Knecht seiner Tätigkeit macht. Die Sorge um das Wirken soll der Mensch Gott überlassen und selbst nur achtgeben, was ihn zu dieser Arbeit treibt. Wieder führt der Gedanke zum **Willen**, aus dem heraus die Arbeit des Menschen getan wird. Erst aus der rechten Willensentscheidung für das Wirken überkommt den Menschen die wahre Ruhe, die jede menschliche Tätigkeit begleiten soll und aus der heraus dann „rasten und wirken" in natürlichem Wechsel erfolgt. Vom Gottesdienst fernhalten kann den Menschen nur die notwendige unaufschiebbare Arbeit für den Nächsten, der selbst zu schwach ist, sie zu tun. In jedem Falle geht aber diese Hilfeleistung für den Nächsten allem, auch dem Gottesdienst, vor:

„Do ein alt, krank oder unbehulfen mensche ist, dem solte man engegen lŏffen und striten einr fúr den anderen, minne werk ze tůnde, und trage ieklichs des anderen búrdin. Und entůst du dis nút, bis gewis, Got sol dir dasselbe nemen und geben einem anderen der es wol usgerichten kan, und last dich der tugent ital und wan bliben und och der gnaden. Und vindest du in den werken ein innerli h berůrunge, der nim in den werken als subtilklichen war und lere also in die werk Got tragen, und enlŏf nút al zehant enweg" (Vetter S. 179, 2—9).

Tauler führt diesen Gedankengang über den Wert der werktätigen Liebe weiter bis zur Tugendlehre. Die Tugendübung (hier mhd. = arbeit) erhebt den Menschen zum **sittlichen** Wesen und formt seinen Charakter:

„Nút enwarte das dir Got die tugende in stúrze sunder din arbeit" (Vetter S. 179, 11/12).

Daher warnt Tauler vor dem Beharren in einer mißverstandenen vita contemplativa:

„Nu wellent ir echt ledig sin. Es kumet sere von tragheit: ieklichs wil ein ǒge sin und wellent alle schǒwen und nút wúrken" (Vetter S. 179, 18/19).

In diesem Zusammenhang folgt das bei Tauler oft zitierte Gleichnis von dem Ackermann, der über 40 Jahre schon sein Feld bestellte und bei Gott in höchsten Ehren stand, und der dann zu Gott trat und ihn fragte, ob er von nun an seine Arbeit verlassen und seinen Sitz in der Kirche nehmen sollte. Seine Frage verneinte der Herr mit dem Hinweis auf das biblische Wort: „Im Schweiße deines Angesichtes sollst du dein Brot essen". Dem Gottesdienst des Menschen soll nach Tauler eine gewisse Zeit bei Tag oder Nacht gehören, in der er sich sammeln soll: „ein ieklichs nach siner wise". Dieser Nachsatz wird besonders hervorgehoben:

„Die edele (in der christlichen Lehre erfahrenen) menschen die mit luterkeit und an bilde und an formen sich in Got kúnnen keren, die súllen tůn nach ir wise. Und die anderen nach ir wise súllent sich da ein gůte stunde inne ůben, ein ieklichs nach siner wise, wan wir enmúgen nút alle ǒgen (= Priester und Lehrer der Kirche) gesin" (Vetter S. 179, 26—29).

An dieser Stelle eröffnet Tauler seinen Hörern einen Einblick in die Art der Willensbereitung:

„Der aber Gotte dienet in sinem willen und nach sinem eigenen willen, dem ensol Got nút antwúrten nach des menschen willen, sunder nach Gotz willen.

Kinder, von diesem usgange des eigenen willen dannan von wirt geborn und gat hin us der weseliche fride, der kumet usser der geůbter tugent. Und sint sicher, es ist anders falsch, er enkome us geůbter tugent; inwendig und uswendig můst geůbet sin. Aber der fride der von innen kumet, den enmag in nieman benemen" (Vetter S. 179, 32—180, 5).

Eine Fülle von neuen Begriffen, die zu dem Gedankenbereich des Willens gehören, tun sich in diesen Zeilen auf. Eng zum Wort „wille" gehören die Zusammensetzungen: „Gotz wille, des menschen wille, eigen wille", Begriffe, die uns aus der systematischen Zusammenordnung von Taulers Willensdeutungen in ihrem beinahe formelhaften Charakter bekannt sind. Dazu kommen die Auswirkungen des menschlichen Willens in der „inwendig und uswendig geůbten tugent". Schließlich tauchen die Auswirkungen der geübten

Tugenden auf die Seelenhaltung des Menschen auf: der „weseliche fride" und der „fride von innen". Die letzte Steigerung der Betrachtung liegt in dem Gedanken, daß des Menschen Werk von Gottes Willen und von seiner Bewertung des menschlichen Willens abhängig bleibt, nicht von der der Menschen, auch nicht von der der Priester.

An dieser Stelle lernen wir in Tauler den klugen Fechter und mutigen Prediger kennen, der die Schäden seiner Zeit um der Wahrhaftigkeit willen aufdeckt und der gegen alle Scheinheiligkeit des Wollens und Wirkens, des Urteils und der Gesinnung ankämpft. Wo er die Unwahrhaftigkeit in wille und werc nur wittert oder gar kennen gelernt hat, greift er sie an. Er kennt ihren versteckten Platz in den eigenen Reihen der Priester. Zwar ist er vorsichtiger darin als Eckhart, dem diese Offenheit der Rede vom Papste den Bann und die Verfluchung seiner Schriften einbrachte. Aber auch Tauler verschweigt seinen Unwillen nicht. Er wendet sich heftig gegen

„nasewise lúte, die sint als naswis: es solt alsus sin und also sin; und wellent einen ieklichen richten nach irem hŏbte und nach iren sinnen und nach irre wise. Und die selben sint vierzig jar geschinen in geistlichem lebende und enwissent noch hútte dis tages nút wo si dran sint" (Vetter S. 180, 6—9).

Diese Leute seien viel klüger als er selbst, fährt er fort, der als „Lehrer" das Recht hätte zu richten, der aber manches Mal in der Beichte sein Urteil unterdrückt — wenn es ihm Gott nicht eingibt — und die Beichtenden zurückschickt mit den Worten, sich selbst ihr Urteil über ihre Handlungen im Gebet von Gott zu erbitten. Darum kritisieren seine Gegner sein Handeln als Priester:

„'dis enphlagen wir nút; dis ist ein núwe wise und von dem núwen geiste', und engedenkent nút das in unbekant sint die verborgenen wege Gotz" (Vetter S. 180, 17—19)

Nur wenigen ist die Kraft gegeben, die Offenbarungen des göttlichen Geistes im Wollen und Handeln der Menschen zu erkennen. Von den Priestern können es nur die,

„die sint also durch geůbet in aller wise durch fleisch und durch blůt, und sint die bekorunge durch si gegangen in den grúwelichesten und in den sweresten wisen, und der vijent ist durch si gevarn und und si wider durch in, und ist marg und bein durch geůbet. Und dise lúte bekennent underscheit der geiste. Wenne si sich dar zů wellent keren und si die lúte ansehent, al zehant so bekennent si ir geiste obe si von Gotte sint oder nút, und weles die nechsten zů genge sin und was si des hindere" (Vetter S. 180, 25—32).

So schließt diese Predigt über die Wirkung des göttlichen Geistes in Wille und Werk des Menschen damit, daß der Dienst des Menschen am zeitlichen Werk geschehen soll im Geiste Gottes und in Wahrhaftigkeit.

Mit dieser Aufforderung zum Wirken im täglichen Leben, zur Arbeit für den Nächsten und für die Menschheit überhaupt ist Taulers Einstellung zur vita activa klar entschieden. Einer solchen Bejahung des Wirkens in der Welt steht eine gleich starke Anerkennung und Forderung der vita contemplativa gegenüber. Ohne inneren Widerspruch vermag Tauler diesen scheinbaren Konflikt in seiner Lebenslehre durch die klare Begrenzung des Begriffs der Überformung und der unio auszuschalten.

Aus der Fülle der Beweise möchte ich wie bei der Frage nach Taulers Stellung zum Wirken im Diesseits auch hier nur an einem Beispiel seine Auffassung von der „Berührung" und „Überformung" als Bestandteile des Unio-Erlebnisses darstellen. Auch hier wieder in einem Predigtzusammenhang (147).

In der Überformung offenbart sich am eindeutigsten die Macht der Gotteskraft im Menschen. Die vom Mystiker heiß ersehnte Gottähnlichkeit, das „eritis sicut deus" gelangt in der Überformung bis in die allernächste Nähe der irdischen Erfüllung. Kaum ist davon das summum bonum des Mystikers zu scheiden, denn der wahre und ursprüngliche Sinn jeder unio liegt wohl in dieser allerletzten Angleichung an Gottes Wesen, die Tauler unter dem Begriff der Überformung im Anschluß an Meister Eckhart versteht und die in ihrer letzten Konsequenz zur unio mystica führt.

Bei Tauler haben wir in der Überformung zwar auch ein echt mystisches Motiv wie bei Eckhart vor uns, es gehört aber nicht ausschließlich der kontemplativen Seite der Mystik an, sondern reiht sich in die Ausdrucksformen von Taulers ethischen adhortationes ein. Solange der menschliche Geist in seinem Wirken noch vom Erkennen und Wissen unter Beibehaltung des Bewußtseins geleitet ist, ist er noch nicht zur Überformung bereitet. Zu diesem Zustand gehört als Hauptbedingung die Hingabe in eine letzte Passivität nicht nur des Wirkens und Wollens, sondern auch des Wissens und Erkennens. In diesem Sinne liegt in dem Begriff der Überformung der Schlüssel zur Beantwortung der schwierigen Frage nach dem mystischen Quietismus. Wenn in der Mystik von jeher eine starke quietistische Forderung laut geworden ist, so hat sie in dem mystischen Zustand der Überformung ihren eigentlichen Ursprung. Nur hat man die für den Zustand und das Geschehen der Überformung geforderte Nichtbeteiligung der menschlichen Kräfte des Geistes wie des Körpers als Bedingung und Voraussetzung für die gesamte menschliche Haltung angesehen und daher die auftauchenden Widersprüche im mystischen Schrifttum nicht klären können. Solange die „Selbstverleugnung" als Kernproblem der Mystik gesehen wurde, deckte sich die quietistische Forderung mit dieser Charaktereigenschaft, die mit Leichtigkeit bei jedem Mystiker nachzuweisen war (148).

Im Leben des Einzelmenschen jedoch, dem das Wunder der Überformung noch nicht zuteil wurde, nimmt der Entwicklungsgang bis zur rechten Vorbereitung auf diesen Akt der unio einen so langen Zeitraum ein, daß das quietistische Moment, das nur für die letzte Stufe zur unerläßlichen Bedingung wird, kaum ins Gewicht fällt.

Daß es sich bei der Überformung nur um einen zeitlich begrenzten, nur für diese Form der unio mystica notwendigen Quietismus handeln kann, zeigen am besten die Warnungen Taulers vor einer Überschätzung dieses Wunders und einer Verlängerung der seelischen Bereitung über diese Zeit hinaus bis in den kreatürlichen Zustand des täglichen Lebens hinein. Prüft man die Stellen der Predigten Taulers, die dieses Problem am ausführlichsten behandeln, so findet man neben dem Preis des göttlichen Wunders auch die eindringlichsten Warnungen.

Hat der Mensch in dem Vorgang, der in der vorigen Predigt geschildert wurde, durch das Einwirken der göttlichen Kräfte auf den Willen den wahren „Grund" erreicht, so geschieht vielleicht das Wunder der Überformung oder der Berührung an ihm. Tauler vermeidet es und lehnt es geradezu an manchen Stellen ab (121, 35 und 309, 6—9), eine genaue Darstellung dieses Zustandes zu geben. Wir sind dabei auf Andeutungen und Bildvergleiche angewiesen. Man kann daraus entnehmen, daß Tauler unter der Berührung nicht das gleiche versteht wie unter der Überformung. Die Berührung entspricht mehr dem aus der Heiligen Schrift bekannten Anrühren des Menschen im 'Hauch', im 'Wehen' oder auch im 'Blick'. Dabei ist zu beachten, daß Tauler diese Form der Berührung im 'Blick' mehr in das Anfangsstadium der Überformung versetzt. Bereits in der Berührung der Seele durch Gott geschieht im Menschen ein Wunder, das Tauler nur selten in seinen Predigten zu beschreiben versucht:

„Also geschicht dem menschen: hie in disem so kumet er al ze mole von im selber und im gebrist des geistes (das ist al enthalt), und alles das sin was, dem enpfelt er hie allem in allen wisen, und in allen dingen entsinkt er als gar in sin luter nút" (Vetter S. 245 4—7).

Würde der Mensch jetzt nicht durch göttliche Kräfte gestützt und erhalten, so müßte er sich in 'das Nichts' auflösen. In dem Augenblick aber

„als der kúnig das sicht das si (die Seele) alsus ze mole von ir selber kumet, so enthalt er si und richt si uf und git ir sinen gôtlichen minne kus" (Vetter 245, 13—14).

Die Verwandlung des in der Berührung im Augenblick durchlebten mystischen Wunders in einen Zustand geschieht nach Tauler in der menschlichen Seele erst durch die Überformung. Das ist Taulers eigene Lehre, zu deren Unterbauung alle kirchlichen und sittlichen Ermahnungen in seinen Predigten dienen. Daher rührt die Auseinandersetzung über diese neue Form der Frömmigkeit mit den „Meistern", den verordneten Priestern der Kirche, denen er immer wieder das eine Wort entgegen hält:

„wenne ein núwe forme sol gewerden, so můs von not die alte gar verderben" (Vetter S. 257, 14).

Mit voller Absicht fügt er dieser seiner Meinung hinzu: „also sprich ich" und fährt dann fort:

„hie sol der mensche úber formet werden mit disem úber weselichen wesende; so můssen alle die formen von not dannan die man in allen kreften ie enphieng: das kennen, das wissen, das wellen, die wúrklicheit, die fúrwúrflicheit, die bevintlicheit, die eigenscheftlicheit.....Hie werdent alle die starken velse zerbrochen; alles do der geist uf rasten mochte, das můs hie alles ab; und als alle dise formen entwerdent, denne in einem blike wirt er úberformet" (Vetter S. 257, 21—29). (Vgl. auch S. 228, 5ff. und die durch den Bilderreichtum besonders poetische Schilderung von der Überformung in der nächsten Predigt S. 263, 7—18.)

Die Auswirkung der Überformung muß aber im Menschen von längerer Dauer sein als die begrenzte Zeit der Überformung selbst. Denn von nun an vermag der Mensch die Stimme Gottes in sich zu vernehmen, die ihn auffordert, sich immer tiefer hinabsinken zu lassen in den Grund. Dann soll der Mensch

„úber alle die krefte sich selber verlieren und al ze mole entbilden in disem, so enblibt nút in diser verlornheit denne ein grunt der weselichen uf im selber stot, ein wesen, ein leben, ein úber al. Us disem mag man sprechen das man werde kennelos und minnelos und werklos und geistlos" (Vetter S. 257, 33—37).

An dieser Stelle wird dann deutlich ausgesprochen, daß man nur von einem zeitlich begrenzten Zustand sagen kann, man werde 'kennelos', 'minnelos', 'werklos' und 'geistlos'. Dieser Zustand des Menschen gehört in der hier beschriebenen rein quietistischen Haltung nicht zu seiner eigentlichen Natur, sondern wird in ihm durch die göttliche Geistwirkung im Zustand der Überformung geschaffen:

„Dis enist nút von natúrlicher eigenschaft, sunder von úber formunge, die der Gotz geist dem geschaffenen geiste hat gegeben von siner friger gůti und von der grundeloser verlornheit dis geschaffenen geistes und grundeloser gelossenheit" (Vetter S. 257, 33—258, 2).

Nur solche Menschen dürfen Gott selbst „kennen, minnen und gebruchen". Wehe denen aber, fährt Tauler als Warner fort:

„..die in dise wise sehent mit unrechter friheit oder mit valschem liechte, so wer es die sǒrgklicheste wise die man in der zit haben mǒchte" (Vetter S. 258, 4—6).

Ist an dieser Stelle die Warnung vor denen, die das Wunder der Überformung in falscher (eingebildeter) Erleuchtung erleben, nur knapp angedeutet, so kommt Tauler ausführlich auf die schädlichen und gefährlichen Wirkungen einer falsch verstandenen Überformung in der Predigt von der „Erneuerung im Geiste" zurück (149).

Unablässig wiederholt er vor seinen Predigthörern unter Anführung vieler Beispiele die Warnungen, nicht im Genuß der Vereinigung mit Gott zu verharren. Das Erlebnis der unio darf nicht in den „sinnen", im Fühlen der Süße bleiben, sondern muß in ein höheres Stadium gelangen, muß sich der Vernunft beugen und erst von dort in das inwendige Reich eingehen. Diese Gedankengänge, die wir auch in früheren Predigten finden (S. 98—101), verwertet Tauler in seinen Vorschriften für das sittliche Handeln, indem er für einzelne Fälle direkte Anweisungen gibt. Bei aller Hingabe an das mystische Wunder sollen dieselben Menschen, die vielleicht über Nacht ganz in den Zustand der Gottgelassenheit versunken gewesen sind, ihr Tagewerk tun:

„..so súllent si denne fúrbas in gůtem friden ir geschefte tůn, ein iekliches als es im Got fůget, und nem Gotz in den werken war, wan er si sicher: eime geschicht etwenne in disem me gůtz denne in yeme. Und das heisset uns Sant Paulus, das wir arbeiten mit den henden, das das gůt ist der mensche im selber und och dem nechsten, in weler wise das eins not hat" (Vetter S. 264, 17—22).

Hört man gerade in dieser Predigt auf den Unterton in Taulers Auslegungen, so vernimmt man noch einmal die Stimme des Warners in der des Verkündigers. Wenn er gegen Schluß seiner Predigt von der „Erneuerung im Geiste" vom Leiden unter Verfolgern spricht, zieht er wie an anderen Stellen auch schon seine Predigthörer und zuletzt sich selbst in den Kreis der Verfolgten hinein. Wieder sind es die gleichen Feinde, die ihn und seine gläubigen Anhänger mit dem Vorwurf der Falschlehre verfolgen. Er charakterisiert sie wieder als die

„die vil heilig schinent und vil grossen schin hant und vil mere werk tůnt wan du tůst....wan dise sprechent, dir si zemole unrecht, und si haben vil gesehen und die grossen bredier gehört und wissen wol" (Vetter S. 265, 17—20).

Die Vorwürfe solcher Menschen treffen den einzelnen schwer. Sie lähmen seine Kraft, bis er sich keinen Rat weiß. Dieser Ratlosigkeit aber begegnet Tauler selbst mit dem schlichten Glauben an die Richtigkeit seiner Lehre:

„Lieber herre, du weist wol, ich enmeine nút denne dich (Vetter S. 265, 23).

Dies ist der Glaubensgrund für Tauler als Prediger seiner neuen Frömmigkeit. Auf dieser Grundlage fußend fühlt er sich niemandem untertan, auch nicht dem Papst, wie er es an anderer Stelle klar ausgesprochen hat:

„úber die lúte enhat der babest enkeinen gewalt, wan Got hat si selber gefriget" (Vetter S. 258, 16—17).

Wie schwere Sorge ihm die Gefahren der „Erleuchtung" wegen der Möglichkeit des Mißverständnisses seiner Lehre bereitet haben, erkennen wir noch deutlicher aus den vielen Stellen, an denen er gegen alle vorgeht, die glauben, auf Grund ihrer mystischen Erlebnisse selbst Gott oder Gott ähnlich zu sein. Er wendet sich gegen die Übersteigerungen des Erlebnisses der Überformung, die es über den eigentlichen Zustand der unio mystica hinaus bis in die Rückkehr zur menschlichen Lebensweise im Alltag ausdehnen und die Menschen verwirren. Solange sie in der Gottversunkenheit bleiben, verirren sie sich nicht, sagt Tauler, sobald sie aber diesen Zustand verlassen und zurückkommen

„wider zû der vernunft, der ist dise wise zûmole unbegriffenlichen, und enverstont diz nit, wenne es ist zûmole úber sú und alles ir vermúgen. So kummet denne di geistliche schalkeit in den himeln, daz sint subtile geiste, die túfele die verre úber die andern sint in subtilkeit und in bosheit; und bekennent denne ettewenne von disen zûmole gôttelichen menschen das sú ire stette súllent besitzen in dem himelriche; des hant sú so wunderlichen grossen has das sú dise hohen edeln menschen niemer lossent gerasten; under andern wisen so bringent sú in in, sú sin selber Got, und das were der sorglicheste val" (Vetter S. 406, 17—25).

So verteidigt Tauler als Mensch und als Prediger seine heiligste Lehre gegen alle Verfälscher durch kluge Einsicht in die Gefahren, die für schwache Seelen in ihr ruhen. So sieht er auch den besten Schutz seiner Lehre in einer gewissen Abgeschlossenheit der Glaubensgemeinschaften von den anderen Menschen, die noch nicht soweit in ihrer Frömmigkeit gelangt sind. Sie sollen deswegen aber, wie er an anderer Stelle sagt, zu keiner Sekte werden, sondern sich nur im Lebenswandel von den Freunden der Welt unterscheiden:

„Kinder, es mûs ein fluht oder ein ungelicheit, ein sunderheit sin, es si in den klôstern oder do ussen, und das ensint nút secten daz sich Gottes frúnt ungelich usgebent der welte frúnden" (Vetter S. 410, 39—411, 3).

Dazu soll die Predigt Taulers ausrüsten und in diesem Ziele gipfelt seine Auslegung von wille und werc des Menschen.

An einem solchen Beispiel bemerkt man, wie nahe die Gefahr der falschen Auslegung solcher mystischen Lebenslehre liegt, sobald der Inhalt einzelner Begriffe, wie hier der der Berührung und Überformung, in der Verallgemeinerung in die gesamte Lebenslehre der Mystik hineingezogen wird. Hier sind nur zwei solcher mystischen Formeln aufgelöst und im Sinne Taulers gedeutet worden. Zieht man die Vielfalt solcher Verallgemeinerungen im Wortschatz der Mystik in Betracht, so erhält man eine Erklärung für die vielfach falsche Auslegung quietistischer Momente in der deutschen Mystik. Erst unter der oben gegebenen Deutung der beiden Begriffe von der Überformung und Berührung läßt sich die besondere deutsche Erscheinungsform der auf eine starke Aktivität gerichteten Mystik Taulers erkennen.

Von Taulers Predigten muß eine unvorstellbare Wirkung ausgegangen sein. Nicht nur eine Suggestionskraft, die die Masse der Hörer überwältigte und zur Innenschau, ja zur Umkehr zwang, sondern auch eine tiefgehende Beeinflussung des einzelnen. Erscheint Eckhart in der Geschichte des deutschen Geistes stets als der Philosoph unter den Mystikern, so könnte man Tauler als den praktischen Seelsorger bezeichnen. Der Spekulation abgeneigt, eilt seine Predigt immer zu den Problemen der Zeitlichkeit. Das mystische Gedankengut, selbst die unio, wird Thema der Predigtanweisung. Er ist wie kein anderer als Prediger von seinem Publikum abhängig (150). Die Sprache Taulers ist so eindringlich, daß der Trostsuchende Trost findet, der Leidtragende Kraft gewinnt. Seine Predigt ist auch auf die einzelnen Bildungsschichten besonders abgestimmt. Wenn der hohe Gedankenflug den Prediger Tauler zu weit von der Gemeinde entfernt, ruft er sich selbst wieder zurück. Er gibt dann die schwierigen Vorstellungsbilder auf, um sich dem einzelnen zu nähern, oder er schlägt die Brücke aus dem Reich der Spekulation zur Lebenswirklichkeit im drastischen Vergleich. Taulers Predigt bleibt immer „schlichte Frömmigkeitsanweisung" (151). Er bemüht sich nicht nur um den Weg zur vertieften mystischen Seelenhaltung, sondern genauso um die schnelle natürliche Rückkehr aus der Gottgeborgenheit der Andacht zurück in die Welt.

So liegen Wegweisung zum Gotterlebnis und Warnung vor dem Sichverlieren in die reine Kontemplation dicht nebeneinander. „Berührung" und „Gnade" sieht Tauler in ihrer Beziehung zum tätigen Dasein. Jede übertriebene „Selbstbereitung" dazu betrachtet er mit Skepsis. Die Willensaufgabe des Menschen darf sich nach seiner Lehre nur soweit erstrecken, bis menschlicher und göttlicher Wille in Übereinstimmung gebracht sind. Gottliebe im Sinne einer zu Gott drängenden Sehnsucht wird bei ihm zu einer dem Menschen zugehörigen „stetigen Gesinnung" (152), die gleichbedeutend mit Gottvertrauen ist. Das Größenverhältnis zwischen Gott und Mensch ist durch die überragende Größe Gottes bestimmt. Das Gotterleiden darf niemals ein selbstbereitetes Leiden sein. Gott sucht den Menschen heim, der Mensch soll sich in dieser

Prüfung kraftvoll bewähren. Jede aus dem Leiden entspringende Ekstase ist Menschenwerk und so zu verachten wie die unnötige, übersteigerte Selbstherabsetzung. Die unio aber ist für Tauler der ewige Prozeß der Gotterneuerung im Menschen. Sie ist die Kraftquelle für die vita activa. Aus ihr wächst die Sicherheit in der Beziehung zu Gott und den Menschen, die Freiheit der Willensbestimmung und die Lebenssicherheit, denn in ihr allein überkommt den Menschen das Wissen um die Gottgeeintheit.

Durch den Preis der unio tröstet Tauler und mahnt doch zugleich zur 'mâze', indem er vor jeder Übersteigerung der mystischen visio warnt. Er spricht von den Wegen, die zu der echten Bereitung des Menschen führen und ihn doch in der Welt belassen. In seiner Willensauffassung weist er einen Weg von der Abgeschiedenheit und Willensaufgabe — im Zustand der Berührung, der Überformung und der unio — zur kraftvollen willensstarken Aktivität. Sein Minne-Erlebnis ist gegenüber dem der Frauenmystik glanzlos und auch wieder nur als Bereitung des Menschen im liebenden Gehorsam Gott gegenüber zu verstehen. Die Brautmystik sieht er als Gefahr ebenso wie jegliches falsche Verweilen in der Vision. Entsprechend solcher nüchternen Stellung zur Ekstase kennt Tauler nicht das bewußte, ja selbst gesteigerte Verweilen in der Heimsuchung, im Gotterleiden oder in der Selbstkasteiung.

Erkennt man aus dieser Zusammenfassung den Willen Taulers, eine Lehre für den Menschen zu formen, so ergibt sich daraus auch die von Tauler neu erkannte Bestimmung des Menschen für die Welt. Dies ist das Hauptergebnis für Taulers Stellung in der Mystik, daß er aus dem mystischen Frömmigkeitsstreben ein neues Menschenbild zu schaffen versucht. Die Grundzüge seines Menschenbildes gipfeln in der Freiheit der inneren, der seelischen Kräfteentwicklung. Wenn unter dieser Freiheit im mystischen Sinne zunächst die Gelassenheit und das sichere in-Gott-Ruhen zu verstehen ist, so bedeutete dies für den Menschen des 14. Jahrhunderts eine neue Freiheit gegenüber allen Heimsuchungen im Diesseits, in der täglichen Gefahr des Todes. Es ist nicht zu bezweifeln, daß hier alte stoische und griechische Ideale mit einbezogen sind, denn diese Lebenswerte sind im letzten Sinne ethische, nicht nur religiöse. Dieser „neue Mensch" steht nicht nur fest im Jenseitigen, sondern auch in dieser Welt. Das Wissen um das „In-Gott-Sein" gibt Sicherheit gegenüber allem, was außerhalb dieser Gotteinigung ist. Die Freiheit zu sich selbst gibt dem

Menschen aus der persönlichen Verbindung mit Gott eine neue Sicherheit in der Welt. „Dise menschen werdent recht als die fúrsten der welte, di fri sint und under nieman ensint. Also werdent dise in irem geiste, das si herschent úber alle die bewegunge irs usseren und inren menschen" (Vetter S. 375).

In diesen Menschen lebt notwendig eine männliche Urteilskraft. Die Vernunft regiert den Willen, führt zur Nüchternheit und zur mâze auch im religiösen Erlebnis. Daher der Ruf nach der kraftvollen Frömmigkeit des Herzens gegenüber der süßen Christusminne. Die wenigen Erleuchteten, die wahren Freunde Gottes sollen die Wandlung der Gesinnung der Vielen herbeiführen und die Gemeinschaft der Heiligen in der Welt bilden.

Als gottgewollt ist dabei das Leben zu verstehen und zu ertragen. Jedes Erzwingen der Leidensekstase gilt als Betrug an Gott. Es gibt bei Tauler nur adlige Demut, keine Selbstverkleinerung des Menschen. Nur die Betonung des Abstandes zwischen Gott und Mensch ist erlaubt. Wie eine Gnade soll der Mensch dabei die selten erfahrbare unio mystica verstehen, nicht im spiritualistischen Sinne Eckharts in der Geisteinung von Menschwesen und Gottwesen, sondern als Erfahrung Gottes in der menschlichen Seele, als Erlebnis seiner unvorstellbaren Kraft und Größe, die den Menschen erneuert und ihn wieder auf das Ziel der Gotteinigung im Leben, im Wollen und Handeln, im Heilen und Helfen richtet.

3. Seuse

Bei Eckhart und Tauler erfährt man fast in allen literarischen Aufzeichnungen, in Predigten und Traktaten, wie tief ihre seelische Beteiligung an der Ausformung einer Gott- und Lebenslehre ging. Und doch offenbart sich bei diesen Großen deutscher Mystik das nachschaffende Erlebnis nicht im dichterischen Gestalten. Die wenigen Lieder Taulers, deren Echtheit nicht einmal feststeht, bieten keinerlei Grundlage für eine solche Annahme (153). Für Eckhart und für Tauler standen die Pflichten der Vertiefung und Verbreitung der mystischen Lehre zu stark im Vordergrund, und sie mußten alle formende Kraft auf die Schöpfung der ihnen notwendigen neuen wissenschaftlichen Prosa verwenden. Seuses inneres Erleben vollzieht sich in anderen Bahnen; es wird von anderen, inneren gestaltenden Kräften bewegt. Bei ihm ist weder der große Zug zur Spekulation — wie bei Eckhart — noch zur praktischen Lebensformung — wie bei Tauler — spürbar, auch nicht der Spiritualismus setzt sich bei ihm so durch, daß man von ihm aus Seuses Mystik in die erste Reihe der Philosophen des deutschen Mittelalters stellen könnte. Eher ist der Bogen zurückgeschlagen zur Mystik der Frauen. Denn bei Seuse spricht das Herz, die Empfindung, die von Gott berührt wird und sich zur Ekstase steigert. Seuse hat „den ker" erlebt, diese plötzliche Verwandlung seines Seins, die ihn herausriß aus der Selbstzerstörung seiner leiblichen Kraft durch ein selbstauferlegtes Martyrium. Wie die Stimme von oben ihn in der Ekstase „berief", so zwang sie ihn zu seiner Aufgabe. Bei Seuse tut sich jedoch die große Gefahr auf, daß in einem falsch eingeschlagenen eigenen Weg das Gnadengeschenk der unio mystica verkannt wird. Seuse wollte sich den Weg zu Gott im Diesseits unter Preisgabe jeglicher eigenen Willensregung durch die Askese erzwingen. Von seinem Lebensbild her versteht man Taulers wiederholte Warnungen vor übersteigerter Selbstbereitung des mystischen Weges. Seuse selbst hat erst spät die Gefahren eines übermäßigen Märtyrertums eingesehen. Es sind aber mehrere Stellen in seinem Schrifttum erhalten, an denen er darauf hinweist. In einem Brief an eine Nonne heißt es: „Und sie fing an sich selbst Abbruch zu tun und sich zu peinigen mit härenen Hemden, mit Stricken und gräulichen Banden, mit scharfen eisernen Nägeln und dergleichen viel. Da der Diener dessen inne ward, da entbot er ihr also: Liebe Tochter! Willst du dein geistliches Leben nach meiner Lehre richten, wie du es von mir gefordert hast, so laß solche übermäßige Strengheit unterwegs, weil es deiner fraulichen Schwachheit und wohlgeordneten Natur nicht zugehört" (Oehl S. 377) (154). Selbst wenn dieser Brief, der in der „Vita" steht, nicht echt sein sollte, zeigt er doch deutlich das Wissen um die Gefahren einer übermäßigen Strenge in der Askese.

So nahe dieser Prediger vom Bodensee den Gefahrenquellen seiner Zeit ist, so reich ist er in seinen „Gesichten". Seuses Mystik erscheint als Dichtung und will als solche verstanden werden. Bei ihm ist die Kraft der Bilder stärker als der Tiefgang der darin enthaltenen mystischen Ideen. Kennzeichnend für ihn ist die im Dichterischen gebundene Doppelheit von spekulativer und praktischer Mystik. Zwar spürt man bei ihm noch Meister Eckhart und Tauler, aber beide Einflüsse erscheinen abgeschwächt und eingebettet in den Ausdruck persönlicher Eigenart Seuses, in die weiche künstlerische Sprache seiner lyrischen Prosa. In ihr bewegen sich seine

Gedanken und mehr noch seine Empfindungen um die unio mystica. Dabei nimmt die Seele des Menschen wechselnd weibliche oder männliche Funktion während der Minnebegegnung mit Christus oder Gott an. Der Geliebte der menschlichen Seele ist für Seuse die menschgewordene Vorstellung der „ewigen Wahrheit" oder der „ewigen Weisheit". Im letzten Grund verbirgt sich hinter diesen beiden Gestalten aber immer nur Christus, dem sich die menschliche Seele im Nacherlebnis seiner Leiden nähern soll. In dieser Seelenbeziehung, die zur Sphäre des Andachtsbild-Kultes gehört, und die ihre Kräfte aus der reinen Empfindung nimmt, werden die Voraussetzungen für Seuses ganz persönliche Darstellung der unio mystica geschaffen. Die Kräfte der Erkenntnis treten stark zurück. Bezeichnenderweise bleibt die Gestalt der Mittlerin Maria bei Seuse wie bei keinem anderen „Meister" der Mystik im Vordergrund und schaltet sich ein in den Weg des Menschen zu Gott. Wenn die letzte Gotteinigung auch für Seuse „bildlos" und „weiselos" bleibt, so gehört die Einbeziehung der Mariengestalt doch zu der Eigenart seines bilderreich und gefühlsstark erlebten Weges zu Gott hinzu. Dafür ist auch die häufige Erwähnung von Visionen in der „Vita" charakteristisch, für deren Darstellung bei Seuse die Möglichkeiten sprachlicher Formung gegeben sind.

Ich sehe als Grund für das Drängen zum Bild in der sprachlichen Darstellung religiösen Erlebens bei Seuse den Trieb einer für ihn charakteristischen Frömmigkeitsform, die das Andachtsbild braucht und sich schafft (155) zur persönlichen Versenkung in Gott (Christus und Maria), die spekulativ und gefühlsgetragen ist.

Dafür ist Seuses eigenes Nacherleben und Nachgestalten der Passion Christi bestes Beispiel, das im ganzen dem epischen Ablauf der Leidensgeschichte folgt, aber in jede einzelne Szene, in jedes Bild sich mit allen Kräften des Gefühls und der Vorstellung versenkt, um es in sich nachzuvollziehen. (Besonders deutlich wird das in der innigen Einfühlung in die Gestalt der Maria und ihr Leiden, das sie in den Augenblicken der Kreuzigung ihres Kindes erfährt.)

Daneben aber wird auch die Spekulation nicht aufgegeben, wie es das „Büchlein der Wahrheit" zeigt. Doch auch hier kommt Seuses Begabung für künstlerisch beschreibende Darstellung immer wieder stark zum Ausdruck, denn wir müssen die seinen Texten beigegebenen Abbildungen mindestens im Entwurf oder in der Anregung ihm selbst zuschreiben, wenn auch die Ausführung nachträglich von geschickter Schreiberhand vollendet wurde. Diese mehr schematisierende, bildliche Darstellung spekulativer Gedankenfolgen ist als ein Nachklang hoher mystischer Spekulation anzusehen, der sich in die Verdeutlichung durch das Bild eindrängt. Das abstrakte Gedankengut Eckharts, das lehrhaft homiletische Taulers verwandelt sich bei Seuse in künstlerische Gehalte, für deren Anschaulichkeit besonders wirkungsvolle Szenen zu bildnishafter Ausmalung gelangen. So ist es kein Zufall, daß gerade Seuses Handschriften das meiste Material für die Zusammenhänge von Kunst und Mystik bieten, worauf schon Bihlmeyer in seiner kritischen Ausgabe (156) mehrfach ausführlich hingewiesen hat. Ich sehe hierin eine Form der Ergänzung zu Taulers Absicht, auf die breiten Leserschichten wirken zu wollen und überdies eine Auswirkung der künstlerischen Anlage bei Seuse (157). Es ist dabei gleichgültig, ob wir alles von ihm Überlieferte als „echt" ansehen können (158). Es zeigt sich in der gesamten Handschriften-Überlieferung, daß das Publikum diese Seite Seuses bevorzugte, und daß die zeitgenössischen Abschreiber gerade diese Bildwirkung besonders hervorzuheben suchten. Einige Bilder stellen geradezu „Illustrationen" des Textes im modernen Sinne dar. Es wird darin versucht, einen Ausgleich für das „Unsagbare", das „Unbeschreibliche" der mystischen unio zu schaffen. Gerade in Seuses Werken wird dieser Zug, der etwas Erzieherisches zumindest etwas Werbendes und Ethisches hat, sichtbar. Besonders für die späte Mystik in Deutschland ist diese Eigenart Seuses vorbildlich geworden. Davon zeugt das leider immer noch nicht erschlossene Werk Daniel Sudermanns, der seinen Schriften Zeichnungen Seusescher Prägung beigefügt hat, aus denen die Tendenz zur Erklärung und Veranschaulichung des dunklen Inhalts besonders deutlich wird. Von hier aus geht dann die Entwicklung bis zur Mystik des 17. Jahrhunderts, in der wieder die gleiche den Text begleitende zeichnerische Wiedergabe bemerkbar wird. Allerdings bedürfen auch diese Zusammenhänge noch der genauen Quellenbearbeitung (159).

Diesen Bemühungen Seuses um eine textlich gebundene Illustration des mystischen Gedanken- und Vorstellungsgehaltes haftet der Wille zur Erklärung, zur Sichtbarmachung des Unsichtbaren an. Dabei läßt die Ausgestaltung dieser „Gesichte" sehr viel Wichtiges für das richtige Verständnis des Textes deutlich werden. Ich möchte hier zwei Beispiele zur unio mystica auswählen. Denn bei Seuse nimmt das Unio-Erlebnis gegenüber Eckhart und Tauler neue Erscheinungsformen an, denen wir vorher noch nicht begegnet sind. Bei ihm ist in allen Werken die menschliche Seele in anthropomorpher Vorstellung anschaulich gemacht und in Verbindung mit Christus oder Gott gesetzt. Das wird deutlich, wenn man einmal den Bildgehalt und die textliche Darstellung nebeneinander hält. In der Abbildung, die in Bihlmeyers Ausgabe S. 19 wiedergegeben ist und zu der die genauen Angaben in Bihlmeyers Vorwort S. 47 heranzuziehen sind, wird eine mystische Situation mit Seuses Worten so wiedergegeben: „Diz nagend bilde bewiset eins wolanuahenden menschen raizzlich gesůche nach gėtlichem troste". Auf dem Bilde selbst steht: „Er hat mich vnd ich in minneklich vmbuangen, dez stan ich aller creaturen ledig vnd bin mit in vnbehangen." „Das Bild stellt Seuse in sitzender Stellung dar — über ihm steht: „der diener der Ewigen wisheit" — auf seinem Schoße umarmen sich die ewige Weisheit in kleiner Figur und des Dieners Seele, die nach mittelalterlicher Art als nacktes Kind abgebildet ist. Rechts und links stehen zwei Engel, die auf den Diener hinzeigen (in K schweben sie in der Luft und halten einen Kranz von Rosen um Seuses Haupt)" (160). Von diesen Angaben sind hervorzuheben: 1. die Wiedergabe Seuses und die Kenntlichmachung des Erzählers selbst, wodurch die Glaubhaftigkeit des Berichtes der „Vita" verstärkt und seinem Wort mehr Wirkungskraft verliehen werden soll. 2. Die Beschriftung der dargestellten Figuren und die ausdrückliche Benennung des Gesprächspartners, des Engels, wodurch das Dargestellte völlig eindeutig erkennbar gemacht wird. 3. Die Angabe des Bildthemas, wodurch die mystische Beziehung zum Ganzen gegeben ist. 4. Die Umrahmung der Hauptpersonen durch Nebenfiguren, die alle aus dem himmlischen Reich gewählt sind, wodurch die eindeutige religiöse Grundhaltung gegenüber jeglicher profaner Deutung unterstrichen wird. Diese Bildanlage unterstützt das oben Gesagte und findet ihre Bestätigung in der Wortgebung der „Vita". Dort heißt es unter genauer Benennung und Bezeichnung der dargestellten Figuren, unter Angabe von Ort und Zeit sowie unter Hinweis auf die vorher erfolgte seelische Bereitung, daß ihm gezeigt werden sollte, „in weler wise gotes verborghnú wonung in siner sele gestalt were". Dies ist das alte Bildthema der Mystik, das auf eine Vereinigungsvorstellung der menschlichen Seele mit Gott zielt.

Es folgt danach die genaue Schilderung der Vision, die deshalb besonders bedeutsam ist, weil wieder eine Darstellung der eigenen Seele gegeben ist, wie bei der Vision der Sophia von Klingenau. Nur bleibt hier alles in echt mystischer Sphäre. „Geswind sah er dar und sah, daz der lip ob sinem herzen ward als luter als ein kristalle, und sah enmiten in dem herzen růweklich sizen die ewigen wisheit in minneklicher gestalt, und bi dem sass des dieners sele in himelscher senung; dú waz minneklich uf sin siten geneiget und mit sinen armen umbvangen und an sin gőtlich herze gedruket, und lag also verzogen und versofet von minnen under dez geminten gotes armen" (161).

Dabei ist auf die genaue Ausmalung der Minnestimmung und der Haltung der Liebenden zu achten. Hier begegnet uns bei Seuse die gleiche Sparsamkeit in der inhaltlichen Andeutung der einzelnen Szenen wie bei den Minnesingern. Das „umbevahen", das Hinneigen des Kopfes zum Geliebten sind lyrische Züge. Aber der Hinweis auf das völlige Geborgensein in der göttlichen Liebe entrückt wieder das eigentliche Minnebild aus der weltlich höfischen Sphäre. Es ist dazu das 9. und 10. Bild bei Bihlmeyer zu vergleichen, das besonders deutlich die Berufung zum „geistlichen Ritter" darstellt und alle stilistischen Kennzeichen bis zur Wappenzeichnung verwertet: „Auf dem unteren Bild reicht Christus, die ewige Weisheit, von Wolkennimbus umgeben, dem knienden Seuse (über ihm steht wieder: „der diener") einen Ring; drei Engel bringen Schuhe, Ritterkleid, Gürtel und eine Krone; rechts oben blasen zwei Engel die Posaune, ein dritter schlägt die Pauke. Unterhalb ein Schild mit Topfhelm; das Feld ist weiß und rot und mit einem Kranz von Rosen geziert, darüber steht I H S. Rechts hievon zwei Ritter auf Pferden mit einem Fähnlein, das ebenfalls mit I H S gezeichnet ist, hinter ihnen ein Knappe. Dazu gehören die Sprüche: Ritterlichú klaid vnd ere son sú eweklich niessen, die sich hie dur got lidens vnd midens nit land verdriessen. Wer sich gőtlicher ritterschaft nimet an, der sol in allem liden eins mannes herz in vnverzagter wise han" (162).

Mit diesem Beispiel mag der Rahmen gegeben sein für die Vorstellung von Seuses Minnebegegnung. In ähnlicher Korrespondenz von Wort und Bild erhalten wir in den weiteren Bildern eine fast episch erzählende Veranschaulichung der Hauptsituationen der mit Gott geeinten Menschenseele: 1. Geistliche Vermählung, 2. Minnebegegnung, 3. Labung der minnenden Seele, 4. Kräftigung in der

Leidprüfung, 5. Bedrohung der Auserwählten durch die Welt, 6. Hilfe durch Maria, 7. Freiwilliges Leiden, 8.—9. Rettung und Berufung zum geistlichen Ritter, 10. Erhöhung der ewigen Weisheit zum König, 11. Die Darstellung des letzten mystischen Weges zur unio.

Noch ein zweites hiervon völlig verschiedenes Unio-Erlebnis beobachten wir bei Seuse, besonders bei der Wiedergabe der unio hervorgerufen durch spekulative Kräfte. Auch bei Seuse taucht die schwere Frage auf: „Wa lendet eins gelazsenen menschen verstandenheit?" (Bihlmeyer S. 342). Wo endet eines Gottgeweihten Erkenntnisvermögen? Das ist die ewig beunruhigende Frage aller Mystiker. Wir haben gesehen, wie diese Frage, die Eckhart und Tauler genauso stellten wie Seuse, eigentlich nur von Eckhart beantwortet worden war. Bei ihm hieß es: Das Erkenntnisvermögen endet in der Einigung mit Gottes Wesen. Seuse geht nicht so weit. Er folgt darin seiner Eigenart, in der die visio stärker ist als die speculatio. Und so lautet seine Antwort:

„Der mensch mag in zit dar zû komen, daz er sich verstat eins in dem, daz da niht ist aller der dingen, die man besinnen alder gewörten mag; und daz niht nemmet man nach verhengter wise got, und ist an im selber ein aller weslichostes iht. Und hie erkennet sich der mensch eins mit disem nihte, und dis niht erkennet sich selb ane werk der erkantnisse. Aber es ist hie verborgen neiswaz noch inbaz" (Bihlmeyer S. 342).

Diese letzte Stufe menschlichen Vordringens ins Göttliche ist also eine Stufe der Einigung und zwar eine unio mit dem 'niht'. Es zeigt sich hier nochmals, in welchem Maße die Urlehre der Mystik unter Berufung auf Dionysius Areopagita durchschlägt, daß „alle mystischen Erkenntnisbilder sind Imagines speculatoriae et umbratibiles (Bernardus, sermo 41, n 11), welche Gott nicht zeigen, wie er ist, und was der Mensch davon redet, ist dem Geschauten niemals adäquat (Bern. De grad. humil. 8 n. 22: ibi videt invisibilia, audit ineffabilia, quae non licet homini loqui)" (163). Diese Begrenzung der menschlichen Erkenntnis gibt Seuse Anlaß zu neuen Fragen, damit die Antwort der Unmöglichkeit eines weiteren Erkenntnisvermögens noch deutlicher wird und alles im Rahmen der mystischen Schau und der Einigungsvorstellung bleibt: „Waz ist aber daz verborgen inbaz dis vorgenanten nihtes, daz da in siner betûtung nach diner meinunge alle geworden ihtikeite us schliezende ist? Es ist doch lutrú einvaltikeit; wie mag daz aller einvaltigest haben inbas ald usbas"? (Bihlmeyer S. 342). So lautet also die Frage: wie kann das Allereinfachste noch eine Möglichkeit der Steigerung in die Tiefe oder in die Höhe haben? Erst jetzt erfolgt auch hier die alte Antwort, daß gerade das Allerletzte im Dunkel und unausgesprochen bleiben muß:

„Alle die wile, so der mensche verstat ein einunge oder solich ding, daz man mit rede kan bewisen, so hat der mensch noch inbaz ze gånne; daz niht mag inbaz in sich selber nite, mer nach dem, so wir verstan mugen, daz ist, so wir ane alle fôrmlichú lieht und bilde, die sin mugent, werden verstånde, daz doch einkein verstentnisse mit formen und bilden mag erlangen. Und hie von kan man nit gereden, wan ich ahten, daz sie geredet von eime dinge, daz man mit der rede kan bewisen; waz man nu hie von redet, so wirt doch daz niht nihtesnit bewiset, waz es ist, daz noch als vil lerer und bůcher werin. Aber daz diz niht sie selb dú vernunft oder wesen oder niessen, daz ist och wol war nach dem, als man úns dar us reden mag" (Bihlmeyer S. 342/43).

Der Höhepunkt bleibt also wieder das Unsagbare, aber das dem Menschen Zugängliche, das im Erlebnis der Schau empfunden und begriffen wird, wenn es auch der menschlichen Aussage entzogen bleibt. So verbirgt auch Seuse das Höchste seiner mystischen Erlebnisse, die unio selbst, in dem Schleier des für Menschen ewig Verhüllten. Es verrät sich in diesem Hinweis auf die Unmöglichkeit der Aussage ein Kennzeichen mystischen Erlebens und zugleich ein letzter Schutz vor der Kritik der Menschen. Mit Sicherheit hat diese aller deutschen Mystik eigentümliche Verhüllung der höchsten Aussage auch dazu beigetragen, das Fragen nach den letzten Dingen der Mystik niemals zu einem Ende gelangen zu lassen. Über Jahrhunderte hinaus knüpfen immer wieder Generationen von Frommen hier an und gehen doch den Weg allein weiter, wobei es oft dazu kommt, daß dieser Weg über die Grenzen kirchlicher Gläubigkeit hinausführt, ohne daß der einzelne sich selbst als Häretiker fühlt.

Gerade Seuse bleibt als Mystiker immer und bewußt im Rahmen des mittelalterlichen kirchlichen Dogmas. Er ist weit entfernt von der Eckhartischen Wesensgleichsetzung der menschlichen Seele mit Gott. Quint hat es ganz besonders betont, wie vorsichtig Seuse gegenüber allen anderen Bewegungen gewesen ist, besonders den Brüdern vom freien Geiste gegenüber, „gegen deren mißbräuchliche Berufung auf Eckhart für ihre libertinistische und quietistische Entgottungslehre er den Meister in Schutz nimmt, allerdings nicht, ohne der Kühnheit der Spekulation des verehrten Lehrers die Zügel anzulegen und mit Thomas scharf die Grenze zwischen Gott und Kreatur, zwischen göttlichem und menschlichem Wesen in der unio mystica zu ziehen" (164). Hier sah Seuse genau die Gefahren der Ekstase. Für sich selbst aber sah er sie noch nicht klar genug, und so kommt es bei ihm zu einer grundsätzlich anderen Bewertung des Leidens als bei Eckhart oder Tauler. Im „Büchlein der ewigen Weisheit" tritt uns das Erlebnis des Leidens besonders deutlich entgegen. Aus den ersten noch auf der Vision basierenden Büchern spürt man die innere Beteiligung, die Sehnsucht nach der reinen Teilnahme an der Passion Christi. Hier steigert Seuse seine innere Bereitschaft zum Nachempfinden der Passion im Sinne des heiligen Bernhard, der häufig zum Kronzeugen solcher Gedanken angerufen wird (z. B. im 14. Kap., Bihlmeyer S. 254, 20 u. Anm.). Im Dialog des Dieners (Seuse) mit der „ewigen Weisheit" kommt die ganze Erfahrung der frühen Askese Seuses zum Durchbruch. Völlig einseitig ist noch der Lobpreis der uneingeschränkten Passivität im Leiden. Das Leid stellt die Geborgenheit dar, die Sicherheit und letzte Ruhe. Der zweite Teil des Werkes enthält ganz konkrete Mahnungen, so als riefe der Dichter sich aus der Kontemplation zurück und begänne nun die Erfahrungen und Gesichte in Lehren zu verwandeln. In ununterbrochener Folge häufen sich hierin die Sentenzen, die wohl noch Lebenslehren eines Mystikers sein sollen, die aber nur auf die rechte Verinnerlichung der Gottannäherung besonders im Gebet gerichtet sind. Ein wahres Erbauungsbuch entsteht hier, das damals wohl besonderen Wert hatte, weil sein Inhalt Offenbarungen der „göttlichen" Weisheit enthüllte. Am Schluß umschreibt Seuse selbst das erbaulich-seelsorgerische Ziel seiner Arbeit: „Dis bůchlin, daz da heisset der Ewigen Wisheit bůchli, dez sin ist, die gŏtlichen minne, dú in disem jungsten zite beginnet in mengem herzen erlŏschen, in etlichen wider enzúnden; und dez materie ist von dem anvange bis an daz ende únsers herren Jesu Cristi minneriches liden, und wie ein frumer mensche daz selb bild nach sinem vermugenne mŭz ervolgen, und von dem wirdigen lobe und unsaglichem leide der reinen kúngin von himelriche" (Bihlmeyer S. 324).

Aber nicht die Teilnahme an der Spekulation Eckharts oder an dem Erziehungswerk Taulers hat Seuse unsterblich gemacht sondern seine Dichtung von der Mystik. Seuse ist der Künstler unter den drei Meistern. Seine lyrische Prosa enthält viele verschiedene Ausdrucksarten und sprachkünstlerische Bestandteile, die sich bei ihm zur „Dichtung der Mystik" einen. Das Charakteristische dieser „Dichtung" liegt in der formalen Ausgestaltung bildhafter Komposition und in der Lockerung und fast unwirklichen Schwerelosigkeit der Sprache, die wie von einem Netz ornamentaler Attribute durchzogen ist, das einen leichten und zarten Glanz über sie verbreitet. Nur mit Mechthild zu vergleichen, verliert er sich ganz in Wortschatz und Bilder des Minnesangs. Das alte Lehnsverhältnis wird beschworen. Wohl nirgends zu so später Zeit begegnen wir noch so reinen Parallelen zur ritterlichen Lyrik. Am höchsten gesteigert ist dieser dichterische Ausdruck an den Stellen, die sich auf Maria und auf die Liebesbegegnung mit Gott beziehen (165). Hier eröffnet sich uns die unauflösliche Verflechtung von weltlichem und geistlichem Minnebegriff. Marienkult und Minneterminologie begegnen sich und entwickeln unmerklich die Züge, die bei den späteren Meistersingern wieder auftauchen.

Mehrfach erfahren wir von Seuse, daß er Gebete besonders bearbeitet hat. So ist das ursprünglich lateinisch gefaßte Morgengebet: „anima mea desideravit te in nocte", das dann als Zusatz zum Briefbüchlein auftaucht (bei Bihlmeyer S. 395 f.), schon in der „Vita" als Sonderbearbeitung erwähnt (vgl. Bihlmeyer S. 18, 11—13). Gerade an diesem Beispiel, das ja kein Marienlied darstellt, sondern an die Ewige Weisheit und an Christus gerichtet ist, erkennt man Seuses Neigung zu höchsten Steigerungen im Wortgebrauch und zu Reihungen, die sich schon im lateinischen Text andeuten, aber erst im Deutschen zu voller Wirkung gelangen. Nicht nur im Anruf, in dem die Häufung ja üblich ist: „O du aller schônstú liehtrichú ewigú Wisheit" (Bihlmeyer S. 395, 21), sondern im fortlaufenden Gedanken erscheinen sich steigernde Vorstellungen, die die Bildlichkeit dieser lyrischen Sprache kennzeichnen. Die allerentferntesten und dunkelsten Gründe des Herzens sollen von der einmalig heimlichen Gnade durchflossen werden: „die gnadlosen winkel mines herzen mit sinen sundern gnaden rilich durchgiesse" (Bihlmeyer S. 395, 25), das erkaltete Herz soll wieder entfacht und erwärmt werden: „min kaltes herz in dem fúr siner gôtlichen minne inbrúnsticlich enzúnde" (Z. 27). Die Seele wendet sich mit allen Kräften dem Geliebten zu und alle Möglichkeiten der Lobpreisung werden für diesen Gruß aufgeboten. Die tiefste Herzensempfindung drängt empor zu Christus und vereinigt sich mit den Stimmen aller Engel. Das Zusammenklingen dieser tausend und abertausend Engelstimmen und aller Kreatur überhaupt soll erst den vollen Ton des Gottespreises ergeben. „. . .grůsse dich hút begirlich von dem innergosten grunde mines herzen und beger och, daz die tusent stund tusent engel, die dir dienent, dich hút von mir grůssent, und die zehen tusent stund hundert tusent himelschen geiste, die bi dir wonent, dich wirdeclich von mir prisen, und dar zů ellú die wunneclich schŏn gezierd aller creatur dich hút von mir loben, eya, und dinen wirdigen namen, unsern trostlichen schirm, dankberlich hút gesegnen, nu und in iemer werender ewikeit" (S. 395/6). Dabei bleibt Seuse äußerlich in den Grenzen der Prosa, die aber stark lyrisiert ist. Wohl haben wir Ansätze zu Reimstrophen, aber man spürt dabei den Zwang, und man vermißt das freie Strömen seiner reichen und eigenen Bildhaftigkeit (166).

Am deutlichsten wird die lyrische Sprachform an den Stellen, wo Maria im Mittelpunkt der Bilder steht. Hier befreit sich Seuse von aller Erdenschwere und unablässig fügt sich Bild an Bild, bis die Geschlossenheit der Vorstellung sich rundet. Besonders wirkungsvoll sind diese dichterischen Stellen, wenn sie sich aus den dunklen Leidensbildern der Passion Christi herauslösen, wie im „Büchlein der ewigen Weisheit", in dem das 16. Kapitel nur von dem „wirdigen lobe der reinen kúnigen von himelrich" handelt und sich in einen einzigen Lobgesang verwandelt. Von wenigen Zeilen abgesehen reihen sich an die Anrede der Himmelskönigin die eigenartigsten Bilder, in denen die innere Beteiligung Seuses spürbar mitschwingt. „Du bist doch daz rein rotguldin vaz, durschmelzet mit gnaden, durleit mit edlen smaragden und saphiren und allerley tugenden, des einiger anblik úbertriffet in dien ŏgen des himelschen kúnges aller luter kreatur anblik" (Bihlmeyer S. 266). Aber nicht nur Bilder der Kunstpoesie folgen einander, sondern mythisch-legendäre Vorstellungen mischen sich in dieses Loblied, z. B. die vom Einhorn und der Jungfrau, die die Zusammengehörigkeit von Christus und Maria noch besonders betont.

In unserem Zusammenhang konnten nur einzelne wenige Beispiele gewählt und zur Charakteristik des Mystikers verwendet werden. Bei Seuse ist es besonders gefährlich, allgemeine Schlüsse zu ziehen, weil die Echtheitsfrage noch nicht völlig geklärt ist. In seinem Werk ist manches durch spätere Redaktion aus dem geistigen Bereich der Gottesfreunde verfälscht und nivelliert. So sollten hier nur Ergänzungen zu den Einzelbildern von Eckhart und Tauler gegeben werden, wobei die Zusammengehörigkeit aller drei Meister immer wieder aufleuchtet. Auch Seuse geht es um vergeistigte Form der Religiosität, wie wir sie bei Eckhart finden. Aber er ist geradezu ängstlich bemüht, seine Vorstellungen im Rahmen der Kirche zu halten, und er findet den Weg zur praktischen mystischen Frömmigkeit wie Tauler nicht. Dabei geht es ihm jedoch auch um die höchsten Werte der Mystik, wie es sich besonders im 1. Teil des „Büchleins der ewigen Weisheit" zeigt.

Bei Seuse hat die dichterische Aussage mystischer Vorstellungen einen hohen Grad der Vollendung erreicht. Er bleibt in seiner Deutung und sprachkünstlerischen Formgebung der Lyrik und damit der Dichtung am nächsten. Er ist der Mystiker, dem die Seelsorge bei dem einzelnen Menschen am besten gelingt. Vielleicht ist er auch der begabteste Psychologe, wie es sein „kleines Briefbuch" verrät, das an Nonnen gerichtet ist und von dem Wissen um die Verschiedenheit der Wege zu Gott aussagt. Er ist mit Recht unter die Gruppe der „Meister" der Mystik zu zählen. Denn bei aller Andersartigkeit der mystischen Predigt bleibt allen dreien die eigene persönliche Vertiefung des Unio-Erlebnisses als Kennzeichen ihrer individuellen Größe. Gab Eckhart der mystischen Predigt durch die Tiefe der Spekulation die philosophische Substanz, so schuf Tauler als reale Grundlage die allen verständliche praktische Lebenslehre, während Seuse dem Menschen Liebe, Ehrfurcht und Hingabe für das Wunder der Gotteinigung bewahrte.

V. Kapitel

Die Mystik der „Gottesfreunde“ und der „Devotio moderna“

In der zweiten Hälfte des 14. Jahrhunderts vollzieht sich eine der großen Wandlungen in der deutschen Mystik. Sie ist keine rein inhaltliche, aber auch keine rein formale. Sie wird verursacht durch die Angleichung der bisher ausgebildeten mystischen Frömmigkeitsformen an die Forderungen der Allgemeinheit der Gottsuchenden.

Schon bei der Darstellung der Frauenmystik in den Klöstern und Kongregationen, besonders bei der Besprechung der Nonnenviten, habe ich auf die Erscheinungsformen des ungeistigen mystischen Gefühlsüberschwanges hingewiesen, durch die das einmalige Erlebnis der visio bis zur mehr oder minder bewußten Selbsttäuschung der nähern Umgebung herabgedrückt wurde. Die Schau wurde hier als Wertmaßstab der Begnadung vor dem eigenen Selbst und nach außen hin ausgenutzt. Das höchste Erlebnis der unio wurde zum Gegenstand der Selbstbeobachtung seelischer Regungen. Wenn die Anzeichen des beginnenden Verfalls auch zunächst noch eingeschränkt wurden durch die Abgeschlossenheit der Klöster, so mußte sich die Wirkung vervielfältigen, sobald die Mystik zur Volksbewegung wurde und sich über die Klöster hinaus unter den Laien, ohne Kontrolle und Zucht der Meister ausbreitete. Dann konnte es leicht zu einem falschen Verstehen und zu gefährlicher Verwendung von visio, speculatio und unio kommen. Denn jetzt nach 1350 war aus dem Gnadengeschenk des Unio-Erlebnisses die von Menschen gefundene Lehre von der mystischen Bereitung und damit auch etwas Lernbares geworden. Gefährlich war es, wenn jetzt dieser hohe Wert dem abnutzenden Zugriff der Unbereiteten oder gar dem Betrug der Übelwollenden ausgesetzt wurde.

Es kam in Deutschland nicht zu dieser letzten Konsequenz. Die Ehrfurcht vor der Größe und Heiligkeit des mystischen Strebens, vor der noch kämpfenden neuen Frömmigkeitsform bewahrte die Menschen des späten Mittelalters davor. Aber Anzeichen für die beginnende Abwertung stellten sich ein. Das Moment der Fälschung, das von den großen einzelnen der Mystiker seit Hildegard und Mechthild als größte Gefahr erkannt worden war, kam zur Geltung und gab nun den Wirkungen der echten Mystik eine andere Richtung. Die „pia fraus" erhob sich in einem Augenblick, in dem ihr noch nicht die Gefährlichkeit eines solchen Handelns zum Bewußtsein kam. Eher lag darin das Bemühen, eine der Vielheit der Suchenden gemäße Frömmigkeitsform zu finden. Die „Gottesfreunde" der zweiten Hälfte des 14. Jahrhunderts waren ihrer Überzeugung nach im gleichen Maße Menschenfreunde, die beobachteten, wie viele in ihrer Umgebung durch den hohen Flug der Spekulation nicht befriedigt wurden, die erfuhren, wie auch in weitesten Kreisen der Frommen die von der mystischen Lehre ausgehende Heilsgewißheit nicht mehr unverfälscht genug erschien. Daraus nahmen sie ihre Berechtigung zu helfenden Eingriffen, die jedoch der Reinheit des Ganzen Abbruch taten und Zeichen des Niederganges sind.

1. Die „Gottesfreunde" und Rulman Merswin

Bis heute ist die Frage unbeantwortet geblieben, was wir uns unter den „Gottesfreunden" vorzustellen haben. Martin Grabmann sagt in seinem schönen Überblick über die Frauenmystik (167):

„Die deutschen Mystiker des 14. Jahrhunderts nannten sich mit Vorliebe „Gottesfreunde", eine Bezeichnung, die auch bei Bonaventura und später bei Theresia uns begegnet und die in der Gnadenlehre ihre tiefe dogmatische Grundlage hat. „Vertraute Gottesfreunde" so heißt es im Buche von geistlicher Armut, „sind jene, die nur allein Gott suchen, die sich an Gott anschmiegen und in ihn sich zurückziehen, losgelöst von allem Geschaffenen". Die größten dieser Gottesfreunde sind das mystische Dreigestirn des Dominikanerordens, Meister Eckhart, dessen Größe in der spekulativen Mystik besteht, Johannes Tauler, der lebens- und herzenskundige gewaltige Prediger, und Heinrich Seuse, der Minnesänger unter den Mystikern". Grabmann dehnt also den Begriff auf die Meister aus. Wollte man nur von dem Gebrauch des Wortes Gottesfreunde ausgehen, so trifft diese Bezeichnung auch zu, da sich die

Mystiker und ihre Anhänger selbst so zu bezeichnen pflegten. Gerade hier dokumentiert sich die Berührung von reiner Frömmigkeit mit der auf Wirkung bedachten frommen Berechnung. Denn nur der klugen Ausnutzung der Terminologie, vor allem der Aneignung des Begriffes „Gottesfreunde" verdankt die geschickteste Fälschung in der gesamten deutschen Mystik ihr Gelingen und ihre Wirkung über Jahrhunderte. Des Nicolaus von Löwen oder Rulman Merswins Absicht war nicht von vornherein verwerflich. Als einer der beiden kurz vor seinem Tode seine gesamten Schriften in ein versiegeltes Kästchen schloß und als Botschaft des „Gottesfreundes" kennzeichnete, wollte er nur sein Lebenswerk erhalten und zu der Wirkung bringen, die er in seinem Leben nicht hatte erreichen können. Bezeichnend für den Geist der Zeit sind einmal die Mittel, die angewendet werden, um einer Heilslehre, die sich die Erscheinungsformen der Mystik zugute kommen läßt, zur Wirkung zu verhelfen, zweitens die Absichten, die darauf hinausliefen, der Spekulation der Meistermystik die höheren Werte der himmlischen Erlebnisse der „Gottesfreunde" gegenüberzustellen. Um 1382, nach dem Tode Rulman Merswins, ist es soweit, daß man unter Berufung auf den Himmelsbrief die Vernunfterkenntnisse mystischer Gottesphilosophie zu beeinträchtigen sucht. Die Mystik liegt mit sich selbst in einem Kampf, der die Vorzeichen einer künftigen Reformation verrät.

Nach Denifles Charakteristik, die Oehl (S. 403) geschickt zusammenfaßt, ist „der hochheilige, hochbegabte und weltweise Gottesfreund, nach seinen Schriften zu urteilen, ein ganz mittelmäßiger Durchschnittsmensch, ja, ein konfuser Flachkopf gewesen. Aber er hat niemals gelebt, und alle Angaben über ihn sind schlecht erfundene Märchen. Der Gottesfreund, seine Traktate und Briefe, all sein großartiges Wirken sind die Erfindung des Rulman Merwin, der als eigensinniger, rechthaberischer und herrschsüchtiger Betbruder sich und seine Wünsche durch diesen geheimnisvollen Gottesboten gegenüber den Johannitern des Grünen Wörths sdecken und durchsetzen wollte". Diese Darstellung und Bewertung der Persönlichkeit halte ich für übertrieben und unsachlich, und ich würde ihr mit Rieder (168) und Krebs entgegensetzen, daß diese „Zusammenfassung einer ganzen Schriftensammlung zu einer großen Mystifikation durch die Fälscher der Gottesfreundschriften" einem reformatorischen Ziel diente: „Durch das Geheimnis des großen Gottesfreundes vom Oberlande sollte das Kloster vom Grünenwörth... in strenger Ordnung und Zucht gehalten und mit mystischem Geist erfüllt werden und bleiben" (169). Die Gesamttendenz ist also eine erzieherische und bewahrende; aber es fehlt ihr die eigene Erlebniskraft mystischen Geistes (170).

Der „Gottesfreund" ist lange verehrt worden. Heute gilt es nach Denifles und Rieders Forschungen als sicher, daß entweder Rulman Merswin oder Nicolaus von Löwen der Verfasser der 16 Schriften dieses Gottesfreundes war, von denen dem Buch von den „Neun Felsen" der höchste Wert zukommt (171).

Dies Beispiel von Fälschung mystischer Literatur ist typisch für die Zeit nach 1350. Man sieht daraus, wie sehr sich das Wirkungsbedürfnis der religiösen Gemeinschaften gesteigert hatte und wie es sich mit allen Mitteln durchzusetzen versuchte. Dabei war auch diese Bewegung eine gegen die bestehende Frömmigkeitsform gerichtete Reaktion, die sich damit aber schon gegen ihren Ursprung, die spekulative Mystik, wendete. Aus diesem Fall spricht die Stimmung der Zeit: Die Erwartung des Wunders ging soweit, daß man auf solche Mystifikationen des göttlichen Wortes angewiesen zu sein schien, um Einfluß auf die erregten Gemüter auszuüben. Bei der allgemeinen Unfestigkeit der ethischen und der religiösen Werte muß sich ein hoher Grad der Wundergläubigkeit entwickelt haben, daß sich eine Fälschung so großen Ausmaßes über die Jahre der mystischen Blütezeit hinweg erhalten konnte.

Dabei trägt der Inhalt dieser Schriften einzelne wirklich echte mystische Züge, wenn auch ohne jede Vertiefung ins Philosophische. Aber eine wahre Frömmigkeit des Herzens läßt sich darin nicht verleugnen. Helfen- und Belehren-Wollen klingt überall durch. Allerdings ist nichts mehr von der erhebenden aufwärtsführenden Kraft der unio darin. Es bleibt bei Beschreibungen von Lichterscheinungen und Ekstasen. Das persönliche Betroffensein von Gottes Berührung, das Bleiben im Urgrund, die Überformung und der Preis der Einigung fehlen. Aus der Berufung zum Mystiker wird eine „Erweckung". (Als Beispiel für einen solchen Vorgang wird die angebliche Bekehrung Taulers im 14. Jahrhundert durch den Gottesfreund geschildert.)

In welchem Maße diese Bekehrungen verflacht wurden, läßt sich heute noch aus der Vielzahl solcher bei Rulman Merswin auftauchenden Schilderungen entnehmen. „Alle Berichte, Traktate und Briefe des Gottesfreundes sind ausnahmslos breit, geschwätzig und phrasenhaft, seine Darstellung ist ungeschickt und unklug, sein theologisches Wissen durchaus dilettantisch, und er huldigt einer mißverstandenen Aszese und hat quietistische Anwandlungen.... In den Bekehrungen sind alle Lebensbilder der Helden nach einer festen Schablone gezeichnet; gewisse Motive und Lieblingszahlen kehren beständig wieder. Die vorgeführten Gestalten sehen sich alle zum Verwechseln ähnlich, nirgends greifbare, lebendige Individualitäten" (Oehl S. 403).

Damit ist eine Schilderung gegeben, die in den Briefen ihre Bestätigung findet, die Oehl als Äußerungen der sogenannten Gottesfreunde im Oberlande abdruckt (172). Schon die Episode des Himmelsbriefes und das Wunder seiner Übermittlung ist bezeichnend für die völlig verflachte und zeitbezogene Mystik. Wie bei den Geißlern soll hier der Ausbruch des Strafgerichtes durch das Bitten der Jungfrau Maria um drei Jahre verschoben werden, wenn in dieser Zeit die 13 Gottesfreunde sich ganz den himmlischen Forderungen widmen. Jegliche eigene Lehre ist ausgelöscht, alle Weisungen über das Leben im Diesseits stehen im Himmelsbrief. Wie in dem Brief ist in dem „Buch von den neun Felsen" ein Aufstieg über neun Stufen festgelegt. Jede Stufe bedeutet die Erreichung einer neuen sittlichen Vollkommenheit. Bei diesem Aufstieg bleiben die Vielen unter den Aufsteigenden zurück. Den Gipfel erreichen nur noch die Gottesfreunde selbst. Diesen wird gelegentlich ein Blick in das Wunderwerk Gottes erlaubt. Das Gesehene zu schildern ist verwehrt, denn es ist unmöglich, es in Worten wiederzugeben. Die Echtheit der mystischen Grunderlebnisse und Werte ist bereits völlig verloren. Es geht nicht mehr um die Hilfe für die Kraftsuchenden, sondern um die Glorifizierung der „Gottesfreunde". Die Mystik der Frauen und der Meister ist wie die höfische Dichtung unlebendig und wirkungslos geworden. Nur noch die Erinnerung an die Größe lockt zur Nachahmung. Das Gesetz der Ausbreitung mystischer Gedanken und Lehren hat sich auch hier erfüllt. Nur der einzelne kann das mystische Leben wieder erwecken durch Kraft und vollkommene Hingabe der ganzen Persönlichkeit, nur aus der Tiefe des Glaubens und des Geistes lebt diese Frömmigkeitsbewegung. Allerdings wirkt die von den Gottesfreunden ausgehende, die Masse bewegende Kraft noch lange nach und führt zu den verschiedensten Erscheinungsformen, in denen immer wieder ein mystischer Grundzug durchbricht.

2. Ruysbroeck, die „Imitatio Christi" und die „Devotio moderna"

So stark in den Quellen der Zusammenschluß der Gottesfreunde zu einem Verband betont wird, in Wirklichkeit ist es wohl nie in diesem Maße dazu gekommen. Sicher ist nur, daß die Auswertung der Traktate und Briefe dazu geführt hat, diesen eigentlich nur den großen Meistern der Mystik zugehörenden Beinamen der „Gottesfreunde" auf die Schicht derer zu übertragen, deren allgemein gesteigerte Anteilnahme an der Frömmigkeitsbewegung der Mystik auffiel. Der Zusammenschluß zu einer neuen Gemeinschaft der Gläubigen, die eine wirkliche geistige Bewegung auszulösen versuchte, konnte nicht aus der Pseudomystik der Straßburger Gottesfreunde um Rulman Merswin und Nikolaus von Löwen erfolgen. Er mußte von einem neuen Frömmigkeitsideal getragen sein, wie es später die „Devotio moderna" entwickelt hat.

Als Führer dorthin ist Johannes Ruysbroeck zu sehen. Bei ihm verbinden sich die alterprobten Kräfte der mystischen Spekulation mit der Gefühlsmächtigkeit des Nacherlebens der unio mystica. Es fehlt bei ihm der kräftige und natürliche Sinn für die Arbeit im Diesseits, es fehlt die Verbindung zu der inneren Not und zum strebenden Suchen des Menschen überhaupt. Alles ist auf Reform des innerreligiösen Lebens angelegt, auf die Reinheit der Gemeinde der Heiligen in der Welt. Seine Anweisungen zielen auf ein Heiligenleben und bei ihm wirkt sich die Verbindung von Bernhardinischer Askese mit Eckhartischer Lehre so aus, daß in seinem Hauptwerk, der „Zierde der geistlichen Hochzeit", „eine großartige Synthese von mystischer Spekulation und Praxis und ein bewundernswert straff gefügter, lückenlos organischer Aufbau des ganzen mystischen Weges vom wirkenden über das innige zum gottgeschauten Leben gelungen ist. Die Lehre vom Seelengrund als Einheit der obersten Kräfte und als Koinzidenzpunkt von Gott und Mensch, in dem die Anlage zur Gottebenbildlichkeit liegt, ist hier organisch vereint mit der Bernhardinischen Nachfolge Christi in der Demut der Selbstvernichtung, durch die jene Anlage aktuiert wird, auf daß dann in gnadenweiser Überformung des Seelengrundes durch das göttliche Licht die mystische Einigung der Seele mit dem Bräutigam sich vollziehe" (173).

Die „Zierde der geistlichen Hochzeit", die aus vorgreifender Spekulation und nacherlebender Gefühlsbeteiligung eine neue mystische Betrachtungsweise formt, enthält die Lehre des „Exerzitiums" (173) mystischen Lebens in der Welt, die die neue Frömmigkeit begründet, der wir den Namen „Devotio moderna" zu geben pflegen. Ihre Anfänge liegen sichtbar vor uns in dem Wirken der niederländischen Mystik, die ganz zu unserer deutschen gehört, weil sie aus den gleichen Voraussetzungen kommt und in ihrer Entwicklung die gleichen Stufen durchlaufen hat. Bezeichnend ist auch hier, daß die Hauptschriften in der Heimatsprache abgefaßt sind und in ihrem Charakter mehr ekstatische als spekulative Züge offenbaren (174).

In ihrem Grundzug unterscheiden sich Ruysbroecks Schriften aber wesentlich von der deutschen Frömmigkeitserneuerung. Bei ihm liegt der günstigste Ansatzpunkt für eine umrißhafte Beschreibung der neuen mystischen Erscheinungsformen. Zwar entwickelt sich Ruysbroecks Mystik genauso aus den Schriften des Pseudo-Areopagiten und der Viktoriner wie die deutsche, und sie kennt die spekulative deutsche Mystik gut. Aber sie erreicht die Tiefe und Freiheit der Spekulation eines Eckhart nicht entfernt. Das zeigt ein Blick auf die großen Themen in Ruysbroecks Werken. Der Unio-Gedanke ist ganz auf die Anhänger seiner mystischen Gemeinden abgestellt. Wenn man etwa in Teilen der „Zierde der geistlichen Hochzeit" (175) die Themen ansieht, die in der Terminologie mit der deutschen Mystik der Meister übereinstimmen, so ergibt sich auf den ersten Blick die Unterscheidung in der Zielsetzung. Bei Ruysbroeck handelt es sich um eine Wegweisung für die Gemeinschaft der Gläubigen, für die Vorbereiteten, die in befohlener Passivität auf den Anruf Gottes warten. So lauten einige dieser Themen:

Wie man zu einem gottschauenden Leben mittels dreier Punkte gelangt.

Wie sich die Menschen üben müssen, wollen sie das ewige Licht empfangen und Gott schauen.

Wie sich die ewige Geburt Gottes ohne Unterlaß erneuert in dem Adel des Geistes.

Wie unser Geist geheißen wird auszugehen in Schauen und Genießen.

Von dem ewigen Ausgehen, das wir in der Geburt des Sohnes haben.

Von einem göttlichen Begegnen, das geübt wird in der Verborgenheit des Geistes.

Auch in den anderen Schriften Ruysbroecks begegnet immer die gleiche quietistische Grundhaltung, aus der eine entsprechende Demutslehre folgt, die nicht für die diesseitige Welt bestimmt ist. Es fehlt hier trotz der oft wörtlichen Übereinstimmung der Themen die kraftvolle Tendenz zur Befreiung der Individualität (176).

Hier zeigt sich der Unterschied zwischen niederländischer und deutscher Mystik am deutlichsten. Ruysbroeck lief nie Gefahr, mit der kirchlichen Lehrmeinung in Konflikt zu geraten (177), seine Zeitkritik ist mehr allgemeine Zeitklage und bleibt immer ohne die Begründung durch spekulative Erkenntnis aus dem gegebenen Gott-Mensch-Verhältnis. Sein nimmermüdes Streben nach Vollkommenheit reißt ihn oft in eine erhöhte Schau, und so gelingen ihm geradezu dichterische Partien in seiner „Zierde der geistlichen Hochzeit". Aber auf die unio mystica gesehen, bleibt alles bei wohlgeordneter Stufung des geistlichen Exercitiums und ohne die Kraft zum Durchbruch einer persönlichen Frömmigkeitsform. Wenn Ruysbroeck kritisiert wurde (von Geert Grote) oder von Gerson, der ihn sogar zu Unrecht mit den Brüdern vom freien Geiste in Verbindung brachte, so geschah das aus einer Unkenntnis der Ziele der Mystik und besonders aus einem Mißverständnis der Bilder in der Sprache Ruysbroecks. Die Kritik Gersons hat der Wirkung Ruysbroecks nicht schaden können. Dafür sorgte das Werk seiner Schüler Florentius Radewijn und Geert Grote, deren Bruderschaftsgründungen, die der „Fraterherren" und die Windsheimer Kongregation, eine neue Erscheinungsform in der Mystik des späten Mittelalters hervorriefen.

Das mit der deutschen Mystik Gemeinsame dieser neuen Frömmigkeitsform kann man also in der Vertiefung der Kontemplation durch Schwächung der spekulativen und Stärkung der affektiven Kräfte sehen, besonders bei der Versenkung in das Leiden Christi. Das Verschiedenartige dagegen erkennt man in der Bildung von Gemeinden und Schulen, die durch eine neue praktische Lebenslehre verbunden bleiben. Liegt für die vertiefte Kontemplation der Ansatz bei Ruysbroeck, so zeigt sich die schulbildende Wirkung in den Anfängen bei Geert Grote, Radewijn und Thomas a Kempis.

Eine Bewegung wie die der sich langsam entwickelnden neuen Frömmigkeit in den Niederlanden konnte keinen besseren Führer finden als die Gestalt jenes bekannten, fein gebildeten und wissenschaftlich wohl vorbereiteten, reichen Edelmanns Gerhard Grote, der (1374) ein Leben der Fülle und des Glanzes verließ und nun selbst das neue Ideal in seinen weiteren Jahren vorlebte. Als Diakon und Bußprediger — ohne die Priesterweihe — durchzog er seine Heimat und redete in der Sprache seines Volkes zu seinen Landsleuten mit unbeschreiblichem Erfolg. Er kannte nur ein Thema: das Heil des Einzelnen in der Nachahmung des Lebens des Herren. Die mystische Volkspredigt erlebte bei dieser Eindeutigkeit der Lehre ihre Blüte. Kaum vier Jahre des Wirkens waren ihm gegönnt. In dieser Zeit hielt er allen Ständen in Stadt und Land schonungslos ihre Vergehen vor. Die Bedeutung seines Wirkens läßt sich jetzt erst voll ermessen (177). Besonders sein Kampf gegen die Gebrechen der Orden muß von Einfluß gewesen sein; denn die Simonie, die Habsucht, der Eigennutz und das Konkubinat haben wohl selten vorher einen so scharfen Gegner gefunden. Gleichzeitig stand für ihn der Kampf gegen die „Brüder vom freien Geist" im Vordergrund. So hart Grote zu strafen wagte, so teuer mußte er seinen Mut bezahlen. Der Häresie verdächtigt, traf ihn das Predigtverbot, gegen das er sich nicht wehren konnte (178). Schon 1384 raffte ihn die Pest in Deventer dahin, bevor seine Rechtfertigung ausgesprochen war. Aber sein Werk, das er klug geplant und mit seinen Anhängern und Schülern genau besprochen hatte, gelangte zur Verwirklichung. 1381 schlossen sich die Fraterherren, die Brüder vom gemeinsamen Leben, zusammen und sechs Jahre später wurde die Windsheimer Kongregation gegründet. Wie der Anteil daran auf Grote und Radewijns zu verteilen ist, steht hier nicht im Vordergrund der Betrachtung. Wichtig erscheint mir in diesem Zusammenhang die schulmäßige Verwirklichung einer Lebenslehre, die ihren Ursprung bei Ruysbroeck hat. In vielfachen Wandlungen ist ihr Einfluß für Jahrhunderte in der deutschen Geistesgeschichte wirksam geblieben.

Bei den Brüdern vom gemeinsamen Leben handelte es sich um eine Gemeinschaftsbildung mit Ordenscharakter ohne Gelübde. Die Erneuerung des religiösen Lebens im Geiste der freien Wissenschaft stand im Vordergrund, wurde aber ergänzt durch Handwerksbetriebe innerhalb der Fraterherrenhäuser und durch Schulen. In ihnen wurden Hunderte von Lehrern der neuen Frömmigkeit ausgebildet. Unter ihnen sind die Namen der späteren Meister, die den Grundzug mystischer Frömmigkeit weitergebildet haben, wie Thomas a Kempis und Nicolaus Cusanus, und die ihn später im Humanismus verwandelt haben wie Erasmus von Rotterdam und der Straßburger Humanist Johannes Sturm. Die Tendenz zur

Schulgründung blieb nicht auf Deventer beschränkt. Über die Niederlande griff sie hinaus nach Norddeutschland und erreichte in nahezu 100 Jahren fast 20 Neugründungen. „Schon 1384, im Todesjahre Grotes entstand in Zwolle ein zweites Fraterhaus mit Studentenkonvikt, es folgten 1389 die Gründung zu Amersfort, 1401 Münster i. W., 1403 Delft, 1407 Hülsbergen, 1416 Köln, 1420 Wesel, 1425 Gouda, 1426 Herzogenbusch, 1428 Lüttich, 1429 Gent, vor 1440 Osnabrück und Herford. 1450 Kulm, 1457 Groningen, 1460 Brüssel, 1462 Rostock, 1467 Emmerich, 1474 Utrecht, wahrscheinlich bald nach 1400 Hildesheim, 1514 ein zweites Haus zu Emmerich usw. Bis nach Kulm im Osten und nach Württemberg im Süden gab es einige zwanzig Fraterherrenhäuser in Deutschland" (179).

Wirkte diese Gründung mehr auf die Laienbewegung in den Niederlanden und in Deutschland, so blieb der zweiten Gründung in Grotes Stiftung durch Florentius Radewijns 1386 die Erneuerung der Orden vorbehalten. Im Augustiner Chorherrenstift Windsheim bei Zwolle kam die sittenstrenge, vergeistigte und gottnahe Klosterzucht zur Wiedererweckung. In dieser Gemeinschaft blieb die Meditation und Konzentration auf die Leidensgeschichte Christi das Hauptmoment, nicht ohne enge Verbindung mit der Verwirklichung des Vorlebens einer solchen Nachfolge Christi in der Welt. Auffallend ist die Ablehnung der reinen Spekulation im Sinne der deutschen Mystik der Meister. Weit über Taulers Ziele einer praktischen Mystik hinausgehend gibt Thomas a Kempis in dem ihm wohl zu Unrecht allein zugeschriebenen, am meisten gelesenen Buch des Mittelalters, der „Imitatio Christi", die Synthese der mystischen Erneuerungsbewegungen im Spätmittelalter (180). In dieser Schrift ist uns jene „Umbildung" der deutschen Mystik gegeben, die im wesentlichen die Grundlage der katholischen Frömmigkeit der folgenden Jahrhunderte bis zum heutigen Tage geworden ist. „In der „devotio moderna" stieg die ältere deutsche Mystik, zumal dominikanischer Prägung, aus den schwindelnden Höhen philosophischer Spekulation, und aus den verschwärmten Regionen der Ekstasen und Visionen herab auf den festen Boden gut holländischer Nüchternheit, in den bürgerlichen Alltag und wurde hausbackenes Brot für jedermann, d. h. die geistige Nahrung für alle Jahrhunderte und für alle Völker" (181).

Liest man in den Briefen dieser Erneuerer des weltlichen und geistlichen Lebens, so ist man überrascht von der Einfachheit der

Gedankengänge, von der engen Bezogenheit auf die natürlichen Seelenempfindungen des Menschen. Die Gefühlsbeteiligung der altdeutschen Mystik verbindet sich mit einer für die Vielzahl der Gläubigen erforderlichen Nüchternheit und Zucht, die vor Ekstasen und krankhaften Gefühlsübersteigerungen bewahren soll. Dies war die neue Frömmigkeit, die die Mitte hielt zwischen Kirche und Welt, die zur Besänftigung und Stärkung der vielen unruhigen und verzweifelten Herzen führen sollte. Sie sollte denen helfen, die nicht zu persönlichem Vordringen zu Gott die Kraft hatten und auch nicht in der alten Kirche allein zur Ruhe kommen konnten (182).

So mußte in der Imitatio Christi vieles verloren gehen, was die hohe Mystik erreicht hatte. Alles echt mystische Leben löst sich in der Predigt des Duldens auf, die für deutsches Empfinden in ihren Forderungen bis zur letzten Erniedrigung geht und so eigentlich den Tiefpunkt der Bewertung des Menschen in der deutschen Mystik erreicht. Entsprechend ist das Bild der unio verwandelt. Sie ist in ihrem Inhalt hohl geworden und in ihren Bildern verblaßt, hält sich ganz in den kirchlichen Bahnen und findet ihre Erfüllung letztlich im Sakrament des Altars. Die ganze persönliche Leidenschaft des Gottergreifens — wie wir es in der früheren Mystik erlebten — ist einer eintönigen Lehre von der Gottzugehörigkeit gewichen. Aus der Leidenschaft des Amor Dei in der Mystik ist ein Preis der Amicitia Dei geworden. Jede seelische Erhöhung und echte Vergeistigung ist verloren. Das „Nicht-Denken" führt zu einer Übereinfachheit der Frömmigkeit, die sich schnell im Wissen um die Gotteskindschaft beruhigt und nur die Lehren eines Predigers benötigt. Der Verzicht auf die Berührung mit der Geisteswelt wird zum neuen Ideal der „ignorantia". Hier bringt nur die Erkenntnis von der Umschichtung der Stände die Klärung des Vorgangs. Aller Geistesadel aus der Zeit des Rittertums ist untergegangen im beruhigten Dasein des Bürgertums. Die Mystik hat ihre demokratische Umprägung erhalten, sie hat an Tiefgang verloren, an Breite der Strömung gewonnen.

Zwar blieb die innere Glut, aber ihre helle Flamme brach immer seltener durch die Schicht der Volksfrömmigkeit hindurch: immer nur dann, wenn die großen Erneuerer dafür sorgten, daß die Idee nicht in Vergessenheit geriet, wenn die dem deutschen Wesen angemessene Frömmigkeitsform lebendig umgeschaffen werden mußte.

3. Johannes Veghe

Die Verbindung von der oberdeutschen Mystik zur Devotio moderna hatte sich aufdecken lassen, wenn auch das Verschiedenartige beider Bewegungen in der Zusammenfassung der Ergebnisse deutlich hervortrat. Der Hauptunterschied lag in der weniger tiefen Vergeistigung der unio mystica, sodaß der Zusammenhang zwischen Tauler und Geert Grote sichtbarer wurde als der zwischen Eckhart und Ruysbroeck, obwohl sich dort einzelne wörtliche Anklänge nachweisen lassen. Das liegt an der Ähnlichkeit der Ziele Taulers und der in der Devotio moderna enthaltenen mystischen Strömung. Beider Wirken bleibt auf die Menschen der weltlichen und geistlichen Stände gerichtet und zielt letztlich auf eine ethische Mystik, wenn auch bezeichnenderweise bei Tauler, dem Prediger der hohen Mystik, die Tendenz zur Bildung von Schulen fehlt. Eine Parallele zur Entstehung der Devotio moderna läßt sich in Norddeutschland in den Predigten Johannes Veghes feststellen, dem zuletzt Radermacher und Kunisch ausführliche Studien gewidmet haben. Kunisch kommt unter Benutzung und sehr erfolgreicher Vertiefung der Ergebnisse Radermachers zu folgendem Gesamtbild (183):

Veghe benutzt die gesamte Terminologie der oberdeutschen Mystik, besonders die Taulers. Aber nirgends kommt es bei ihm zur Auseinandersetzung mit der Grundhaltung des Mystikers, nirgends finden wir eine Stellungnahme zur unio mystica als wesentlichste innerreligiöse Voraussetzung für mystische Vision und Spekulation. Es zeigt sich vielmehr, daß Veghe die Formen und Wendungen der oberdeutschen Mystik geschickt handhabt „ohne ihren alten Inhalt zu übernehmen“ (Kunisch S. 153). Mit Recht zieht Kunisch hier die Parallele zur Entwicklung des Minnesanges.

Das mystische Problem wird (nach Kunisch) aufgelöst in ein rein ethisches vom Gegeneinander der „Sünde“ und der „Tugend“. So heißt es bei Kunisch: „daß Veghes Predigten als Ganzes genommen seelsorgerische Zwecke verfolgen und der Pflege des Tugendlebens bei seinen Hörerinnen dienen. Sein Hauptanliegen ist die Überwindung der Sünde, die das große Übel im Leben des Menschen ist“ (Kunisch S. 158). Nach Kunischs gewissenhafter Forschung fehlt das Moment der unio mystica und damit das „Kernstück der mystischen Predigt völlig“ (Kunisch S. 159). Veghe kennt auch nicht den Begriff des „Seelengrundes", bei ihm hat sich etwas Neues vollzogen, das ihn aus der mittelalterlichen Mystik herausführt: „Veghe ist ein anderer Frömmigkeitstyp, als ihn die Mystik kannte, was sich vor allem darin kundtut, daß er eine andere Ansicht vom Menschen hat, ein anderes Persönlichkeitsbewußtsein. Der Mensch wird gegenständlicher gesehen und gewertet; Veghe erlebt und wertet den Menschen in der bestimmten Situation des täglichen Tugendstrebens; als der, der kämpft, arbeitet, sich bewahrt und entscheidet. Seine Predigt ist ihm ein großes Anliegen. Aber es geht ihm nicht um Beseligung und Schau im göttlichen Lichte, sondern um einfachere, nähere Dinge. Die aber will und lehrt er mit aller Wärme und Tiefe, mit allem Ernst und Eifer eines tiefgläubigen Menschen" (Kunisch S. 161).

Mit diesen sehr geglückten Formulierungen ist ein wichtiger Wandel in der Erscheinungsform der Mystik des Mittelalters angedeutet. Wenn Kunisch allerdings hier einen direkten Gegensatz zur oberdeutschen Mystik feststellt, so halte ich das für allzu konstruktiv gesehen. Kunisch überfolgert m. E. seine Ergebnisse in dem Punkt, daß es sich bei Veghe überhaupt nicht mehr um Mystik handele, sondern lediglich um moralische Belehrung über das Verhalten im Diesseits (Kunisch S. 153). Ich teile zwar die Ansicht, daß Veghes Sorge dem Alltag mehr gilt als dem Existenzproblem des Menschen im Geistigen überhaupt und spreche Veghe auch nach meiner bisherigen Einsicht in die Texte „eine ungewöhnliche Weite des Blickes und des Herzens" zu, aber ich kann Kunisch in seiner Schlußfolgerung doch nicht zustimmen: in der unbedingten Isolierung Veghes von der Mystik überhaupt. Es hieße Veghe aus dem gesamten Entwicklungs- und Wandlungsprozeß der Mystik herauslösen und das Entwicklungsgesetz der Mystik verkennen, wenn man folgender Formulierung Kunischs uneingeschränkte Geltung zuspräche: „Der Mystiker nähert und eint sich Gott durch Aufgeben seiner selbst und aller Dinge, durch Untergang seines eigenen Seins und Bewußtseins. Für Veghe liegt die einzige Möglichkeit, zu Gott zu gelangen, darin, als sittliche Persönlichkeit vor ihm zu bestehen und sich vor ihm zu bewahren und zu bewähren" (Kunisch S. 162).

Dann müßte man diese Entwicklung der Mystik schon bei Tauler einsetzen lassen, bzw. sie dort unterbrechen und auch Taulers Wesenseigenart schon von der Mystik scheiden. Denn schon bei Tauler haben wir die Auffassung von dem „sich bewähren" im

Diesseitigen, bei ihm finden wir geradezu die Lehre für das Leben, bei der die Ermahnungen zur Ausdauer, Arbeit und Mühe im Vordergrund stehen. Bei ihm zeigt sich auch schon ein anders gesehenes und im Diesseitigen mögliches Unio-Erlebnis, das keineswegs Quietismus erfordert.

Vielleicht liegt der Wandel des Unio-Erlebnisses in der anderen Bewertung der Gotteinigung. War bei Eckhart die unio das höchste Erlebnis der in der „ecclesia spiritualis“ vereinigten Mystiker, so versuchte Tauler bereits die unio mit der 'vita activa' des Mystikers zu vereinen. Veghe ist daher wohl in zeit- und entwicklungsbedingtem Abstand zu der oberdeutschen Mystik zu verstehen, ohne daß man ganz so weit gehen muß, ihn aus der Überlieferung und Kontinuität mystischer Erscheinungsformen zu streichen. Ich würde von der im Zuge der Devotio moderna notwendigen Wandlung des mystischen Ideals sprechen, die zu der von Tauler vorbereiteten, von Veghe weiter geführten Lebenslehre im Dienste der menschlichen Gemeinschaft führt und somit von selbst viel von der Höhe des Gedankenfluges einbüßt. Ich würde Veghe nicht als Mystiker in der Reihe Eckhart, Tauler, Seuse betrachten, würde aber seine Predigten als in der mystischen Tradition stehend ansehen und als Beispiel werten für die aus der deutschen Mystik entspringende, durch die Devotio moderna verwandelte mystische Lebenslehre, deren Entwicklung auf Luther und die Reformation weist.

4. Otto von Passau

Es würde den Rahmen dieser Abhandlung sprengen, wollte man auch nur in Umrissen die Formen der vom späten 14. Jahrhundert an entstehenden mystischen Traktat- und Predigtliteratur darzustellen versuchen. Dieses Schrifttum ist auch dafür keineswegs genug bearbeitet. In unübersehbarer Fülle prägen sich immer wieder die gleichen Formen aus: lehrhafte, ja moralische Traktate und Predigtnachschriften in Prosa und Vers. In solchen Texten, deren Formung ungelenk ist und oft die Kennzeichen des völligen Anfängertums im Gebrauch der deutschen Sprache verrät, zeigt sich, wie stark sich der Wandel von der Höhe in die Breite vollzogen hat. Diese Nachfahren der Mystik verstehen den hohen Gedankenflug und das Wunder der unio nicht mehr. Belehrungen, die in Allegorien oder einfachste Vergleiche gekleidet sind, müssen jetzt für Augenblicke der Erbauung ersetzen, was sonst über große innere Entwicklungsabschnitte hinaus den einzelnen bis zur Absage an das diesseitige Leben bewegte. Die Gottesminne ist aufgelöst in das Gebet, Christusminne in Spielerei mit den Bildern von Christi Menschwerdung. Die mystische Literatur nimmt die Wendung zu Heiligenleben, Mariengedichten und katechetischen Erziehungsschriften (184). Dieses Schrifttum hat der Bewertung der deutschen Mystik am meisten geschadet. Hier setzt die Pseudomystik ein, die auch in späteren Jahrhunderten das helle Licht einer deutschen Frömmigkeitsbewegung auszulöschen droht.

Diese Entwicklung ist aus der gesamten Kulturlage des sogenannten Spätmittelalters zu verstehen. Die Bestrebungen des ausgehenden 14. und 15. Jahrhunderts sind hauptsächlich darauf gerichtet, nicht nur der Kirche, sondern auch dem Leben des Bürgertums einen neuen Inhalt zu geben, das Ideal für ein höheres Dasein, ohne das keine Zeit auszukommen vermag, nach geistigen Gesichtspunkten neu zu bestimmen.

Das wachsende Selbstbewußtsein der Bürgerkreise fordert Befriedigung der Ansprüche, die diese Schicht kraft starker Entwicklung zur Selbständigkeit auch an die geistigen Mächte stellt. Vorwiegend setzen sich ja die Insassen der Klöster, die Tertiarier, die Brüder des gemeinsamen Lebens, die Gottesfreunde aus diesen Bürgerkreisen zusammen. Durch das immer stärkere geistige Verlangen dieser neuen Schichten, der weltlichen wie der in Gemeinschaften gebundenen, tritt eine Rückwirkung auf die Geistlichkeit ein, die zu stärkerer literarischer, dem Geschmack dieser Kreise entsprechender Tätigkeit drängt. Das gesprochene Wort, die Predigt und die Belehrung reichen nicht mehr aus. Die Verwendung des Papiers ermöglicht jetzt auch weniger bemittelten Kreisen den Besitz einer literarischen Sammlung. Billigere Herstellung von Handschriften und einzelnen Büchern lassen die Zahl derartiger Quellen mächtig anschwellen. Dazu kommt das unablässige Ringen um Frömmigkeitsformen, welche die Kirche Roms durch ihre Institutionen nicht zu befriedigen vermochte. Gegenüber früheren Jahrhunderten, in denen ähnliche Konflikte entstanden, vermag jetzt die Macht der Kirche nicht mehr das ungehemmte Fragen zweifelnder Herzen zu beseitigen. Im 15. Jahrhundert erreicht der Niedergang der Kirche seinen tiefsten Punkt, alle Reformen versagen, und eine wirkliche innere Erneuerung durchzuführen, hat die Kirche in ihren deutschen Vertretern nicht immer die Kraft.

So greift der einzelne Prediger zu der ihm bleibenden letzten Möglichkeit, in richtunggebenden Erbauungsbüchern die kirchlichen Lehren aufzuzeichnen, die den Frömmigkeitsformen der Laienbewegung entgegen kamen.

Von vielen kleinen Traktaten, Betrachtungen, deren Verfasser wir nicht kennen, abgesehen, sind es vor allem eine Reihe größerer, erbaulicher Werke in deutscher Sprache, die diesen Zwecken dienen und die in zahllosen Abschriften vervielfältigt, das Verlangen der breiteren Volkskreise nach dieser Lektüre deutlich zum Ausdruck bringen. Heinrich von Nördlingen, Marquart von Lindau, Heinrich von St. Gallen, Johannes Nider, Veghe, Otto von Passau sind nur einige Namen dieser Reihe. Nach den großen Meistern Eckhart, Tauler und Seuse gelten sie als die eigentlichen Verbreiter, nicht etwa nur als Nachbeter der Mystik. Es sind Männer mit ehrlichem Sinn, denen aber nicht die innere Kraft gegeben war, die überlieferten Gedanken im Sinne einer mystischen Spekulation fortzubilden. Ihnen war vielmehr die Aufgabe zugefallen, die philosophisch-spekulativ bereits ausgebildeten Ideen einer größeren, im Denken noch wenig erzogenen Menge zugänglich zu machen. Gerade deswegen ist ihre Wirkung eine umso breitere. Gelegentlich verstehen die Nachfahren der Meister diese selbst nicht mehr und dann sinkt das letzte große Gut, das das Mittelalter in geistiger Hinsicht gerade in der Mystik hervorgebracht hatte, zur moralisierenden Belehrungsliteratur herab und dient damit der religiösen Beruhigung der im Denken noch ungeübten Menge.

Ein solcher, an den Werken der Meister gemessen, im Wert tief gesunkener mystischer Ideengehalt, der uns in den Schriften einzelner Nachfahren der Mystik entgegentritt, mag dazu beigetragen haben, daß man sich in der Forschung bisher mit der allgemeinen Erkenntnis dieser Entwicklung begnügte. Mit Unrecht, denn die Zahl dieser im Niveau völlig gesunkenen Mystiker ist sehr gering; und soziologisch gesehen bietet sich eine Fülle von Problemen. Wenigstens an einem Beispiel möchte ich die Verbreitung und Verflachung mystischen Gedankengutes im Beginn des 15. Jahrhunderts berühren, da sich für die Zeit von 1400—1430 ein wissenschaftlich gesichertes Bild zeichnen läßt:

Am Beispiel Ottos von Passau soll für die Ausbreitung der deutschen Mystik im Anfang des 15. Jahrhunderts eine Parallele zu der Ausbreitung der niederländischen Mystik gezogen werden.

Dabei ist der Unterschied festzuhalten, daß es sich in den Niederlanden um den Aufbruch einer neuen Frömmigkeitsbewegung handelt, die gefördert wird durch die vielen Schulbildungen der Fraterherren und der Windesheimer Kongregation, während das Beispiel des Otto von Passau nur die Ausbreitung eines Buches und eines Kultes wiedergibt. Die Maßstäbe sind daher verschieden. Das Tertium comparationis soll lediglich die Frage der Ausbreitung mystischer Erbauungsliteratur im Spätmittelalter sein. Wir erhalten von diesem einen Werk her Aufschlüsse, die das Mystikproblem des späten Mittelalters besonders nach der Seite der Wirkung auf die Leserschaft hin bereichert.

In der von Roethe angeregten Arbeit von Wieland Schmidt (185) über die Erbauungsschrift Ottos von Passau, „Die 24 Alten", wird gezeigt, daß ein bereits vor dem Entstehen des Buches nachweisbarer religiöser Kult der 24 Alten von der Mitte des 14. bis zum Ende des 16. Jahrhunderts gedauert hat und sich von Kärnten, Steiermark, Böhmen bis Westfalen und an den Niederrhein erstreckte (186): hier lag die Gefahr wieder nahe, über die Grenzen der Kirche hinauszugehen und zu einer persönlichen unmittelbaren Verbindung mit Gott zu kommen. Die Verehrung der 24 Alten im Kreis Judenburg (Steiermark) hat dazu geführt, daß die Wiener theologische Fakultät von ihrem Recht Gebrauch machte, bei auftretenden und nachweisbaren Fällen von Irrlehre und Häresie eine Entscheidung zu treffen. Am 17. Oktober 1419 ist von ihr in der Sache der Verehrung der 24 Alten durch Nicolaus von Dinkelsbühl ein Dekret erlassen worden, aus dem wir die Art des Kultes rekonstruieren können. W. Schmidt schildert den Kult nach den Hauptpunkten des Dekretes, soweit sie die Verehrungszeremonie angehen, folgendermassen (der Wortlaut sei hier als Beispiel für die Möglichkeit eines aus der Mystik erwachsenen Kultes wiedergegeben): „Man glaubte, daß Gott sich an den ersten Donnerstagen jedes Vierteljahres mit den 24 Ältesten beriete und zum ersten Male festsetzte, was in dem künftigen Quartal geschehen, welche Menschen sterben, oder leben, was ihnen Gutes oder Schlechtes zustoßen sollte. Durch diese überragende Bedeutung der 24 Ältesten für die Schicksalsbestimmung der Menschen entstand die Vorstellung eines gesonderten Standes, der über die anderen Heiligen erhaben sei und eine von den übrigen Heiligen der Apostel, Märtyrer, Propheten usw. unterschiedene Ordnung bilde. Der Kult der 24 Ältesten blühte infolgedessen an den ersten Quartalsdonnerstagen besonders. Es wurden ihnen besondere Messen mit besonderen Zeremonien und Gebeten gelesen; sie wurden in Bildern abgebildet und durch erfundene Namen verehrt; man weihte ihnen zu einem bestimmten Zeitpunkt, in bestimmter Anzahl und auf bestimmte Art angezündete Kerzen und dergleichen mehr. Die ausführlichen Gründe, die die Wiener theologische Fakultät zur Ablehnung dieser Hyperdulie der 24 Ältesten veranlaßte, können in dem Dekret selbst nachgelesen werden" (S. 9/10). Tatsächlich ist anzunehmen, daß diesen 24 Alten eine höhere Kraft zugesprochen wurde, zumal es in dem Dekret heißt, daß „sub quibus posset aliquid ad cultum daemonum pertinens aut aliud illicitum latere" (S. 10). Auch wird im Dekret von einer „adoratio in sanctis fictis" gesprochen, also von Gebeten, die eine Hilfeleistung erflehen. Ebenso wird verboten „ut non pingantur certis imaginibus".

Otto von Passau nun „übernimmt die durch den Kult bekannte Heiligengruppe der 24 Alten in sein Werk, um durch die Belehrungen der 24 Ältesten, deren Stellung Gott gegenüber unter allen Heiligen dominierend war, der minnenden Seele einen sicheren Weg zum ewigen Leben zu weisen. Durch die Einteilung in 24 Reden hat er ein bequemes Mittel zur Ordnung des Stoffes; zugleich war der Titel des Werkes zugkräftig, mußte auf breite Massen wirken und ganz bestimmte Vorstellungen erwecken" (S. 24). Das Ganze ist eine Klitterung von Sentenzen, für die der gut belesene Verfasser wenig charakteristische Verbindungen durch einen gelehrten Zwischentext bietet. Es will eine Anweisung zum rechten christlichen Leben geben, wobei immer eine Parallele zum mystischen Weg der Bereitung sichtbar bleiben soll. So wird die Frage behandelt, ob das werktätige Leben oder die Kontemplation vorzuziehen sei, wobei dann als Ergebnis die Lehre vom Nebeneinander beider Möglichkeiten aufgestellt wird. Wirken und Schauen bleiben die Postulate, die nun durch Weisheiten aus den Kirchenvätern und der Bibel belegt werden.

Erstaunlich bleibt hier die Quellenkenntnis des Werkes, die ihrerseits wichtige Schlüsse ermöglicht. So ist auffälligerweise kein Zitat aus Predigten der Meister der Mystik belegt. Weder Eckhart, noch Tauler oder Seuse werden genannt. Man hat dafür als Grund angegeben, daß die Schriften dieser Meister als bekannt vorausgesetzt wurden (Wackernagel 1858, Strauch 1887), während W. Schmidt selbst sagt, daß der Abstand an Jahren zwischen dem

Werk Ottos von Passau und den Meistern nicht groß genug gewesen sei. Ich glaube vielmehr, daß wir das Fehlen der Berufung auf die Mystik der Meister darauf zurückführen müssen, daß jede Beziehung auf nichtkanonische Literatur ausgeschaltet werden sollte. Anders ist es nicht zu verstehen, daß ein Werk mystischer Grundstruktur darauf verzichtete, die Meister zu zitieren. Es sollte jeder Verdacht des Zusammenhangs mit häretischen Vorstellungen vermieden werden, weil sonst der Zweck dieses Werks verfehlt gewesen wäre. Wenn der „ins Wanken geratene Autoritätsglaube gefestigt werden sollte, indem man statt des persönlichen Vermittlers (des Predigers) die gemeingültigere Bekanntmachung mit den Quellen durch die Schrift eintreten ließ" (S. 30), dann durften Eckhart, Tauler und Seuse nicht genannt werden. Sobald diese Voraussetzung erfüllt war, war die Unterstützung des Werkes durch die Kirche möglich, die dann auch erfolgt ist.

Ich glaube, daß darauf auch die ungewöhnliche Verbreitung der Schrift zurückzuführen ist. Wir haben es der Arbeit Schmidts zu verdanken, daß wir die Handschriften und Druckausgaben der „24 Alten" des Otto von Passau mit möglichster Vollständigkeit nachweisen können. Wir erfahren, daß von diesem Erbauungswerk im ganzen 100 Handschriften allein erhalten sind, zu denen noch 13 Handschriften hinzukommen, deren Aufbewahrungsorte bisher unbekannt oder die überhaupt nicht mehr erhalten sind, und die wir nur aus Katalogen kennen. Außerdem gibt es mehrere Drucke dieses Werkes, und zwar 6 deutsche und 2 niederländische Inkunabeln, und in der Zeit vom 16.—19. Jahrhundert 6 weitere Drucke. Überdies wurden 9 Wiegendrucke eingefälscht, die niemals wirklich erschienen sind. Bei dieser Aufzählung sind noch nicht die in Zahlen kaum festzustellenden Teildrucke genannt, die nicht selbständig erschienen, sondern in Anthologien und Sammelwerke aufgenommen wurden. Man kann aus diesen hier nur als Beispiel für die Verbreitung mystischer Erbauungsliteratur angeführten Zahlen ersehen, in welcher Auflage Handschriften hergestellt wurden und wie das Interesse an diesen Aufzeichnungen sich über die Jahrhunderte hin erhalten hat.

Wenn wir auch nicht annehmen können, daß das Werk Ottos von Passau aus dem Kult hervorgegangen ist (vgl. Schmidt S. 24), so zeigt sich uns hier doch einmal die Kontinuität der Wirkung eines Werkes aus mystischen Kreisen bis über das Reformationszeitalter hinaus. Erst im 17. Jahrhundert (1607) hört die Wirkung dieses Werkes auf, in einem Zeitpunkt, in dem Wirkungen auf die Konventikel-Kreise des Barockzeitalters sehr wahrscheinlich sind, wenn auch der Nachweis wegen der fehlenden Bearbeitung des Nachlasses von Daniel Sudermann noch nicht erfolgen konnte (187).

VI. Kapitel

Die Übernahme mittelalterlicher Mystik im Zeitalter des Humanismus und der Reformation

1. Die Wandlung der Mystik in der Philosophie des Nicolaus Cusanus

Aus der nicht zu übersehenden Literatur des spätmittelalterlichen mystischen Schrifttums ragt eine Gestalt heraus, die alles an Größe der Wirkung und Selbständigkeit der Gedanken überschattet: Nicolaus Cusanus. Man muß ihn innerhalb der Entwicklung der mystischen Spekulation sehen und gleichzeitig am Anfang des deutschen Humanismus. Ihn nur zum Mystiker stempeln zu wollen, hieße seine geschichtliche Stellung verändern und die Ausdrucksstärke seines literarischen Porträts verwischen. Ein Jahrhundert nach Eckharts Tod, also um 1420—30, war das mystische Schrifttum bereits aus der Höhe einer deutschen Philosophie in die Niederung der moralischen Belehrung und Erbauung zurückgefallen. Schon Bücher wie die „Imitatio Christi" und die „Theologia Deutsch" zeigen das nachdrücklich. Wenn jetzt eine große Persönlichkeit als Philosoph Rückschau hielt, und sich ihres Ursprungs bewußt wurde, mußten sich erneut Züge Eckhartischen Geistes ausprägen. Es mußte sich aber auch wegen der Verflachung der mystischen Entwicklung etwas anderes, seinem Denken gemäßes, weit Vorgreifendes in seinem Welt- und Gottesbild entwickeln, wenn es von innerer Kraft war. Solche Wandlung des Weltbildes spiegelt sich bei Nicolaus Cusanus.

Joseph Koch verdanken wir die meisterhafte Darlegung des Überlieferungsweges Eckhartischer Mystik bis zu Cusanus in seiner Ausgabe der „Vier Predigten im Geiste Meister Eckharts" (188). Von besonderer Bedeutung ist in dieser Untersuchung die Schilderung des Einflusses von Eckhart auf Nicolaus Cusanus. Wir erfahren daraus, daß der Cusaner in seiner „Apologia Doctae Ignorantiae", also vor 1439, schon die große Rechtfertigungsschrift Eckharts kennt, die Eckhart nach der Bannung seiner Person und seiner Schriften durch den Papst vor mehr als 100 Jahren verfaßt hatte (189). Wir wissen auch, daß auf die Predigten des Cusanus hauptsächlich Eckharts „Sermones" und sein Johanneskommentar Einfluß ausgeübt haben. Die ersten Predigten, welche Eckharts Johanneskommentar unter ausdrücklicher Nennung des Verfassers verwerten, stammen aus der Zeit um 1453—54. An einigen Stellen nimmt Nicolaus von Cues auch zugunsten Eckharts und später zur kirchlichen Verurteilung einzelner Sätze desselben kritisch Stellung.

In der Rezeption Eckharts beweist Nicolaus Cusanus seine Verbindung zur mittelalterlichen Welt, obwohl wir an vielen Stellen seiner Schriften den Eindruck haben, daß alles in ihm nach einer neuen Sicht strebt. Wir erkennen deutlich, wie die Kontinuität des mystischen Problems ihn nach rückwärts mit dem Mittelalter und nach vorwärts mit der Neuzeit verbindet. Gumbels Wort trifft zu, daß sich in ihm Vergangenheit und Gegenwart kreuzen (190). Man wird fast alle Bestandteile der Theologie, so weit sie vor seiner Zeit bereits formuliert waren, in seinem Werk nachweisen können. Er fing in sich und seinem Denksystem gleichmäßig Gedanken aus der Welt des Humanismus, der Mystik und der Theologie auf. Und doch gestaltete er daraus ein Neues und Eigenes. Es darf auch nicht vergessen werden, daß sich in diesem deutschen Denker eine Entwicklung vollzog, die ihn zu manchen Rückzügen und Abänderungen früherer Gedanken führte. Sein Bild als Philosoph aber bleibt noch zu erarbeiten. Heute fällt es bei den verschiedenen Forschern uneinheitlich aus, was wohl darauf zurückzuführen ist, daß man von so vielen verschiedenen Seiten und von so vielerlei Problemstellungen her an ihn herangehen kann. Man hat dem Cusaner auch Gesinnungswandel vorgeworfen, nachdem er, der Anhänger der Reformkonzilien, zum Parteigänger des Papstes geworden war. Dieser Entschluß ist nicht die einzige Stelle, an der man den Kampf im Innern dieses Mannes beobachten kann, in dem er sein eigenes Ich niederringt und sich zu einem Gehorsam zwingt, dem seine eigenen Freiheitsgedanken zutiefst widersprechen. Wir verdanken es den Forschungen Stadelmanns (191) und anderer, daß wir solche Züge bereits im Cusaner aufspüren können, und wir müssen uns immer wieder an die historische Situation erinnern, um seiner Persönlichkeit gerecht werden zu können. Nicolaus Cusanus wurzelt in der Kirche, aus der er gekommen war, und der er als Kardinal angehörte. So muß er auch trotz aller Reformideen als Kirchenfürst verstanden werden. Dadurch wird keineswegs die Kraft überdeckt, die wir in seinen neuen Lehren spüren. Wohl versteht er unter der „docta ignorantia" auch eine mystische Gottschau, doch nicht in einer passiven Bescheidung menschlichen Erkenntnisvermögens, sondern aus dem bewußten Willen, dem dem deutschen Menschen angeborenen unersättlichen Suchen keine Grenzen setzen zu wollen. Dies war wohl letztlich der Grund, weswegen er schließlich in seinem Vaterland unbegriffen blieb und geradezu fälschlich als Ketzer verschrieen wurde (192). In seiner Zwischenstellung als Mittler also, nicht nur der Mystik, ist sein Einfluß gewaltig gewesen.

Wenn in der Mystik des Mittelalters das Problem der Gotteinigung im Vordergrund stand und darunter das Eingehen des Menschen in seinen Ursprung verstanden wurde, so war dabei die Erkenntniskraft der Vernunft noch nicht in vollem Maße einbezogen. Nur Eckhart hatte hier die ersten Konsequenzen gezogen. Es blieb die große Aufgabe des Cusanus, zu vollenden, was Eckhart begann. Dabei stand er vor einem weit schwierigeren Problem. Die Gegensätzlichkeit der Bewertung des Denkens war vor allem zu überwinden. Es mußten die beiden Wege zur Gotteinigung — durch Gefühl oder durch Vernunft — miteinander verbunden werden, denn keiner dieser Wege konnte mehr durch ein einseitiges Urteil verdammt oder geheiligt werden. Auch war der Tod als Tor zur Gotteinigung dem Mittelalter in dem befreienden mystischen Sinne noch nicht zu einem so festen Begriff geworden wie später dem Barockzeitalter, in dem die unio mystica als Lösung des Todesproblems auftaucht. Der Cusaner steht vor der gewaltigen Aufgabe, dem Glauben und dem Wissen, der Mystik und der Philosophie, der Kirche wie der Welt, dem einzelnen und Gott gerecht zu werden, und so spiegeln sich in seinem Werke immer die gleichen Probleme, die ebenso der Mystik wie der Philosophie angehören. Der Gedanke des „Unendlichen" wird Grundzug aller Schriften des Cusanus, aber nebenher läuft wie sein Schattenbild das nie zu verbergende Wissen um die Unzulänglichkeit aller Erkenntnis. So hoch die Forderung des Erkennens an sich bei ihm steht, so fehlt doch nirgends ihre Begrenzung durch das Geständnis des Nichtwissens. Wissen und Glauben verbinden sich in diesen Grundzügen seines Denkens. Es kommt bei ihm zu einer Koinzidenz aller Erkenntniskräfte des Menschen. Die Verbindung bildet der große Gedanke des Unendlichen, der nun in vollem Sinn auf

Gott, Kosmos, Leben und Individualität, Glauben und Erkennen angewandt wird.

Zwei Erlebnisse stehen bei Eckhart verbindungslos nebeneinander: „die tägliche Erfahrung des Wirklichen, in dem wir stehen und wirken, mit Vielheit, Mannigfaltigkeit und Gegensatz — und die so seltene, nie dauernd festzuhaltende Erleuchtung des Gottsuchenden, mit der er eingeht in die Einheit, für die kein Gegensatz mehr gilt. Alle Vermögen der Seele, ihre „Kräfte", sind nicht imstande, über die scheinhafte Spaltung sie hinauszuführen; sie bleiben wesenhaft gebannt ins Unzulängliche..... So scheint dem Denken auch das Todesurteil gesprochen: wenn alle Wissenschaft nach ihrem Wesen nur das Scheinhaft-Zerspaltete ergreift, nicht anders schließlich als die Sinneswahrnehmung und tägliche Erfahrung, wenn selbst Philosophie, Erkenntnis der Vernunft aus letzten Gründen der Dualität verhaftet bleibt und niemals etwas spüren kann von wahrer Einheit — dann hat wohl alles Forschen keinen Wert; Begriff und Wort, Begründung und Beweis sind nichtig, haben zu verstummen, um Platz zu machen nur der mystischen Ekstase" (193). Das wußte bereits Meister Eckhart, daß ein Bleiben in der Schau um der darin erreichten Vereinigung willen nicht möglich ist, da dadurch der Bestand der Welt gefährdet und niemals der Wille des Schöpfers erfüllt würde.

Aus dem Wissen um die Gottnähe entspringt bei Eckhart das Wissen um die Verpflichtung dem Nächsten gegenüber: „Schauendes und wirkendes Leben fordern einander, sie sind im Grunde eins, sie sind zusammen das Leben, das voll erfüllte Leben des Gerechten, der fest auf dieser Erde steht, der hier sich umsieht und durch dessen tätigen Dienst an der und in der Gemeinschaft alle Kreatur heimgebracht wird in den göttlichen Urgrund, aus dem sie ausgeflossen" (194). Aber nicht nur aus der Verpflichtung dem Mitmenschen gegenüber, sondern auch aus der notwendigen Verpflichtung zur Selbsterfüllung entsteht nach Quints Auffassung bei Meister Eckhart die Aktivität im Diesseitigen. Aus der Erfüllung des innersten und wahrsten Wesens des Menschen folgt die Mahnung an jeden einzelnen: „Steig auf dem Wege der Abgeschiedenheit und der Gelassenheit hinab in die Tiefen deines Seinsgrundes, indem du die sterilen Hüllen und Schalen deines kleinen Ich durchbrichst. Dort unten aber in deinem Seelengrunde wohnt das Göttliche, liegt des Gottes eigene Kraft. In der Einigung mit dieser Gotteskraft aber erfährst du die mächtigen Antriebe zu wesentlichem Wirken, wirst du zum Schöpfer, der mit dem ewigen Gott die unbegreiflich hohen Werke wirkt" (194).

Ebenso wie sich bei Eckhart der moderne Erkenntnisbegriff vorahnen läßt, so der Durchbruch zum Individualitätsbegriff, der mit dem Gedanken der möglichen Verschiebung des Seelenmittelpunktes zum Allmittelpunkt und des Zusammenfalls der menschlichen Sphäre mit der göttlichen gegeben ist. Allerdings ist dieser Individualitätsbegriff für Eckhart im mittelalterlich universalistischen Sinn des Begriffsrealismus zu sehen, und die Vorstellung der unio ist bezeichnenderweise die des Aufgehens des Individuums in Gott. Eckhart gebraucht dafür das Bild der ins Unendliche wachsenden Wellenringe, die von jedem Punkt kraft seines Ursprungs und der ihm eingeborenen Unendlichkeit seiner Strebekraft ausgehen können, bis seine Sphäre in die Gottes eingeht (194a).

Während also Meister Eckhart um den ganzen Menschen wirbt, versucht der Cusaner, das Problem des Dualismus vom Erkenntnistheoretischen her zu lösen. Er kommt dabei zu der Einsicht, „daß das Endliche, daß die ratio zwar bedingt und begrenzt seien und geschieden vom Absoluten, daß sie aber über sich hinausweisen und das Unendliche sogar als Prinzip in sich tragen" (195). Von der Kraft des Unendlichen her gelangt der Cusaner zu seiner großartigen Lehre von der coincidentia oppositorum. An den mathematischen Vorstellungen von Kreis und Polygon gewinnt er die Symbolwerte für das gesamte Seinsproblem. So folgert er: „Kreis und Vieleck sind Gegensätze und doch treten sie in eine Beziehung und werden sie unter dem Gesichtspunkt des Unendlichen zu einer Einheit: die unendlich große Vervielfältigung des einbeschriebenen Vielecks gibt die Formel für den Kreis, im Unendlichen geht er als etwas ganz anderes aus dem Vieleck hervor" (195). Der Beweis ist erbracht für das Zusammenfallen der Gegensätze unter dem Gesichtspunkt des Unendlichen. Wendet man nun die Ergebnisse der mathematischen Vorstellungsweise auf die religiösen Probleme an, so kann man unter Ausnutzung der alten Vorstellung vom Punkt im Kreis sagen, daß Gott der Kreis ist, dem das Universum (= Erscheinungswelt) in all seinen Möglichkeiten einbeschrieben ist. Da der Mensch umfangen ist von diesem Universum, steht er in Beziehung zu Gott, wenn der Maßstab des Unendlichen angelegt wird. Gott ist die Einheit aller Gegensätze, in der sich göttlicher und menschlicher Geist verbindet. Somit ist der Satz von der coincidentia oppositorum auch im Sinne der Mystik zu verstehen: „Maximum absolute cum sit omne id, quod esse potest, est penitus in actu. Et sicut non potest maius esse, eadem ratione nec minus, cum sit omne id, quod esse potest. Minimum autem est, quo minus esse non potest. Et quoniam maximus est huiuscemodi, manifestum est minimum maximo coincidere" (196). Die rechte Übersetzung kann also nur lauten: „Gott, das absolut Größte, ist alles das, was sein kann und daher ganz und gar wirklich. Wie es demnach im Vergleich zu ihm ein Größeres nicht geben kann (d. h. weil er das Größte ist), so kann es auch kein Kleineres geben als er, beides aus demselben Grunde, weil er eben alles ist, was sein kann; das aber, in Vergleich zu dem es ein Kleineres nicht geben kann, nenne ich das Kleinste. Da aber das Größte derart ist, fällt offenbar das Größte mit dem Kleinsten zusammen". In kürzerer Form bringt der Kardinal einmal den Beweis so: „Da dem absolut Größten nichts gegenübersteht, fällt mit ihm zugleich das Kleinste zusammen" (197).

Bezeichnenderweise erfolgt hier gegenüber Eckhart der Vorstoß zum Individualitätsbegriff im modernen Sinn. Der Cusaner verbindet den Satz, daß der Punkt (= Mensch) Ansatz zu allen Entwicklungen ist, bis zur unendlichen Kugel hinauf, mit dem Satz von der Annäherung des unendlich-eckigen Polygons an die Peripherie des Kreises. Das unendlich-eckige Polygon erscheint als Symbol für die in die göttliche Unendlichkeit einbeschriebene individuelle Mannigfalt. Universum und Individuum (in seiner Eigenart) sind so Bestätigung und Krönung der göttlichen Unendlichkeit. „In all dem Vielen der Welt wird immer wieder das Ganze, das Eine sichtbar. Alle Einzeldinge, die Welt selbst einbegriffen, sind ein Symbol des Ganzen, spiegeln es, „repräsentieren" es, weil sie teilhaben an ihm. Je stärker und je klarer die Spiegelung ist, umso näher steht der einzelne dem Absoluten. Kein Einzelnes verliert seine Selbständigkeit dabei, nur die Vollkommenheit seines Seins wird qualitativ bestimmt durch die Dichtigkeit der Teilnahme am Ganzen" (198). Man darf aber auf Grund dieser klaren Schlüsse im Cusaner nicht nur den Logiker oder den reinen Rationalisten sehen. Keiner hat wie er die Grenzen des Erkennens so stetig gewahrt. Das offenbart am besten seine These vom gelehrten Nichtwissen.

Der Cusaner führt das Denken von dem reinen Verstandeswissen (ratio) zum Vernunftwissen (intellectus). „Denn zwischen diesem Verstande und dem Unsagbaren der Gotteinigung wirkt noch eine Kraft des Geistes, und die vermittelt zwischen ihnen, bringt es dazu, daß auch die Mannigfaltigkeitserkenntnis Sinn und Wert für alles letzte Suchen nach dem einen Sein, nach Gott erhält! Die Vernunft (bei Nicolaus Cusanus: intellectus) nämlich weiß darum, daß jedes Einzelwissen ein Nichtwissen ist" (199). Beim Cusaner wird das Leben in seiner Gesetzlichkeit nicht übersprungen. Sein Weg des Wissens führt durch die Welterkenntnis und über die Achtung ihrer Lebensgesetze zur Gotterkenntnis. Der Gegensatz von Gott und Welt, der in der Mystik in der unio allein zur Auflösung kam, wird beim Cusaner im Wissen vom Nicht-Wissen-Können und im Zusammenfall aller Gegensätze in Gott überwunden. Heimsoeth sagt darüber sehr treffend: „So dient am Ende alle Arbeit der Wissenschaft und der Philosophie wirklich dem höchsten Ziel. Naturerkenntnis ist kein Sich-Hängen an Zersplitterndes, das von dem wahren Ziel der Seele nur abzöge; Spekulation ist immer mehr als Sich-Bewegen im Nur-Endlichen und Ungeeinten! In aller Welterkenntnis (wird sie nur recht geleitet durch Vernunft und recht verstanden) liegt der Weg zu Gott" (200). Niemals vorher ist ein solches Bekenntnis zum menschlichen Geist abgelegt worden. Der Geist des Menschen zwingt alles, kann überall vordringen, bis zur Erkenntnis der unendlichen Größe Gottes, aber auch bis zum Wissen vom Nicht-Wissen-Können des Menschen. Denn das Vordringen des menschlichen Geistes ist nur dann gerechtfertigt, wenn er im Wissen seines begrenzten Erkenntnisvermögens Gott gegenüber dessen unendliche Größe anerkennt.

So erscheint das Weltbild des Cusaners gerade unter dem Gesichtspunkt der in ihm enthaltenen Unendlichkeitsvorstellungen als eine Synthese, in der Vernunft und Gefühl, Wissen und Glauben, Erfahrung und Idee, Welt und Kirche, Mensch und Gott in ihrer Gegensätzlichkeit zum Ausgleich kommen, und in der überdies der Individualitätsbegriff seine erste moderne Lösung findet. Ihm gelingt diese Synthese unter der neu erkannten Aufgabe für den Menschen, die er in der Ausbildung einer vollkommenen „humanitas" sieht. In diesem Begriff münden Mystisches und Humanistisches, von hier aus wird die geschichtliche Stellung des Cusaners auf der Wende vom Mittelalter zur Neuzeit sichtbar. Seine Philosophie bestätigt und nimmt das auf, was sich schon bei Eckhart ergab, und in dieser Entwicklung der deutschen Mystik erkennen wir jetzt die Brücke, die von Eckhart zu Luther führt. Von nun an ist es „des deutschen Mystikers sicheres Wissen, daß alles Sein dieser Welt getragen ist von und aufgehoben im unendlichen göttlichen Urgrund. Es ist die innerste Gewißheit von der Immanenz Gottes in der Welt und der Welt in Gott" (201).

Bei aller Steigerung seines menschlichen Erkenntniswillens kehrt also der Cusaner doch zum mystischen Erlebnis der Demut vor Gottes Größe zurück. Er hat die Gewißheit von der Unzulänglichkeit unseres Wissens vor der Erhabenheit Gottes, ohne damit das Suchen nach den Gesetzen der Natur durch die Kraft des Verstandes zu unterbinden. So können bei ihm nebeneinander bestehen der Glaube an Gott und das Wissen von den Lebensgesetzen der Natur und des Menschen. Welt und Mensch bleiben in ihrer Sphäre erhalten im Raum der Unendlichkeit Gottes. Aus dieser Synthese von der Größe Gottes und der Begrenztheit des menschlichen Wissens wird das mystische Ziel seiner Lehre deutlich, das letztlich in der Vereinigung mit Gott beruht.

Der Weg führt auch beim Cusaner über drei Dinge (vgl. Lenz, S. 86): 1. Äußere und innere Ruhe, 2. Betrachtung des Irdischen, 3. Bereitsein für die Offenbarungen Gottes im Menschen. Diesem Weg liegt noch der des heiligen Bernhard zugrunde, der in der Reinigung, Erleuchtung und Einigung besteht, und dem die drei Grade der Gotteserkenntnis entsprechen, 1. die vernünftige Erkenntnis, 2. die mystische Gotteserkenntnis, 3. die glaubensmäßige Gottschau. Diese letzte Gottschau vermögen die Menschen nicht zu ertragen, sie wird ihnen erst im jenseitigen Reich geschenkt. Hierüber hat der Cusaner in seiner Schrift „De filiatione Dei" gehandelt, in der er den Glauben als die Kraft des Aufstiegs bis zu dieser letzten Vereinigung ansieht. Das Vollendetste darüber steht in seiner Schrift „De Beryllo", die mit dem klaren Bekenntnis zum Glauben im Erkennen endet: „Wissenschaft ist ganz kurz, und es wäre am besten, sie ohne jede Niederschrift persönlich zu vermitteln, wenn Leute da wären, die danach verlangen und dafür veranlagt sind. Jene nun hält Platon für geeignet, die mit solcher Begierde nach der Weisheit verlangen, daß sie lieber sterben als Erkenntnis entbehren wollen; dazu die Menschen, die auf leibliche Ausschweifungen und Vergnügungen verzichten können und natürliche geistige Veranlagung haben. Ich stimme dem allen bei und füge hinzu, daß man außerdem gläubig sein muß und Gott ergeben, und von ihm durch häufige und inständige Bitten Erleuchtung erflehen soll. Er gibt nämlich denen Weisheit, die in festem Glauben soviel davon anstreben, als ihnen zum Heil nötig ist" (202).

Durch den Einfluß der Mystik Eckharts und des Cusaners ist der Sieg des reinen Rationalismus in der deutschen Philosophie verhindert worden. Bei beiden bereiten sich die Kräfte vor, die später gegen Descartes von deutscher Seite mobilisiert werden. Bei allem Suchen nach Erkenntnis stand doch bei beiden „der ganze Mensch" im Vordergrund alles Fragens. Wenn Franz Böhm (203) sagt: „Nicht die Erkenntnis bestimmt den Menschen, sondern umgekehrt: erst der ganze Mensch macht die wahre Erkenntnis", so streift er damit unausgesprochen auch den Grund zur Kontinuität der Mystik in der deutschen Geistesgeschichte. Die Mystik berührt beim Cusaner besonders und von hier ab immer wieder das Gebiet der deutschen Philosophie. Sie ist wie „die deutsche Philosophie immer am Anfang, in der Ungeschiedenheit und Umgriffenheit der Ursprünge — das ist ihr eigentliches „Gebiet", und die Wahrung und Verteidigung dieser Ursprünge im Erkennen und Leben ist ihre bleibende Aufgabe." Die Mystik hätte ihre eigene Kraft mehr und mehr verlieren können in dem Wissenwollen dessen, was Gott vor dem Blick des einzelnen verhüllt. Aber sie gewann durch die Philosophie des Cusanus die für ihre Zeit notwendige Ergänzung und Wirkungskraft über den Humanismus auf das weitere deutsche Geistesleben aus dem Wissen um die Grenzen des Erkennens. Das Volkslied sang Eckhart den Ruhm nach, „dem got nie nicht verbarc". Des Cusanus höchster Ruhm wurde es, das Nichtwissenkönnen zu heiligen. Eckhart wurde einst das Wissen von der Möglichkeit der unio von Mensch und Gott in der spirituellen Vereinigungsvorstellung, im Wunder der Gottgeburt der Seele geschenkt, die bei ihm die Krönung der mystischen Spekulation darstellt; dem Cusaner löste sich in der Erkenntnis der alles überragenden Größe Gottes der Widerspruch der Welt auf.

Die Philosophie des Nicolaus von Cues ist also nicht allein durch die Eckharts zu erklären, wenn sich auch erst in der Auseinandersetzung mit Eckhart ihre Eigengesetzlichkeit zeigt. Es konnte ihm nicht das gleiche Ziel vorschweben wie dem Meister der Mystik, wenn er auch nahezu das gleiche Urteil seiner Gegner hinnehmen mußte, daß er „praktisch immer ein guter Katholik" gewesen sei, daß aber seine theoretischen Spekulationen für die Kirche gefährlich geworden seien (204). Er mußte der Mystik begegnen, aber zugleich über sie hinausgelangen. Seinem unaufhaltsamen Erkenntniswillen hat Eckharts Wissen um den unerklärbaren Seelengrund, um die Überformung und Berührung, eine entscheidende Wendung in seiner Philosophie gegeben. Ohne sie ist die Lösung des Problems der coincidentia oppositorum nicht zu denken, ebensowenig seine Vorstellung von der erlösenden Kraft des Nichtwissens in der „docta ignorantia".

„In dem Bewußtsein, daß der menschliche Geist hier in einem „inkomprehensiblen", überbegrifflichen Gebiet stehe, finden sich Eckharts und Nikolaus' Geist zusammen. Jene indistincta distinctio Gottes, von der die cusanische Apologie spricht, ist ein Nachhall des ungeheuren Erlebnisses, das der Kardinal beim Studium der Eckhart-Kommentare gehabt haben muß....Das Phänomen der Koinzidenz der Gegensätze ist im mystischen Akt der Gottesminne in völliger Unproblematik erlebnismäßig gegeben. Problematisch wird es, wenn es zum Gegenstand theoretischer Beschreibung gemacht und dem Prinzip des Widerspruchs unterworfen wird. „Auflösung" des Problems heißt dann Sinngebung des Phänomens nach den Gesetzen der Ratio" (205). Sieht man hier schon gleichzeitig innerste Verbindung und Unterscheidung der Mystik Meister Eckharts und der Philosophie des Cusanus, so enthüllt sich beides erst recht bei der Frage nach der Individualität des Menschen im religiösen Bereich. Eine neue Bewertung des Individuums ist der Erfolg der Philosophie des Cusaners für die Deutschen. „Nicolaus von Cues vermag die Selbständigkeit des Individuums nicht nur zu retten durch die Bindung der Gegensätze im Absoluten, sondern diese Bindung vollendet ihm erst die Vollkommenheit des Individuums" (206).

So wächst aus der Mystik Eckharts das gewaltige Unterfangen des Cusanus, den einzelnen und das All zu verbinden, die Gegensätze von Mensch und Gott aufzulösen, ja es kommt zu dem Versuch, die widerstrebenden Frömmigkeitsbewegungen zu versöhnen, bevor die Reformation die Trennung der Gläubigen endgültig vollzog. „Alle Religionen sind 'Konjekturen', Spielarten der einen Wahrheit: 'una religio in rituum varietate'. Religionen und Kirchen brauchen deshalb nicht zu streiten, sie sollen sich vielmehr zum Ganzen und Einen hinaufläutern, die katholische Kirche soll sie unter Wahrung ihrer Eigenheiten und Kulte zusammenfassen. Es hat etwas Erschütterndes zu sehen, wie hier vor dem Auseinanderfallen der deutschen Bekenntnisse die Idee der universalen Kirche und des Glaubensfriedens einem deutschen Gehirne entsprang, edelste Blüte des mittelalterlichen Ganzheitsringens und doch schon etwas wesenhaft Neues. Und auch in das Politische erstreckte sich die Folgerung der Haltung und führte Cusanus dazu, den Herrschaftsanspruch des Papstes über das Kaisertum zu bestreiten und damit einen Strich unter den jahrhundertelangen Kampf des Mittelalters zu setzen. In seiner Schrift 'De concordantia catholica' schildert er das Kaisertum so, wie es seit einem Jahrhundert und seit Dante die Besten betrachtet hatten: gleichberechtigt steht die weltliche neben der geistlichen Macht" (207).

Man spürt heute noch beim Durchdenken dieser Möglichkeiten, welche Schicksalstunde für das deutsche Volk angebrochen war. Aber noch war die Kirche des Mittelalters mächtiger als der neue Geist, der dann in der Theologie Luthers zum Durchbruch kam. Die große Tat der Befreiung des Individuums und des deutschen Denkens wurde das Ziel Luthers. Des Cusanus Philosophie erscheint als hohe Aufgipfelung auf dem Weg dahin, von der eine weite Überschau in Vergangenes und Zukünftiges möglich wird, und die in ihrer Höhe zu einer idealen Reinheit der Lösung kommt, deren Verwirklichung auf Erden nicht durchführbar war.

2. Die Theologia Deutsch

Von dem niveaulosen mystischen Schrifttum des Spätmittelalters hebt sich die „Theologia Deutsch" des Frankfurters ab, die das mystische Gottesproblem nochmals stark in den Vordergrund stellt. Über dieses Werk ist die Forschung noch nicht zu einem klaren Schluß gekommen. Das erste Problem bietet die zeitliche Einordnung der Schrift, über die Edward Schröders Untersuchung berichtet (208). In dieser Arbeit, die sich um die Enstehungschronologie des Frankfurters bemüht, kommt der Verfasser zu dem Ergebnis, daß das Werk zwischen 1400 und 1430 angesetzt werden muß, da es sonst keine Erklärung dafür geben könne, daß der Verfasser dieser „Theologia Deutsch", die so nahe bei der Mystik steht, das Wort „minne" nicht einmal gebraucht, das sonst doch kennzeichnend für diese Art des Erbauungsschrifttums ist. „Mit seinem wechselnden lieben, meynen, liebhaben, gernhaben entfernt sich aber der Frankfurter weit und scharf vom Sprachgebrauch der Mystik und der Gottesfreunde, zu denen er sich doch rechnet. Man tue nur einmal einen Blick in den minne-Reichtum von Bihlmeyers Glossar zu Seuse (gest. 1336), oder beachte, daß noch Otto von Passau 1386 die „minnende Seele" auf dem Aushängeschilde seiner „Vierundzwanzig Alten" führte. Unser Autor, für den die Kenntnis Eckharts und Taulers feststeht (Beziehungen zu Seuse sind bisher nicht aufgefunden), hat das ihm literarisch noch innig vertraute Wort minnen gemieden: offenbar weil es für seine Umgebung und für den Leserkreis, den er zunächst ins Auge faßte, einen altmodischen oder preziösen Klang hatte, — wofern es nicht gar verdächtig oder schon direkt anstößig erschien. Freilich mochte ihm das auch schon darum nicht schwer fallen, weil eben doch der Begriff der Gottesminne bei ihm schon stark in den Hintergrund tritt. Und das führt uns dazu, ihn auf jeden Fall in das 15. Jahrhundert hinabzurücken, wenn auch gewiß nicht über dessen erstes Drittel hinaus"(209).

Mir scheint dieser von Schröder nur auf die Entstehungszeit des Werkes bezogene Nachweis für die Einordnung der „Theologia Deutsch" in die Gesamtentwicklung der Mystikliteratur besonders bedeutsam. Denn auch die innere Einordnung der Schrift bietet entsprechende Schwierigkeiten. Während Siedel(210) sie zu einem Abbild der Dominikanertheologie stempelt, und sie mit einer thomistischen Lehrschrift vergleicht, hält die protestantische Forschung den Frankfurter für einen Vorläufer Luthers und zieht von dort aus die Verbindung zwischen Mystik und Reformation(211).

Die gleiche uneinheitliche Beurteilung hat die Schrift auch in der Geschichte der deutschen Frömmigkeit erfahren (vgl. dazu die Urteile des Calvin, der das Werk mit den schärfsten Worten ablehnt, des Sebastian Franck und des Castellio, die dem Buch als Übersetzer ins Lateinische das höchste Lob spenden(212)).

Die Überlieferung des Textes trägt gleichfalls nicht zur Klärung bei: Die Originalhandschrift ist verloren, und nur Nachdrucke sind außer der einzigen Abschrift von 1497 erhalten. Auch hier liegt also ein seltsamer Widerspruch einer anfänglich sehr lückenhaften Überlieferung und eines später ständig und immer wieder vorhandenen Interesses für die Schrift. Vielleicht ist diese mangelhafte Verbreitung der Schrift in ihrer Zeit auf ihre zu passiv-spekulative Einstellung zurückzuführen, die erst später im gedanklichen Kampf der Konfessionen um den Weg zu Gott zur Wirkung kommen konnte.

Alle diese Widersprüche erklären sich aus der inneren Zwiespältigkeit des Werkes, das in Form und Gehalt verschiedene Vorstellungsbereiche verbindet. Es steht außer Frage, daß der Aufbau und die Gliederung des Werkes nach Vorbildern thomistischer Literatur angelegt worden sind. Die Schrift zeigt noch engen Zusammenhang mit der Scholastik. Der Verfasser hat dann aber diese Tradition durch Rezeption Taulerischen Gedankengutes durchbrochen, und so sehen wir ein Nebeneinander geistiger Bereiche vor uns, das für die Zeit des Spätmittelalters kennzeichnend ist. Man beobachtet deutlich, wie stellenweise mystische Terminologie vorherrscht, wie aber schon etwas anderes darunter verstanden wird. In einzelnen sprachlichen Wendungen spürt man noch die Nähe mystischer Vorbilder, wenn aber im weiteren Verlauf der Schrift der Rückgriff und die Berufung auf das Bibelwort die eigentlich mystische Terminologie überwiegt, so zeigt sich darin, daß die mystische Lehre zwar bekannt ist, daß aber nur noch ein Abglanz von ihr, nicht mehr die Leuchtkraft des alten Ideals, in das Werk eingegangen ist.

So wird in der Theologia Deutsch zwar die Notwendigkeit der Vereinigung betont und das Wesen der Vereinigung behandelt (Kap. 1—13), der Weg zur Vereinigung im Leben gezeigt (Kap. 14—52) und das Lob der „Vergottung" gesungen. Aber all das trifft nicht mehr die Vereinigungsvorstellung, die der unio mystica gleichzusetzen wäre. Denn unter „Vergottung" ist hier nicht das Moment der erfahrenen Erhebung in die unio mystica verstanden, das wird nur selten, von ferne und unter dem Schutz der Berufung auf die Autoritäten getan, und es bleibt etwas Unerlebtes, fremder Beschreibung Nachgesagtes (8. Kap.). Als „Vergottung" erscheint hier die Verwandlung des gesamten Lebensweges des Menschen in das Ideal christusförmigen Daseins. Dieser Gedanke steht als Ziel und Thema über dem ganzen Werk, aber auch dies Ziel erscheint für den Menschen immer nur sehr annäherungsweise erreichbar. Dabei spielen die mystischen Einteilungsprinzipien allerdings noch eine Rolle; die drei Grade, die zur Vollkommenheit führen, die Reinigung, die Erleuchtung, die Vereinigung sind beibehalten. Aber über der Mystik als Frömmigkeitsform steht letztlich die Lehre von der Nachfolge Christi, deren Begründung und Darlegung in der Theologia Deutsch aus einer mehr spekulativ-quietistischen Geisteshaltung erfolgt, die den Gedanken der eigenen activitas und der tätigen Hilfe am Mitmenschen zwar nicht gerade ablehnt, aber sehr in den Hintergrund treten läßt (213).

Einen Mittelpunkt der Schrift bildet das Problem des Willens und der Willensfreiheit (214), das in ihr immer wieder erörtert wird. Dabei ist eine für die „Theologia Deutsch" charakteristische Zweiheit des Willensbegriffes zu klären: Der Begriff des Eigen-Willens ist eine gegen Gott gerichtete kreatürliche Kraft, die es im irdischen Streben zu überwinden gilt. In der innersten Willenskraft des Menschen dagegen wirkt Gott selbst, sie gehört ihm zu. Dieser Gedanke einer in Gott ruhenden Willensfreiheit ist ein Begriff, der erst in der Mystik seine ganze Vertiefung in Gott und in das Ich hinein erhielt. Das spiegelt sich auch in der Willensauffassung der Theologie des Frankfurters.

Das 50. und 51. Kapitel (215) dringen zu dem Kern dieser Zweiheit des Willesbegriffes vor und begründen ihn folgendermaßen: Gott gibt dem Menschen die volle Freiheit der Entscheidung. Er zwingt niemanden, „er lôst eynen ytzlichen menschen thun und lassen nach seynem willen, eß sey gut oder bôße" (Uhl S. 37, Z. 23). Damit wird dem Menschen die ungeheure Verantwortung auferlegt, sich zwischen Gut und Böse, zwischen dem Willen Gottes und dem eigenen Willen zu entscheiden.

Auf die Frage nun, „warumb got den eygen willen beschaffen hab, seyt er ym alß wider ist" (Uhl S. 56, Z. 12), gibt der Verfasser eine vierfache Antwort (216):

1. Er weist die fast vermessene Spitzfindigkeit der Frage zurück mit der Begründung, daß „eyn warer, demutiger, erleuchter mensch" „begêrt nicht von got, daß er ym seyn heymlickeit offenbare" (Uhl S. 56, Z. 24), und biegt sie ab in eine Spekulation über die zweite Form des Willens (die Urform, die „Idee" des Willens) als göttliche Kraft.

2. Vernunft und Wille erheben den Menschen über die Kreatur; sie sind unmittelbare Gaben Gottes, und so können sie nur in unmittelbarer Beziehung zu ihm, „im Zufließen" auf ihn bestehen.

3. Der Zweck dieser göttlichen Willenschaffung in der Kreatur ist, daß Gottes Wille wirken kann (Uhl S. 57, Z. 9). Pflicht des Menschen aber ist, unter Aufgabe des Eigenwillens diese göttliche Kraft immer mehr in sich zu befreien, sich Gott einzuformen und ihn immer unmittelbarer in sich wirken zu lassen.

4. Der so aus Gott entsprungene und in Gott wieder eingegangene Wille ist über aller irdischen Freiheit in der Freiheit. Er ist der Adel der Seele: „Nu ist untter aller freyheit nichtß freyher oder alß frey alß der will und wêr den eygen macht und lesset ynn

nicht yn seyner edeln freyheit und yn seynem freyen adel und yn seyner freyen art bleiben der thut gar unrecht. Daß thut der bôß geist und adam und alle yr nachvolger. Aber wer den willen lêst yn seyner edeln freyheit, der thut recht und daß thut cristuß und alle seyn nachvolger" (Uhl S. 58, Z. 11). Wenn der Mensch diesen Willen seiner Freiheit beraubt und sich eigen macht, wird er „mit sorgen und bekümerniß mit ungenugunge und mit unfride und unrŵe und mit allem ungluck behangen" (Uhl S. 58, Z. 18). Wer den Willen frei wirken läßt, der erlangt die Seligkeit in Zeit und Ewigkeit. Das aber geschieht durch Christus und in seiner Nachfolge: „Wên der sün freyhe macht, der ist warlich frey" (Uhl S. 58, Z. 25).

Wieder also taucht hier das ewige mystische Paradoxon: die Einheit von letzter Willensfreiheit und völliger Willensaufgabe auf — allerdings in der „Theologia Deutsch" unter dem Vorzeichen einer starken Betonung eben jenes aufzugebenden „Eigen-Willens", den nur Christus ganz überwand. So ist die Grundanlage des Willensbegriffes in der „Theologia Deutsch" durchaus mystisch gesehen, aber sie ist von einem sehr real denkenden Lebenspessimismus verdeckt, der das Ideal in die Unerreichbarkeit hinausrückt und es dem Bereich des Erlebbaren entzieht. Diese Verbindung der Vorstellungen ist typisch für die Schrift.

Die „Theologia Deutsch" stellt den Menschen zwischen Himmel und Hölle, und er soll sich entscheiden. „In dem hymel . . . ist do genůg warer fride und alle seligkeit . . . Aber yn der helle do wil yderman eygen willen haben. Darumb so ist do alleß ungluck und unseligkeit. Also ist es auch yn der tzeit" (Uhl S. 59, Z. 2).

Entscheidet er sich für den Himmel, so lebt er in dem zeitlichen Paradies. „Daß paradeiß sey eyn vôrstat deß hymelreichß. Also ist alleß daß do ist wol eyn vorstat deß ewigen oder der ewigkeit" (Uhl S. 55, Z. 31). Er findet schon hier auf Erden Frieden, Ruhe und Genügsamkeit, „eyn gantze genung und ware rwe" in Gott. Denn „wêr ym an got benugen lat, der hat genug" (Uhl S. 53, Z. 24). Wer die Liebe zu Gott hat und sich Gott „gentzlich lassen" (Uhl S. 53, Z. 35) will, der ist mit ihm vereinigt, „dise lieb voreyniget den menschen mit got, daß er nymer mehr do von gescheyden wirt" (Uhl S. 47, Z. 20).

Die Vergottung des Menschen aber, — und das ist für die „Theologia Deutsch" immer wieder einzuschalten, — ist das Leben in der Imitatio Christi in „leidender Weise" und in „tuender Weise".

Die Gebote dieser geistlichen Nachfolge sind die der Demut, der Armut und der Beugung unter das Gesetz. Sie könnten im Gedanken des Leidens auf Quietismus hinzielen. Aber selbst dieser im Grunde nicht gerade praktisch-seelsorgerisch gerichteten Schrift, der die Lebenslehre immer mehr nachträglich angefügt erscheint, als unmittelbar zugehört, wohnt eine eigentümlich deutsche activitas auch im Leid-Gedanken inne: So wie das Leben Christi als das des leidenden Opfers aufgefaßt wird, so leidet auch der vollkommene Mensch unter der Unvollkommenheit der Übrigen, und er soll das tun um des Helfens willen.

Dieser Gedanke bestimmt auch die innere Haltung des Menschen zum Leben, zum werc, und zu seinem Nächsten: „Wo nu eyn sôlcher vorgotter mensch wêr oder ist, do wirt oder ist daß aller beste und edelste leben und got daß wirdigest, daß ye wart oder ymer wirt" (Uhl S. 40, Z. 38). Beides gehört also zusammen, Gottes Willen folgen und das irdische Werk tun. Beides läßt sich vereinbaren. „Got dynen und leben ist leicht dem, der eß thût" (Uhl S. 41, Z. 25). Wer es mutig versucht, dem wird es gelingen. Der Frankfurter stellt sich also positiv zum Leben, obwohl das nicht sein eigentliches Thema und Anliegen ist. Wer das Wort „man sol alle dingk lassen" (Uhl S. 31, Z. 42) so auslegt, daß er die Aufgaben, die ihm das Leben stellt, vernachlässigt, der mißversteht es ganz und gar.

Ein anderer Gedanke verstärkt das noch: Der, daß die Kreatur der Wirkbereich Gottes ist, in dem der Mensch zur Erhaltung von „Weise, Ordnung, Maß und Vernünftigkeit" (39. Kap.) geschaffen sei, und daß die Liebe zu Gott die zur „Tugend, Ordnung, Redlichkeit, Gerechtigkeit und Wahrheit" (43. Kap.) einschließe. Ordnung und Gesetz des Lebens also soll nicht übersprungen, sondern als göttliche Lebensform eingehalten werden, wieder um der Hilfeleistung am Mitmenschen willen.

Es heißt so: „doch mûssen dy ding seyn und müß man thün und lassen. Und besunder der mensche müß schlaffen und wachen, gehen und steen, reden und schweigen, essen und trincken und vil meher der gleichen, daß doch seyn müß, dy weyl der mensch lebett" (Uhl S. 32, Z. 16). Wie Tauler wendet sich die Schrift gegen die „falsche lidecheit" (217). Ausdrücklich wird betont, daß es „nôt und nûtze ist, daß ordenung und weise gesetze und gebot seyn, daß dy blintheit und unwitze der menschen da durch geleret werde und daß dy untugent und boßheytt werde untter gedruckt und zur ordentlichkeit getzwungen werde; wan wẽr daß nicht die menschen wurden vil bȏser und unordentlicher, dan dy hunde und daß vihe" (Uhl S. 29, Z. 42).

Dem Menschen ist also dieses Gesetz der „ordenunge" als Grenze gegeben. Wohl besteht auch die Möglichkeit, daß man „komen mag ůber weyß, ordenung, gesetze, gebote und deß gleichen" (Uhl S. 33, Z. 35). Das heißt also: nicht mehr unter dem irdischen Gesetz stehen und ihm verantwortlich sein. So war Christus über alles Gesetz erhaben, weil in ihm selbst schon alle Tugend, Ordnung und Gesetz ruhte, weil das alles zu seinem Wesen gehörte. In diesem Sinne können nur die Menschen über die Ordnung hinauskommen, die, wie Paulus sagt, „von Gottes Geist gewiesen und gewirket und geleitet werden", die Kinder Gottes, also die Gottesfreunde. Sie brauchen kein Gesetz außer Christus, denn Gott selbst lehrt sie. So sollen die Menschen versuchen, Nachfolger Christi zu werden hier im täglichen Leben (Kap. 30/31).

Das wird sich auch auf ihr Verhältnis zu den Mitmenschen auswirken. Die Liebe zum Guten an sich, zu Gott, erzeugt notwendig auch eine Liebe zu allen Dingen, also auch zum Nächsten. Wenn der wahre Gehorsam zu Gott den Menschen leiten würde, täte keiner dem andern ein Leid (Uhl S. 21, Z. 34), alle Menschen wären einig. Jeder täte dem andern Gutes nur aus Liebe, nicht um des Lohnes willen (Uhl S. 42, Z. 16). Wer also dem andern zum Guten helfen will, soll ihm helfen, den Eigenwillen abzulegen, so hilft er ihm fort von dem „aller bȏsten" (Uhl S. 37, Z. 35). Mit der Erfüllung der Gebote der Nächstenliebe bis zum Letzten wäre der Idealzustand von Mensch zu Mensch erreicht, der aber eben, wie es im Wesen des Ideals liegt, unerreichbar bleibt: „Weren nů alle menschen yn dem waren gehorsam, so wẽr auch keyn leyt noch leyden . . . Aber eß seyn nů leyder alle menschen und dy gantz welt yn ungehorsam" (Uhl S. 21, Z. 32). Der Verfasser ist sich also der Grenzen, die dem Menschen in seinem irdischen Dasein gesetzt sind, bewußt. Immer wieder erklingt die einschränkende Warnung vor der Überhebung des Menschen, der sich Gotterkenntnis anmaßt (40. Kap.), vor dem Selbstbetrug der Vernunft (20. Kap.), vor der geistlichen Hoffart des „Alleinseligwerdens" (25. Kap.). Dem Menschen ist in diesem Leben nicht einmal die volle participatio an Christus von Gnaden möglich (16. Kap.); er muß auf die Gleichzeitigkeit von Gottschau und Werk verzichten (7. Kap.); die Klage um die Sünde der Menschheit soll ihn bis zu seinem Tod begleiten (37. Kap.). Umso erhöhter und ferner erscheint in dieser Lebensanschauung das Bild Gottes, obschon Gott das Leben bestimmt und somit in das Dasein der Menschen hineinwirkt.

Trotzdem bewahrt die „Theologia Deutsch" noch ein Erbe der Mystik, das nur durch die vielen Lebensanweisungen fast verdeckt wird. So werden Anklänge an Eckharts Gottschau übernommen, wenn man dabei auch nicht von reiner Mystik sprechen kann, da z. B. das Problem der Gottgeburt der menschlichen Seele nur gestreift, nicht in seinem mystischen Kern enthüllt wird. Ebenso lehnt die Schrift das Verdienst aller Werke sowie das Mittlertum durch Heilige ab und läßt den Erlösungsgedanken durch Christus zurücktreten. Diese an Kirchenfeindlichkeit grenzenden Anschauungen werden gemildert durch die starke Betonung der Nachfolge des Lebens Christi. Auch dieser Forderung merkt man zwar noch deutlich den Ursprung aus der zentralen Auffassung und Bewertung der menschlichen Innerlichkeit an, aber der Verfasser ist sich dabei stets der Gefahr bewußt, die Grenzen der Kirche zu überschreiten und hebt die Wirkung einzelner echt mystischer Züge durch Angleichung der darauf folgenden Sätze an das kirchliche Dogma geradezu wieder auf. Aus dem gleichen Grunde gibt die Schrift nur eine Lebenslehre und vermeidet den eigentlichen mystischen Vergottungsvorgang. Wenn die unio mystica als letztes Ziel fortfällt, entbehren aber alle mystischen Formeln ihres eigentlichen Glanzes.

So bringt die „Theologia Deutsch" eine Lebenslehre zum Ausdruck, die unberührt ist von freien kosmologischen und rein metaphysischen Erkenntnissen und Folgerungen. Sie bleibt lediglich auf die Bewährung des Menschen im Leben begrenzt. So ist sie eigentlich keine „Theologie", wie ihr Titel sie bezeichnet, denn sie bleibt weit entfernt von jeglichem Anspruch auf ein System. Zwar ist ihre ethische Lehre auf einer spekulativen Grundlage erbaut, jedoch wehrt sie jede hohe Spekulation um ihrer selbst willen ab. Sie folgt in der Darlegung des Verhältnisses von Mensch zu Gott der Lebenslehre Taulers, die sie allerdings sehr stark ihres mystischen Grundcharakters beraubt, da sie die unio mystica nicht mehr als erreichbares Ziel des Lebens, als sein summum bonum sieht. Bezeichnend ist, daß ein überaus reicher Gebrauch biblischer Formeln und Bilder fast völlig die an manchen Stellen zu erwartende Darstellung der unio mystica überdeckt und die Gedankenfolge in die christliche Tugendlehre hinein abbiegt. Die Schrift versucht auf diese Weise allen Frömmigkeitskreisen des späten Mittelalters etwas zu bieten und in maßvoller, leidenschaftsloser Spekulation, in vorsichtig eingehaltener Entfernung die mystische Gott- und Lebenslehre zu umkreisen. So erscheinen ihre Anweisungen zu einem rechten irdischen Leben für alle Menschen gültig, denen geholfen werden soll. Eine ehrfürchtig sich bescheidende Religiosität sub specie humanitatis tut sich auf im Gegensatz zur Welt- und Gottbetrachtung der hohen Mystik sub specie aeternitatis.

Und doch ist gerade von dieser „Theologia Deutsch" eine starke Anregung zu Beschäftigung mit mystischen Problemen ausgegangen, die sich von der Reformationszeit bis zum Pietismus erstreckt. Männer wie Schwenckfeld, Weigel, Arndt, Spener und Poiret haben sie bewundert. Den jungen Luther haben die praktisch gerichteten Gedanken darin und die kräftige, schlichte Frömmigkeit begeistert. War doch die „Theologia Deutsch" nach langem Studium für den jungen Reformator endlich etwas, was seinem Wesen entsprach, indem es die Tiefen der Gottbegegnung andeutete und trotzdem die volle Lebenswirklichkeit sah. Für Luther war es ein „edles Büchlein, reich und überköstlich an Kunst und göttlicher Weisheit" (218). Er wandte sich ihm zu in dem Augenblick seiner höchsten religiösen Not und Rechtfertigungsangst, als ihm die Erlösungsmöglichkeit durch die Glaubensrechtfertigung noch nicht geschenkt war. Vor allem wird es die Tatsache sein, daß der Verfasser einen Hauptakzent auf das Problem des persönlichen Gotterleidens und Gotterlebens gelegt hat (vgl. Kap. 3 und 11), wobei dann die Frage der Willensfreiheit und der Entscheidung des einzelnen zu Gott überhaupt wohl nicht unberücksichtigt blieb. Ein weiteres Moment ist die Ablehnung der Werkgerechtigkeit in der „Theologia Deutsch", deren Forderung einer unmittelbaren Verantwortlichkeit für die Lebensformung Luther besonders angezogen hat. Diese Fragen gehörten zu den wesentlichsten Anliegen des jungen Luther und beschäftigten ihn gerade in den frühen Jahren sehr. Schließlich aber verbindet Luther und Tauler (bzw. die „Theologia Deutsch") wohl die Tatsache der Abwendung von der Spekulation und die Zukehr zur religiös-ethischen Praxis, die Einbeziehung des ganzen Lebens mit seinem Leid der Sünde und seiner Unvollkommenheit. Beide beschreiten zwar den Weg zur unio, beide aber verhüllen die unio ihrem

Blick selbst und bleiben in der Gottferne, im irdischen Zugehen auf Gott (218a). Der Weg dahin geht für beide wie der Christi durch irdisches Leid und durch die Hölle, und so wird beiden Christus das Vorbild, zu dessen Abbild das Leben zu formen ist. — Ein letzter Unterschied allerdings bleibt zwischen Luther und der „Theologia Deutsch" bestehen: Die innere Zielrichtung der Theologia bleibt bei aller Vorsicht und Einschränkung der ferne Gedanke der spekulativen unio, die mystische Wiedergeburt des Menschen in Christus und der Gedanke der Freilegung der im Seelengrund wirkenden Gotteskräfte. Bei Luther aber wird im Zuge der Entwicklung der 'Christus in uns' zum 'Christus für uns', der Gedanke an die unio gelangt niemals zu vollem und beherrschendem Durchbruch, das christlich-ethische Moment überwiegt das spekulative.

So hat sich Luther später von der Schrift abgewandt, in einem Augenblick, in dem er die gesamte Mystik des Mittelalters preisgab. Der Grund dafür liegt wohl in der Entwicklung und dogmatischen Begründung des Gedankens der Rechtfertigung durch den Glauben, in dem Luther für sich selbst seine Erlösung fand, und der in ihm die Kräfte freimachte zum Kampf gegen die römische Kirchen- und Glaubenspolitik. Wir wissen zwar, daß wir aus den Jahren vor dem Ablaßstreit nur sehr wenige autobiographische Zeugnisse über Luthers Entwicklung quellenmäßig verwerten können. Aber gerade aus dem Jahre 1516 hören wir einiges über Luthers sehr positive Beurteilung der Mystik. Wenn man einer der jüngsten Spezialveröffentlichungen über diese Frage durch Johannes v. Walter folgt (219), so stellt sich die Begegnung Luthers mit der Mystik etwa folgendermaßen dar:

In der Römerbriefvorlesung aus dem Jahre 1516 äußert sich Luther bereits über Tauler: „Über jenes Erleiden und Ertragen Gottes vergleiche Tauler, der vor allen anderen diesen Gegenstand ganz vortrefflich in deutscher Sprache ans Licht gebracht hat" (220). Im gleichen Jahr 1516 schreibt er an Spalatin: „Wenn es dich ergötzt, eine reine, solide, der alten sehr ähnliche Theologie in deutscher Sprache zu lesen, so kannst Du Dir die Predigten des Dominikaners Tauler kaufen, von denen ich dir etwas wie einen Auszug nebenher übersende. Ich habe nämlich weder in lateinischer noch in unserer Sprache eine heilsamere und mit dem Evangelium übereinstimmende Theologie gelesen" (221). Der Auszug, von dem Luther redet, ist (nach v. Walter (223)) die „Theologia

Deutsch", die Luther Ende 1516 herausgab. In seiner Vorrede zu dieser ersten, bekanntlich nur unvollständigen Ausgabe schreibt er, der Verfasser rede nach der Art des erleuchteten Doktors Tauler. Im Frühjahr 1517 erfolgt nochmals eine eifrige Empfehlung Taulers: „Das nämlich ist ein Buch, aus dem Du ersehen wirst, wie eisern, ja wie irdisch (ein Wortspiel aus lateinisch ferrea-terrea) die Bildung unserer Zeit ... im Vergleich zu dieser Unterweisung in solider Frömmigkeit ist" (222). Als Vergleich weist Luther dabei auf das humanistische Bildungsideal seiner Zeit in der Kenntnis des Griechischen, Lateinischen und Hebräischen hin, und ordnet diesen Bildungsidealen seiner Zeit unbedenklich Taulers Predigten über. Neben anderen Zeugnissen für seine Vorliebe für Tauler sehen wir (223), daß Luther im Jahre 1518 die „Deutsche Theologie" nochmals herausgibt, die er damals als aus Taulers Schülerkreis stammend ansah. In den Vorreden zu dieser Ausgabe, der der vollständige Text zugrunde lag, finden wir die häufig zitierten Urteile Luthers über dieses sein damaliges Lieblingsbuch, von dem er sagt, daß er daraus mehr gelernt habe nächst der Bibel und Augustins Schriften, als aus allen anderen theologischen Kommentaren, nämlich: „was Gott, Christus, Mensch und alle Dinge seien" (224). Selbst in Luthers Resolutionen zu seinen Ablaßthesen lesen wir das in der zweiten Vorrede zur „Theologia Deutsch" wiederholte Urteil: „Was lehrt denn Tauler in seinen deutschen Predigten anders als das Erleiden der Strafe, von denen er einige Beispiele anführt? Und ich weiß, daß dieser Lehrer zwar den theologischen Schulen unbekannt und deswegen vielleicht verächtlich ist. Ich aber habe in ihm, obgleich er ganz in deutscher Sprache geschrieben ist, mehr an solider und reiner Theologie gefunden, als bei allen scholastischen Doktoren aller Universitäten gefunden ist oder gefunden werden kann in ihren Aussprüchen" (225). Nicht lange Zeit danach wendet sich Luther ganz entschieden von Tauler ab, zumindest begegnen wir bis zum Jahre 1522 nebeneinander günstigen und ungünstigen Urteilen über die Mystik.

Es kann hier nicht über die theologische Problematik hinausgehend der Grund für die Abwendung Luthers von der Mystik untersucht werden. Bis heute sieht die theologische Forschung darin noch nicht klar. Hinzuweisen wäre nur auf die wenig beachtete Tatsache, daß Luther ja keine mystischen Schriften aus der deutschen Hochblüte kennen lernte, sondern sich auf Zeugnisse wie die „Theologia Deutsch" stützte, die nicht in solchem Sinne gewertet werden kann. So ist es auch zu erklären, daß von Luther nicht der „Gedanke der schöpferischen, gottgleichen Persönlichkeit des Menschen" (226) übernommen wurde, sondern die theologia crucis. Dieses Leiderfahren, das dem Mystiker genauso Schicksal ist, wie die Erfahrung des höchsten Glücks in der Einigung, hat auf Luther sehr stark gewirkt. Hier liegt die Verbindung zur „Theologia Deutsch", und über sie zur mittelalterlichen Mystik. Denn diese Leiderfahrung war ein erzieherisches Mittel für den Aufstieg der Seele, das dem Menschen half, die Nachfolge Christi bis in die letzten Stufen einer geistigen Nachbildung wahrzunehmen. Nicht nur Christi Leben, sondern auch die Kraft seines Leidens gehörte zu den Aufgaben seiner Nachfolge.

Luthers Hauptanliegen blieb aber schließlich nicht die Vertiefung, sondern die Erneuerung der Frömmigkeitsformen seiner Zeit (227). So konnte er nicht bei diesen Zeugnissen nachmystischer Literatur verweilen und an ihnen genug haben, zumal gerade diese Zeugnisse den Abstand von der Kirche Roms nicht mehr entfernt so deutlich verraten und auch den gedanklichen Tiefgang vermissen lassen, wie er der Mystik der Meister eigen war. Aber für den neuen Menschentypus des 16. Jahrhunderts, dessen Bild geprägt ist von dem in der Renaissance entdeckten und für die religiöse Haltung sichtbar hervortretenden Bewußtsein seines individuellen Wertes und von dem durch die Entdeckungen und Naturbeobachtungen gewonnenen neuen kosmischen Weltbild erhält die „Theologia Deutsch" als Übermittlerin mystischer Vorstellungen eine besondere Bedeutung. Tatsache ist, daß diese Schrift von dem gesamten mittelalterlich-mystischen Schrifttum im 16. Jahrhundert am stärksten gewirkt hat. Nach Luthers Abkehr von der Mystik wird die „Theologia Deutsch" zum „Feldzeichen, unter das sich die mit der ferneren Entwicklung der Reformation unzufriedenen, für ein praktisches undogmatisches Christentum eintretenden mystisch-spiritualistischen Kreise scharten" (228). Das mystische Gedankengut, das in dieser Schrift, wenn auch seines ursprünglichen Gehaltes beraubt, doch in seinen äußeren Formen weitergegeben wird, wird im 16. Jahrhundert mit neuen Vorstellungskreisen verbunden. Diese Neubelebung und Umprägung geschieht vor allem durch die ganz andere Haltung der Natur gegenüber, die nun in den Bereich religiösen Erlebens einbezogen wird.

3. Naturmystik und Naturspekulation im 16. und beginnenden 17. Jahrhundert

Während im Mittelalter die Vorbedingung religiösen Erlebens die Abkehr von allen Dingen der Welt und der Natur war, das Sich-Freimachen von allen anderen Vorstellungen, um das Erleben Gottes aufnehmen zu können, ist es im 16. Jahrhundert die Zukehr zur Natur, zur Schöpfung, durch die hindurch Gott erst, wie er ist, erkannt werden kann. Am Beginn dieses geistesgeschichtlichen Vorgangs der Einbeziehung der Natur in die religiöse Schau steht Paracelsus. Obgleich man ihn eigentlich nicht als Mystiker bezeichnen darf, kann man mit von Waltershausen sagen, daß mit Paracelsus „die naturphilosophische Strömung der deutschen Mystik beginnt", da die ihm folgenden Mystiker wie Valentin Weigel und Jakob Böhme sein Weltbild zur Grundlage ihrer mystischen Welt- und Gottesdeutung machten. So ist es das Verdienst des Paracelsus, daß er der protestantischen Mystik, „das Reich der Natur erschlossen hat" (229). Unmittelbar nach ihm wird sein Weltbild von Valentin Weigel für dessen mystische Ausdeutung in Anspruch genommen, der die paracelsische Naturlehre mit Gedanken der „Theologia Deutsch", die er sehr verehrt, verbindet.

Von Bedeutung für die spätere Mystik ist aus der paracelsischen Naturlehre zunächst die Lehre vom Makro- und Mikrokosmos, die Paracelsus aus der neuplatonischen Philosophie des sogenannten Hermes Trismegistos übernommen hat und deren Grundzüge hier nur zusammengefaßt werden sollen.

Der Makrokosmos ist die äußere oder große Welt, die die ganze Natur und alle Gestirne in sich schließt; der Mikrokosmos ist die innere oder kleine Welt, der Mensch. Die Parallelität des Aufbaus dieser beiden Welten, von denen der Makrokosmos als äußere Welt die innere Welt, den Mikrokosmos umschließt und erhält, die Confluenz und Concordanz, die beide Welten ineinander wirken läßt, die Abhängigkeit des Mikrokosmos vom Makrokosmos, aus dem er geschaffen ist, bilden die Klammern, die die Schöpfung zusammenhalten, ihre Einheit gewährleisten, und die Polarität zu einem wechselseitig sich bedingenden Ineinanderwirken machen und nicht im Dualismus auseinanderklaffen lassen. So ist das gesichert, was Czepko später als das In-sich-Fließen der Schöpfung bezeichnet. Diese Schau des Kosmos ist die wesentlichste Grundlage der Naturmystik Jakob Böhmes.

Wesentlich ist weiterhin die Auffassung von der Erschaffung des Menschen. Alle anderen Geschöpfe hat Gott aus Nichts gemacht, nur den Menschen hat er aus etwas geschaffen, aus dem limus terrae, dem Erdenlehm. Für Paracelsus und die ihm nachfolgenden naturphilosophischen Denker ist es (besonders für die Auffassung von der Sonderstellung des Menschen innerhalb der Schöpfung) bedeutungsvoll, was Paracelsus unter limus terrae begreift (230):

Nachdem Gott alle Kreaturen, Elemente und Sterne geschaffen hatte, schuf er den limus terrae, indem er einerseits aus den vier Elementen das Wesen auszog und andrerseits aus den Gestirnen, deren Wesen Weisheit, Vernunft und Kunst ist. So ist der limus terrae der Auszug aus dem Firmament und den Elementen und somit gleichsam das fünfte Wesen, die Quintessenz der ganzen Schöpfung. Das heißt also, daß der Mensch das Wesen alles Geschaffenen in Konzentration in sich vereinigt.

Da der limus terrae aus den Gestirnen und den Elementen geschaffen ist, besteht der Mensch aus zwei Teilen, die Paracelsus als den siderischen corpus und den elementischen corpus bezeichnet. Der elementische corpus ist für ihn das, was man gemeinhin als Leib des Menschen bezeichnet. Dieser sichtbare Leib nun ist aus den Elementen geschaffen, lebt aus ihnen und kehrt nach dem Tode wieder zu ihnen zurück. Ebenso vergänglich wie der Leib ist auch der Geist, also das, was Paracelsus den siderischen corpus nennt. Wie er von den Gestirnen herabgekommen ist, lebt er aus diesen, und wird nach dem Tode des Menschen wieder von diesen „aufgezehrt". Die Gestirne sind für Paracelsus der Lehrmeister des Geistes, von ihnen empfängt der Mensch Künste, Gemüt und Weisheit. Doch auch die Gestirne sind ein Teil der Natur und deshalb dem Untergang bestimmt. So sind also der siderische und der elementische Leib vergänglich, weil sie dem Bereich der Natur angehören. Unvergänglich ist allein das, was Paracelsus als den ewigen Leib bezeichnet oder den Geist des Bildnisses Gottes. Dieser Teil des Menschen kehrt nach dem Tod in seinen Ursprung, das heißt zu Gott, zurück.

Der Mensch besteht für Paracelsus also aus drei Teilen:

1. dem elementischen, sichtbaren Leib,
2. dem siderischen, unsichtbaren Leib = Geist,
3. dem Geist des Abbildes Gottes, dem ewigen Leib = Seele.

Doch bedeutet diese Dreiteilung keine Trennung verschiedener Bereiche im lebendigen Menschen: Es ist der Zustand vor der Geburt und der nach dem Tode, der diese verschiedenen „Leiber" voneinander scheidet. Im Leben sind sie in so inniger 'coniunctio' miteinander und ineinander verwoben, daß sie nicht zu trennen sind. Im siderischen corpus liegt Weisheit, Vernunft und Kunst, die den sichtbaren Körper nötig haben, um ihr Werk zu bilden. So ist der elementische Leib, in dem erst der Geist Wirklichkeit zu werden vermag, dessen notwendige Ergänzung, und beide sind so ineinander gefügt, daß sie nur einen Leib und einen Menschen bilden. Die Seele, der Geist des Abbildes Gottes im Menschen, liegt aber außerhalb der natürlichen Sphäre, hat am natürlichen Licht keinen Teil und kann von ihm nicht begriffen werden. Paracelsus bezeichnet sie als supranatural.

Wesentlich innerhalb der Naturlehre des Paracelsus ist ferner die Drei-Prinzipienlehre (231), die besonders stark bei Böhme nachgewirkt hat. Paracelsus nimmt drei Substanzen oder Urstoffe an, aus denen jedes Ding gebildet ist, und bezeichnet sie mit den chemischen Namen: Sulphur, Mercurius und Sal. Sulphur ist für ihn alles, was brennt, Mercurius, alles was Rauch entwickelt, und Sal, alles was zu Asche wird. Diese Bestandteile hat also jeder Körper, nur sind die Substanzen nicht in jedem Körper in gleicher Weise enthalten, so hat z. B. das Gold ein anderes Sulphur in sich als das Silber, und ebenso ist es mit dem Mercurius und dem Sal. Für Paracelsus deckten sich also diese Bezeichnungen keineswegs mit den gleichen chemischen Stoffen, sondern sie haben grundsätzlichere Bedeutung. Paracelsus nennt sie „Prinzipien", darin liegt bereits angedeutet, daß es sich hierbei für ihn um „Ideeliche Wesenhaftigkeiten" (232) handelt. Mit diesen drei Substanzen ist die prima materia gegeben. Wenn Paracelsus im Laufe seiner späteren Auseinandersetzungen die drei „Prinzipien" oder „Ersten" in „einen direkten Zusammenhang mit dem dreieinigen Gott zu bringen versucht", so liegt darin bereits die Wesenhaftigkeit, die er ihnen zukommen läßt, ausgedrückt.

Ein anderer wesentlicher Punkt der Naturphilosophie des Paracelsus ist die Vorstellung von der Notwendigkeit der Ordnungen für das Bestehen des Kosmos. Peuckert sagt davon: „Die Welt steht in der Ordnung und besteht allein durch die Ordnung" (233) und der Mensch als „Teil des kosmischen Geschehens" hängt in einem Netz von Ordnungen und Gesetzlichkeiten, in einem Gewirr von in ihm wirkenden kosmischen und außerkosmischen Mächten" (234), eine Vorstellung, die uns in der „Consolatio" Daniel von Czepkos wieder begegnet.

So hat Paracelsus eine Kosmologie geschaffen, die auf der Überzeugung von der sinnvollen göttlichen Ordnung der Welt beruht. Für ihn als Arzt sind diese Ausführungen vor allem zur Vertiefung „seiner Kunst" entstanden, deren Ausübung für ihn Gottesdienst, Dienst an der göttlichen Ordnung ist. Das, was seine kosmologische Schau für mystische Gehalte empfänglich macht, ist die Tatsache, daß bei ihm nirgends ein Dualismus zu Wort kommt, im Sinn eines Gegeneinander und Sich-Ausschließens, sondern die Polarität ihre Einheit im Lebensvorgang selbst findet und letztlich alles aus dem Einen, Ursprünglichen, aus Gott seinen Anfang nimmt, in den es wiederum zurückkehrt. Paracelsus sieht nirgends Gegensätze, sondern überall das Ineinanderwirken und Ineinanderkreisen des Lebendigen, das Offenbarwerden der göttlichen Ordnung, Makro- und Mikrokosmos sind gleich gefügt und bestehen nach derselben Gesetzmäßigkeit. So sucht und findet Paracelsus in aller Mannigfaltigkeit der Erscheinungen und Wirkungen immer wieder das Eine, Gleiche und Unveränderliche; in der Vielfalt die Einheit, in der Schöpfung Gott. Und hiermit hat er den Weg zur Naturmystik gewiesen. Daß aber die Kosmoslehre des Paracelsus nur in protestantischen Kreisen zu wirken vermochte, liegt an der Glaubens- und Dogmenstrenge der katholischen Kirche, der alle naturwissenschaftlichen Forschungen und Entdeckungen als Gefährdung der in der Bibel dargestellten Naturlehre erscheinen mußten.

Der erste protestantische Mystiker, der die Naturlehre des Paracelsus in seine religiöse Vorstellungswelt einbaut, ist Valentin Weigel, Prediger in Zschopau. Jedoch kommt es bei ihm noch nicht zu dem Grad einer eigenen mystischen Durchdringung dieser Kosmologie wie später bei Böhme. Es ist mehr ein Zusammenbauen von verschiedenen vorhandenen Elementen, die ihm mittelalterliche Mystik (er erwähnt öfter „Eccardus"), neuplatonische Philosophie, Gedanken Sebastian Francks und die Lehre des Paracelsus bieten, allerdings unter einem festen einheitlichen Gesichtspunkt, nämlich von einem „ahistorischen mystischen Spiritualismus" her (235). So ist seine Lehre durchaus geschlossen trotz einzelner Widersprüche, und findet ihre Einheit letztlich in seiner eigenen Persönlichkeit. Er unternimmt also den Versuch einer Synthese der Seelenmystik mit der Naturphilosophie.

Der Schwerpunkt seiner Lehre beruht in der Überzeugung vom „inneren Wort" als „Prinzip aller Religion" (236). Damit unternimmt Weigel „den kühnen Versuch, die Religion von allen äußeren Bedingungen loszulösen und das Individuum auf den ihm eigenen religiösen, allein autoritative Geltung beanspruchenden Fonds aufmerksam zu machen" (237). Damit wird von ihm der Teil der Lehre des Paracelsus weiter ausgebaut, der sich mit dem „ewigen Leib" befaßt, mit dem Menschen als Abbild Gottes. Denn er definiert das innere Wort auch geradezu als „Bildnis Gottes im Menschen". So gelangt Weigel zu einer Trennung von Schriftwort und Gotteswort, indem das Schriftwort „zur historischen Erzählung relativiert wird" und Gottes Wort allein dem „freiwirkenden Geist" zukommt. Und so wie die Bibel nur noch durch eine allegorische Exegese einen gewissen Wert für diese Art der Religion behält, so ist es auch mit den Sakramenten, „deren der mystisch mit Gott eins gewordene Mensch nicht mehr bedarf" (238).

Der Durchbruch des inneren Wortes im Menschen vollzieht sich in dessen Wiedergeburt, er ist für Weigel eine „im Willen sich vollziehende mystische Einigung mit Gott" (239).

Diese Lehre vom „inneren Wort" ist als eine Fortsetzung der Seelenmystik des Mittelalters anzusehen. Allerdings kommt durch die hohe Bedeutung, die Weigel dem Willen gibt, von dessen freier Entscheidung letztlich alles abhängt, ein gewisser magischer Zug in seiner Lehre zum Durchbruch, der bei späteren Mystikern stärker betont wieder hervortritt.

Charakteristisch für die religiöse Schau Valentin Weigels ist die Tatsache, daß er dem „inneren Wort" eine zweite Offenbarung Gottes an die Seite stellt, nämlich das Wort, das er durch die Natur, die Schöpfung spricht. Es sind also zwei Sphären des religiösen Erlebens für den Menschen gegeben: seine Seele, in der sich die Wiedergeburt vollzieht, und die Natur, die Ordnung Gottes, deren Teil der Mensch ebenfalls ist. Durch die „Versenkung in die Intuition des Universums" findet der Mensch „schauend den Weg zu Gott". So kann der Mensch „durch andächtige Betrachtung der Natur unmittelbar zu Gott selbst emporsteigen" (240). In diesem Teil seiner Lehre schließt sich Valentin Weigel eng an die Naturphilosophie des Paracelsus an. So übernimmt er in seinem Schöpfungsbericht dessen Lehre von den drei Prinzipien: Mercurius, Sulphur und Sal.

In der Unterscheidung der drei Sphären des Universums: der sichtbaren Welt, der „englischen" Welt und der Welt Gottes, die im Menschen konzentrisch aneinanderstoßen, begegnet uns die Mikrokosmoslehre des Paracelsus wieder, sie ist „das Produkt des mystischen Totalerlebens der Einheit von Gott, Seele und Natur" (241). Auch für Weigel ist der Mensch von Gott aus dem limus terrae geschaffen worden, der die „Quintessenz aller sichtbaren Substanzen" (242) ist, und so finden wir auch bei ihm die Dreigliederung des Menschen in Leib (= elementischer Leib), Geist (= siderischer Leib) und Seele (= Geist des Bildes Gottes, ewiger Leib). Ebenfalls wie bei Paracelsus entstammt allein die Seele, das „spiraculum vitae" der supranaturalen „Welt" und ist deshalb unsterblich. Weigel fügt nun dieser Dreigliederung des Menschen, die der Dreigliederung des Kosmos entspricht, noch die Dreigliederung der Erkenntnisorgane hinzu. Er unterscheidet: den „oculus carnis", die Fähigkeit, die sich auf die rein sinnliche Wahrnehmung beschränkt und die auch die anderen Sinne mit einbegreift, den „oculus rationis", das Auge der Vernunft, und den „oculus mentis seu intellectus", mit dem der Mensch Gott schaut.

Die Verbindung seiner Seelenmystik mit der Naturphilosophie des Paracelsus schafft Weigel durch die Betonung des „Nosce te ipsum" innerhalb seiner Lehre, eines Gedankens, der besonders von Czepko wieder aufgenommen wurde. Denn da der Mensch einen Extrakt aller Wesen darstellt und da er aus dem limus terrae als Quintessenz alles Geschaffenen entstanden ist, liegt in diesen Worten neben der Forderung, die auch in der „Theologia Deutsch" hörbar wird: 'Erkenne dein Wesen, aus dem du geworden bist, das Göttliche in dir', die andere Forderung gleichzeitig mitenthalten: 'Erkenne die Schöpfung, die Natur, die Ordnung Gottes, denn das alles liegt ja im Menschen konzentriert'.

So ist das Erleben der unio mystica bei Weigel die Erfahrung der „Einheit von Gott und Natur in seiner Seele" (243). Und so sagt Weigel im „Nosce te ipsum": „O mein Schöpfer und Gott, durch dein Licht erkenne ich, wie wunderbarlich ich gemacht sey: Auß der Welt bin ich gemacht und bin in der Welt und die Welt ist in mir. Ich bin auch von dir gemacht und bleibe in dir und du in mir, auß der Welt bin ich, die Welt treget mich, sie umbgreiffet mich und ich trage die Welt und umbgreiffe die Welt. Ich bin ja jhr Kind und Sohn, sie ist worden, was ich bin und ich bin blieben, was sie ist. Dan alles was in der großen Welt ist, das ist auch alles in mir geistlich; darum bin ich und sie eins" (244).

Obgleich Weigel die Synthese von Seelenmystik und Naturphilosophie gelingt, werden beide doch nicht völlig zu einem einzigen System. Wohl hat Weigel das Verdienst, die Möglichkeiten erkannt zu haben, die für die Weiterbildung mystischer Religiosität in der Kosmoslehre des Paracelsus vorhanden waren, und er hat damit seiner Zeit die ihr gemäße Richtung mystischen Erlebens gewiesen. Dennoch steht die letzte Aneignung der Naturphilosophie durch die mystische Religiosität noch aus; sie ist die Leistung Jakob Böhmes. Letztlich bleibt es bei Weigel bei einer Synthese von Seelenmystik und Naturphilosophie, das heißt, es ist noch keine Schaffung einer Naturmystik aus unmittelbarem religiösem Erleben. Man behält den Eindruck von etwas durch einen starken persönlichen Willen zu konsequenter Gedankenführung Zusammengezwungenem. Weigel steht erst am Anfang einer Entwicklung, die durch Jakob Böhme vollendet wird.

Im Werk Jakob Böhmes wird der Schritt von der Seelenmystik zur Naturmystik vollzogen. Diese Tatsache ist bezeichnend für die im 16. Jahrhundert einsetzende Wendung der geistesgeschichtlichen Entwicklung (245). Denn mit einer reinen Seelenmystik, das heißt einer religiösen Haltung, für die die Abkehr von der Natur und den Dingen der diesseitigen Erscheinungswelt Vorbedingung ist, hätten die Menschen des 16. Jahrhunderts, des Zeitalters der Reformation, der Renaissance und des Humanismus, sofern sie außerhalb der katholischen Gläubigkeit standen, sich und ihrem religiösen Bedürfnis Gewalt antun müssen. Die mystische Religiosität bedurfte einer Neubelebung aus dem Geist dieser Zeit, einer Reformation, um auch weiterhin lebendig wirksam zu bleiben. Jedoch geschieht dies keineswegs, indem man das religiöse Erleben der Gotteinigung im Menschen auf das Einswerden mit der Natur an Stelle Gottes überträgt, sondern indem man den religiösen Erlebnisbereich erweitert in demselben Maße wie sich auch der Begriff vom Menschen erweitert hat, der für die Naturphilosophie dieser Zeit gleichsam die Summe aus der ganzen Natur bedeutet, belebt von dem Geist des Außer- und Übernatürlichen, vom Geist Gottes. So werden die Vorgänge innerhalb der Natur in die religiöse Vorstellungswelt dieser Zeit miteinbezogen, da man im Menschen gleichsam den Exponenten beider Bereiche sieht. Auch die Vereinigung von mystischer Religiosität mit der herrschenden Naturphilosophie ist ein Produkt dieser Geisteshaltung. Es ist also durchaus ein Vorgang, der dem religiösen Bedürfnis jener Menschen entspringt, die die Natur mit derselben staunenden Andacht und hingebenden Frömmigkeit zu erleben vermögen wie gottesdienstliche oder sakramentale Ereignisse. Da unter den Händen Böhmes die Naturphilosophie tatsächlich zur Naturmystik wird, könnte man Böhme als Reformator der mystischen Religiosität bezeichnen.

Zentrum und Ausgangspunkt seiner naturmystischen Betrachtungsweise ist die Drei-Prinzipienlehre des Paracelsus, die er völlig seiner eigenen reichen, beweglichen und aus visionärer Kraft lebenden Vorstellungswelt eingliedert. Aus diesen Grundvorstellungen leben alle anderen Vorstellungen Böhmes und sind ohne sie nicht verständlich.

Es handelt sich auch hier um eine Dreiteilung des natürlichen und des außernatürlichen Kosmos, um eine Dreiteilung der Eigenschaften Gottes, um eine Dreiteilung der Kräfte des Menschen. Aber die drei, aus denen alles besteht und in die es wieder zurückfällt, sind im Grunde nur drei Erscheinungsformen des einen göttlichen Willens, also ein dreifaches Wesen, wie es Böhme nennt. Böhme hat diese Fragen besonders in den Schriften „Sex puncta theosophica" (1620) (246), einem Werk, das mir überhaupt eine Darstellung der gesamten mystischen Lehre Böhmes in gedrängtester Kürze zu sein scheint, und in der „Beschreibung der Drey Principien göttlichen Wesens" (1619) (247) ausgeführt. Es sei versucht, die Drei-Prinzipienlehre Böhmes folgendermaßen zusammenzufassen: Der Grund, aus dem diese drei Prinzipien erwachsen, ist der ewige Wille Gottes, aus dem drei Welten ausfließen und zwar verschieden in der Art ihrer Entstehung durch die Unterscheidung eines 1., 2. und 3. Prinzipiums.

Im ersten Prinzipium steht nur der begehrende Wille, der in der ewigen Dreiheit „urständet". Dadurch, daß es außer ihm keine Materie gibt, in der er wirken kann, ist er gezwungen, einen Grund in sich und aus sich selber zu schaffen. Indem er aber in sich zurückgeht, in sich selbst wirkt, entsteht eine solche Spannung in ihm, daß sie notwendig nach Lösung drängt. Der Drang nach Erlösung aus sich selbst, der Angsttrieb, offenbart sich im Feuerblitz und schafft die Feuerwelt. Böhme sieht im Feuer nur die ursprünglich verzehrende Kraft, seine Urgewalt, nicht die Wärme und Licht ausstrahlende Wirkung, sodaß es also kein Widerspruch ist, wenn er die Welt auch als „finsteres Tal" bezeichnet. Auch jetzt fehlen im ersten Prinzipium noch die göttlichen Eigenschaften, es ist allein Grimm und Zorn und das finstere Tal selbst. Seine Entsprechung findet das erste Prinzipium in dem, was Paracelsus „Mercurius" nennt.

Im zweiten Prinzipium wird nun der Grund geschaffen, nach dem der in sich selbst unerfüllte erste Wille aus Mangel an Materie sich verzehrt. Gott gebiert sein Zentrum oder Herz, das Wort des Lebens, seinen Sohn, und wird erst hierdurch wahrhaft Gott. Aus der Feuerwelt entsteht die Lichtwelt, die Welt des Sohnes, in der Liebe, Freudigkeit und Sanftmut — im Gegensatz zu dem Grimm und der Herbigkeit des ersten Prinzipiums — herrschen. Auch dieses Prinzipium vollzieht sich außerhalb der Natur wie das erste. Bei Paracelus steht in Parallele hierzu das Prinzipium Sulphur.

Das dritte Prinzipium ist durch das Fiat Gottes aus den ersten beiden geschaffen. So offenbart es diese als äußere Welt, als Bildnis und Gleichnis des Ewigen. Der Gegensatz des ersten zum zweiten Prinzipium hat hier im Kampf von Gut und Böse Gestalt angenommen. Höchstes Ziel des Menschen ist, nicht im ersten Prinzipium, aus dem das Böse „urständet", befangen zu bleiben, sondern sich der Lichtwelt zu öffnen, sie in sich wirksam werden zu lassen. Die Elemente und die Gestirne sind die Kräfte, aus denen Leben und Bewegung im dritten Prinzipium entspringen, deren Zusammenwirken sein Wesen bestimmt. Da dieses Wesen aber in den beiden ewigen Prinzipien mitergriffen ist, geht auch das dritte Prinzipium wieder in den Anfang ein. Es entspringt der Grundsubstanz, die Paracelsus Sal nennt und die für Böhme die Ursache der „Begreiflichkeit" ist.

Alle drei Prinzipien sind dadurch, daß das Feuer ihre Ursache und ihr Leben ist, ewig miteinander verkettet.

Wenn man sich diese Drei-Prinzipien-Lehre Böhmes klar macht, von der her er nun die biblischen Geschehnisse, den Sündenfall, den Brudermord Kains und das Leben, die Taten und den Tod Christi deutet, so bewundert man die Dynamik dieser religiösen Schau, hinter der als stärkstes Erleben die Erfahrung des untilgbaren Gegensatzes von Gut und Böse steht, das Wissen um das Bedrohtsein des Menschen, in dessen freier Willensentscheidung es liegt, ob er das Grimme und den aus ihm hervorgegangenen Lucifer als

Herrscher seines Leibes und Lebens anerkennt oder das wahrhaft Göttliche, die Welt des Lichtes und der Liebe. Besonders, wenn man folgenden Abschnitt liest, kommt man zu der Erkenntnis, daß diese Erfahrung der Gefährdung des Menschen im Leben durch die Mächte der Finsternis, wie sie auch Dürer dargestellt hat, in vielen Menschen dieser Zeit war und nur durch deren Unerschütterlichkeit im Glauben an den Sieg des Lichtes von ihrem Schrecken verlieren konnte: „Auch so haben wir die Erkenntniß und Wissenschaft, daß wir in uns haben die vernünftige Seele, welche in GOttes Liebe ist, welche unsterblich ist: und so sie von ihrem Gegensatz nicht überwunden wird, sondern kämpfet wieder ihren Feind als ein geistlicher Ritter, daß ihr GOtt will beystehen mit seinem heiligen Geiste, will sie erleuchten und kräftig machen zu siegen wider alle ihre Feinde, will für sie streiten, und in Überwindung des Bösen sie als einen treuen Ritter glorificiren und crönen mit der schönsten Himmelscrone" (Drei Pr. S. 5).

So sieht Böhme seine Aufgabe darin, seine Mitmenschen zu ermahnen und zu stärken im Kampf gegen das Böse. Am Ende dieses Kampfes steht als Krönung und Ziel eine Böhme eigene Form der Unio-Vorstellung, die erreicht wird in der Wiedergeburt des Menschen, der Erkenntnis Gottes und der Selbsterkenntnis des Menschen.

Von der Wiedergeburt heißt es:

„Diese Geburt muß in dir geschehen, das Hertze oder Sohn GOttes muß in deines Lebens Geburt aufgehen: alsdann ist der Heiland Christus dein getreuer Hirte, und du bist in Ihme und Er in dir; und alles was Er und sein Vater hat, ist dein, und niemand wird dich aus seinen Händen reissen: sondern wie der Sohn (das ist des Vaters Hertz) einig ist, also ist auch dein neuer Mensch im Vater und Sohne einig, eine Kraft, ein Licht, ein Leben, ein ewig Paradeis, eine ewige himmlische Geburt; ein Vater, Sohn, H. Geist, und du sein Kind" (Drei Pr. S. 29).

Man kann diese Hinweise auf die Wesenseinheit des Menschen mit Gott nicht ernst genug nehmen, wenn sie in solcher Schlußfolgerung auftauchen, daß die ewige Wiedergeburt des Gottesgeistes im Menschen als höchste Forderung gestellt wird: „Wo wilst du doch GOtt suchen? suche ihn nur in deiner Seele, die ist aus der ewigen Natur, darinnen die Göttliche Geburt stehet" (Drei Pr. S. 67).

Aus Böhmes Äußerungen über seine Erkenntnis und „Schau" Gottes kann man entnehmen, daß er die göttliche Wiedergeburt in sich selbst erlebt hat, also wahrhaft Mystiker ist. Dafür sprechen auch die häufigen Erklärungen, daß dieses wunderbare Gotterkennen darauf zurückzuführen sei, daß nur denen die Augen geöffnet werden, die nicht mit irdischen Kräften schauen. All dies ist nicht formelhaft zu nehmen, sondern weist deutlich darauf hin, daß ein solches Gottesverständnis nur in bestimmten Konventikeln erwartet werden durfte. Diese bilden Böhmes Publikum. Von ihnen wollte er verstanden werden und so wendet er sich immer wieder an sie mit der Warnung vor einer falschen Vision, wie wir solche Ermahnungen häufig genug in der Frauenmystik angetroffen haben:

„Es verstehet uns kein Leser recht im Grunde, sein Gemüthe sey dann in GOtt geboren; es darf keine Historische Wissenschaft in unsern Schriften gesucht werden. Denn als es nicht möglich ist, GOtt zu schauen mit irdischen Augen, also ists auch nicht möglich, daß ein unerleuchtetes Gemüthe himmlische Gedancken und Sinnen fasse in das irdische Gefässe, es muß nur gleich mit gleichem gefasset werden" (Drei Pr. S. 491).

So erst erklärt sich auch die Böhmesche Vorstellung von dem „himmlischen Gemüte", das im Menschen lebt und das allein mit Kräften ausgerüstet ist, den strahlenden Glanz Gottes in der Vision zu ertragen. Man muß diese Erklärungen Böhmes kennen, um die Wirkung einer solchen Vorstellung auf die Dichter des 17. Jahrhunderts zu ermessen, bei denen gerade dieser Begriff eine entscheidende Rolle spielt. Erst im „himmlischen Gemüte" wird der Vorgang der Wiedergeburt anschaulich:

„Die ewige Gebärung ist eine unanfängliche Geburt, und hat weder Zahl noch Ende, und seine Tieffe ist ungründlich, und das Band des Lebens unzertrennlich: der siderische und elementische Geist kans nicht schauen, vielweniger fassen, allein er fühlet es, und schauet den Glantz im Gemüthe, welches ist der Seelen Wagen, darauf sie fähret in dem ersten Principio, in ihrem eignen Sitz in der Gebärung des Vaters: denn desselben Wesens ist sie, gantz roh ohne Leib, und hat doch des Leibes Form in ihrer eignen geistlichen Gestalt, verstehe nach der Bildniß: die siehet und erkennet im Lichte GOttes des Vaters, welches ist sein Glantz oder Sohn, so ferne sie im Lichte GOttes wiedergeboren ist, in die ewige Geburt, in der sie lebet und ewig bleibet" (Drei Pr. S. 32 und 102).

Die Forderung der Wiedergeburt des Menschen ist vom Mittelalter bis zum Pietismus Allgemeingut der Mystik gewesen. Böhmes Beschreibung davon unterscheidet sich von der der mittelalterlichen Mystik dadurch, daß er sie von seiner Drei-Prinzipien-Lehre her deutet, und zwar ist für ihn die Wiedergeburt die Erweckung und der Sieg der Lichtwelt im Menschen über die Welten der beiden anderen Prinzipien. Der göttliche Geist der Liebe herrscht über den Grimm und den Angsttrieb im Menschen, der nur noch das Begehren nach der Kraft und Macht des Lichtes kennt.

Für den Menschen, der auf Grund seiner freien Willensentscheidung die Lichtwelt in sich zum Leben zu erwecken vermag, ist die Welt der äußeren Erscheinungen, in die er gestellt ist, ein Mysterium, das ihn als Gleichnis der Lichtwelt zu dieser hinweist, die ihn zur Erkenntnis des Geheimnisses seines eigenen Seins und des Kosmos befähigt. So erfährt er in sich selber das Ineinandergreifen und -wirken dieser beiden Welten, von denen die eine zur Erleuchtung und Erkenntnis der anderen beiträgt und so den das äußere Mysterium und das wahre Licht schauenden Menschen erst eigentlich zum Menschen macht.

Aus dem In-sich-gehen des Menschen und aus dem Erlebnis der äußeren Welt als Mysterium gelangt der Mensch zur Schau Gottes. Dies bedeutet für Böhme aber nicht die Möglichkeit zweier Wege zu Gott, wie für Weigel, sondern es ist ein Vorgang, der sich hier vollzieht, denn der Mensch erfährt in sich selbst das Mysterium der Welt, und im Mysterium der Welt findet er sein eigenes Wesen versinnbildlicht. Diese Erfahrung der Einheit der Schöpfung, die im göttlichen Willen begründet liegt, also in einem dynamischen Prinzip, ist gleichzusetzen mit der Wiedergeburt des Menschen in Gott.

Gerade bei der Unio-Vorstellung Böhmes, in der die äußere Welt als Mysterium Gottes ebenfalls zu einem inneren, in der Seele des Menschen wirksamen Prinzip wird, ist es deutlich erkennbar, daß die Naturmystik im Grunde genommen nichts anderes ist als eine neue Form der Seelenmystik, und sich von der letzteren nur dadurch unterscheidet, daß der Bereich der religiösen Erfahrung auch auf die Natur ausgedehnt ist. Durch die Dynamik seiner religiösen Schau vermag Böhme es, die Natur in diesem hohen Grad zur Seelenkraft zu verinnerlichen. Diese Dynamik, die durch Böhmes Auffassung von der Notwendigkeit der Gegensätze für jedes Werden gegeben ist, ist also die Kraft, vermittels derer Böhme die Naturphilosophie zur Mystik umzugestalten vermag; hierin liegt seine reformatorische Tat für die Entwicklung der mystischen Religiosität. Sein Interesse haftet stets „am Werden, nicht am Gewordenen, an der Entwicklung, nicht an den daraus entspringenden gesetzmäßigen Forderungen. Die Frage, um die Böhme sich müht, ist also die Möglichkeit dieses Übergangs von Gott zur Natur, von der Einheit zur Mannigfaltigkeit, von der Ewigkeit zur Zeit" (248). „Böhme gelangt durch Überwindung des neuplatonischen Begriffes des Bösen, an dessen Stelle er eine absolute sittliche Schätzung setzt, zu einem fruchtbaren dualistischen Prinzip, mit dem er alles Sein in Werden, alle Ruhe in Bewegung und lebenzeugende Spannung umzuwandeln vermag" (249). Von der Mystik des Mittelalters scheidet ihn darüber hinaus sein neuer Gottesbegriff: „Ein lebendiges Gefühl für Gottes machtvollen, schaffenden Willenscharakter ist der Ruhm von Böhmes Gottesgedanken. Damit drängt er ungleich stärker als die 'Theologia Deutsch' den Substanzbegriff Eckharts zurück.... Von diesen beiden Seiten her gestaltet sich ihm der Werdeprozeß vom Ewigen zum Zeitlichen, von Gott zur Welt in derjenigen Lebendigkeit, die der Fülle und dem Reichtum der Naturformen gerecht wird" (249).

So liegt in dem Vorrang, den das Werden über das Sein erhält, die eigentliche Leistung Jakob Böhmes. Im Werden, also in einem organisch sich vollziehenden Vorgang, sind die aus den drei Prinzipien ausfließenden Welten innig miteinander verbunden, und durch einen Werdevorgang vom 3. Prinzipium über das 1. in das 2. Prinzipium vollzieht sich die mystische Einigung der Seele mit Gott. Und so faßt Bornkamm die Leistung Böhmes zusammen, indem er sagt: „daß er den Neuplatonismus in der spekulativen Mystik überwunden hat" (250). So kann man Böhme mit Recht als „philosophus teutonicus" bezeichnen, denn er hat der mystischen Religiosität das deutsche Gepräge seines Zeitalters verliehen und hat so ein wahrhaft reformatorisches Werk geleistet.

In Jakob Böhme hat die Naturmystik gleichzeitig ihren Höhepunkt und ihre Vollendung erreicht. Die, die nach ihm kamen und auf seiner religiösen Vorstellungswelt fußten, haben ihn nicht begriffen, vor allem deshalb nicht, weil sie die persönliche Kraft, Willensstärke und Gläubigkeit, die Böhme eigen waren, nicht mehr besaßen (251).

Im Übergang vom 16. zum 17. Jahrhundert ist wiederum ein Wandel im Bild des Menschen zu beobachten. Die Menschen, die das Gesicht der nachreformatorischen Zeit bestimmen, sind weniger in sich geschlossene Persönlichkeiten als die, die der Reformationszeit das Gepräge verliehen haben. Sie empfinden die religiöse Unsicherheit, die durch die Reformationszeit ausgelöst wurde, stärker als die Kraft, die von ihr ausging. Für sie ist Diesseits und Jenseits Gott und Welt ein unüberbrückbarer Dualismus geworden, den zu überwinden sie nicht die Kraft besitzen, sodaß er sich in ihnen selbst als Spannung auswirkt. Der Drang nach Lösung dieser Spannung ist in ihnen wach, aber sie sehen keine andere Möglichkeit als das Entweder-Oder einer Entscheidung: Entweder Hingabe an die Welt, an den Diesseitsgenuß oder Hingabe an die Frömmigkeit, an die Hoffnung auf den Frieden und die Ruhe des Jenseits. Beide Tendenzen ruhen häufig in einem Menschen nebeneinander und werden von ihm auch nebeneinander gelebt und durchgekämpft. Deshalb schließt sich in dieser Zeit allmählich Naturmystik, das heißt die Durchdringung der diesseitigen Erscheinungswelt auf Grund starken religiösen Erlebens, als selbständige Erscheinungsform von selbst aus. Naturphilosophie und Religion lösen sich wieder voneinander; wenn auch gelegentlich noch der Versuch der Erneuerung der Naturmystik unternommen wird, so doch immer nur in einem Stadium der religiösen Entwicklung dieser Menschen, die zumeist im Kompromiß mit einer Konfession oder sogar im engen Dogmenglauben der Kirche enden. Dagegen führt die aus dem Spannungsverhältnis zwischen Diesseits und Jenseits erwachsene Hingabe an die Frömmigkeit zu einer vertieften Gotteserfahrung und einer gesteigerten Vereinigungssehnsucht, die manches mit der Mystik des deutschen Mittelalters gemeinsam hat und sich in dieser wiederfindet. So ist die starke Wirkung mystischer Schriften auf die Menschen des Barockzeitalters zu erklären. Die unio mystica bietet auch für sie eine Möglichkeit der Lösung irdischer Spannungen schon im diesseitigen Leben, nur wird sie in der veränderten geistigen Situation des 17. Jahrhunderts entsprechend ausgedeutet und ihr anverwandelt.

VII. Kapitel

Die Wiederaufnahme mittelalterlicher Mystik im Zeitalter des Barock

1. Entwicklungsstufen der Mystik zwischen dem 12. und 17. Jahrhundert

Es gibt in der Geschichte der Mystik und des Unio-Problems keine Wiederholung im Sinne einer psychologischen, philosophischen oder theologischen Kongruenz. Wenn wir im historischen Zusammenhang bei der frühen deutschen Mystik die Kennzeichen einer besonderen Frauenmystik darzustellen versuchten, bei der das Erlebnis der unio stark vom Gefühlsleben gespeist wurde und bei der sich dieses Erlebnis der Vereinigung der Seele mit ihrem Ursprung bis zur Ekstase steigern konnte, so war damit verbunden eine in der Literatur und Dichtung sichtbar gewordene Allegorie von der Seelen-Unio mit Christus, die sich, ausgehend von Visionen und Prophetien, erst allmählich zu erotischen Vorstellungen und schließlich geradezu krankhaften Erscheinungsformen steigerte. Für diese affektgebundene Visionsmystik konnten wir als Beispiel weniger die Aufzeichnungen der Hildegard von Bingen als die Mechthilds von Magdeburg nennen. Bei der heiligen Hildegard eröffnete sich uns der Einblick in frühe Vorformen mystischer Erlebnisweise. Die Seele fühlte sich von einer göttlichen Kraft berührt und schaute in diesem Zustande über die Grenzen menschlichen Erkenntnisvermögens weit hinaus, gab über den wahren Sinn der Schrift und der kirchlichen Einrichtungen, über prophetische Gesichte vom Ende der Zeiten, vom Antichrist und Weltuntergang Kunde. Bei Mechthild von Magdeburg prägte sich die mystische Allegorie weniger in Prophetien und Lehren als in dem Bilde von der bräutlichen Seele aus, die die Vereinigung mit ihrem Bräutigam Christus ersehnt, so daß wir nun den Metaphernschatz der geistlichen Erotik, vermischt mit der Terminologie des höfisch-weltlichen Minnesangs vor uns hatten. Hier wie im St. Trudperter Hohen Lied wirkt sich die Bernhardinische Mystik aus, deren Bedeutung für das 17. Jahrhundert wir weiter unten genauer nachzuweisen haben. Erst später ließ sich in dieser geistlichen Minneallegorie mit wachsender Ausbreitung der mystischen Bewegung in den Frauenklöstern die schnelle Nivellierung erkennen, auf Grund deren schließlich die unio mystica als Ausdruck mittelalterlicher Religiosität sowie die ganze Bewegung mißverstanden wurde und in Verruf kam.

Ein anderer Typus formte sich in der Mystik des 14. Jahrhunderts, die von den großen Meistern getragen war und deren Entwicklung zur ausgesprochen spekulativen Mystik wir an Einzelpersönlichkeiten verfolgt haben. Es genügt, auf die Hauptvertreter Eckhart, Seuse und Tauler hinzuweisen, die die mystische Idee als Gott- und Lebenslehre geformt haben und die Terminologie schufen, durch die nun die Mystik als religiöse oder philosophische Lehre weitergegeben werden konnte. Wir erinnern uns dabei, daß ihr Ursprung zwar in der Scholastik zu suchen ist, daß aber durch die Verinnerlichung und das persönliche Durchdenken aller Einungsprobleme der Bruch mit der Scholastik vollzogen wird und die Mystik ihren kirchlichen Erneuerungscharakter erhält, der dann bei Einzelpersönlichkeiten wie bei Eckhart bis zur Verfemung seiner Schriften durch den Papst führt. Kennzeichnend für diese Form der Mystik ist demnach das Überwiegen der Kräfte der Vernunft (ratio) in dem einzelnen und die damit verbundene Ablehnung aller ekstatischen Äußerungen sowie das Streben, einen aus der mystischen Lebenslehre hergeleiteten, aber mißverstandenen Quietismus zu überwinden.

Eine zwischen diesen beiden Formen sich haltende, weder für die reine vita contemplativa noch für die vita activa klar entschiedene mystische Frömmigkeitsform bildet sich in den Schülerkreisen der großen Meister aus, die die mystische Lebenslehre in die Erbauungsliteratur überleitet, andererseits in einer mehr praktisch betätigten Lebensweise wie in der „Nachfolge Christi" und später in der neuen Frömmigkeit der Devotio moderna alles Häretische verliert.

In ihren Grundzügen bleiben diese drei nur im Umriß angedeuteten Erscheinungsformen vorreformatorischer Mystik bis über die Reformation hinaus erhalten. Sie verändern ihren Charakter nur insoweit, als der neuerliche Einstrom der Mystik im 17. Jahrhundert mitten im Streit der Konfessionen und im Sinne eines ausschlaggebenden 'Für' oder 'Gegen' verwertet wird. Das Schrifttum der mittelalterlichen Mystik wird im 16. und besonders im 17. Jahrhundert von den Trägern mystischer Erlebnisse als eine Quelle der persönlichen Frömmigkeitsvertiefung durchforscht und als Vorbild für die Ausbildung der Persönlichkeit in die Frömmigkeitsvorstellung des einzelnen aufgenommen. In diesem Greifen nach der Mystik aus innerer Notwendigkeit tritt wieder ein Wesenszug der deutschen Mystik besonders klar hervor: das Streben, die Individualität zu entwickeln. Dabei ist im historischen Ablauf der deutschen Geistesgeschichte klar zu erkennen, daß die Wiedererweckung mittelalterlicher mystischer Frömmigkeitsformen sich seit dem Cusaner und seit Luther immer dann vollzieht, wenn es um die Bedrohung eines persönlichen, frei gewählten Verhältnisses zu Gott geht.

Für diesen Kampf um eine Frömmigkeitsvertiefung des einzelnen mit einem festen Glaubensziel bleibt Eckharts Gedankengut wirksamstes Vorbild.

Läßt man sich von dem Gesichtspunkt leiten, daß Mystik in der deutschen Geistesgeschichte besonders dann wachgerufen wird, wenn es um die Befreiung von kirchlichem Mittlertum und um die Aufrechterhaltung jenes freien Verhältnisses zu Gott geht, so verläuft eine klar sichtbare Linie des Weiterwirkens der Mystik von Eckhart (um 1320) über Nikolaus von Cues (um 1420,) zu Luther (um 1520, während seiner Beschäftigung mit Tauler und der Theologia Deutsch) und zum 17. Jahrhundert, in dem seit 1620 eine neue Form der Mystik entsteht (252).

2. Erscheinungsformen der Neu-Mystik des 17. Jahrhunderts

Über die Mystik in der deutschen Dichtung des 17. Jahrhunderts ist in der wissenschaftlichen Literatur häufig gehandelt worden. Wenn auch eine Zusammenfassung der an den verschiedensten Stellen vorliegenden Forschung fehlt, so herrscht doch bei allen Einzeldarstellungen darin Übereinstimmung, daß sich in diesem Zeitalter zwischen Reformation und Aufklärung ein Wiederaufleben mittelalterlicher mystischer Frömmigkeitsformen zeigt. Allerdings ist diese Neumystik des Barock wenig klar in ihrer Eigengesetzlichkeit und besonders in ihrer Andersartigkeit gegenüber den mittelalterlichen Erscheinungsformen erkannt worden.

Weder bei Hankamer (253) noch bei Peukert (254) noch bei Heckel (255) ist der Wandel dieser Neumystik gegenüber der altdeutschen Mystik deutlich genug gekennzeichnet worden. Selbst wenn diese Überprüfung erst mit der endgültigen Erschließung von Eckharts und Böhmes Gesamtwerk erfolgen kann, so läßt sich doch schon jetzt unter dem Gesichtspunkt von „Einheit und Wandel" der Erscheinungsformen der unio mancherlei Klarheit für das geschichtliche Verständnis dieser Frömmigkeitsbewegung gewinnen. Gerade in der Auffassung von der unio zeigt sich auch hier wieder das Übereinstimmende und Trennende. Auch hier ergibt sich wieder die gleiche dreifache Grundstruktur der seelischen Haltung in der affektiven und spekulativen Mystik sowie in der lebensnahen praktischen Mystik, die von hier aus eine Sonderentwicklung zum deutschen Pietismus durchmacht. Auch hier leuchtet wieder das Grundgesetz auf, daß die Vertiefung der mystischen Probleme, also die gedankliche Durchdringung der Gott- und Lebenslehre, bei den Einzelpersönlichkeiten liegt und andererseits die Verflachung der gewonnenen höchsten Werte in einer Angleichung an das Auffassungsvermögen der Vielzahl der Gläubigen beginnt. Auch im 17. Jahrhundert prägen sich in der Dichtung durch die Reformation hervorgerufene neue Formen einer mystischen Gott- und Lebenslehre aus, wobei in einer solchen Unterscheidung die veranlagungsgemäße Beteiligung der ratio und der Affekte Differenzierungen hervorruft, die dann das Charakteristische der Einzelpersönlichkeit ausmachen und bei der Interpretation nicht verwischt werden dürfen.

Wenn Heckel in seiner „Geschichte der deutschen Literatur in Schlesien" darauf hinweist, „daß die Grundtypen mittelalterlicher Frömmigkeit von neuem aufleben, die Flucht vor der Welt, die Abtötung des Fleisches, die Versenkung in mystische Seelenschau mit dem inbrünstigen Verlangen, schon hinieden in ekstatischer Verzückung der Gemeinschaft mit Gott teilhaftig zu werden" (S. 265) so verbindet er mit dieser Aufzählung keineswegs die Vorstellung vom Zusammenhang der Kennzeichen der mittelalterlichen Mystik mit denen des 17. Jahrhunderts. Aus einer solchen allgemeinen Charakteristik läßt sich noch nicht das Weiterwirken echter mystischer Frömmigkeitsformen des deutschen Mittelalters ableiten. Es genügt auch nicht, auf den kirchenfeindlichen, ja häretischen Zug der Barockmystik und damit auf eine Parallele zum Mittelalter hinzuweisen, sondern wieder müssen die Erscheinungsformen der Einheitserfahrung wirklich sichtbar gemacht werden, damit die Kontinuität beweisbar wird.

Wenn ich auch in vielen Punkten mit Heckels Darstellung übereinstimme, so muß ich mich doch in einem entscheidenden Punkt gegen seine Auffassung von der Konfessionalität wenden. Heckel betont mit Recht, daß das neuplatonische Erbe der mittelalterlichen Mystik in Böhmescher Fassung übernommen wurde und daß über die reine Schau dieser Frömmigkeit hinaus der freie Willensentscheid des einzelnen wesentlich geworden sei, aber er erwähnt ausdrücklich, daß die konfessionelle Verschiedenheit „dabei keine Rolle mehr spiele" (S. 264). Ich stimme dieser Ansicht in allem bis auf den letzten Punkt zu. Denn hier zeigt sich wieder der Unterschied zur Mystik des Mittelalters am deutlichsten. Man sieht, daß die Neumystik des 17. Jahrhunderts durch die Veränderungen im Reformationszeitalter ihren wesentlich eigenen Grundzug erhält. Entsprechend dem durch die Reformation geschaffenen Dualismus des Bekenntnisses bleiben die großen Einzelnen unter den Barockmystikern in ihrer konfessionellen Bindung, trotzdem sie tief in die mystische Gottlehre Einblick gewinnen und gerade von diesen innersten religiösen Entscheidungen in ihren Dichtungen Zeugnis ablegen. Die Mystik des 17. Jahrhunderts bleibt in der religiösen Entwicklung des damaligen Menschen eine Zwischenstufe, wenn auch eine sehr bedeutende. Sie schließt aber nicht die Rückkehr oder Umkehr in eine der konfessionellen Bindungen aus, sodaß wir wohl berechtigt sind, einzelne Mystiker in solche konfessionell gebundenen Gruppen zusammenzufassen, wie ich es selbst in meiner Dissertation über das Todesproblem versucht habe. Dagegen spricht auch nicht das Beispiel Frankenbergs, das Heckel (S. 264) erwähnt. Weiter hieße es Böhmes Stellung innerhalb der deutschen Mystik geradezu ungeschichtlich machen, wenn man ihm seinen Charakter als protestantischer Mystiker nehmen wollte. Gewiß ist ein überkonfessioneller Zug jeder Mystik eigen, auch der Mystik des 17. Jahrhunderts. Auffallend bleibt aber, daß diese Mystiker nur in einem Abschnitt ihres Lebens wirklich als Mystiker bezeichnet werden und niemals von ihrer Konfession getrennt gesehen werden können, in der Art etwa, daß die Mystik ihren Glauben ersetzte. Genau so wie im Mittelalter der Mystiker in einem Abschnitt seiner Entwicklung über die Katholizität hinauswächst, so stößt er auch im 17. Jahrhundert über die Konfession hinaus vor. Jedoch wird hier dem Mittelalter gegenüber in sehr gesteigerten Formen die Ausbildung einer persönlichen Frömmigkeit offenbar. Entscheidend ist für das Mittelalter das Bleiben in den Grenzen der Kirche, für das 17. Jahrhundert die Rückkehr zum katholischen oder protestantischen Bekenntnis.

Nur bei den Konventikelkreisen, wie denen um Frankenberg, lösen sich diese ausgesprochen konfessionellen Bindungen deswegen, weil die Mystik hier den Charakter einer Erneuerungsbewegung annimmt und nun das Einzelerlebnis des mystisch Gläubigen den Vorstellungen Vieler angeglichen wird. Doch ist auch bei diesen Kreisen wichtig, daß sich gegenüber dem Mittelalter die soziologische Beteiligung stark verändert hat. Im Barockzeitalter bilden nur Geistliche, Ärzte, Gelehrte und Edelleute diese Gemeinschaften, — es fehlt die Masse der Gläubigen, die solchen Bewegungen erst die reformierende Kraft geben, wie wir es bei den Geißlerzügen und der Devotio moderna gesehen haben. Heckel sagt mit Recht, es seien „Führer ohne Mannschaften" geblieben (S. 270). Immerhin ist die Wirkung solcher Konventikel, wie sie sich um Frankenberg, Weigel, Czepko und andere bildeten, nicht für gering zu schätzen, zumal diese Kreise untereinander Verbindung hielten (Heckel S. 269). Nur wurde der dort gepflegte Spiritualismus nicht abgelöst von einer allen verständlichen Lehre, einer neuen Frömmigkeit, — und so blieb die Wirkung der Mystik im 17. Jahrhundert doch auf die Einzelpersönlichkeit und die Entfaltung ihrer Geistigkeit beschränkt. In diesen Einzelpersönlichkeiten allerdings hat das dichterische Wort und die gestaltende Kraft der Phantasie echte künstlerische Formen von überzeitlicher Wirkung geschaffen und besonders der geistlichen Lyrik dieser Zeit eigene Prägung verliehen.

3. Erscheinungsformen der unio mystica in der Lyrik Spes, Baldes und Kuhlmanns

Die leidenschaftliche Gefühlsstärke im Erlebnis der unio mystica, wie sie im Mittelalter besonders in der bräutlichen Allegorie von der Vereinigung der Seele mit Christus zum Ausdruck kam, können wir im Barockzeitalter in zwei Ausprägungen wieder entdecken: in den fernen Nachbildern bernhardinischer Brautmystik und in einer Visionsmystik, die sich bis zum Prophetentum steigert.

Von der bernhardinisch bestimmten Mystik des Mittelalters her führt eine wichtige doppelte Entwicklungs- und Überlieferungslinie bis in die Neuzeit. Der eine Weg geht über die allgemeine, in den romanischen Ländern stark geförderte Hohe Lied Tradition, — davon zeugen die vielfachen Übersetzungen von Gedichten des Johannes vom Kreuz und der heiligen Theresa, — der andere über das deutsche Mittelalter, in dem sich Spuren dieser Tradition in der Frauenmystik, in Seuses „Exemplar" und in der „Imitatio Christi" nachweisen lassen. Auf beiden Wegen dringt bernhardinische Gedanklichkeit und Terminologie in die Passions- und Brautmystik des 17. Jahrhunderts ein. Man könnte die Hauptmerkmale dieser bernhardinischen Tradition in drei Motiven wiedererkennen (256):

1. in der Vorliebe für das „connubium spirituale"
2. in der Vorliebe für die „sedula meditatio Christi vulnerum"
3. in der Vorliebe für die „compassio Christi".

Alle drei Motive enthüllen als Ursprung die starke Gefühlsbeteiligung im Nacherleben der unio und kennzeichnen damit eine, wenn auch nicht die wichtigste Ausprägung mystischer Lyrik des 17. Jahrhunderts. Die entscheidende Wandlung ihres Geistes aber verrät sich, wenn man erkennt, wie das Grundgefühl des 17. Jahrhunderts einer solchen unio mystica entgegenkommt. Aus dem antithetischen Bewußtsein der eigenen Schwäche und zugleich der Wesensgleichheit der Seele mit Gott wird eine Überwindung dieses Konfliktes in einer der drei bernhardinischen Formen der unio erstrebt und dichterisch gestaltet.

Im 17. Jahrhundert steigert sich das völlig natürlich empfundene Gefühl für die Wesensgleichheit der Seele mit Gott in der Vereinigungsmöglichkeit des „connubium spirituale" bis zur Ekstase. Liebessehnsucht und Innigkeit tragen im Augenblick der Gottannäherung den einzelnen über alle Schranken menschlichen Seins hinaus. Ein neues Moment aber wird typisch für den Menschen des 17. Jahrhunderts: Der Tod wird zum Tor der Seligkeit, denn erst er eröffnet den Eintritt in das höchste Glück der Vereinigung mit Christus. Je stärker dieser Christus als männliche Kraft Gottes erfahren und vorgestellt wird, desto glühender wird das Minne-Erlebnis in einer kunstvollen Liebesallegorie ausgestaltet. In völligem Sichverlieren an den himmlischen Bräutigam wird die Fülle des Göttlichen im Einstrom in die menschliche Seele erfahren. Einen Augenblick lang scheint das Bewußtsein ausgelöscht zu sein durch die unaussprechliche Seligkeit und Wonne der Vereinigung. Allerdings darf diese dichterische Vorstellung nicht immer als wirkliche seelische Erfahrung verstanden werden, sondern zum Teil nur als sehnsüchtig erwartetes Wunschbild. Bis zur geschmacklosen Übersteigerung sinnlich-erotischer Bilder kann diese Unio-Erwartung kommen, besonders in den wenigen Liedern, die uns von den Dichterinnen des 17. Jahrhunderts überliefert sind, deren mystische Strophen niemals zu vergleichen sind mit denen der Frauenmystik des Mittelalters (257). Diese Trägerinnen der Neumystik wie Anna Owena Hoyers oder Sybilla Schwartz bringen nicht in dem Maße die persönliche Beteiligung an der oben erwähnten Form des Unio-Erlebnisses auf wie Mechthild von Magdeburg oder Margarete Ebner. Jeder Vergleich bleibt allein deswegen unzulänglich, weil der Unterschied in der Persönlichkeitsausbildung in solchem Maße zu Ungunsten der Mystikerinnen des 17. Jahrhunderts ausfällt. Bei den männlichen Trägern wirkt sich dagegen die Gefühlsmystik dieser Lyrik in den verschiedenartigsten Erscheinungsformen aus. Während Kuhlmanns Lyrik das eindrucksvollste Beispiel für den aus der Vision erwachsenen Prophetismus darstellt, leuchtet die Wiedererweckung der bräutlichen Minne-Allegorie am sichtbarsten bei Balde und Spe auf.

Bei Friedrich von Spe finden wir schon im „Goldenen Tugendbuch" Stellen, die uns die Grundstimmung eindeutig wiedergeben, aus der seine bräutlichen Lieder entstehen. In glühender Sehnsucht verlangt die sponsa nach ihrem Geliebten: „Wie kan ich deiner so lang entrathen? wie kan ich jmmer rasten / vnd ruhen bisz ich dich vmfange? bisz du mich in dich verzehrest, bisz ich lauter dein / vnnd du pur lauter mein in ewigkeit bleiben müssest?" (258).

In unzähligen Variationen begegnen wir der gleichen Grundstimmung in Spes „Trutznachtigall", in der sich der Dichter dem Gottsohnerlebnis öffnet. Diese Sammlung enthält viele der Lieder, in denen die Motive des Hohen Liedes ihre Wiederbelebung und Nachdichtung erfahren. Auch hier geht die Seele im mystischen Erlebnis einen Weg zur unio, unablässig erregt von der Sehnsucht und dem Willen zur Liebesvereinigung im Sinne des Hohen Liedes. Eine typische Form gefühlsbetonter Mystik, die dem erotischen Motivkreis entstammt, tut sich hier auf und erreicht eine hohe Steigerung der Jesusminne, bei der, wie bei der mittelalterlichen Frauenmystik, der einfache Liedton neben barocker Wortspielerei in der Nachbildung des Hohen Liedes zum Ausdruck kommt. Spe's mehr weiblich empfindende Natur spricht aus diesen Liebesliedern an Christus. Immer wieder wird das Motiv von Christus und der Seele abgewandelt und teils in der Stimmung der Erwartung oder auch der Liebesbegegnung in barocke Verse gebracht. Einzelne Strophen können beispielhaft das andeuten, was in unzählbaren Variationen allmählich formelhaften Charakter erhält:

„Ach wan doch Jesu liebster mein /
Wan wirst dich mein erbarmen:
Wan wider zu mir kehren ein?
Wan fassen mich in armen?
Was birgest dich?
Was kränckest mich?
Wan werd ich dich umbfangen?
Wan reissest ein /
Alle meine pein?
Wan schlichtest mein verlangen?" (259)

(Cysarz, Lyrik III, S. 111.)

In einer für uns nicht mehr erträglichen Verzärtelung des Christusbildes beginnt die Ausgestaltung der Unio-Situation, deren Höhepunkt und innere Spannung die Begegnung und Vereinigung mit der in ihren Jesum verliebten Psyche bildet. Umkränzt wird diese Situation von besonders verfeinerten Naturbildern, in deren Ausgestaltung die Kleinmalerei ihre Höhepunkte verspielter barocker Ausgestaltung erfährt. Der Grundton dieser Lieder ist immer getragen von der Sehnsucht nach dem Seelengeliebten. Es ist Empfindungslyrik, in der die Vorbereitung auf die Begegnung in der unio eine gleich grosse Rolle spielt wie das Vereinigungsmotiv selbst. Es zeigt sich auch hier wieder der Unterschied zu der Hohen Lied-Paraphrase des hohen Mittelalters. War dort die unio das summum bonum, erfüllte sich in ihr endlich die Sehnsucht nach Ruhe in der Liebesvereinigung, so spüren wir hier die unablässige, unruhevolle Spannung des Verzehrtwerdens und des Sich-verzehren-wollens. Die oft erwähnte barocke Steigerung erreicht in diesen Liedern von der unio ihre Höhepunkte in der ununterbrochenen Häufung von Ausdrücken der Ungeduld. Selten ist der Ton der unablässigen Beschwörung so natürlich anschwellend und doch stetig variiert getroffen, wie in der oben zitierten Strophe.

Es hieße aber ein einseitiges Bild von dieser Hohe-Lied-Stimmung vermitteln, wenn man nur Beispiele für die barocke Häufung in der Lyrik Spes heranziehen wollte. Mitten in diesen Liedern bricht sich an einzelnen Stellen schon der andere Stil Bahn, der zu liedhafter Einfachheit führt. Gerade die Strophen der Liebesbegegnung zwischen Christus und der Seele beweisen das. Als Christus sich der Geliebten naht, in jeder Hand eine Rose tragend, schwindelt ihr fast vor der „viel zu süssen noth", und wie im Volkslied klingt die Strophe aus:

„Er leinet mich in armen /
Mich hälset ohn verdruss /
Und freundlich thät erwarmen
Mit manch- und manchem kuss." (260)
(Cysarz, Lyrik III, S. 115.)

Die Art der Stilisierung dieser Hohe-Lied-Situation im schäferlichen Gewand ist hinreichend von der Forschung bekannt gemacht worden (261), sodaß diese wenigen Hinweise genügen, zumal das tiefere mystische Problem keine rechte Bereicherung erfährt. In dieser Art Friedrichs von Spe hält sich die katholische Kirchenlieddichtung des Barock, ohne daß eine wesentliche Variation eintritt. Weder Prokop von Templin noch Laurentius von Schniffes noch einer der anderen geistlichen Lyriker kommen über diese in der Tradition des Hohen Liedes bleibenden Beschreibungen der unio hinaus.

Vieles Einzelne ließe sich noch aus der Dichtung Friedrichs von Spe anführen, aber alles würde sich nur zu dem gleichen Grunderlebnis zusammenschließen, wie wir es für diese Form mystischer Lyrik gekennzeichnet haben.

In der Marienlyrik Jakob Baldes zeigt sich eine ähnliche Art innerer herzensbetonter Frömmigkeit. In diesen Gedichten fleht der Mann zu Maria in einer echt empfundenen Verehrung, die durch Einmischung mystischer Töne den Charakter einer Marienminne annimmt, wie wir sie in der gefühlsbetonten mittelalterlichen Mariendichtung fanden.

Neben dieser Marienminne aber tut sich in Baldes Lyrik unter der Einwirkung des Todesgedankens noch eine andere Problematik auf, deren Grundthema die Annähe ung der Vorstellungen von Todesnacht und Brautnacht bildet. Wenn man also einmal absieht von der rein anbetenden Marienverehrung (262), verdichtet sich hier das Neue am Unio-Erlebnis zu einer echten Problematik, weil die gesamte religiöse Haltung des Dichters eine neue

Bewertung erfährt. Es kommt zur Verbindung von bräutlicher Mystik und ernstester Todesspekulation. Hier gewinnt Balde die eigensten Töne seiner gesamten Lyrik. Der Tod erscheint als Befreier, er wird zum Führer zur Gotteinigung und findet so bei Balde seine dichterische Verklärung. Man findet eine mystische Todesdichtung, bei der die dabei entstehenden mystischen Bilder und Gedanken nicht mehr mit denen des deutschen Mittelalters in direkte Parallele zu bringen sind. Während des Mittelalters blieb bis zur Dichtung des „Ackermann aus Böhmen" der Tod festgelegt in seiner gottgewollten Funktion als Rufer und Führer ins Jenseits, er blieb unberührt von dem Unio-Problem der Mystik. Gerade in der Barockdichtung ändert sich dies. Der Tod gehört mitten hinein in die mystische Erlebnissphäre. Er wird zum Tor der Vereinigung mit Gott, und so gewinnt die für das 17. Jahrhundert gültige Gleichung „vitae sub ipso nomine mors latet" (263), die von Gryphius aufgelöst wird in die deutsche Formel: „Dies Leben ist der Tod" (264), eine neue Wendung in der mystischen Todesüberwindung. Im Tode tut sich das Tor zum Leben in der Gotteinung auf. Die Todessehnsucht bestimmt schon das Leben, sodaß für den Mystiker des 17. Jahrhunderts keine Todesfurcht bleibt. Die Kräfte der Seele sind frei geworden für die Dichtung der im Tode geschauten und in der Gläubigkeit des Mystikers vorweggenommenen Glückseligkeit der unio mystica.

Bei Balde wird dies in vielen Oden deutlich (265). Doch verrät nur die eingehende Interpretation den Grad der seelischen Beteiligung an dieser mystischen Todesproblematik.

In der „Genovefa-Ode" Baldes (266), die im folgenden zum Beispiel gewählt wird, ist das Thema der Vereinigung der Seele mit Christus angeschlagen und erfährt eine typisch barocke, stark gefühlsbetonte Ausgestaltung in der Darstellung des Sterbens der Genovefa, die im Tode die bräutliche unio mit Christus findet. Das ganze Gedicht kreist um die Ausmalung der seelischen Vorbereitung und der Einigung selbst. Der Höhepunkt des Lebens ist im Augenblick des Sterbens erkannt. Von hier aus allein ist die Ode zu verstehen.

Herder hat in seinen Balde-Übersetzungen gerade diese Thematik besonders glücklich herausgehoben, und so sind in unserem Zusammenhang ausführliche Beispiele mit der Wiedergabe der Übersetzungen notwendig. Ohne hier genau das Verhältnis von

Original und Übersetzung analysieren zu wollen, wird bei einem ersten Überblick deutlich, wie von Herder der Schwerpunkt auf die lyrischen Ausformungen der mystischen Stimmung gelegt wird (267). Wenn Herder auch nicht die volle Leuchtkraft dieser mystischen Vorstellungen wiederzuerwecken vermag, so kommt doch im Gesamtton der Lobpreis des Todes in der Liebesvereinigung der Seele mit Gott zum Ausdruck.

Gleich in den ersten zwei Strophen breitet sich der Wandel von Todesschatten und Trauer in Licht und Freude so stark aus, daß hier die Grundstimmung für Baldes Gedicht gegeben wird. Baldes großes Thema, daß der Tod dem Leben gleichzusetzen ist, ertönt gleich in der Anrede der heiligen Genovefa an den nahenden Rufer zur Ewigkeit, den Tod:

..Atqui moraris MORS mea vita, nec
Promissa servas! pronubus, en, Dolor
Et Morbus ornavere sponsam:
Serta fragrant, olcoque Lampas
Vestalis ardet, ..."

(Lyr. Lib. III, Ode IV 2. u. 3. Str.)

„Verweilst Du? Du mein Leben, o süßer Tod!
Sieh Schmerz und Krankheit, Deine Gesandten und
Brautwerberinnen, zierten längst schon
Deine Geliebte. Die Kränze duften,

Es flammt das Oehl der heiligen Lampe: die
Vestale wartet! — ..."

(Suph. Bd. 27, S. 91.)

In unvergleichlicher Ausnutzung der Antithetik als Stilmittel des Barock hat Balde in den weiteren Strophen die seelische Bereitschaft der Sterbenden unter Verwendung der Bilder von der bräutlichen Einigung mit dem Höchsten umschrieben. Nur im Latein und nur in der antithetischen Wirkungskraft barocker Bilder möglich, folgen unter dem Thema von der bräutlichen unio mehrere Strophen, die für den Kenner barocker Stilkunst wie ein fehlerloses blitzendes Geschmeide wirken. Wie hier alle schwer schattenden, dunklen Bilder des Todes ihre lastende Wirkung erst von den gleich danebenstehenden grell glänzenden Vorstellungen der Seligkeit und der Liebeserfüllung erhalten, ist in einer Übersetzung kaum wiederzugeben. Wenn Herder auch die herrliche Strophe mit aufnimmt, in der der Tod in seiner entrückenden und erlösenden Kraft zugleich gesehen wird, so glückt ihm die Übertragung dieser Strophe doch eigentlich nur als Übergang zu dem darauf folgenden Brautbild:

„O Larva verna pulchrior iride:
O Umbra puro sidere clarior:
O corpus, o vivum cadaver:
O tenebrae, mea Lux, amicæ.."
(Lyr. Lib. III, Ode IV, Str. 7.)

„Komm also, Larve, schöner als Iris mir!
Ihr holden Schatten, helle Gestirne, kommt!
Geliebtes Dunkel, meiner Seele
Näher- und näheres Licht, erscheine!"
(Suph. Bd. 27, S. 91.)

Gerade die formale Eigengesetzlichkeit dieses barocken Sterbegedichtes, das innerhalb einer Strophe aus der tiefen Nacht in das helle Licht führt, Todesstarre in glühendes Leben verwandelt, bringt die unlösbar scheinende Antithetik des Themas von der höchsten Glückserfüllung im Sterben und damit das Besondere dieser im Tode erlebten Liebesvereinigung zum Ausdruck.

„O nox beata: O ultima frigora,
Primi calores! O mea funebris,
Et nuptialis Taeda luce.
O thalami, tumulique nostri?"
(ebd. Str. 10.)

Zu hymnischer Verdichtung erhebt sich das mystische Seelenerlebnis bei Balde. In dieser mystischen Grundstimmung aber ragt in barocker Verbindung die mächtige, über alle menschliche Angst erhabene Größe des Todesgeschehens auf. Ausdruck dessen sind die eingeschobenen Parallelbilder von Todes- und Brautnacht, die fordernden Strophen der Seele, die die erlösende Befreiung des Todes zur Liebesvereinigung mit Christus ersehnt:

„Ah quando junges oscula Virgini?
Nam consecravi me tibi virginem.
Intacta florem servi, nostri
Nullus habet spolium pudoris.

Nondumne serum ventilat Hesperum
Vespillo? nundum Sarcophagi torum.
  Stravere Manes, & virentis
    Sparsit Hymen folium cupressi?"
(ebd. Str. 8/9.)

Ohne daß mit dieser Schilderung der Höhepunkt der Liebesvereinigung erreicht wäre, steigert sich noch über viele Strophen die schwungvolle Beschreibung in vollendeten lateinischen Barockversen, bis die Stimmung der Erwartung des Geliebten ihren höchsten Punkt erreicht und die Täuschung und Überwindung des Todes durch das Erlebnis der Liebesvereinigung das letzte Vorstellungsbild ausmacht. Der jubelnde Ruf der Genovefa, der bei Balde in die letzten beiden Zeilen gefaßt ist:

„MORTEM fefelli: necte, CHRISTE,
  Necte Tuae VIOLAE coronam",

ist von ihm bewußt durch die Ausmalung der Brautseligkeit erhöht. Offenbarte sich die wachsende Unruhe und Sehnsucht nach der unio mystica in kurzen fragenden und erwartenden Halbzeilen, so ist zuletzt alles getragen von der Freude der erreichten unio mit dem Geliebten:

„. . . patet omne pectus . . .
. . . .

Amemus. urat mutua febrium
Vis blanda venas. Me bene languidam
  Compone somno, necte myrtum,
    Necte tuae violas Puellae:
In valle qualeis Elysia madens
Ferrugo tingit. Iam morimur: bene est.
  Mortem fefelli: necte, Christe,
    Necte tuae Violae coronam."
(Lyr. Lib. III, 42, 84 und 89ff.)

„. . . Sieh, offen ist meine Brust,
  Den süßen Pfeil erwartend. Lieben,
    Lasset uns lieben! Die Adern brennen

In Glut mir. Windest, windest den Kranz du mir
Von Myrth' und Rosen? Blumen Elysiums
Umduften mich.— Kein Tod! — Es reicht mir
Dunkle, erquickende Blumen Christus."

(Suphan Bd. 27, S. 92) (268).

Nur bei Balde findet sich eine solche Verbindung von Mystik und Todessehnsucht in dieser starken, wenn auch barock erfüllten Annäherung an Hohe-Lied-Stimmung. Allerdings bleibt diese Art der unio mystica noch völlig im gefühlsmäßigen Vorauserlebnis des ersehnten Glücks befangen. Balde erkennt noch nicht den Tod als obersten Lebenswert wie z. B. Daniel von Czepko, der in ihm aus spekulativer Begründung heraus höchste Tröstung sieht, da nur der Tod die Tore zur immerwährenden unio mit dem göttlichen Ursprung aufstößt, und der nun das Leben vom Tod her überformt wissen will.

Es würde zu Wiederholungen führen, wollte man in weiteren Beispielen die Verwandlung alten mystischen Gedankengutes Bernhardinischer Prägung bei Jakob Balde nachweisen. Das Ergebnis bliebe das gleiche. Selbständigkeit der barocken Formgebung ließe sich neben traditionsgebundener Einfachheit im Stil des katholischen Kirchenliedes immer wieder für die Vereinigungsvorstellung zeigen.

Aber diese Art gefühlsgebundener Todes- und Brautmystik bezeugt nicht allein und als einzige Ausdrucksform Fortleben und Weiterbildung mystischer Geisteserfahrung. Auch den mit der Vision eng verbundenen Erscheinungsformen begegnen wir in der Lyrik des 17. Jahrhunderts. Die Wandlung von der Vision zur Prophetie verrät dabei besonders deutlich die Übersteigerung des religiösen Selbstbewußtseins, die das eigentümlich barocke Frömmigkeitsgefühl in seinen unausgeglichenen Spannungen kennzeichnet. Die Mystik dieser Zeit bleibt hier oft Ausdruck einer Selbsterhöhung, die sich neben den Beispielen für einen unkomplizierten Gemeinschaftsglauben erhält. Hingerissen von der von Gott bestimmten Aufgabe übersteigert der einzelne die Grenzen jener gemeinschaftsgebundenen Gläubigkeit und sucht sich direkte Bahn zu seinem Gott. Die Berufung zum Propheten in der von Gott geschenkten Vision ist verbunden mit uneingeschränkter Gefühlsbeteiligung an der Gotteinigung.

Quirinus Kuhlmann wird zum Vertreter dieser durch die Vision hervorgerufenen mystischen Ekstase. Seine Seele steigert sich hinauf in den Zustand des Außer-sich-selbst-Seins, in dem er die letzten Erhebungen einer Vereinigungsmystik durchkostet. Die Vorstellung vom Einssein göttlicher und menschlicher Seele ersteht in seinem Bewußtsein in solcher Unlöslichkeit und Durchdrungenheit, daß sein menschliches Denken daraus nicht mehr zurückfindet und er auf Erden die Rolle des Gottgleichen, des Gottgesandten, ja des Propheten weiterlebt, bis die Flammen des Scheiterhaufens in Moskau den dem Diesseits bereits Entrückten von seiner geistigen Verwirrung befreien.

Es kann hier nur ein Beispiel für die aus der Vision erwachsene Vereinigungsvorstellung in Kuhlmanns Lyrik gegeben werden(269). Der Unterschied zwischen der Visionsdichtung des Mittelalters in der Art der Frauenmystik und einer der Neuzeit wird dabei deutlich. So nahe sich auch die Voraussetzungen für das Unio-Erlebnis mit denen des Mittelalters berühren, so verschieden ist doch die Ausformung selbst. Der Grundunterschied ist in der herrischen, gewaltsamen, ichbewußten Annäherung an Gott spürbar. Der Glaube an die seelische Verbundenheit des Menschen mit dem Geist Gottes ist erweitert worden zu der Vorstellung der vollen Gottzugehörigkeit. Als sei aus der im Mittelalter erkannten Möglichkeit der Gottgeburt in der Seele die Gewißheit derselben erwachsen, als sei die Vorstellung der Gotteskindschaft des mittelalterlichen Mystikers zur voll entwickelten Gotterfülltheit verwandelt, so erscheint jetzt die Grundstruktur des Unio-Erlebnisses. Bei Kuhlmann ist diese Vorstellung von der Gottessohnschaft mit der Vorstellung vom Gottesstreitertum verbunden. Nur aus der Gewißheit der Berufung zum Propheten für die Menschen lebt dieser Geist. Will man Kuhlmanns Gedichte recht verstehen, so muß man erkennen, wie hier die „Gesichte" als Sprache und Offenbarung, als wirkliche Mitteilung Gottes an den einzelnen verstanden und bewertet werden wollen. Demnach ist die volle mystische Grundsituation wieder erreicht: Gott spricht zum einzelnen, der einzelne spricht mit Gott. Aber unter welchen Vorstellungen von Wert und Bedeutung des Menschen, unter welchen Dimensionen der Nähe und doch gleichzeitigen Abstandes von Gott, d. h. in welcher unmittelbaren Nähe des Gefühls zu Gott und unter welchem uneingestandenen Bewußtsein des gleichzeitigen unmeßbaren Abstandes von Gott, der von dem barocken Menschen immer wieder leidvoll zu überwinden ist.

Das Thema des siebenten Gesanges aus dem Kühlpsalter vom Oktober 1674 entstammt den mystischen Vorstellungen des Barock (270). Es geht um die Rechtfertigung des von Kuhlmann aus der Offenbarung erkannten und geglaubten einzigen Weges zur Erlösung durch die absolut vollzogene Gotteinigung während des ganzen Lebens. Die Heimsuchung Gottes am Mystiker selbst wird hier im Gedicht geformt. Das Grundthema lautet: Gott straft, was ihm gefällt. Diese für den nicht Gott allein gehörigen Menschen selbstverständliche Strafdrohung wird hier auf den nur Gott zugewandten Mystiker angewendet. Bei aller Gottnähe, die der Mystiker erreicht hat, vermag der gleiche Gott diesem seinem Sohn alles an Gottgeborgenheit zu nehmen, um ihm zu zeigen, daß er noch auf dem irdischen Wege ist.

Erschütternd klingt diese Klage des von Gott erwählten und von Gott versuchten Mystikers. Sie bleibt ein einmaliges kunstvolles Zeugnis hochbarocker Lyrik. Die Erhebung aus der Schwäche und der Verzweiflung zu neuem Dienst vor Gott in letzter Opferung der Kräfte bleibt Grundthema des Ganzen. Das ewige Rufen aus tiefster Not findet hier eine vom Menschen erlittene Antwort. Aus der Gottverlassenheit wächst allein die Erkenntnis der ewigen Gnade. Aus der Leiderfahrung kommt der einzelne zur gnadenvollen Gottbegegnung.

Das Gedicht beginnt mit der Erkenntnis des gerechten Zornes Christi, der immer wieder den ganzen Menschen fordert:

„Auf, auf, mein Geist! Ermuntre meinen Sinn!
Was traurst du doch? Gott hat dich ni verlassen!
Ich seh, ach Wonn! den groesten Seelgewinn!
Mein Jesus zoernt, das ich ihn gantz sol fassen!

Find ich Genad! Steht alles hergestellt!
Er ist der Herr! Er machs, wi ihms gefaellt!"

(Cysarz, Lyrik III, S. 184.)

Die Einsicht in diesen vom Menschen verschuldeten Zorn Gottes wird als eigene Erkenntnis dem Menschen abgefordert. Ohne sie kann es keine Gnade geben, und jede bisher erreichte Nähe zu Gott ist wieder verloren. Welch eine ungeheure Forderung an den einzelnen! Welche Unerbittlichkeit der dauernden Bewährung! Erst die freiwillige Anerkennung des Rechtes Gottes zu dieser Härte bereitet den Menschen dazu zu verstehen, wieviel Gott dem einzelnen aus seiner nächsten Nähe gab, und was es heißt, dieser Nähe Gottes, ja seines Auftrages an die Menschen sich würdig zu erweisen. Dieses Schenken und wieder Fordern zeigt die unerbittliche Härte des Maßstabes, der an die Bewährung der Menschen gelegt wird. So erscheint Gott dem Rufenden in dreifacher Gestalt: als fordernder Herr, als richtender Herrscher und als gnädiger Retter.

Für den Mystiker auch des 17. Jahrhunderts gibt es nur eine Haltung dieser Machtfülle Gottes gegenüber, zu danken für die im diesseitigen Leben gewährte Annäherung:

„Gott sprach zu mir gar von dreifaechtger Krohn!
Von Schmukk und Rokk, den grosse Haeupter tragen!
Gott nimts zurükk! entkleidet mich mit Hohn!
Gott gabs! Gott nimmts! Mein ist ihm Dankzusagen!

Find ich Genad! Steht alles hergestellt!
Er ist der Herr! Er machs, wi ihms gefaellt!"

(Cysarz, Lyrik III, S. 184).

Wenn auch ein völlig an Gott verlorenes Prophetentum dem Dichter plötzlich genommen zu sein scheint, so fügt er sich doch in den Willen des Herrn. Erst aus dieser Bedingungslosigkeit der von ihm verlangten Haltung ist der Weg zu Gott wieder frei und möglich. Aus einer solchen Wandlung der im Feuer des Leides und der Selbsterkenntnis geglühten, geläuterten Gottzugehörigkeit erwächst die unerschöpfliche neue Kraft des Mystikers zur Verkündigung der alten Wahrheit von Gottes Größe.

„Ja, Vater, ja! Ich bin schwach zu dem Werk!
Mein Hertz erbebt! Andenken macht erzittern!
Das thun ist gros! Gib, Vater, Krafft und Staerck!
So schlag ich an, das Thor und Mauern splittern!

Find ich Genad, steht alles hergestellt!
Er ist der Herr! Er machs, wi ihms gefaellt!"

(Cysarz, Lyrik III, S. 185.)

Nirgends in der Lyrik des 17. Jahrhunderts wird nochmals so inbrünstig Gott gerufen und das eigene Ich verurteilt wie hier. Die ganze Leidenschaftlichkeit des Gott erleidenden und Gott suchenden Mystikers bricht hier hervor. Nirgends werden die Bilder so lebensvoll und gegenständlich gewählt wie in diesem Gedicht, wenn in den weiteren Strophen das einzige unvergleichliche Licht im Innersten entzündet wird, wenn die Stimme des Versuchers den mühsam errichteten Bau des geistlichen Lebens zu vernichten droht, wenn erkannt wird, wie ungezähmt das Paradies der von Gott geschenkten Weisheit ausgekostet wird, wenn der Mensch entkleidet wird seiner guten Werke und arm und schwach der neuen Heimsuchung Gottes gegenübersteht. Die Wortantithetik des Barock umklammert diese Bilder, — die Höhe, die der Mensch erklommen zu haben glaubt, stürzt er wieder hinab! Seine vermeintliche Größe sinkt in ein Nichts zusammen, wenn Gottes Sturm ihn erfaßt, der ihn stürzen, aber auch erretten kann:

„Ach! zeigt mich Gott so nakkt auf Sand und Berg!
Mit Wind umringt! halt inn, erschrekklichs Wetter!
Ich steig und fall! als Ris' und kleiner Zwerg!
Gott stürmt auf mich! Gott ist ja mein Erretter!

Find ich Genad! Steht alles hergestellt!
Er ist der Herr! Er machs, wi ihms gefaellt!"

(Cysarz, Lyrik III, S. 186.)

Hier ist der große Einschnitt in der Selbstbetrachtung des Mystikers erreicht. Die Durchglühung des eigenen Ich im Gotterleiden ist beendet. Der im Wortlaut immer gleiche Refrain, der aus der tiefsten Tiefe der Einzelseele des Mystikers aufklingt, und der nur seinen Unterton im Zuge des Gedichtes von der Hoffnung der möglichen Begnadung über alle Stufen des Gottleidens hingewechselt hatte, wandelt sich nun in der Gewißheit der Gnade: Von hier an heißt es:

„Ich find Genad! und alles hergestellt!
So machs der Herr! Er strafft, was ihm gefaellt!"

(Cysarz, Lyrik III, S. 186)

Von jetzt an schlägt das Gedicht in ein Preislied um, das seinen Höhepunkt im echten ekstatischen Triumphgesang erreicht. Doch nicht hier liegt die eigentliche Mitte des Gedichts, sondern in einer — dichterisch vollendeten — Strophe, die uns die Kraft dieser barocken Sprache unvergeßlich einprägt, in der Offenbarung der schon im Diesseits wieder erreichten, aber erst im Jenseits vollkommenen Gotteinigung. Jetzt ist der Weg zur unio weit offen. Mit einer letzten Bitte an Gott, auch den blitzendsten von Menschenhand geschaffenen fremden Schmuck des Geistes durch die ewige Weisheit abzuschmelzen und seine wahre, echte Gestalt zu offenbaren, wird dieser Weg zur unio mit Gottes Geist begonnen:

„Schein, Weisheitsonn! Ich bin ein Kupfferbild!
Ach schimmre ab di lichten lichtdemanten!
Durchgüld es gantz, Herr, bis es gantz durchgüldt!
O mach es einst zum Ewikeits verwandten!

Ich find Genad! und alles hergestellt!
Di Ehr dem Gerrn! Er strafft, was ihm gefaellt!"
(Cysarz, Lyrik III, S. 186.)

Es bedarf nun nicht mehr der Bitte an Gott, ungemessen seinen Willen zu offenbaren, sei es im Leid oder in der Geistbegnadung. Der Mystiker ist dem Einstrom Gottes offen. Alles ihm Gegebene aber verwandelt sich wieder zurück in Gottes Ruhm:

„Gib vil! und vil! das ich vil wider gebe!"

So wird von selbst aus dem Bußlied ein Preislied des Mystikers, das nur ihm gehört und ihm nur in dieser Epoche gehören kann, in der der lebendige Gegensatz von Diesseits und Jenseits, von Gott und Mensch, von Strafe und Gnade eine unlösbare Einheit bildet. Befreit man die letzte Strophe von dem barocken Zierat des in jeder Zeile zweimal aufblitzenden Wortes „Triumf", so erhält man den schlichten Wortbau für das Vereinigungswunder göttlichen und menschlichen Geistes im Geheimnis mystischer unio.

„Triumf! mein Geist! Triumf! zum Jesus glantz!
Triumf! er kommt...der überwunden!
..mir bleibt...der Sigeskrantz!

..ich hab... triumf gefunden!
..Genad..ist hergestellt!
Triumf dem Herrn!..der wohlgefaellt!"
(Cysarz, Lyrik III, S. 187.)

Erst wenn man diesen inneren Weg des Mystikers klar erkennt, erst wenn man sieht, welch ein persönlicher Einsatz des ganzen Lebens gewagt wird, um die Gottverlassenheit, den Sturz in das Leid und die Einsamkeit zu überwinden, um dann für die Begnadung bereitet zu sein, versteht man die Strophen Kuhlmanns recht, die die unio mystica im tausendfach verwandelten Bild der Liebeseinigung der Seele mit Christus oder mit Gott wiedergeben. Dabei sollte man nicht nur den 62. Kühlpsalm heranziehen (271), der ja nur eine Übersetzung nach Johann vom Kreuz, wenn auch eine sehr kennzeichnende, darstellt. Ebensogut eignet sich dafür etwa die Unio-Vorstellung aus dem ersten Gesang des Kühlpsalters:

„Er begunte strakks zubrennen,
Wi si bot di Lilgenhand:
Seelig fing er sich zunennen
Weil er seinen Trost erkand.

Libewig hilt ihn umpfangen,
Als si Libhold fest umschlos:
Jener küsste Mund und Wangen,
Si lis Libespfeile los.
So beflammten ihn di Flammen
Heiliglichter Jesuslib.
Was nur himmlisch, must entstammen,
Seraphinisch ward sein trib."
(Kühlpsalter, 1. Gesang, Str. 5/6. Cysarz, S. 183.)

Ein weiterer Höhepunkt wäre der Anfang des 20. Kühlpsalmes, in dem die Abgründigkeit, Unkennbarkeit Gottes erfahren und das Geheimnis seiner Entschlüsse echt mystisch gewendet ist. Hier wird bei Kuhlmann das nicht Schaubare schaubar und die Unsagbarkeit von Gottes Allgewalt sagbar gemacht. Gerade die beiden letzten Zeilen jeder Strophe offenbaren die mystische Terminologie des Barock am deutlichsten:

„Gott! wi umgekehrt vorm Menschlichem gesichte
Sind deine Wunderweg, und deine Weltgerichte?
O welche tiffste Tiff. Ein Abgrund grundes los!
Wann die Vernunfft nachfasst, wird von Vernunfft si blos.

Kein Mensch hat ni den Rath des Hoechsten noch erfahren;
Kein Sinn, wi sinnreich, kan denselben offenbahren.
Wann hoechster Witz gedenkt, er hab es in der hand,
So ist gleich dar di Stund, darinn er wird zu schand.

O heimlichst heimlikeit der Führung, di von oben!
Von der dem Staube gleich nachsinnung stets verstoben!
Ach gantzverborgner Gott! Verborgen ist dein schlus,
Den weder Geist noch Mensch noch Engel sehen mus."

(Cysarz, Lyrik III, S. 188.)

Diese Dichtung Kuhlmanns lebt aus anderen inneren Gesetzen als die allgemeine geistliche und kirchliche Dichtung des Barock. Hier spricht nicht mehr ein einzelner für die Gemeinde, sondern hier formt der einzelne seine Erlebnisse, seine Visionen in ununterbrochener Sprachschöpfung. Dabei lebt dieser Geist hart an der Grenze menschlichen Bewußtseins, aber aus dem von Gott geoffenbarten Auftrag spüren wir etwas von der im Glück und Leid erfahrenen und durchlebten unio. Bereit sein für die prophetische Vision und für die Mission den Menschen gegenüber ist das Lebensgesetz Kuhlmanns. Gerade von hier aus verstehen wir seine mystische Todesdichtung, über die ich an anderer Stelle (272) gehandelt habe. Die in dem Unio-Erlebnis bis zur Ekstase gesteigerte Gefühlsbeteiligung führt schließlich zu einer Vereinigungsvorstellung, die im Tode das summum bonum, das einzige Tor zur Seligkeit begreift. So scheint das Schicksal den begonnenen Lauf eines mystischen Ekstatikers zu vollenden, wenn es ihn auf dem Scheiterhaufen in Moskau seine Seele im Flammentode dem von ihm erkannten Gott zum Opfer bringen läßt. Die vorwiegend gefühlsbestimmte Mystik des Barockzeitalters hat in Quirinus Kuhlmann den Hymniker und in Balde und Spee ihre Lieddichter gefunden. Eine andere Welt der Mystik tut sich uns in der von der ratio bestimmten nur gelegentlich von Gefühlsausbrüchen gesteigerten spekulativen Mystik auf.

4. Die mystische Vereinigungsvorstellung bei Daniel von Czepko und Johann Scheffler

Die mittelalterliche spekulative Mystik in der Art Eckharts, Taulers und Seuses lebt im 17. Jahrhundert in der protestantischen Dichtung Czepkos weiter, bei der katholischen Dichtung, allerdings nur in gebrochenem Licht, in dem Werk des Konvertiten Johann Scheffler, der die ersten Bücher seines „Cherubinischen Wandersmann" noch als Protestant dichtet, aber später als Katholik den Abschluß seines Werkes unter Aufgabe des mystischen Einschlags in dieser konfessionellen Richtung vor sich selbst erzwingt. Im Vergleich mit ihm erscheint Czepkos Entwicklung einheitlich. Seine Beteiligung an der Mystik umfaßt zwar auch nur einen Abschnitt seiner religiösen Entwicklung, aber in dieser Periode formt sich der innerste Kern seiner Persönlichkeit. Wie bei allen andern Dichtern des 17. Jahrhunderts bleibt dieser Kern umschlossen von konfessionell bestimmter Gläubigkeit, bei Czepko vom Luthertum. Hier beschreitet ein Dichter des Barock also nochmals den direkten Weg zu Gott, wie es Luther ein Jahrhundert vorher getan hatte. Wie bei Luther führt dieser Weg bei Czepko über die Mystik zur Gottbegegnung, ohne daß damit ein Endpunkt erreicht wäre. So ist die mystische Periode in Czepkos religiöser Entwicklung zwar nur als Durchgangsstadium zu werten, wie ich es an anderer Stelle nachgewiesen habe (273). Und doch zeigen sich auch in einem so beschränkten Entwicklungsabschnitt die Verbindungslinien zur Mystik des Mittelalters. Das Frühwerk Czepkos verrät deutlich seine Vorbilder und damit die Weiterwirkung von Eckharts und Taulers Gedankengut. Er ist der eigentliche Nachfolger in den Bahnen mittelalterlich mystischer Spekulation, die er in seine Zeit hinein fortsetzt und umbildet.

Wieder begegnet uns eine Erscheinungsform der unio mystica, deren Erlebnis allerdings jetzt gegenüber dem Mittelalter in völlig veränderter Weise in die Gesamtentwicklung des Menschen eingelagert ist. In der Reformation ist diese im Mittelalter für die deutsche Mystik beispielhafte Erlebnisform durch die Kräfte des Glaubens, und im Barockzeitalter durch die bereits stark einwirkenden Strömungen des beginnenden Rationalismus in ihrer Grundstruktur verwandelt worden. In der unio mystica wie sie die Menschen des 17. Jahrhunderts erleben, dürfen wir keinen Abschluß oder beruhigenden Höhepunkt einer mystischen Frömmigkeitsentwicklung sehen wie im Mittelalter, sondern höchstens einen Gipfel in der Entwicklung des einzelnen. Wie man bei Czepko und Scheffler auf den ersten Blick erkennt, bestimmt die Mystik des Barock stark die religiöse Persönlichkeit des Dichters. Aber der Abschluß aller religiösen Wandlungen liegt im Bekenntnis zu einer der beiden durch die Reformation voneinander geschiedenen Konfessionen. Es zeigt sich dabei, daß die Individualität des einzelnen Barockdichters bereits so stark ausgebildet ist, daß sich trotz der Gemeinsamkeit des mystischen Erlebens in den Konventikelkreisen und trotz der Abhängigkeit in einzelnen Gedanken voneinander eine einmalige persönliche Frömmigkeitsentwicklung nachweisen läßt (274).

Wie stark diese Mystik das gesamte Denken eines Menschen des 17. Jahrhunderts beanspruchen kann, zeigen die ersten Dichtungen Czepkos: das „Inwendige Himmel-Reich" und die „Gegen-Lage der Eitelkeit" sowie die „Consolatio ad Baronissam Cziganeam". Wie schon die Titel zum Ausdruck bringen, dringt Czepko in diesen Jugendwerken bereits tief in das Mystikproblem ein, wenn sich auch die allerinnersten Türen erst bei der unabweisbaren Frage nach dem Ursprung der Seele, nach ihrem Wesen und ihrer einstigen Bestimmung in echten mystischen Formulierungen auftun. Mit sehr viel Andacht und Ehrfurcht nähert sich Czepko diesem Problem. Auch wenn wir nicht über den Nachweis verfügten, daß hier Eckhartisches Gedankengut in Taulers Formulierungen den jungen Czepko beeinflußt haben muß (275), so würde man schon aus dem Wortlaut einzelner Abschnitte nicht nur Inhalt, sondern auch Tonfall und Satzbau der mittelalterlichen Meister der Mystik verspüren.

Schon der erste Satz aus dem „Inwendigen Himmel-Reich" führt mitten in diese Grundstimmung (276): „Die Gegenlage unseres Gemüthes ist das Göttliche Wesen, diese Einigung dieser beyden die höchste Seeligkeit". Damit ist das Hauptthema gestellt und sofort beginnt Czepko die Diskussion über die Möglichkeiten, die dem Menschen für die Verwirklichung dieser unio mystica gegeben sind. Schon hier wird ein dem Menschen eingeborenes Vereinigungsstreben angenommen: „Also will der Weise nicht auff Ihm selbsten bleiben, sondern versammlet die Sinnen in seine Seele und gehet der selbigen so weit nach, bisz er sich von Ihr in dem Ursprunge aller Dinge verlohren und in die Einigung des Göttlichen Wesens getreten, von welcher Einigkeit zu reden nicht

Menschliche, sondern Göttl. Zungen erfordert werden". (Czepko S. 2). Man sieht, wie Czepko im engsten Zusammenhang mit dem bereits im ersten Satz angeschlagenen Grundthema den Leser oder Hörer in die tiefste Verborgenheit menschlichen Wesens führt und ihm den innerseelischen Vorgang zu deuten sucht, der zur unio mystica führen kann. Die spekulativen Züge und das Überwiegen der ratio treten hervor in der stark betonten Forderung der Einwirkung der Vernunft auf die Willenskraft des Menschen. Beide verbinden sich in erhöhter Konzentration im Vorgang der unio. Dieses Wunder gelingt nur dem Weisen, also nur dem, der — nach dem Sprachgebrauch des Barock — die vanitas mundi so klar erkannt hat, daß auch für ihn „sophia" die höchste Göttin ist, sodaß er den Weg zu sich selbst als den einzigen erkennt, auf dem die unio mystica erreichbar ist. Dieser „Weise" geht den Weg, den einst die Seele von ihrem Ursprung her gegangen ist, bis er in die Einigung göttlichen Wesens getreten ist. Hier erwartet ihn die Seligkeit der unio, aber vom Barockdichter genau so wie vom Mystiker des Mittelalters, kann ihre Art und ihre Wirkung auf den Menschen nicht beschrieben werden. Wie stets in der Mystik folgt auch hier der Hinweis auf die Unbeschreiblichkeit ihres Wunders. Damit ist aber zugleich die höchste Wertung des in der unio erschlossenen „inwendigen Himmel-Reiches" gegeben.

Man könnte dieses Zitat für ein zufälliges Ergebnis einer Reflexion über das Wesen des mystischen Menschen bei Czepko halten, wenn nicht immer wieder die gleiche Frage nach dem Ursprung der Seele, die genauso auf das Unio-Problem hinzielt, auftauchte. Ich führe im folgenden eine Stelle aus der „Consolatio" an, in der es in diesem Zusammenhang heißt: „Sie ist ohn Unterlass in Gott, und nihmt nicht Gott, als er gut, nicht als er wahr ist, sondern als er ist, dass er ist. Sie nihmt in der Einigung und geht durch, sucht, was die Einigung sey. Wo Gott ist, da ist die Seele, und wo die Seele ist, da ist Gott. Sie gebieret sich in sich selbst, und aus sich selbst, wieder in sich selbst, und die Geburt ist ewig. Indem nun die Seele vor sich besteht, ist sie keiner Zerstörung unterworfen und hat mit dem Leibe das minste nicht zu thun" (Czepko S. 50). Man könnte zu dieser Stelle die im Abschnitt über Meister Eckhart ausführlich besprochene Predigt über die Gottgeburt der Seele heranziehen, die ja nicht nur durch die Wiederaufnahme in Eckharts Rechtfertigungsschrift berühmt geworden ist, sondern überhaupt für die gesamte mystische Literatur des Mittelalters beispielhafte Bedeutung gewonnen hat. Immer wieder taucht auch bei Czepko das Bemühen um die Erklärung von Wesen und Ursprung der menschlichen Seele auf. Eine Stelle im inwendigen Himmelreich scheint das gleiche zu meinen: „Im Fall wir die Eigenschafft der Seelen bedencken, so kan sie recht ein Strahl, welcher aus dem Boden der Gottheit geflossen, genennet werden: die Strahlen gießen alle Kräffte in die Sinnen, die Sinnen in die Geschöpffe" (Czepko S. 2). Wie aber der Strahl in sich selbst kein Wesen oder Bestehen hat, so braucht er das göttliche Wesen als seine ewige „Gegenlage".

Damit ist auch in so wenigen Andeutungen wohl schon die letzte Verbindung und Zusammengehörigkeit der menschlichen Seele mit Gottes Wesen gekennzeichnet, woraus sich jetzt die Bestimmung der Seele leicht für Czepko erklärt. Nach seiner Auffassung kann ihr einziges Ziel nur die unauflösliche Wiedervereinigung mit ihrem Ursprung, mit Gott, sein.

Mag unter einer solchen Formulierung nicht genau das gleiche zu verstehen sein, was die mittelalterlichen Mystiker unter der Formel der Vereinigung ausdrücken wollten, so haben wir mindestens unter Berücksichtigung der geschichtlichen Voraussetzungen den Ausdruck vertiefter Frömmigkeit zu erkennen. Der Begriff der unio muß in seiner Bedeutung für Czepko als Mystiker verstanden werden als das Wiedererreichen eines Zustandes, der vor der Geburt des Menschen war, im Wiedereinswerden des Menschen mit dem Göttlichen.

Aus dem Wissen um den unzerstörbaren Urgrund in der menschlichen Seele erwächst letztlich auch Czepkos Tröstung über das Sterben. Die gesamte „Consolatio" lebt von der Sicherheit des Glaubens, daß der Tod die Pforte zur Vereinigung im Jenseits aufstößt, und daß somit das Sterben das höchste Glück für den Mystiker bedeutet. Das Bild des Menschen ist völlig von dieser Auffassung her bestimmt. In einem schönen Gleichnis gibt Czepko einmal eine genaue Bestimmung des menschlichen Wesens: „Der Mensch ist ein Port oder Eck, daran sich stösset Zeit und Ewigkeit: und ist doch weder von der Zeit noch von der Ewigkeit, sondern er ist eine Natur gemacht von dem ewigen Nicht zwischen beyden. Wäre er von der Zeit, er wäre wandelbar und vergänglich, von der Ewigkeit, so wäre er fest und beständig: Nun aber ist er beydes. Neiget er sich zur Zeit, so wird er mit allen Dingen endlich, zu der Ewigkeit, wird er starck und vollkommen: und dadurch überwindet er alle Vergänglichkeit" (Czepko, Consolatio S. 80). In diesem Bilde kommt nochmals die Spannung zum Ausdruck, zwischen der der Mensch im diesseitigen Leben steht, wo er dem Irdischen und dem Himmlischen seinen Tribut zu zahlen hat, aber auch gleichzeitig die beruhigende Lösung, die darin liegt, daß der Mensch ja die Möglichkeit hat, sich der Ewigkeit zuzuwenden und nun „starck und vollkommen" zu werden. So kann er den Tod überwinden und zu der unausdenklichen Vereinigung kommen, von der Czepko immer wieder spricht.

Damit ist aber noch nicht der Endpunkt von Czepkos Frömmigkeitsentwicklung erreicht, da über diesem Erkennen mystischer Grunderfahrungen zuletzt seine Gläubigkeit steht, und zwar eine so ausgeprägt lutherische Gläubigkeit, daß wir im „Sieben-Gestirne Königlicher Busse", einer der letzten geistlichen Schriften Czepkos, ein klar formuliertes Glaubensbekenntnis in dichterischer Umkleidung finden, das so persönlich ist, wie der ganze innere Kampf Czepkos um seine Lebens- und Glaubensformen. An keiner anderen Stelle der Barockdichtung finden wir nach einer bewußt durchlebten Entwicklung mystischer Frömmigkeit eine so deutliche Formulierung der zehn Gebote mit wörtlichen Zitaten aus Luthers Katechismus wie bei Czepko (S. 311/12). Es ist also nicht der mystische Grund, auf dem er das Gebäude seiner hochentwickelten Frömmigkeit errichtet, sondern der des lutherischen Bekenntnisses (277). Dazu stimmt auch seine Stellung zum diesseitigen Leben, in dem er bei großer Arbeitsleistung und bei einer Fülle von politischen Aufgaben niemals in eine völlige mystische Abgeschiedenheit geraten konnte. Die Dinge des diesseitigen Lebens erhalten bei Czepko genauso ihr Recht wie die des jenseitigen. Der mystische Bestandteil seiner inneren Veranlagung wird in eine Lebenslehre aufgenommen, die darauf abzielt, die Pflichten des diesseitigen und jenseitigen Lebens zu vereinigen: Der Mensch soll, wie Czepko sagt, durch den Glauben die Lehre und durch die Liebe das Leben in ein Wesen eingehen lassen, „also, daß die Lehre in das Leben, der Glauben in die Liebe, und hingegen die Liebe in den Glauben, das Leben in die Lehre versetzet, und alles zu einer unzutrennlichen Einigkeit worden" (Czepko S. 313 („Das Heilige Drey Eck")).

Es würde zu weit führen, die mystischen Bestandteile in Czepkos Dichtungen zu analysieren, nachdem ich bereits an anderer Stelle eine ausführliche Darstellung gegeben habe und nachdem jetzt die Dissertation von U. Riemschneider vorliegt (278). Zusammenfassend kann man feststellen, daß die Bedeutung der unio mystica in den verschiedenen Werken Czepkos einen sichtbaren Wandel durchgemacht hat. Im „Inwendigen Himmel-Reich" bedeutet sie ihm vorwiegend Erfüllung einer Sehnsucht nach Ruhe, Befreiung vom Dualismus Materie und Geist. In der „Consolatio" erkennen wir den Unio-Zustand für Czepko als absolut getrennt vom zeitlichen Leben und über Gott selbst erhaben, als Ergebnis reiner Spekulation; er definiert ihn hier als Ziel des Strebens alles Werdenden und Wirkenden nach dem Urzustand der freien Ruhe, weiterhin als Folge des willig erwarteten zeitlichen Todes, als dessen Vorbereitung eine sichere, angstfreie Haltung im Diesseits gefordert wird. In den „Monodisticha" haben wir den letzten Ausdruck mystischer Spekulation vor uns, durch den Czepko versucht, klare Frömmigkeitsformen, die er einst in der Mystik zu erkennen glaubte, in der lutherischen Gläubigkeit zu verankern. Von hier ab tritt er über den Kreis der Mystik hinaus und kehrt in den letzten Schriften zu konfessionellen Bindungen zurück. Es hat den Anschein, daß in den späteren Werken Czepkos nochmals eine Zukehr zur Mystik erfolgt, indem naturmystische und kabbalistische Elemente in seinen Schriften wirksam werden. Allerdings fehlen zur Festlegung von Ergebnissen in dieser Richtung noch Vervollständigungen der Textausgaben und erneut zu leistende Forschungen (279).

Gemeinsam ist den von der Mystik bestimmten Schriften Czepkos, daß in ihnen allen die unio mystica die beherrschende Vorstellung ist. Sie steht im Mittelpunkt dieser Werke, die aus dem Erleben einer durch die unio überhöhten mystischen Vorstellungswelt entstanden sind. Dieser Auseinandersetzung mit der mystischen Religiosität dienen auch alle geistlichen Dichtungen Czepkos, in denen wir am stärksten die Ansätze zu einer eigenen Form beobachten können. Sie bilden den Höhepunkt seines geistlichen Schrifttums und eröffnen uns noch einmal einen Blick auf das ewige Ziel dieser mystischen Gottsucher, die immer auf dem Weg zu sich selbst, ihrer Individualität und ihrer geistigen Freiheit sind.

Durch eine neue Arbeit ist die Abhängigkeit Joh. Schefflers in seinem „Cherubinischen Wandersmann" von Czepkos „Sexcenta Monodisticha" bewiesen worden (280). Aber es entwickelt sich für Scheffler ein ganz verändertes Bild gegenüber der Gestalt Czepkos. Es liegt dabei nicht an der Tatsache der Konversion Schefflers allein, daß sein Bild gegenüber dem Czepkos in einem Zwielicht erscheint. Denn Schefflers Dichtung wird von zwei Quellen gespeist: von der gefühlsbetonten und von der verstandesbetonten Mystik. Dieser doppelte Grundzug bestimmt sein Gesamtwerk. Ebenso wie an Czepko könnte man an die vorher besprochenen Gedichte Friedrichs von Spe anknüpfen und bei Scheffler die gleiche Art der gefühlsmäßigen Beteiligung am Thema des Hohen Liedes erweisen. Viele Gedichte aus seiner zweiten Entwicklungsepoche würden sich der kunstvollen Erhöhung dieser Art des Unio-Erlebnisses anschließen. Besonders die Sammlung „Heilige Seelenlust" böte dafür ein unerschöpfliches Material (281). Schefflers Gestaltung der unio mystica zeigt sich also in zweierlei Ausdruckformen: Der „Cherubinische Wandersmann" enthält als Ganzes die rationale Auseinandersetzung mit der Vereinigungsvorstellung, wobei die Form des Epigramms den antithetischen Grundzug unterstützt und der scharfen rationalen Deutung des ganzen Problems entgegenkommt. Die „Heilige Seelenlust" dagegen bedarf der freien Form des Liedes und der Strophe überhaupt, um das Stimmungshafte zum Ausdruck zu bringen, das sich hier in wechselnder Folge von gedanklichen Vergleichen und gefühlsgeladenen Bildern nebeneinander offenbart. Hier führt der Weg Schefflers von der Spekulation häufig zurück in das affektgebundene Erlebnis einer vertieften Frömmigkeit und in preisende Erfüllung der unio mystica.

Der hymnische Ton gerade in der gefühlsbestimmten mystischen Dichtung seiner zweiten Entwicklungsstufe hat dazu geführt, Schefflers Mystik allgemein als „seraphische Mystik" zu bezeichnen. Hankamer (282) wählt diesen Ausdruck, um den Dualismus der dichterischen Grundstruktur bei Scheffler zu umschreiben, den er darin sieht, daß gefühlsmäßige Beteiligung mit fast kalten Denkvorstellungen untermischt ist, so daß die Hymnik des Tones nicht immer zum vollen Pathos gelangt, sondern das barocke antithetische Spiel mit Gefühl und Gedanken besonders sichtbar wird. Wenn also selbst in der Lyrik Schefflers eine solche Überbetonung der ratio wahrgenommen wird, so ist dies ein Hinweis für seine gleichzeitige Zugehörigkeit zur spekulativen Mystik des Jahrhunderts. Hier aber liegt die eigentliche Bedeutung Schefflers; erst hier erreicht man die Mitte seines Wesens. Die dichterischen Ausdrucksformen in Schefflers Gesamtwerk dürfen uns über seine Eigenart als spekulativer Mystiker des 17. Jahrhunderts nicht täuschen. Wenn man Scheffler von dieser spekulativen Seite seines

Wesens sieht, dann treten die barocken Kennzeichen soweit zurück, daß in der Begegnung mit dem unio-Problem sichtbar wird, wie stark Scheffler in der mystischen mittelalterlichen Tradition steht, die ihm durch Czepko vermittelt wird.

Als Ganzes gesehen hinterläßt der „Cherubinische Wandersmann" den Eindruck einer vorwiegend rational bestimmten Dichtung. Er birgt das Abbild eines neuen Heilsgedankens, in dem die Seligkeit und Vollkommenheit des mystischen Daseins im Diesseits in der Spekulation erreicht wird. Um Scheffler in dieser Dichtung recht zu verstehen, muß man das antithetische Formenspiel innerhalb der Epigramme beachten (283). Hier stehen sich persönliche Aussage der erlebten Religiosität und echter barocker Formwille gegenüber, wodurch der Eindruck entstehen könnte, daß Inhalt und Form noch nicht zur Einheit im persönlichen Besitz des Dichters geworden sind. Erst wenn wir uns daran erinnern, daß hier eine gedankliche Bindung an das mystische Traditionsgut genauso vorliegt wie die formale Abhängigkeit von Czepkos „Sexcenta Monodisticha", ergibt sich eine Erklärung für diese barocke Sonderform geistlicher Dichtung bei Scheffler. Auffällig daran ist, wie in den ersten beiden Büchern der Verstand sich dem mystischen Urproblem der möglichen Vereinigung des Menschen mit Gott von allen nur denkbaren Seiten nähert. Manchmal scheint es so, als ob hier noch der kritische Sinn des Protestanten sich um die Vertiefung des lutherischen Weges zu Gott müht. An einzelnen Stellen aber wird der Durchbruch aus einem zweifelnden Staunen zur innersten Überzeugtheit deutlich. Dann zeigt sich auch hier wieder die jeder Mystik eigene Kraft zur persönlichen Gottbegegnung.

Wenn man sich in der Forschung bisher unablässig um die Selbständigkeit des Schefflerschen Denkens und der Schärfe seiner Spekulationen gestritten hat, weil man diese Seite in zu starkem Gegensatz empfand zu der Affektmystik in den späteren Schriften, so liegt nur darin eine Erklärung, daß man diesen in der Gesamtentwicklung Schefflers fast widerspruchsvoll anmutenden Abschnitt der individuellen und noch unkonfessionellen Gotteserfahrung als zur Mitte des mystischen Erlebnisbereiches gehörig ansieht, die im Ringen um Gott einmal berührt werden muß, und zu der Scheffler den Zugang findet durch das Vorbild Czepkos.

Gewiß bleibt ein Gegensatz zwischen den ersten Büchern des „Cherubinischen Wandersmannes" einerseits und der „Heiligen

Seelenlust" und der „Sinnlichen Beschreibung der vier letzten Dinge" andererseits. Der Konversion, die diesen Unterschied der beiden Werke begründet, aber geht der Lebensabschnitt voraus, der ausgefüllt ist von mystischer Spekulation.

In dieser Zeit vertiefte sich Scheffler in die mystischen Schriften des Mittelalters und des Franckenberg-Kreises und kam zu einer persönlichen Gottlehre. Ohne hier auf die Fülle der mystischen Einzelzüge bestimmter Alexandrinerpaare einzugehen, kann ich nur einige Grundgedanken mit Beispielen belegen. — Die Kühnheit der Gedankenfolgen Meister Eckharts erscheint hier in bewußter Aussprache ihrer letzten Konsequenzen und spiegelt sich in den Vorstellungen von der Identität des Menschen mit Gott, von dem Wohnen des Menschen im göttlichen Bereich, von dem Ewigkeitswert des Menschen und von der ewigen Geisteinigung. Einmalig in der Form wirkt die Geschlossenheit der Gedanken bis in unsere Zeit und verrät etwas von der glühenden Kraft dieser bewußt fordernden Annäherung an Gott (284):

„Ich bin wie Gott / und Gott wie ich.
Ich bin so gross als Gott / Er ist als ich so klein:
Er kan nicht über mich / ich unter Ihm nicht seyn."
(Buch I, Nr. 10) (285).

Im Bildgebrauch von Feuer und Licht, den ewigen Symbolen mystischer Gotterfahrung, formen sich die Gedanken trotz ihrer Geschliffenheit und Schärfe zu dichterisch stark wirkenden Sinnbildern, wenn die seelische Vereinigung mit Gott zur Aussage kommt, auch wenn diese Vereinigungsvorstellungen letztlich ganz von der ratio getragen sind:

„Gott ist in mir / und ich in Ihm.
Gott ist in mir das Feur / und ich in Ihm der schein:
Sind wir einander nicht gantz inniglich gemein?"
(Buch I, Nr. 11.)

Von der Erkenntnis der göttlichen Geistwirkung auf die Überwindung menschlicher Gebundenheit in der Zeit und von dem möglichen Eingang in die ewige Dauer künden die unvergeßlichen Zeilenpaare, in denen die Einheit menschlichen und göttlichen Wesens leuchtend aufbricht:

„Man muß sich überschwenken.
Mensch wo du deinen Geist schwingst über Ort und Zeit /
So kanstu jeden blik seyn in der Ewigkeit."

(Buch I Nr. 12.)

In steter Abwandlung der Bilder, aber getragen von einen mystischen Sinn für das Wunder ewiger Gottesgeborgenheit kehrt Scheffler immer wieder zu diesem Kernpunkt mystischer Vereinigungslehre zurück:

„Der Mensch ist Ewigkeit.
Ich selbst bin Ewigkeit, wann ich die Zeit verlasse /
Und mich in Gott / und Gott in mich zusammenfasse."

(Buch I Nr. 13.)

In der Mehrzahl der Alexandrinerpaare des 1. und 2. Buches des „Cherubinischen Wandersmann" spürt man deutlich, wie sich nicht nur das Vorbild Czepkos und Franckenbergs auswirkt, sondern der literarische Untergrund mittelalterlicher Mystik. Die Neumystik Schefflers ruht also auf dem von Eckhart rezipierten und in eine persönliche Gottlehre für die Deutschen verwandelten Neuplatonismus, bei dem der Gedanke der persönlichen Gottannäherung und die Identitätslehre göttlichen und menschlichen Seins die tragenden Kräfte geworden sind. Es geht damit etwas von dem häretischen Grundzug auch in diese Dichtung ein, dem Scheffler sich später verschließt, und vielleicht ist gerade darauf der sichtbare Unterschied nicht nur zwischen den ersten und letzten Büchern des „Cherubinischen Wandersmann" zurückzuführen, zwischen denen Schefflers Konversion liegt, sondern auch zwischen den abgeschlossenen Werken vor und nach dem Übertritt zur katholischen Kirche. Erst in zweiter Linie entscheidend für die Überlieferungsfrage dieser mittelalterlichen Probleme ist dabei die Tatsache, daß dieses Gedankengut durch Tauler vermittelt wurde und nicht durch Originalschriften Eckharts. Nach dem Verbot Eckhartischer Traktate und Predigten waren Taulers Schriften die unmittelbarsten Zeugnisse im Geiste Meister Eckharts. Auf diesen Geist Eckharts aber kommt es in der Überlieferung mystischen Gedankengutes an, und es ist eine Frage von untergeordneter Bedeutung, ob die Theologia Deutsch oder Daniel Sudermanns Collectaneen die weiteren Träger der Überlieferung waren (286).

Es entspricht dem Geist des Barockzeitalters, wenn Scheffler diesen Weg zur persönlichen Gottbegegnung abbricht, da das Zeitalter der Reformation mit seiner Entscheidung zwischen zwei Bekenntnissen auch von ihm diese Stellungnahme zur Konfession verlangt. Scheffler konvertiert und wird später zu einem fanatischen Anhänger der Gegenreformation. Für seine Teilnahme an der Mystik seiner Zeit ist diese Entscheidung nur insofern wichtig, als jetzt die spekulative Kraft abgelöst wird von einer stark gefühlsmäßigen Anteilnahme an dem Heilsgeschehen, besonders an der Brautmystik. Die „Heilige Seelenlust", das nächste Werk Schefflers, bewahrt sich noch etwas von dem Glanz mystischer Erleuchtung, strahlt noch etwas wider von dem Schimmer des Glücks über die Entdeckung des neuen Lebens, das sich in der Anteilnahme an der mystischen Vereinigungsstimmung eröffnete. Jetzt versucht Scheffler, das auf spekulativem Wege Erkannte einzubauen in das neue Welt- und Gottesbild nach seiner Konversion. Es bleibt die immer wache Sehnsucht nach der Annäherung an Gott und mischt sich mit der gefühlsmäßigen Hinneigung der Seele zu Christus. Durch den Einbruch des Gefühls wandelt sich die vorher kühle Betrachtung des Weges zu Gott und der Gotteinigung im Geist in ein triebhaftes, leidenschaftliches Drängen zur bräutlichen unio. Der Reichtum des Dichters offenbart sich hier vielleicht noch sichtbarer und eindringlicher. Erst jetzt wird die unio mystica in ihrer mitreißenden Kraft ganz spürbar und verleiht dieser anderen Art Schefflerscher Dichtung, den Liedern von der Vereinigung, ihren eigenen Ton.

Diese Lieder sind zu bekannt, als daß man ihnen eine eingehende Analyse widmen müßte. Man übersieht aber allzu leicht, wie die schon im Mittelalter spürbare Neigung zur Auflösung der Sprache in Superlative des Gefühls hier immer wieder zum Durchbruch kommt. Man vergißt auch, daß das Thema der Herzeinigung der liebenden Seele mit dem Geliebten ganz unter den mystischen Vorstellungsbildern von der „Überformung" bleibt, wie wir sie aus der Prosa Taulers und Seuses kennen. Man muß sich dabei klar machen, daß der Sprachgebrauch des 17. Jahrhunderts einen solchen Begriff wie den der „Überformung" nicht kennt, dann wird auch hier noch der Rückgriff Schefflers auf die mittelalterliche mystische Terminologie deutlich. Diese Begriffe gehen sogar in den einfachen

Liedstil ein, ohne ihn zu zerstören. Die Darstellung des Eintritts in jenes mystische Reich, in dem sich der Herzenstausch vollzieht, gelingt dem Dichter bis zur höchsten Vollkommenheit:

O allersüsseste Seelenbrunst
Durch-glüh mich gantz;
Und überform mich ausz Gnad und Gunst
In deinem Glantz:
Blass an das Feuer ohn Verdruss /
Dass dir mein Hertz mit schnellem Fluss
Vereinigt sey:/:
(Cysarz III, S. 178.)

Aber so viele Ähnlichkeiten sich auch mit der mittelalterlichen Mystik nachweisen lassen, so fehlt doch diesem Barockgedicht der kennzeichnende Gesamtcharakter mittelalterlicher Mystik: der Preis des beruhigten In-Gott-Lebens. Nirgends wird die Ruhe des in der Vereinigung Beschlossenen sichtbar, nirgends kommt es zum Preis der Glückseligkeit dieser Überformung, sondern immer zeigt sich der Ausdruck der Unruhe, des unerfüllten Sehnens, der Beschwörung, Belehrung und Selbstüberzeugung, und höchstens in der Hypothese einer erfüllten unio vernehmen wir etwas von der Erlösungsstimme, aus der dann zum erstenmal die Andeutung einer innerlichen Beruhigung mitklingt:

Dann wil ich sagen dass du mich hast
Erlöst vom Tod;
Und als ein lieblicher Seelen-Gast
Besucht in Noth:
Dann wil ich rühmen dass du bist
Mein Bräutgam / der mich liebt und küst /
Und nicht verläst:/:
(Cysarz III, S. 178/9.) (287)

Den Abschluß von Schefflers mystischer Dichtung bildet „Die sinnliche Beschreibung der vier letzten Dinge". Der „Cherubinische Wandersmann" hat Scheffler als Mystiker gezeigt, der nach einem ersten staunenden Zweifeln in seinen späteren mystischen Spekulationen immer sicherer und klarer wird und in seiner

Gottlehre die Tiefe des Vereinigungsproblems erfaßt. In der „Heiligen Seelenlust" begegnete uns Scheffler als Dichter, der seine mystische Erkenntnis und seine gläubige Überzeugung in gefühlsechte mystische Liedbekenntnisse verwandelt, erfüllt von einer persönlich durchlebten Sehnsucht nach dem Jenseitigen, die ihren Ursprung aus der vorhergehenden Entwicklung nicht verleugnet. Die letzte Schicht seiner Dichtung hätte die Größe seines Menschen- und Dichtertums offenbaren können. Denn man hätte von dem erkenntnisstarken Denken und dem leidenschaftlichen Fühlen das hohe Lied auf ein mystisches Glaubensbekenntnis erwarten können, in dem sich mystische Spekulation mit echtem Gefühl für das Wunder der unio verbunden hätte. Hier zeigt sich aber der verhängnisvolle Bruch in der Entwicklung Schefflers, der als zur Erkenntnis gereifter Mensch des 17. Jahrhunderts doch nicht so weit in seiner eigenen Persönlichkeit ruht, daß er auch die letzte Kraft zur Erkenntnis des mystischen Weges zu Gott und durch die Welt und zu deren Verwandlung in eine vollkommene Dichtung besäße. Zur letzten Verkündigung im dichterischen Wort reicht seine Kraft nicht, und so verwandelt er die erreichte Spekulation und die begonnene Heiligung seiner mystischen Schau in eine übersteigerte, fast unerträgliche Versinnlichung der vier letzten Dinge: Tod, Auferstehung, Gericht und ewige Seligkeit. Es entsteht ein Gedicht, das nicht mehr erheben und kaum noch erschüttern kann.

Mag dieses letzte Werk Schefflers die innere Kraft des mystisch gerichteten Gläubigen nicht mehr enthalten, die beiden anderen Schichten seiner Dichtung stehen mit ihren mystischen Erkenntnissen und ihrer gefühlsechten Lyrik für die hohe Entwicklung eines Nacherlebens deutscher Mystik des Mittelalters und einer ebenso hoch entwickelten dichterischen Gestaltung.

In den letzten Jahren seines Lebens hat Scheffler nichts mehr von dem vertieften und ganz persönlichen Charakter seiner Dichtungen offenbaren können. Er gelangte von der verkündigenden Dichtung zur Belehrung im Sinne der Gegenreformation, und dieser Dienst schlug ihn schließlich ganz in den Bann des wilden Eiferers für einen kämpferischen Katholizismus. Die Wirkungen der deutschen Mystik des Mittelalters waren nicht stark genug, um im Barockzeitalter das Problem der konfessionellen Entscheidungen aufzuheben. Es bedurfte dazu der befreienden, ernüchternden Kraft einer allseitigen, vernunftgemäßen Weltdeutung, wie sie uns in der deutschen Aufklärung begegnet, um dann in der Frühromantik die unio mystica als Weg zur größten Freiheit und tiefsten Bindung zu zeigen im Begreifen und Erleben des Geistes Gottes im Ich und im All.

VIII. Kapitel

Ausblick auf die Wirkungen mittelalterlicher und barocker Mystik im Pietismus und in der deutschen Romantik

1. Mystische Strukturformen im Pietismus

Verfolgt man vom 17. Jahrhundert her den Weg des deutschen Pietismus über das Werk und die menschliche Leistung einiger typischer Vertreter dieser praktischen Frömmigkeitslehre, so ergibt sich mit Notwendigkeit die Frage nach der Verbindung von mystischen und pietistischen Frömmigkeitsformen. Hier wird nochmals das Problem der deutschen Mystik in seinem Zusammenhang mit dem Mittelalter bedeutungsvoll (288). Ich sehe vom Barockzeitalter her in der Nachwirkung der mystischen Erlebnisformen des einzelnen Verbindungslinien zwischen Mystik und Pietismus: Denn ein ähnlicher Vorgang wie bei der Bildung der Brüdergemeinden aus mystischem Geist am Ausgang des Mittelalters stellt sich uns im Pietismus dar. Schon die allgemeinen Kennzeichen verraten die Ähnlichkeit beider Bewegungen. In der Devotio moderna und bei den Brüdern vom gemeinsamen Leben machte der Wille zur hilfreichen Bewährung im Diesseits die Vertiefung der individuellen Frömmigkeit durch Spekulation oder philosophische Konzentration unmöglich. Das Erreichen der unio mystica auf diesem Wege des hohen Geisterlebnisses blieb den einzelnen verwehrt. Die neue Frömmigkeit zog aus der Contemplation, der gefühlsmäßigen Bereitung des Herzens zum Nacherleben von Christi Leiden und aus der Nachahmung seines Lebensweges ihre Kräfte. Die neue Lehre hatte also ein anderes Ziel, sie richtete sich nicht an einzelne, sondern an alle, und so wurden nicht mehr die Einzelerlebnisse und großen Vorbilder entscheidend für ihre Ausbreitung, sondern die allen erreichbare Möglichkeit einer Imitatio Christi, bei der die praktische Hilfeleistung im Vordergrund blieb. Das Schulbildende war das Hauptmerkmal dieser großen Gemeinschaftsbewegung, die ohne soziologische Ziele nicht zu verstehen ist.

Auch im Pietismus des ausgehenden 17. Jahrhunderts (289) lebt ein letzter Zug Bernhardinischer Frömmigkeit neben dem Gedanken ausgeprägter helfender Nächstenliebe. Auch hier sehen wir das Streben nach der Gründung von „Gemeinden" im Vordergrund aller Bemühungen. Das Einzelerlebnis ist nur noch Vorbild, seine Nachahmung in ihrer geistigen Isolierung jedoch unerwünscht, um keine Möglichkeit der Irrlehre zu bieten. Auch der Pietismus hält sich wie die Devotio moderna bewußt in den Grenzen der Kirche und bemüht sich eigentlich nur um eine vertiefte Frömmigkeit im Sinne gesteigerter Vorbildlichkeit. Und doch bleiben die inneren Zusammenhänge mit der Mystik immer sichtbar. Noch deutlicher wird diese These, wenn man nicht nur den allgemein kirchlichen, sondern vor allem den radikalen Pietismus betrachtet. Das Besondere dieses radikalen Pietismus liegt einmal in der Trennung von der Kirche, was allerdings nur so zu verstehen ist, daß die gegenwärtige Kirche gegenüber einer Urkirche völlig versagt habe und deswegen die Flucht in die eigene Seele berechtigt sei. Überdies stellt nur das individuelle Begegnen zwischen Gott und Einzelseele eine wirkliche religiöse Verbindung her. Man sieht, in welchem Maße hier die Parallele zur Mystik deutlich wird. Am klarsten erscheinen die Zusammenhänge aber, wenn man E. Seebergs Auffassung folgt, daß der radikale Pietismus dem Einfluß der mystischen Theologie des 17. Jahrhunderts stets offen geblieben sei. „Jene Renaissance der Mystik..... ist eine theologische und gelehrte Bewegung. Sie belebt eine Anzahl von alten Mystikern, aber sie bringt zugleich die einzelnen Mystiker auf den gemeinsamen Generalnenner der mystischen Theologie....Das Erlebnis (der einzelnen Pietisten) gestaltet sich nach den Regeln der mystischen Theologie und wird von dieser gewissermaßen hervorgelockt...Diese mystische Theologie dürfte vornehmlich das Gemeinsame sein, das den kirchlichen und radikalen Pietismus verbindet"(290). Man kann mit Erich Seeberg sagen(291), daß der Pietismus Krisis und Belebung des Luthertums durch den Einfluß der Mystik bedeutet.

Wenn diese Ansichten E. Seebergs auch nur auf einen Vertreter des barocken Pietismus, Gottfried Arnold, bezogen sind, so treffen sie doch in seiner Gestalt das Gesamtproblem. G. Arnolds Werk verrät den lebendigen Zusammenhang von Mystik und Pietismus am deutlichsten. Seine Dichtungen, besonders die „Göttlichen Liebesfunken" (Frankfurt a. M. 1701) stellen die Urbilder für einen aus dem Unio-Erlebnis gewachsenen Pietismus dar. Ihr Kern wird wie in jeder Mystik gebildet vom „Urtrieb der Seele, die aus der Zwiespältigkeit ihres Seins die Einheit und die Indifferenz aller Gegensätze erstrebt....Es ist immer „das liebe Eins", um das es hier geht. Dies vorreligiöse Streben nach der Einheit findet sich in aller Mystik, und weil es.......... auch bei Arnold das tiefste Motiv ist, so muß auch seine Mystik aus den tiefen Quellen persönlichen Lebens geflossen sein" (292). Nicht nur die Dichtungen Arnolds, sondern auch die kirchengeschichtlichen Bekenntnisschriften bezeugen das. Die Art, wie er schützend Stellung nimmt zu den von ihm verteidigten Ketzern innerhalb der protestantischen Kirche, sagt darüber genug. Man vergleiche nur einmal den Abschnitt in seiner „Unparteiischen Kirchen- und Ketzerhistorie" über Quirinus Kuhlmann, dessen Ton der einer anteilnehmenden und zugleich hochgestimmten Apologie ist. Genau so steht es mit Arnolds mystisch theologischen Schriften. Das Kernstück daraus die „mystische Theologie", lebt nur von der klaren Formulierung der göttlichen Illuminatio: „Im genauesten Sinn versteht man unter der Mystischen Theologie nur die hohe Stuffe der Beschauung GOttes / oder auch die innigste und wesendliche Vereinigung der Seelen mit GOtt darinne sie GOtt über alle Sinnlichkeit und Einbildung selbst schauet und geniesset" (Arnold S. 380). Nur darf nie vergessen werden, daß diese Erscheinungsformen der unio mystica auch innerhalb der Theologie eine Formulierung erfahren haben, die dem Verständnis möglichst vieler Gläubiger angeglichen ist, um dem entscheidenden schulbildenden Zug im Pietismus vollen Raum zu geben.

Noch nach einer anderen Richtung hin bedarf diese Auffassung von den mystischen Bestandteilen in der Bewegung des Pietismus einer Ergänzung. Nicht alles blieb in einer wissenschaftlichen Formulierung beschlossen, sondern wir können auch künstlerische Ausdrucksformen dieser letzten großen religiösen Volksbewegung in Deutschland erkennen. Der starke Gefühlsanteil in den Liedern eines Tersteegen oder Zinzendorf hat zwar dazu geführt, daß die Lyrik des Pietismus einer allgemeinen Abwertung verfallen ist. Die ihm gemäße Form bleibt das „Selbstbekenntnis", und in ihm ist die Ausdrucksform gegeben, die die mystische Substanz erfordert, und die zugleich dem Interesse der Zeit entgegenkommt. Von Gottfried Arnold bis zu Jung-Stilling hat diese Gattung der religiösen Erlebnisdichtung bis zur Autobiographie hin zahlreiche

Wandlungen durchgemacht. Aber immer wieder wird der Gesamteindruck dieser Schriften gestört durch eine etwas „dürre Moralität, die aus der kleinbürgerlichen Enge dieser Frömmigkeit der Hauptvertreter stammt". (293).

Rudolf Unger hat in seinem Buch über Hamann und die Aufklärung die Zusammenhänge zwischen früher Romantik und deutschem Pietismus meisterhalt dargestellt. Er hat angedeutet, wie das krankhafte religiöse Pathos einer fast modernen Gefühlsbetonung weicht, für die Goethes „Bekenntnisse einer schönen Seele" beispielhaft genommen werden können, da in ihnen Feinfühligkeit und Herzensgüte ihre vollendetste künstlerische Gestaltung erfahren haben, und sie uns heute noch das zu zeigen vermögen, was wir an Wortneubildungen und differenzierten Ausdrucksmöglichkeiten dem Pietismus verdanken.

Wenn die Linien der Entwicklung auch stark ineinander fließen, so läßt sich doch der barocke Pietismus in Einzelzügen deutlich absetzen von dem des 18. Jahrhunderts. Im 17. Jahrhundert überwiegt die konkrete Aussage über die Verhaltungsweise im diesseitigen Leben und erfährt in Arndts „Wahrem Christentum" ihre über Generationen wirkende Ausgestaltung. Trotz der darin enthaltenen lehrhaften Züge lebt der barocke Pietismus stärker vom Einzelerlebnis als von der Erbauung. Die Vision, die Ekstase, die Kritik an den Konfessionen, das Bekenntnis des erlebten Von-Gott-Berührtseins fordert in der künstlerischen Aussage das Einzelgedicht, in dem eine entfernte Erinnerung an die rein mystische Gottoffenbarung wahrnehmbar bleibt. Erst im 18. Jahrhundert beherrscht das fromme Gefühl mit dem nicht zu stillenden Hang zur Erbauung die Ausdrucksformen des Pietismus völlig. Jeglicher Gedanke an den eigenen Weg zu Gott im Erlebnis und seiner Gestaltung ist aufgegeben. Von hier aus gewinnt man erst den Zugang zu der Stufe des Pietismus, die zur Romantik führt. Die mystische Substanz verringert sich in dem Maße, in dem jetzt Rationalismus und Konfessionalismus auf diese Frömmigkeitsbewegung einwirken. Wenn der späte Pietismus auch gegen beide eine Abwehrstellung einnimmt, so erreicht er doch nie mehr die selbstgewachsene und weiterbildende Kraft der Mystik in ihren reinen Ausprägungen. Mit der zunehmenden philosophischen Spekulation verliert der Pietismus des 18. Jahrhunderts die Kennzeichen seiner mystischen Grundstruktur. Beispiel dafür ist der junge Schleiermacher. Es bleibt zwar noch etwas von mystischen

Voraussetzungen und Formen wie z. B. die Wirkung der vom einzelnen erlebten „Vision" auf die Gemeinden und das Wort von der „Vereinigung", aber beide Merkmale sind leer gewordenes Traditionsgut. Lippenbekenntnisse ersetzen nicht selbst durchlittene affektive oder spekulative Erlebnisse der seelischen unio mystica mit Gott. Auch das Schrifttum der vorhergehenden Generation wird nicht mehr verstanden. Arndts „Wahres Christentum", Speners und Franckes Schriften bleiben Schulcodices und wirken höchstens noch in die Breite in der Art eines Erbauungsbuches. Aus Tersteegens und Zinzendorfs Liedern lassen sich Kirchenlieder für den Gemeindegesang auswählen, aber es lebt in ihnen nichts mehr von der Kraft zu wirklicher Erhebung. In einer solchen schlichten Frömmigkeit des Herzens kann zwar lutherisches Gedankengut bewahrt werden, es kann aber daraus nicht die neue Religiosität und ein neuer Erlösungsgedanke erwachsen, wie die Frühromantik ihn braucht und zu erkämpfen sucht. Dazu bedarf es erst der philosophischen und dichterischen Leistung eines Schleiermacher, Fichte oder Novalis, die auf die alten Vorstellungen von der unio mystica in der Auffassung der Meister zurückgreifen und sie mit neuem Geist erfüllen.

2. Die Bedeutung der Mystik für den jungen Schleiermacher

Die religiöse Welt des Pietismus hat auf den jungen Schleiermacher (294) deswegen eine besonders tiefe Wirkung ausgeübt, weil er schon vom Elternhaus her eng mit ihr verknüpft war. Erhöht wird diese Wirkung durch seine weitere Erziehung in der herrenhutischen Gemeinde Gnadenfrei in Schlesien, in der er die tiefsten religiösen Eindrücke erhielt. Hier tat sich ihm eine Welt auf, deren geistige Kraft aus mystisch-religiösem Erleben floß, der die religiöse Gemeinschaft Heimat und Vaterland war. Die gefühlsmäßige Anteilnahme an dem Leben der Seele ließ allmählich den Glauben in einer fast weiblichen Affektstimmung untergehen. In der Übersteigerung der Imitatio Christi im täglichen Leben lag zwar eine starke Anziehungskraft für einen jungen Menschen, aber einmal mußte für das wachsende kritische Bewußtsein die Auseinandersetzung erfolgen mit den aufklärerischen Mächten damaliger Zeit. Wir wissen von Schleiermacher, daß ihn bis zum Jahre 1785 die Beschlossenheit im herrnhutischen Pietismus höchste Lebenserfüllung — „Religion überhaupt" — bedeutete. In den „Reden" heißt es von diesem Stadium und von der weiteren Entwicklung: „Sie (die Religion) half mir, als ich anfing den väterlichen Glauben zu sichten und das Herz zu reinigen von dem Schutte der Vorwelt, sie blieb mir, als Gott und Unsterblichkeit dem zweifelnden Auge verschwanden" (S. 15). Während seiner Lehrjahre in Barby bei Halle beginnt für ihn der Kampf mit der Aufklärung. Wenn man auch versuchte, das Seminar von Barby freizuhalten von den aufklärerischen Ideen, die inzwischen in Halle Fuß gefaßt hatten, so wirkte sich dies nur auf die Unsicherheit in der wissenschaftlichen theologischen Ausbildung aus. Sehr schnell zeigten sich die verhängnisvoll engen Grenzen der herrnhutischen Frömmigkeit bei den einzelnen Studierenden. Sie besaß nicht Weite, Tiefe und Kraft genug, Wissenschaft und Kunst miteinander zu vereinigen. Sie zog sich zurück von der sündigen Welt, floh vor ihrer Schönheit und verneinte sie, nicht weil sie zu stark und mächtig, sondern im Tiefsten krank und schwach war und weil sie wußte, daß sie vor der Macht der Welt erliegen würde. Dieser Zwiespalt mußte gerade für die stärksten religiösen Naturen eine ungeheure seelische Not hervorrufen. So mußte es auch bei Schleiermacher nach dem zweijährigen Aufenthalt in Barby zu jener Krisis kommen, an deren Ende die religiöse Befreiung stand. Er tat den entscheidendsten Schritt seines ganzen Lebens, indem er sich durch eine vernunftgemäße Erklärung der Gesetze der diesseitigen und jenseitigen Welt den Weg für sein weiteres, Generationen bestimmendes Schaffen bahnte. „Im schönen Genuß der jugendlichen Freiheit", so sagen es voll überströmendem romantischem Pathos die „Monologen", „hab ich die große That vollbracht, hinwegzuwerfen die falsche Maske, das lange mühsame Werk der frevelnden Erziehung" (S. 108). Schleiermacher wußte noch nicht, daß trotzdem in jener ersten herrnhutischen Zeit der religiöse Grundzug des Pietismus mächtigen Einfluß auf ihn erhalten hatte. Die ersten Beziehungen zur mystischen Frömmigkeitsform waren schon hier geknüpft worden: „Hier ging mir zuerst das Bewußtsein auf von dem Verhältnis des Menschen zu einer höheren Welt...hier entwickelte sich zuerst die mystische Anlage, die mir so wesentlich ist und mich unter allen Stürmen des Skeptizismus gerettet und erhalten hat. Damals keimte sie auf, jetzt ist sie ausgebildet und ich kann sagen, daß ich nach allem wieder ein Herrnhuter geworden bin, nur von einer höheren Ordnung." So schrieb Schleiermacher 1802 aus Gnadenfrei an Georg Reimer (Briefe I, S. 294/5). Die der Mystik innewohnende Möglichkeit der freien, geistigen Begegnung mit dem Gottes- und Lebensproblem hat diesen Wandel bewirkt.

Die jetzt erreichte religiöse Grundhaltung, in der sich Schleiermacher einer beständigen Verbindung mit dem Höchsten bewußt war, begleitet ihn in seinen Lehr- und Wanderjahren. Damals erarbeitete er sich das wissenschaftliche Rüstzeug für sein erstes Hinaustreten in die Öffentlichkeit; wir sehen ihn in der Auseinandersetzung mit der moralisch-religiösen Welt der Aufklärung, mit Kant, Plato, Shaftesbury und Spinoza. In ernster strenger Arbeit gewinnt er seine eigene Stellung der Welt und dem Leben gegenüber. Die Einflüsse jener Philosophen lösen seine Grundkraft und führen ihn zu einer „inneren und unwiderstehlichen Notwendigkeit, die ihn göttlich beherrschte", zur Gott verkündenden Rede vor der Öffentlichkeit. Wie bei Novalis sehen wir hier schon die Berufung zur Verkündigung vor uns. Wie Novalis als Dichter so erscheint Schleiermacher als Prediger, der das Unendliche im Endlichen zu verkünden sucht. „Als Mensch rede ich zu Euch von den heiligen Mysterien der Menschheit nach meiner Ansicht;..Daß ich rede...ist die innere unwiderstehliche Notwendigkeit meiner Natur, es ist ein göttlicher Beruf, es ist das, was meine Stelle im Universum bestimmt und mich zu dem Wesen macht welches ich bin" (Reden S. 5). Religion ist die Bedingung des wahren sittlichen Lebens, Religion muß „eigen" gebildet sein, muß wachsen aus der Ehrfurcht vor dem Höchsten, darf nicht ihre Wurzeln haben in frevelhafter Gewaltsamkeit des Gottsuchens. Diltheys Wort über diese erste philosophisch-religiöse Leistung Schleiermachers besteht zu Recht: Das Wesen seiner Welt- und Lebensanschauung ist nicht im Zusammenhang metaphysischer und ethischer Begriffe, sondern „in der anschaulichen Form, in welcher er sie ausspricht, als Mystik" (295) zu kennzeichnen.

Für Schleiermacher beruht das Mystische in der ersten Stufe seiner Entwicklung in der Vorstellung von den Beziehungen zwischen Individualität und Universum. Beide Komponenten in ihrer selbstgesetzten Notwendigkeit, in ihrem Reichtum zu begreifen und miteinander in Beziehung zu bringen, war das Ziel der „Reden" und „Monologen". Beide Werke bilden von diesem Zentralpunkt aus gesehen eine Einheit, obgleich oder vielmehr weil sie von entgegengesetzten Standpunkten ausgehen. Steht einerseits in den

Reden die Anschauung des Universums im Vordergrund und verschwindet der Mensch als Einzelwesen in der Fülle desselben, ist andererseits in den „Monologen" die Individualität Mittelpunkt der Anschauung und erscheint der Durchblick zum Universum nur fern und selten sich öffnend, so sind doch beide nicht ohne einander zu denken, sie ergänzen einander. Beide beweisen durch ihren scheinbaren Widerspruch, daß Schleiermachers Welt- und Lebensansicht auf mystischem Erleben beruht, in dessen Wesen diese eben angedeutete zweifache Tendenz liegt.

Für Schleiermacher erscheint also die Mystik als einziger Weg zur Offenbarung des Universums. Mittelkraft wird wieder der Vorgang der unio mystica, selbst wenn dieser von Schleiermacher nicht immer so bezeichnet wird. Eine These wiederholt sich aber immer wieder bei ihm: daß allein im religiösen Vorgang der Mensch zum Unendlichen getragen wird, mit ihm verschmilzt und sich doch wieder von ihm löst. Der menschliche Sinn, so heißt es (Reden S. 165), kann sich nach drei Richtungen wenden. „Nach innen zu auf das Ich selbst", „nach außen auf das Unbestimmte der Weltanschauung" und „auf das in sich Vollendete, auf die Kunst", die eine Synthese beider Richtungen ist. Zwar kann nur eine von diesen drei Richtungen in einem Menschen die herrschende sein, aber jede kann Führerin zur Religion werden. Hier sehen wir schon die Bedeutung der mystischen Vereinigungsvorstellung für den romantischen Erlösungsgedanken auftauchen, besonders für das Problem der Erlösung durch die Kunst. Schleiermacher kann zwar aus seiner unkünstlerischen Veranlagung heraus den Übergang des Kunstsinnes in die Religion nicht näher erläutern, wie er es für die Selbst- und Weltbetrachtung tut. Er sagt: „das ist meine schärfste Beschränkung, es ist die Lücke, die ich tief fühle in meinem Wesen, aber auch mit Achtung behandle" (Reden S. 167). Umso schärfer betont er, daß Religion zu haben das Entscheidende sei. Nur in der Religion als mystischem Erleben wird das Handeln des Universums offenbar. Weder Philosophie noch Moral können dahin führen, weil ihnen die Grundhaltung des Gefühls der Abhängigkeit und Beschlossenheit im Ewigen, sowie die Sehnsucht nach dem Ewigen fehlt, und sie dagegen nur die Autonomie des menschlichen Geistes kennen und anerkennen. So sind beide in ihrer jetzigen Gestalt nicht haltbar, sie müssen zu bloßer Schablone oder hochmütigen, leeren Begriffskonstruktionen und Wortspielen absinken, wenn die Religion sie nicht in das Reich des höheren Realismus führt und ihnen damit die wahre Fundierung ihres Seins gibt (Reden S. 54). „Spekulation und Praxis haben zu wollen ohne Religion, ist verwegener Übermut, es ist freche Feindschaft gegen die Götter, es ist der unheilige Sinn des Prometheus, der feigherzig stahl, was er in ruhiger Sicherheit hätte fordern und erwarten können. Geraubt nur hat der Mensch das Gefühl seiner Unendlichkeit und Gottähnlichkeit, und es kann ihm als unrechtes Gut nicht gedeihen, wenn er nicht auch seiner Beschränktheit sich bewußt wird, der Zufälligkeit seiner ganzen Form, des geräuschlosen Verschwindens seines ganzen Daseins im Unermeßlichen" (Reden S. 52). In der Religion, in diesem Wissen um das Ineinander von Endlichem und Unendlichem, das in einer mystischen unio erfahren wird, beruht auch für Schleiermacher der Sinn des Daseins und seines Philosophierens. „Das höhere Leben ist ununterbrochen fortgehende Beziehung des Endlichen auf's Unendliche. Dieses in Verbindung gesetzt mit dem Beziehen des Endlichen auf einander ist das wahre Philosophiren, diese letzteren Beziehungen um jener willen aufheben, das ist, was man im schlechten Sinne Mystik nennen kann" (296).

Damit ist die Bedeutung der mystischen Grundvorstellungen für Schleiermachers frühe Entwicklung soweit umrissen, daß von hier aus der Zusammenhang zwischen Mystik und Frühromantik weitergeknüpft werden kann. Es würde zu weit gehen und vom Thema abführen, wollte man die folgende Entwicklung Schleiermachers, die bekanntlich in ganz anderer Richtung verläuft, hier noch heranziehen. Gerade von den mystischen Denkvorstellungen des jungen Schleiermacher ist es nur ein Schritt zu Fichtes Philosophie, und von dort zu Novalis, bei dem dann die Auflösung der alten Unio-Vorstellung in einer neuen Synthese von Menschengeist und Gottesgeist sichtbar wird.

3. Fichte

Schon häufig ist in der philosophischen Literatur auf Zusammenhänge zwischen Eckhart und Fichte hingewiesen worden. Allerdings meist nur im Hinblick auf die Ähnlichkeit ihres Weltbildes und ihrer religiösen Vorstellungen. Gerade dieses letzte Problem hatte Heinz Finke in einer Greifswalder Dissertation (297) für Schriften Fichtes nach 1800 beschäftigt, ohne daß vom Verf. ein wissenschaftlicher Nachweis wirklicher Einflußsphären gegeben wurde und ohne daß die sich bietenden religiösen und philosophischen Handhaben (besonders für die „Anweisungen zum seligen Leben") ausgenutzt wurden. Im vorigen Jahre ist eine sehr umfangreiche Arbeit von Ernst von Bracken über das Thema des Verhältnisses von Eckhart zu dem frühen Fichte („Wissenschaftslehre") abgeschlossen worden, die mir der Verf. im Manuskript zur Verfügung gestellt hat und deren Gedankengänge mir für das Mystikproblem in der Frühromantik entscheidend scheinen. Denn über das Werk Fichtes, Schleiermachers und Novalis' führt die Brücke zu Erscheinungsformen der Mystik in der neuesten Zeit. Da die Arbeit eine neue Grundlage des Vergleichs gerade für den Fichte der Frühromantik schafft, nehme ich einige Ergebnisse hier auf, die mir im Zusammenhang der vorliegenden Untersuchung besonders wichtig zu sein scheinen.

Die Untersuchung v. Brackens hat philosophische Zielsetzung und ist für den Mystikforscher also von mehr mittelbarem Interesse, obschon in ihrem Gesamtcharakter wichtig. Sie behandelt die Mystik Meister Eckharts als eine Vorstufe der idealistischen Philosophie („Geburt des Idealismus aus dem Geiste der Mystik" S. 1, vgl. a. S. 8). Das Hauptanliegen des Verf. ist also nicht die Frage der mystischen Kontinuität, sondern eine Fragestellung der Geschichte der Philosophie. Man könnte sie so formulieren: Sind in der Lehre Meister Eckharts Grundmotive der Philosophie Fichtes vorgebildet und in welcher Form? Das Ergebnis bildet dabei eine notwendige Vorstufe ür unser Problem, von der aus dann unsere Frage nach den Zusammenhängen Eckharts und Fichtes in Hinsicht der Kontinuität mystischer Elemente gestellt werden kann.

Der Verf. vermutet einen geistigen Zusammenhang zwischen Eckhart und Fichte auf Grund einer an einzelnen, zunächst an verbindungslosen Punkten deutlich hervortretenden geistigen Verwandtschaft (S. 408ff.). Diese geistige Verwandtschaft berechtigt erst zur Herstellung einer historischen Verbindungslinie und hebt diese über ihre allgemeine 'Verbindlichkeit' und die aufzuweisenden philosophischen Analogien über reine Zufälligkeiten hinaus. Weiterhin wird versucht, durch philosophische Einzelanalysen den Nachweis eines Zusammenhanges in der Linie der aufsteigenden Entwicklung philosophischen Denkens zu führen. Die wirklich historisch nachweisbare Verbindungslinie zwischen Eckhart und Fichte als solche tritt bei v. Bracken in den Hintergrund und erscheint gleichsam nur punktiert; nur wenige Stellen sagen direkt etwas über sie aus (298). Dieser Nachweis ist deswegen so schwierig, weil zwei Ströme der Überlieferung angenommen werden müssen, die in Eckhart noch eins sind: der religiösen Bewußtseins und der philosophischen Denkens, die aber in der Neuzeit zu getrennten Linien der Überlieferung sich entwickeln.

Zwischen den beiden weit auseinanderliegenden Punkten von Eckhartischer Mystik und Fichteschem Ich liegt also eine historische Verbindungslinie, darüber hinaus aber besteht eine gleichsam zeit- und entwicklungslose Verwandtschaft der inneren Situation beider Denker: in dem Streben nach der Verwirklichung des Absoluten in der inneren Erfahrung. Wir sehen schon hier, wie auch in dieser Fragestellung das gleiche Problem vorweggenommen wird, das uns später bei Novalis zu beschäftigen hat und dort unter der Einbeziehung der Auffassung der Poesie einer klaren Lösung entgegengeführt wird.

Ohne Rücksicht auf die Reihenfolge und Gliederung der Untersuchung sei hier auf zwei für uns besonders wichtige Ergebnisse hingewiesen: auf die Ähnlichkeit des Existenzgefühls und auf das Verhältnis von Ich und Seelenfunken bei beiden Denkern. Der Kern der Übereinstimmung wird von v. Bracken als die „hohe freie Haltung dem Leben gegenüber" (S. 476) und „das starke Gefühl des Ich, welches ungemein aktiv und dynamisch empfunden wird" (S. 514) bezeichnet (S. 534f.). Bei Eckhart und Fichte wird „eine in männlich großer und kämpferischer Weise dem Unendlichen hingegebene Haltung" (S. 509) und „der Sinn für werthafte menschliche Existenz" (S. 513) hervorgehoben (S. 546). Als weitere Vergleichspunkte erscheinen die Gedanken der gesteigerten Unmittelbarkeit zu Gott, der Werterhöhung der Seele und der „anthropologische Charakter" der Eckhartischen Philosophie, die wie Fichte vom Sein nur in der notwendigen Beziehung zum menschlichen Dasein spricht. Man kann v. Bracken darin folgen, daß auch Fichtes Ich dem „Selbstgefühl einer heroischen Persönlichkeit" entspringt, die die polare Spannung zwischen Sein und Dasein dynamisch überwindet (S. 487).

Hinzugenommen werden muß, daß die Erfahrung des Göttlichen in der Seele bei Eckhart der Erfahrung des Absoluten im Ich bei Fichte entspricht, weil erst durch Einbeziehung dieser Komponente eine lebendige Innerlichkeit ausgeprägt wird. Bei beiden wird der Weg zum Absoluten unmittelbar über das Ich, über die innere Erfahrung gesucht. Eckharts Wissen um den Adel der Seele wandelt sich bei Fichte zum lebendigen Selbstbewußtsein, zur absoluten Innerlichkeit, die keine tote Substanz kennt, sondern lebendiges Werden, Wirken und unendliches Streben ist (299).

Auch das Verhältnis von Ich und Seelenfunken spricht für diese Geistesverwandtschaft. Durch Eckharts Auffassung von dem adligen Wert der Seele, die zum „Empfangsort der Gottheit" wird, ist die totale Vergegenwärtigung der transzendenten Werte im Augenblick der unio mystica möglich. Dies ist der entscheidende Schritt bei Meister Eckhart, der die Überwindung des weltanschaulichen Dualismus anbahnt (300). Entsprechend werden bei Fichte Mensch und Welt zu einer Synthese zusammengezogen, die der Ausdruck einer höchst differenzierten Bewußtseinseinheit ist. Diese Synthese bei Fichte trägt keimhaft die unio der intelligiblen Welt mit der Seele in sich. Eckhart erscheint also als Vorbereiter Fichtes durch die neue Wertung, die er der Seele gibt.

Schon hier, in diesen allgemeinen Umrissen deutet die Erwähnung der unio darauf hin, daß es sich um mehr als einen nur historischen Zusammenhang zwischen Eckhart und Fichte handelt. Für unsere Blickrichtung auf die Mystik hin ist es entscheidend, wie weit sich im Rahmen einer Geistesverwandtschaft bei Fichte etwas dem mystischen Element Eckharts Entsprechendes vorfindet oder im Entstehen ist. Hier führt uns die Auffassung des Verf. vom Fichteschen Ich weiter: der Ichbegriff Fichtes lebt aus der inneren Polarität von Idee und Existenz, insofern als er ein Absolutum ist und dennoch den Gedanken seiner ständigen, vollen Aktualisierbarkeit im empirischen Ich in sich schließt. Von hier aus eröffnet sich der Blick auf Züge, die der Mystik verwandt erscheinen. 1. Bei Eckhart wie bei Fichte ist die Innerlichkeit der Zugang zum Absoluten und der Raum seiner Verwirklichung. 2. In der Polarität des Fichteschen Ich stellt sich eine unio dar: die des empirischen mit dem reinen Ich. Sie entspricht der mystischen unio von Seele und Gott. (Eine weitere Parallele zur inneren Polarität des Fichteschen Ich-Begriffs liegt in der Zwiespältigkeit höchster und tiefster Beurteilung der Seele in der Mystik). 3. Die Geburt Gottes in der Seele wird vom Verf. auf Grund eines ähnlichen Gedankenganges mit der intellektuellen Anschauung Fichtes in Parallele gesetzt. (Bei Eckhart erscheint die Seele als Abbild des göttlichen Urbilds und die Rückkehr in sich selbst als Weg zu Gott. Bei Fichte ist in Parallele zu setzen: der geistige Vorgang der Rückbesinnung auf den Zusammenhang mit dem absoluten Ich (301).) Wenn man zu den oben erwähnten Parallelen hinzunimmt, daß der Entdeckung des Fichteschen Ich in der Wissenschaftslehre ein ungeheuer starker Erlebnischarakter zugrunde gelegen haben muß, der es erlaubt, auch bei Fichte von einem „ekstatisch-mystischen Erlebnis der inneren Erfahrung" zu reden, so erscheint die Vergleichsbasis auch für das mystische Element geschaffen (302). Der Nachweis für diesen starken Erlebnischarakter bei Fichte wird u. a. erschlossen und tritt besonders nachdrücklich hervor aus der „Rede über die Würde des Menschen", die Fichte 1794 nach der ersten öffentlichen Vorlesung der Wissenschaftslehre gehalten hat (303).

Leider tritt die Frage der „Lebenslehre" bei v. Bracken sehr stark zurück. Die Bedeutung einer solchen für den deutschen Idealismus hätte sich in diesem Zusammenhang nachweisen lassen, da bei Fichte Erkennen und Wollen eine unbedingte Einheit bilden. Bei Fichte erweist sich, daß das Reich der Vernunft, die Darstellung der intelligiblen Welt, von der Tat und der Leistung des Menschen abhängig ist, in dessen Wirken sich Gott unmittelbar kundtut, und damit erhält das Mensch-Sein einen neuen Wert, der der Lehre vom „sunder warumbe" Eckharts nahe steht. Denn dem entspräche als verschleierte Vorstufe bei Eckhart der Vorgang der Seelengeburt und der Gedanke des Seelenfunkens als „Prinzip eines sittlichen Handelns". Das Fehlen eines Abschnittes über die Lebenslehre ist besonders bedauerlich, weil sich hier die Entwicklung ihrer spezifisch frühromantischen Form, des „magischen Idealismus" angeschlossen hätte, wobei dann allerdings auch der Blick auf Novalis hätte gelenkt werden müssen.

Im ganzen stellt sich also eine strukturelle Verwandtschaft des Grunderlebens dar: das stolze Aufragen der Seele oder des Ich ins Absolute, der Weg nach innen als Zugang zum Absoluten, die erlebnismäßige Herstellung einer direkten Verbindung in der Ekstase (hier: denkerischer Ekstase). Darüber hinaus ergibt sich die Vorstellungsmöglichkeit einer unio, es ergibt sich das Zersprengtwerden dieser unio aus der ihr innewohnenden Polarität und ihre gerade deswegen doch immer wieder neu aufsteigende Erlebniskraft. Schließlich stehen wir bei Eckhart und Fichte vor der Verewigung des Augenblicks, in dem der Mensch schöpferisch teilnimmt am Unendlichen.

Freilich steht diese strukturelle Gleichheit bei Eckhart und Fichte unter völlig verschiedenen Vorzeichen. Zwischen Eckhart und Fichte vollzieht sich der Vorgang einer „rationalen und philosophischen Säkularisierung der mystischen Religiosität" (304). Fichte aber stellt, weit über Eckhart hinausgehend, das Spitzenglied der Entwicklung zur vollen Aktualisierung des Absoluten im Menschen dar, die sich in Eckhart erst anbahnte.

Die Untersuchung von Brackens beschränkt sich bewußt für alle diese Ergebnisse auf den Fichte der Wissenschaftslehre und damit auf eine Vorstufe und Grundlage des Denkens der Frühromantik, die notwendig einzubeziehen ist, weil sie in ihrer Wirkung so unlösbar mit allem folgenden romantischen Denken verbunden ist.

Die Berechtigung aber, hier wirklich von Analogieformen zur Mystik zu sprechen, erscheint — gleichsam nachträglich und v. Brackens Ergebnisse bestätigend — in einer Spätstufe der Entwicklung Fichtes gegeben: in den „Anweisungen zum seligen Leben" von 1806. In diesem „reifsten und harmonischsten" von Fichtes Werken „hat sich die Wandlung der Wissenschaftslehre ins Religiöse bereits vollzogen, und wir sehen die Religionsphilosophie als unmittelbare Kehrseite des Systems, ja als seinen am tiefsten schöpferischen Teil" (304a).

Die Analogieformen zu mystischen Denkvorstellungen treten hier in überraschender Deutlichkeit zutage. Es handelt sich um wirkliche innere Verwandtschaft zu mystischer Spekulation einerseits, und um eine Umdeutung der aus der Wissenschaftslehre bekannten Begriffe andererseits. — Der Ich-Begriff erhält eine Rückeinformung in den Gottesbegriff. Das „Bewußtsein" der Wissenschaftslehre wird jetzt zur ewigen Offenbarung Gottes und gründet ewig in ihm. Von der Logoslehre des Johannisevangeliums her deutet Fichte jetzt seine Lehre vom 'Wissen', „welches ein 'Bild' Gottes in Ewigkeit ist, zeitlos und jenseits aller Erscheinung, das aber in Erscheinung tritt im Bewußtsein des Menschen, und als ewige Menschheit die Einheit von Gott und Mensch bedeutet" (304a). — Eine entsprechende Verwandlung erfährt der Willens- und Freiheitsbegriff, der dem ewig mystischen Paradoxon der Willensaufgabe des In-Gott-Eingehens als letzter Willensfreiheit sehr nahekommt. Es vollzieht sich hier eine Überformung des ethischen Standpunktes von Seiten der Religion, — fast möchte man sagen: von seiten mystischer Spekulation her, — wie er für das Erleben der Mystik typisch ist (304a). Sie vollzieht sich unter dem Ziel, das Leben in Gott, das 'selige Leben' hier auf Erden im Menschen und den Menschen für dies neue Dasein zu befreien. Leben und

Seligkeit sollen schon hier zusammenfallen, und da beide ein Streben nach Vereinigung sind und unter einem höchsten Ziel stehen, so fallen sie mit der Liebe, die gleichfalls höchstes Vereinigungsstreben unter höchstem Ziel ist, zusammen. Von ihr getragen und geleitet ist der innere Kern alles Lebens freizulegen, ist das Leben in seinem inneren Wesen zu erfüllen. „Liebe ist das Leben Gottes in uns" (304a).

Diese Erkenntnis wird dem Menschen in seinem Bewußtsein geoffenbart; ihr gemäß hat der Mensch sein Leben zu formen und es zu jener höchsten Einheit zu führen. — Im weiteren beschreibt Fichte die Stufenfolge, wie die verschieden veranlagten Menschen diesen göttlichen Kern im Bewußtsein (als Gottoffenbarung) zu erfahren vermögen — eine Abfolge, die stark an die Stufen aufsteigender mystischer Bereitung erinnert, aber allerdings ganz in Fichtescher Terminologie sich bewegt, und der der alte Gedanke der Wissenschaftslehre vom Bewußtsein als Grenze und Vollendung der Selbsterkenntnis zugrunde liegt. Als oberste Stufe offenbart sich die des religiösen Standpunktes, „die sich selbst als den unmittelbaren Ausdruck des göttlichen Lebens sehen lernt" (304a). Allerdings wird sie — und das ist bezeichnend für den Erkenntniswillen und das Erkenntnispathos Fichtes — noch überhöht durch den Standpunkt der Philosophie, d. h. der wissenden, „spekulativen" Erkenntnis der dem „religiösen" Menschen nur als Schau geschenkten Offenbarung. Wieder greift Fichte hier zurück auf sein kühnes, wagendes Erkennen der Wissenschaftslehre und gibt ihm von hier aus — rückblickend — seine Berechtigung und seine innere Erfüllung.

Wenn so die „Wissenschaftslehre" in die „Anweisungen" aufgenommen und in ihr umgedeutet werden konnte, so muß der Keim zu dieser Wandlung ins mystische Bereich schon in der Wissenschaftslehre selbst gelegen haben, und so erklärt sich, daß aus der Wirkung der Wissenschaftslehre in der Zeit des deutschen Idealismus geistige Neuformungen im Bereich der gegenseitigen Durchdringung mystischen und idealistischen Erlebens entstehen konnten, wie sie in Ansätzen mehr oder minder starker und verschieden gearteter Durchführung wohl noch von manchem Ansatzpunkt her in der deutschen Romantik nachzuweisen wären, und wie sie in der einsamen Höhe Novalis'schen Denkens und Dichtens zu besonderer Eigenart erwuchsen.

4. Novalis

Wenn man die Bedeutung der mystischen Vereinigungsvorstellung bei Novalis für seine gesamte Dichtung darzustellen versucht (305), so muß man ausgehen von einem mystischen Grunderlebnis, das der Dichter am Grabe seiner Braut, Sophie von Kühn erfuhr, das ihm blitzartig die Gewißheit einer höheren übersinnlichen Welt und in dieser der unmittelbaren Verbundenheit mit der Geliebten gab. Von dieser „Vision", die in einer Tagebuchnotiz vom 13. Mai 1797 vermerkt wurde, nimmt eine bestimmte Vorstellung von der unio mystica ihren Ausgang. Diese Tagebuchnotiz wird zur Keimzelle dichterischer Gestaltung jener ersten Vereinigungsvorstellung, wie sie uns in der dritten Hymne an die Nacht in unmittelbarem dichterischem Ausdruck durch Novalis geschenkt wurde. Man erkennt sofort den Unterschied zu einer mittelalterlichen Vision, wenn man sieht, daß dieses Erlebnis als plötzliche, traumhafte Entrückung des Geistes und Gefühls wahrgenommen wird, in der jeglicher Schmerz verschwindet, aber auch das Bewußtsein für Zeit, Raum und die Wirklichkeit des Diesseits aufgehoben wird zugunsten einer im Augenblick als wirklich empfundenen, übersinnlichen Welt. Die Bedeutung dieser Vision für Novalis' innere Haltung ist insofern grundlegend, als eine entscheidende Wendung mit diesem Augenblick beginnt. Der Sturz in die Trauer nach dem Tod Sophies ist in seiner Wirkung aufgehoben durch eine ganz neue Bezogenheit zu der in der Vision erfahrenen göttlichen Welt, mit der die Vereinigung durch den Tod der Geliebten erfolgt. Eine oft nachgewiesene mystische Grunderfahrung hat also bei Novalis ihre Wirkung getan (306), indem nun die Wendung zur übersinnlichen Welt eingetreten und die Verbindung mit ihr hergestellt ist. Auch die Schwierigkeit der Aussage des Erlebten, der wir bei jedem Mystiker begegnen, wiederholt sich bei Novalis in den dunklen und nur tastend deutenden Worten und Bildern, weil auch für ihn unaussprechlich bleibt, was im Augenblick der Vision wort- und bildlos erfaßt war (307).

Noch ein anderes Merkmal mystischer Erfahrung und Auswirkung einer Vision verrät uns die weitere Entwicklung seines Lebens. Der Wille, der Geliebten nachzusterben, erklärt sich aus dem inneren Zwang zur Einsamkeit, um in Sammlung und innerer Einkehr den einmalig erlebten Vereinigungsakt nochmals und nach Möglichkeit für immer zu erfahren. Novalis beschreibt in den

Hymnen seinen Weg in diese Einsamkeit, der ihn über sie hinaus in eine erneute Gotteinigung führt. Er deutet ihn symbolisch als Weg aus dem Licht in die Nacht. Aber aus diesem Erlebnis der Einsamkeit erwächst noch eine zweite Erfahrung, die sich nicht mehr nur auf das Innere des Menschen, sondern auf die Außenwelt und das Reich der Natur ausdehnt. Es deutet sich schon hier die doppelte Tendenz, in die die mystische Erfahrung in der Romantik verwandelt ist, wie bei Schleiermacher an: Das Göttliche offenbart sich dem Menschen sowohl in der Immanenz im Ich wie in der Transzendenz des All (= der Natur). Auch in der diesseitigen Welt fließen letztlich Gottheit und Menschheit, Unendlichkeit und Endlichkeit, zusammen. Gerade die erste und zweite Hymne an die Nacht bieten dafür besonders viele Kennzeichen mystischer Vereinigungserfahrung. Gemeinsam ist diesen mystischen Grunderlebnissen in der Wirkung die andauernde Empfindung höchster Beglückung durch das Eingehen in die Unendlichkeit. Obwohl man darin ein allgemeines Kennzeichen frühromantischen Erlösungsstrebens erkennen kann, muß man hier darauf hinweisen, daß durch Novalis' persönliches Erlebnis ein besonders wichtiges Moment im mystischen Erfahrungsbereich hinzukommt, die Erfahrung der Liebe, die sich bei ihm nicht auf die irdische Person des geliebten Menschen mehr richtet, sondern auf die Erfassung seines überpersönlichen göttlichen Wesens, und so zur Vereinigung und Identifikation im Göttlichen drängt (308).

Es ist dabei auffällig, in welchem Maße sich die Grundstruktur mystischen Erlebens, wie wir sie im Mittelalter kennengelernt haben, auch bei Novalis fortsetzt. Auch bei ihm taucht die Frage auf, wie das Verbleiben in der unio mit dem irdisch-tätigen Leben zu vereinigen ist. In dem Suchen nach einer vollen Antwort auf diese Frage formt sich eine neue Lebensanschauung, aus der die Folgerung gezogen wird, daß nicht die dauernde ekstatische Entrückung das Ziel des Mystikers sein darf, sondern die Gestaltung des geistigen und praktischen Lebens und der Welt aus der neuen Gottnähe. Damit stoßen wir unmittelbar auf ein Hauptproblem gerade der deutschen Mystik, das auch bei Novalis eine nun ganz neue Lösung verlangt: auf die mystische Lebenslehre. Hier vollzieht sich als erstes die Umformung des mystisch-ekstatischen Gefühlserlebnisses des Unendlichen zur mystisch-spekulativen Bewußtseinserfahrung. Im Zusammenhang damit mußte Novalis der idealistischen, besonders der Fichteschen Philosophie begegnen.

Faßt man kurz zusammen, was sich aus der Verbindung von Fichtescher Ich-Philosophie und selbständiger Spekulation bei Novalis an Voraussetzungen für die Festlegung einer mystischen Lebenslehre ergibt, so kommt man — und das beweist die Arbeit von Maria Hamich (309) — im einzelnen zu folgenden Ergebnissen:

1. Vorstufe zu diesem spekulativen Unio-Akt ist auch hier wieder die innere Einkehr. In der Ich-Philosophie des Novalis erscheint der Akt mystischer Vereinigung als ein solcher mit dem transzendentalen Selbst des Menschen und ist freie Willenstat des Geistes. (Man beachte hier die Verbindung der mystischen Vorstellung des Seelengrundes mit der idealistisch-Fichteschen des absoluten Ich.)

2. Die „produktive Imagination" vermag als mystische innerliche Kraft in Anschauung und Erkenntnis des Selbst die Verbindung zu einem göttlich-überpersönlichen Ich herzustellen. (Man beachte die Verbindung von spekulativem mystischen Denken mit dem absoluten Erkenntnisvermögen.)

3. Die Liebe erscheint als willensmäßige Voraussetzung für die auf dem Wege der unio vollzogene Verbindung mit dem absoluten Sein. (Man beachte, daß es sich bei dieser Dreiheit von eigenem Selbst als Vereinigungsort, von „produktiver Imagination" als transzendentaler Kraft und der Liebe als willensmäßiger Voraussetzung um eine Fortbildung wesentlicher Begriffe aus der idealistischen Philosophie in Verbindung mit echtem mystischem philosophischem Traditionsgut handelt.) Die Verf. weist mit Recht darauf hin, daß die Vorstellungen des Seelengrundes, des intellectus agens, und des desiderium oder der Liebe in der Unio-Vorstellung mittelalterlich-mystischer Spekulation dieselbe Funktion erfüllen wie in der des Novalis (310).

4. Die ganz persönliche Form der Vereinigungsvorstellung des Novalis als unio mit der Geliebten — wie sie sich in der gefühlsbetonten Mystik der Hymnen offenbart — taucht auch in dieser spekulativen Umformung des mystischen Erlebens wieder auf.

Nach diesen Erkenntnissen, die aus der Verbindung von mystischer Spekulation und idealistischer Philosophie Fichtescher Prägung gewonnen sind, vollzieht sich ein weiterer Schritt auf die Novalis eigentümliche mystische Lebenslehre hin in der (ganz unfichteschen) Einbeziehung der Natur in seine Spekulation. So ist also auch die Naturphilosophie des Novalis im Zusammenhang mit dem mystischen Grunderlebnis zu begreifen. Sie entspringt letztlich aus der mystischen Erfahrung der Unendlichkeit in der Natur(311). Dabei erhält sich auch wiederum die Novalis eigentümliche Form der Vereinigungsvorstellung in seiner Naturphilosophie: die unio mit dem göttlichen Geist der Natur erscheint nicht als Natur- oder Unendlichkeitsmystik schlechthin, sondern als unio mit der vergöttlichten Geliebten, die allen Erscheinungen als übersinnliche Wesenheit innewohnt.

Da es Novalis in seiner Ich- wie in seiner Naturphilosophie nicht um ein intellektuelles Erkennen und begriffliches Darstellen geht, sondern darum, auf spekulativem Wege das Göttliche zu erfassen, gelangt er zu keinem philosophischen System, sondern spricht seine Gedanken in einzelnen „Fragmenten" aus, die uns gerade in dieser Unvollendung an die Gehemmtheit der Aussage in der mittelalterlichen Mystik erinnern (312).

Es hieße aber die besondere Leistung des Novalis allzusehr verallgemeinern, wenn man nicht auf die ganz persönliche Fortbildung dieser Natur- und Ichphilosophie einginge, wie sie uns in seiner Lehre vom „magischen Idealismus" entgegentritt (313).

Im magischen Idealismus vollzieht sich die schon in der Philosophie angedeutete Umformung der spekulativen Mystik zur Theorie einer Lebenslehre, in der sich in überspitzter Form andeutet, wie die letzte Stufe Novalis'scher Welt- und Gotterfahrung im Bereich des Künstlerischen ihre „Er-Lösung" finden muß (314).

Im magischen Idealismus ist die „produktive Imagination" zum transzendentalen Einheitspunkt aller menschlichen, sowohl der sinnlichen als auch der übersinnlichen Kräfte geworden. Sie wird als absolut schöpferische Fähigkeit im geistigen und körperlichen Sinn verstanden. Durch diese Kraft geschieht die Überformung der Persönlichkeit durch den Geist, dem die völlige willkürliche Herrschaft über den Körper zugestanden wird. In bezug auf die Welt oder Natur bewirkt diese Kraft die absolute Beherrschung alles natürlichen Seins durch den menschlichen Geist. Das neue große Ziel magischen Handelns ist die vollständige Darstellung der unendlichen Welt im Endlichen, d. h. die Vergöttlichung des gesamten Daseins in der Überformung durch den Geist, die sich als Darstellung der Idee menschlicher Existenz vollzieht, da der Magier in sich das Urbild der Welt entdeckt.

So bemüht sich Novalis um das Nacherleben und Nachformen des einmal erlebten mystischen Vereinigungsvorgangs im geistigen und praktischen Leben. Er strebt nach der dauernden Einbeziehung der unio in das ganze menschliche Dasein. Im magischen Gestalten weicht aber die unbegreifliche Einheit von Mystiker und Gottheit außerhalb von Raum und Zeit der Zweiheit von Magier und Gottheit in Raum und Zeit, da der Magier das Unendliche im Endlichen in seiner Darstellung zu begrenzen vermag. An Stelle des göttlichen Geschenkes der unio tritt hier die freie willkürliche Tat des absoluten schöpferischen Willens. Daraus ergibt sich für die Lebenslehre bei Novalis eine entscheidende Wandlung: die Vergottung des Daseins geschieht nicht durch die Überformung des Willens und des Werkes vom göttlichen Sein her, sondern in der geistigen Tat des Menschen, durch reale Umschaffung von Mensch und Natur in ein höheres Dasein.

Allerdings gehört zu diesem Denkvorgang der Einbau des magischen Idealismus in die Moralphilosophie. Sie bedeutet eine erlösende Überhöhung des magischen Standpunktes. Bemühte sich Novalis dort um eine Vergeistigung und Verklärung des ganzen irdischen Daseins in der Geisteinheit, so stand dem die Eigengesetzlichkeit der Natur und der Körperlichkeit entgegen, die es zu einer wirklichen Einheit aller Kräfte nicht kommen ließ. Durch die Wiedereinführung des Begriffs der Liebe, die die Harmonie aller Kräfte erst gewährleistet, findet Novalis den Weg zu der geforderten Gotteinheit und kommt damit zugleich wieder mystischem Denken und Leben und der letzten Stufe seiner Lebenslehre entscheidend näher. Ausgangspunkt ist die Annahme eines moralischen Willens als eines menschlichen Grundvermögens, das sich mit der Liebe identifiziert. Diese Annahme wird dadurch befestigt, daß der moralische Willensakt selbst der Liebesakt ist, der sich im Menschen und in der Natur vollziehen kann. Der moralische Willens- oder Liebesakt erscheint Novalis als ewige Aufgabe für den Menschen, für die Welt und für Gott. In allen dreien ist die Liebe als Grundkraft vorhanden. Erst die gegenseitige Liebesbeziehung und Liebebedürftigkeit ermöglicht die göttliche Allharmonie. Man kann also sagen: insoweit sich Mensch und Welt moralisch bilden, schafft sich Gott in ihnen. In mystischer Terminologie hieße das, daß diese Gottesgeburt unaufhörlich sich vollzieht, weil das Wesen Gottes Unendlichkeit ist. Nach Novalis' Auffassung fällt in diesem gewaltigen Erlösungsprozeß dem Menschen die Rolle des Erlösers zu, da er die schlafende Kraft der Liebe in der Natur zu erwecken vermag (315).

So hat Novalis in seine Moralphilosophie mystisches Gedankengut aufgenommen und in seine Vorstellung von der Alleinheit in Gott eingefügt, die das Ziel seines mystischen Vereinigungsstrebens ausmacht. Die unio mit dem Göttlichen ist durch den magischen Idealismus und seinen Einbau in die Moralphilosophie in das wirkliche Dasein des Menschen einbezogen.

Der mystischen Welt im engeren Sinne nähert sich Novalis in seiner Auseinandersetzung mit dem Christentum (316). Hier greift er wieder auf das Sophien-Erlebnis zurück. Als Grundform dieses Erlebnisses offenbart sich hier die mystische Christusbegegnung als plötzliche Entrückung des Geistes und Gefühls in eine höhere Wirklichkeit. Höchste Beglückung und Befreiung von Schmerz und Angst der Welt erscheinen als wichtigste Auswirkung auf das Innenleben. Dabei ist das rechte Verständnis des Christusbildes für Novalis entscheidend. Nicht der historische, sondern der mystische Christus steht im Vordergrund (317). Novalis greift dabei den alten für die spekulative Mystik von jeher entscheidenden Logosgedanken auf, den er gleichzeitig zur innergöttlich und innerweltlich seienden Kraft des Ursprungs macht. Er verwandelt ihn in seine Vorstellungswelt ein, indem sich im Bilde dieses mystischen Christus Sophien-, Christus- und Marienvorstellungen vereinen. Christi Bild wird also zu einem Symbol mystischer Gotteinheit.

Das Wesen von Novalis' christlicher Religiosität wird weiterhin gekennzeichnet durch eine mystische Grundhaltung, die den religiösen Akt selbst als unmittelbare Gottbegegnung bestimmt. Erfahren wird diese nur durch die innere Offenbarungsfähigkeit des Menschen, die mit der willensmäßigen Bereitschaft zum Gotterlebnis sich vereinen muß.

Im gleichen Maße wie Novalis Gottüberformung des gesamten Lebens in der Moralphilosophie anstrebt, plant er in der Gründung einer neuen Kirche Erlösung des Universums. In dieser Idee einer über Europa verbreiteten neuen Christenheit wird das uralte mystische Motiv der Gottesgeburt in der Seele des einzelnen aufgenommen, auf die Gesamtheit der Schöpfung übertragen und als der eigentlich erlösende Akt gedeutet. Es handelt sich bei der Sohngeburt in der Schöpfung nach Novalis' Anschauung um die dauernde reale Einbeziehung und Zueignung des Göttlichen in menschliches und kreatürliches Sein. In der Vorstellung der christlichen Kirche in solchem Sinne hat Novalis' auch hier nicht den Gedanken einer Lebenslehre aufgegeben, sondern durch die Einbeziehung und größte Ausweitung christlich-mystischen Traditionsgutes vertieft und geradezu auf das Universum übertragen. Der Gedanke der Kirche ist also hineinverwandelt in seine Vorstellungswelt und damit aus dem eigentlich christlichen Bereich gelöst. Diese Verwandlung führt nun unmittelbar in die letzte Phase Novalis'scher Gott- und Welterfahrung, die eine Verschmelzung mystischen Erlebens mit dem Gedanken des Künstlertums darstellt. Durch diese Synthese erreicht auch der Begriff der „Lebenslehre" für Novalis seine letzte und höchste Bestimmung (318).

Man muß bei der Beantwortung der Frage nach der Bedeutung der Poesie für Novalis von der Kennzeichnung der Dichtung in ihrer religiösen und prophetischen Bedeutsamkeit ausgehen. Für die Frühromantik und besonders für Novalis vermag die Poesie das Unendliche im Endlichen darzustellen und zu offenbaren. Poesie ist also Verbindung von Mensch und Gott, ist Religion, der Raum, in dem sich mystisches Erleben vollziehen kann.

Diese neue Erkenntnis wird gleichzeitig theoretisch ausgesprochen und im dichterischen Bild geformt im letzten Werk des Novalis, im Ofterdingen. Hier begegnen wir der Gestaltung innerer Vorgänge mit wesentlich mystischen Strukturformen (319). Die innere Entwicklung des jungen Dichters Heinrich schreitet von der dunklen Ahnung einer übersinnlich-göttlichen Welt (wie etwa im ersten Traumbild und in den Gesprächen mit den Reisenden) zu ihrer unmittelbaren Erfahrung (man denke hier an Heinrichs Natur- und Liebeserleben) und darüber hinaus zum lebendigen Bewußtsein und Gefühl dauernder Einheit mit dem Göttlichen, wie es sich nach der Todeserfahrung, ganz besonders im Sylvestergespräch, ausdrückt. Im Mittelpunkt steht so die mystische unio als unmittelbares Innewerden des Göttlichen. Ihre Voraussetzung ist innere Sammlung und sittliche Läuterung. Das Erlebnis der nuio selbst erscheint als ein Geschenk höchster überirdischer Beglückung und hebt alle Raum- und Zeitgesetze, sowie die Bindung an irdisches Leid und Freude auf. Die Kraft, die es heraufführt, ist die Liebe, und darum wird das Liebeserlebnis Heinrichs am stärksten als mystisch gezeichnet.

Im Unio-Erleben des Novalis, wie es sich im Ofterdingen spiegelt, fallen die polaren Erfahrungsmöglichkeiten des Unendlichen zusammen. Mystisches Gefühls- und Geisteserlebnis und mystische

Ich- und Welterfahrung verschmelzen im Unio-Akt in eins. Offenbart sich so im Ofterdingen eine letzte Steigerung und Ausformung mystischen Erlebens, so findet auch das Problem der „Lebenslehre" seine Lösung.

Wie schon im magischen Idealismus die mystische Unio-Erfahrung zur Bannung des Unendlichen im Endlichen drängte, so erscheint auch im Ofterdingen nicht die einmalige mystische Entrückung über Raum und Zeit als letztes Ziel des Geistes, sondern die dauernde reale Einbeziehung, ja ständig fortschreitende Inkarnation des Göttlichen im gesamten menschlichen und kreatürlichen Bereich. Dies heißt nun für Novalis „Erlösung", und in diesem Begriff blüht noch einmal der alte Glanz des Mittelalters auf, der die Wortverbindung „unio mystica" umspielt, insofern sie über das Erlebnis des einzelnen hinaus die Gottüberformung und Gotteinheit des ganzen Alls umgreift. Zugleich jedoch darf das Neue Novalis'schen Denkens nicht übersehen werden: denn diese „Erlösung" geschieht im höchsten künstlerischen — d. h. für Novalis, der den Bereich der Dichtung als umfassende Einheit aller Künste betrachtet — im poetischen Schaffensakt.

Der Dichter ist der wahre Erlöser: in ihm vereinigen sich Mystiker und Magier. Er allein vermag es, einerseits die schlafende Individualität, das verborgene Wort in jedem Ding zu befreien und damit dieses zu seinem eigentlichen, nur ihm eigenen Sein zu rufen; andererseits aber, da die Individualität bei Novalis der göttliche Urkern irdischer Gestaltung schlechthin ist, der sich in jedem einzelnen verschieden darstellt, bedeutet der poetische Akt auch die Erlösung der Gottheit, die in allem Irdischen ihrer Verwirklichung und damit ihres wahren Seins harrt. Als die verwandelnde und erlösende Kraft erscheint die freie schöpferische Liebe, wie sie sich im dichterischen Wort äußert. Damit hat Novalis sich in der Dichtkunst die Möglichkeit geschaffen, über die unio der plötzlichen Entrückung hinweg das ganze menschliche und kreatürliche Sein in kosmischer Weite des Begriffes in das Leben der Gotteinigung hineinzuheben.

Dieser Überblick über den Wandel in der Vereinigungsvorstellung in der Dichtung des Novalis zeigt, welch weiter Weg zurückgelegt ist zwischen deutschem Mittelalter und deutscher Romantik. Das Formen- und Strukturgesetz jener alten Vorstellung von der unio mystica des menschlichen Geistes mit dem Geist Gottes hat seine Wirkungskraft behalten, aber es ist eine Verbindung mit dem

Geist des deutschen Idealismus eingegangen, die zu einer neuen „Erlösung" des Lebens und zur erhöhtesten Erfüllung des Dichtertums überhaupt wird.

Bezeichnend aber ist, daß der Begriff der Lebenslehre den der Gottlehre in sich aufgenommen und fast überwachsen hat. Es lebt in diesem Begriff ein eigentümlich deutsches Moment, das im Verein mit der Unio-Vorstellung zu den bindenden Kräften im Gesetz von Einheit und Wandel deutscher Mystik gehört, und das an dieser Stelle in einem Maße zu einer neuen gotterfüllten und geistgetragenen Persönlichkeitsauffassung führt, wie sie nie zuvor offenbar wurde.

Über dem Begriff der unio also hat sich in der wirkenden Kraft der Zeiten der Begriff der Lebenslehre als Glied in der Kontinuität immer wieder herausgestellt. Er wurde zuerst erkannt in den Phasen der praktisch tätigen Breitenwirkung der Mystik, er zeigte sich dann aber auch bei den einzeln aufragenden Gestaltern der deutschen Mystik, — hier in sublimierter und vergeistigter Form. Bei Novalis scheint ein Endpunkt dieser Entwicklung erreicht zu sein in seiner neuen großen Synthese alles Lebens und Erlebens mit dem mystischen Erfahrungsbereich.

Durch eine über Novalis hinausgreifende Darstellung von der Beteiligung der deutschen Romantik an der verwandelnden und neuschöpferischen Wiederbelebung der alten mystischen Erscheinungsformen würde sich das Bild des Weiterwirkens mittelalterlicher Mystik noch vertiefen. Man würde gerade in der Betrachtung der Wandlungen in der Auffassung mystischer Grundformen erkennen, wie sich eine neue geschichtliche Anschauung überall durchsetzt. Eine Fülle neuartiger und doch urverwandter Anschauungen ließe sich bei Joseph Görres erkennen, genau so wie bei Franz von Baader, der die abgerissene Verbindung zur Naturmystik wieder herstellt, während der Philosoph Karl Christian Friedrich Krause eine eigene Terminologie und eine neue Lebenslehre nach mystischem Vorbild schafft, die über Deutschlands Grenzen hinaus bis nach Spanien wirkt. Romantische Philosophie und Dichtung vereinigen sich in der Vorstellung von dem einen ewigen Ziel deutscher Mystik: zu einem frei gewählten persönlichen Verhältnis zu Gott und zur Vereinigung mit dem Geist Gottes in der Welt zu gelangen.

Schluß: Ergebnisse und neue Zielsetzungen

Am Ende eines solchen Überblicks bestätigt sich wieder die Beobachtung, daß für den, der die Wesenszüge der deutschen Mystik festzulegen sucht, entscheidend ist, ob er von allgemein philosophischem, von theologischem oder — wie es Ziel dieser Arbeit war — von speziell deutschem und literarhistorischem Gesichtspunkt her die Ausdrucksformen und Gedankengänge der Mystik in die Entwicklung seines Wissenschaftsbereichs einordnen will. Dem Theologen und besonders dem Philosophen sind andere Begrenzungen des Untersuchungsbereiches und andere Gesichtspunkte gegeben. Systematik, Typologie und die für die Systematik wichtigen historischen Entwicklungsstufen gliedern das Feld in klare Untersuchungsfragen. Anders sind Aufgabe und Ergebnis für den, dem die Mystik als Bestandteil der deutschsprachigen Literatur und Dichtung begegnet. Nicht nur das philosophisch Bestimmbare, sondern das, was wir das „Dichterische" nennen, verlangt sein Recht. Dabei tut sich ein unübersehbarer und schwer zu ordnender Reichtum von Schöpfungen in Sprache und Dichtung auf. Das Streben aus der visio zur unio, das immer mehr sich öffnende und sich entwickelnde Verhältnis der Seele zu Gott, das aus den Zeitverhältnissen und kirchlichen Lehrformen in einer entsprechenden Entwicklung sprachlicher Gestaltgebung sich entfaltet, die differenzierte Wandlung der mystischen Annäherung von Seele und Gott und ihre deutsche Wortwerdung steht im Vordergrund der Untersuchung.

Immer neue Fragen ergeben sich aus dem überall feststellbaren Bemühen der einzelnen Generationen schon seit der frühmittelalterlichen Epoche, seit der Ausgestaltung der biblischen Traditionsmotive und ihrer Umsetzung in lebendige menschbezogene Vorstellung. Von der ersten Paraphrase des Hohen Liedes über die erste dichterische Formung der 'unio spiritualis' führt der Weg bis in die Entfaltung einer deutschen spekulativen Mystik. Immer wieder berührt er Neuland und erreicht Ausblicke, die nicht nur neue Wortbedeutungen, sondern völlig neue literarische Gattungen erkennen lassen. Die genaue Selbstbeobachtung und die noch ungewohnte Wiedergabe der inneren Schau entwickeln z. B. jenen neuen Typus der „Viten", für die Vision und Offenbarung die dichterischen Vorformen bilden. Der in der Seele sich abspielende „Dialog" als unmittelbarer Niederschlag der Gotterfahrung kommt zur Aussprache, und die Verkündigung dieser persönlichen Gottbegegnung bedingt die unübersehbar vielen neuen Züge der mystischen Predigt. Aus mystischem Traktat und mystischer Predigt entwickelt sich eine hochwertige deutsche philosophische Terminologie der Spekulation über das „Unsagbare". Erscheinungsformen der ekstatischen und spekulativen Mystik verbinden sich. Alles entsteht aus der neu erweckten Muttersprache, für deren Entwicklung die Mystik als religiöse Erneuerungsbewegung den Beginn einer entscheidenden Epoche bildet, an deren Ende die heutige Sprache der deutschen Philosophie steht.

Ihre Vorstufen offenbart uns das frühmittelalterliche mystische Schrifttum. Vom „Bild für das Bildlose" lebt diese Sprache und Dichtung. Das Allegorische und Symbolische, das Prophetische und das Visionäre schafft sich seine Ausdrucksformen. Unmittelbarkeit des Gefühls streitet mit absichtlich verbergender Zurückhaltung. Oft deuten sich in diesen „Zeichen" die ersten Vorstufen einer allmählich anschwellenden Frömmigkeitsbewegung an, die ihre eigentlichsten Ziele nur dem deutlich verrät, der das vom einzelnen Erfahrene und Gedachte aus der Objektivierung herauszulösen versteht. Gerade weil wir nicht wie in der Neuzeit ohne weiteres von dem Erlebnis des einzelnen sprechen können, verlangt die Analyse der mystischen Bilder und Allegorien eine besondere Sorgfalt. Wie wenig bisher davon exakt wissenschaftlich nachgewiesen ist, zeigt ein Blick auf die Spezialliteratur. Überdies offenbaren sich die von einer Frömmigkeitsbewegung wie der der mittelalterlichen Mystik ausgelösten Gefühlsmomente nur dann umrißhaft, wenn man die Dichtung der gesamten Epoche überblickt und das Nebeneinander ihrer Wirkungen erkennt. Diesen Aufgaben können wir uns nicht entziehen, denn wir stehen in unserer Zeit vor der neuen Zielsetzung, die gesamte Dichtung des hohen Mittelalters in ihrer Verbindung mit den religiösen Strömungen dieser Epoche zu sehen. Welche Bedeutung dabei die frühmittelalterlichen mystischen Erscheinungsformen in ihrer Wirkung haben, ist nach dem bisherigen Stand der Forschun noch nicht abzusehen.

Die Fülle der sich erneuernden Ausdrucksformen im mystischen Bereich der deutschen Literatur aber läßt über das Mittelalter hinaus immer wieder auf geistige Wiedergeburten aus mystischem Erleben rückschließen, die den Veränderungen der Zeiten entsprechend in veränderten Gewandungen erscheinen. So habe ich auf diesen Seiten einen ersten Überblick über die Fülle der voneinander abhebbaren Erscheinungsformen deutscher Mystik — sei es in ihren schöpferischen Ursprüngen aus der Gottbegegnung des einzelnen, sei es in ihrer allgemeinen Ausbreitung in der Menge — zu geben versucht. Bei aller Lückenhaftigkeit der Stoffauswertung und bei aller Verkürzung der Einzelbeispiele unter dem Gesichtspunkt der unio mystica lag mir hauptsächlich daran, die Gesamtentwicklung und Gesamtwirkung der deutschen Mystik als religiöser Erneuerungsbewegung innerhalb der allgemeinen Geistesgeschichte hervortreten zu lassen. Es war mein Ziel, den vielen unklaren Vorstellungen von der Einheit der deutschen Mystik in der Unterscheidung ihrer Erscheinungsformen zu begegnen. Auf drei Ergebnisse möchte ich am Schluß vor allem hinweisen:

1. auf die sichtbar gewordene Kontinuität dieser Bewegung innerhalb der deutschen Literatur und Dichtung über das Mittelalter hinaus.
2. auf die Entwicklung und Vertiefung einer Vorstellung der Vereinigung vom Geist des Menschen mit dem Gottes, die in der unio mystica beschlossen liegt.
3. auf die jeweilige Ausbildung einer Lebenslehre innerhalb gerade der deutschen mystischen Literatur, die sich ursprünglich aus einer reinen Gottlehre entwickelt.

Mit diesen Ergebnissen sind neue Ansatzpunkte für die zukünftige Forschung gegeben, deren Fortführung allerdings der Gemeinschaftsarbeit auf dem Gebiet der Geisteswissenschaften bedarf. Denn alle drei Ergebnisse greifen ineinander über und kennzeichnen so nur im Ineinander, nicht im Nebeneinander, das Wesen der deutschen Mystik. Dabei muß man deren Wirkung über das Mittelalter hinaus klar erkennen, denn nur dann erhalten wir den notwendigen Einblick in die ununterbrochene Entwicklung vom Mittelalter zur Neuzeit hin von einer reinen Frömmigkeitsform zu einer — allerdings auf Einzelgestalten beschränkten — Weltanschauung, wie sie uns bei Novalis und ganz allgemein im deutschen Idealismus begegnet.

Ein solcher Vorgang der unablässigen Wiederholung und gleichzeitigen Verwandlung und Vertiefung einer im Kern festliegenden Vereinigungsvorstellung läßt sich nur in der Vielfalt der dichterischen Ausdrucksform, nicht allein in philosophischen Gedankengängen oder theologischer Dogmatik, erweisen. Er tritt uns in dem Bereich der deutschen Sprache und ihrer lateinischen Vorformen in besonderer Eigenart, Vielfalt und Verwandlungsfähigkeit entgegen. Unter diesen Voraussetzungen der allseitigen Kontinuität: einer gleichbleibenden Sprache, gleichbleibender Träger der Bewegung und des gleichbleibenden völkischen Raumes lassen sich Kennzeichen für die Entwicklung des Einzelmenschen und damit besonders des deutschen Menschen herausheben. Solche sehe ich vor allem in dem Streben nach einer unbeschränkten Freiheit der Gottbegegnung und in dem Streben nach der Entwicklung der Individualität aus der Gotterfahrung. Vom Mittelalter an bis zum deutschen Idealismus hin hat jede Epoche um die Erreichung dieses Zieles gerungen. Aus einer übermächtigen und die Individualität des frühmittelalterlichen Menschen geradezu ausschaltenden Gottlehre hat sich besonders mit Eckhart eine Lebenslehre entwickelt, deren Schwerpunkt in dem Bemühen um eine „Geisteinung" des gesamten menschlichen Daseins lag. Immer waren es die großen einzelnen, die an dieser unaufhaltsamen Festigung der Freiheit und Individualität mitgearbeitet haben. So konnte schließlich in Deutschland aus den mittelalterlichen Typen ekstatischer und spekulativer Mystik das Nebeneinander von mystischer Philosophie und Dichtung werden, in dem das spekulative Element über die reine Philosophie hinaus in den Bereich des dichterischen Erlebens mit hineingenommen werden kann und damit ein Kennzeichen der deutschen mystischen Gotterfahrung bildet. Beide Formen mystischer Geisteinigung aber werden speziell in der deutschen Mystik in Beziehung zum gesamten Dasein gesetzt durch den Begriff der Lebenslehre, der in allen Jahrhunderten in veränderter Gestalt wieder auftaucht. Die Bedeutung und Reichweite dieses Begriffes ist im einzelnen noch zu erarbeiten. Ich sehe in ihm den eigentlich deutschen Bestandteil in den Erscheinungsformen der Mystik.

So sind wir berechtigt, den Namen Meister Eckharts mit dem Fichtes und Novalis' zusammen zu nennen, genauso wie wir die Devotio moderna mit dem Pietismus in Analogie bringen und die

Vereinigungsvorstellung des Barock und der Romantik mit der des späten Mittelalters vergleichen dürfen. Nur müssen wir dabei die geschichtlichen Voraussetzungen für den Wandel in den Erscheinungsformen deutscher Mystik beachten und ihre Einheit in der Unio-Vorstellung sehen. Erst dann erkennen wir die innere Verbindunglinie der deutschen Mystik und das Gesetz, das der Einheit und Wandlung ihrer Erscheinungsformen zugrunde liegt.

Anmerkungen

1. Rosenkranz, Berliner Jahrbücher für wissenschaftliche Kritik, Bd. 1, S. 147ff., 1831; vgl. auch Gottfried Fischer, „Die Entdeckung der deutschen Mystiker", S. 1 (s. u.). — Allein zu dem Zweck, den Wechsel in den ver-verschiedenen Auffassungen über die Mystik innerhalb der Spezialforschung überblicken zu können, wurden seit 1930 zwei Dissertationen abgefaßt: Gottfried Fischer: „Geschichte der Entdeckung der deutschen Mystiker Eckhart, Tauler und Seuse im 19. Jahrhundert", Freiburg 1931 und Hanfried Krüger: „Verständnis und Wertung der Mystik im neueren Protestantismus", München 1938. Dabei scheint mir für die Lage der Forschung bezeichnend zu sein, daß beide Arbeiten konfessionell festgelegt sind. Die eine bezeichnet ihren Standpunkt offen im Titel, die andere verrät in ihrer Stellungnahme auf den ersten Seiten ihre Herkunft aus der katholischen Schule. Leider erhalten wir von keiner der beiden Arbeiten einen Beitrag zur Wesensbestimmung der deutschen Mystik, sondern begleiten lediglich die Verfasser auf ihrem Weg durch die geschichtlichen Darstellungen der mystischen Bewegung in Deutschland.

2. Günther Müller, „Zur Bestimmung des Begriffs 'altdeutsche Mystik'", DtVjs. 4, 1926, S. 97—126.

3. Vgl. dazu bes. Erich Seeberg in seiner Rede „Meister Eckhart", Tübingen 1934, in der er der Wissenschaft richtungweisende Gesichtspunkte für die Erforschung des Deutschen in der Mystik Eckharts gibt.

4. Vgl. bes. den neuen Aufsatz Jos: Quints „Meister Eckhart" in „Von deutscher Art in Sprache und Dichtung", Bd. III, S. 3ff.

5. Vgl. dazu besonders A. Baeumlers „Studien zur deutschen Geistesgeschichte", Berlin 1937. — H. Heimsoeth, „Die sechs großen Themen der abendländischen Metaphysik", Darmstadt-Berlin 1922. — A. Rosenberg, „Die Religion des Meister Eckhart", Sonderdruck aus dem „Mythos des 20. Jahrhunderts", München 1934, 2. Aufl.

6. Vgl. zu Mahnke die Rezension von Ernst Benz, DLZ. 1928, Sp. 291ff.

7. Vgl. ebd. Sp. 292. Zusammenfassend würde ich sagen, daß das Punkt-Kreis-Kugel-Symbol einer dauernden Wandlung unterliegt: im Mittelalter wird das Symbol für die Gottheit ins Unendliche ausgedehnt, seit dem Überschritt zu renaissancehaftem Denken aber wird es in dieser gesteigerten Form auch für das Universum und die Menschenseele angenommen. Der entscheidende Wendepunkt zu dieser zweiten Stufe fällt zusammen mit der Gotterfahrung der deutschen Hochmystik zwischen Mittelalter und Neuzeit. Mit dem Durchbruch einer beiderseitigen Unendlichkeitsvorstellung ist die innere

Weitung gegeben, die zum Vollzug einer absoluten unio zwischen persönlichem Gott und persönlichem Menschen notwendig ist.

8. Vgl. Quint, Artikel „Mystik" im „Reallexikon der deutschen Literaturgeschichte", hg. v. Merker u. Stammler, Bd. IV, S. 65.

9. Vgl. ebd. S. 65.

10. G. Mehlis, „Die Mystik in der Fülle ihrer Erscheinungsformen", München 1926, S. 22.

11. Arthur Hübner, „Die deutschen Geißlerlieder", Berlin-Leipzig 1931. Die geplante zusammenfassende Darstellung des späten Mittelalters hat Hübner nicht mehr vollenden können, und nur auf das in seiner Lehrtätigkeit mündlich Überlieferte kann hier hingewiesen werden.

12. Hermann Heimpel, „Deutsches Mittelalter", Leipzig o. J. (1941); vgl. bes. den Aufsatz „Deutschlands Mittelalter — Deutschlands Schicksal", S. 9.

13. R. F. Merkel, „Die Mystik im Kulturleben der Vö ker", Hamburg o. J. S 15. — Für die Deutung des mit geschlossenen Augen Sehens (ηυειν) verdanke ich meinem Straßburger Kollegen Emil Linckenheld zahlreiche Belege aus griechischen und römischen Texten.

14. Edvard Lehmann, „Mystik in Heidentum und Christentum", Berlin-Leipzig 1928, 2. Aufl. (zitiert nach Merkel (s. o.) S. 14, da das Werk nicht erreichbar war).

15. E. Hederer, „Mystik und Lyrik", München-Berlin 1941, S. 22.

16. Merkel (s. o.) S. 18; vgl. dazu die Angaben zur Psychologie der Mystik im Literaturverz.

17. Vgl. dazu meine „Studien zur Lebenslehre Taulers", Abhdlg. d. Preuß. Akad. d. Wiss., Berlin 1940, bes. S. 55.

18. Vgl. Huizinga, „Herbst des Mittelalters", München 1928, 2. Aufl., S. 275ff.

19. Vgl. dazu die Forschungen Erich Seebergs, sowohl in seinen Luther-Studien wie in seinen Aufsätzen zur Mystik und zu Eckhart (s. Literaturverz.).

20. Vgl. bes. Taulers Predigt Nr. 42 (Ausg. Vetter S. 179, 16ff.), in der er das Beispiel des Landmanns bringt, der von seinem eigenen Dreschflegel erschlagen wäre, wenn er in der Kontemplation verblieben wäre, und viele andere Tauler-Stellen.

21. Vgl. dazu die Mittelalter-Auffassung Julius Schwieterings in seiner „Deutschen Dichtung des Mittelalters", Potsdam o. J., weiter den Aufsatz des gleichen Verfassers über „Wolframs Parzival", in „Von deutscher Art in Sprache und Dichtung", II. Bd., S. 235; außerdem die Abhandlung „Der Tristan Gottfrieds von Straßburg und die Bernhardische Mystik", Abhdlg. d. Preuß. Akad. d. Wiss., Jg. 1943, phil.-hist. Kl. Nr. 5. (Schwietering weist hier den starken Einfluß der Mystik, besonders den Bernhards von Clairvaux im höfischen Epos nach, und sieht in ihr einen immer wirksamen Unterstrom, der der Vertiefung mittelhochdeutscher Dichtung der Blütezeit und besonders dem Minnebegriff die innere Erfülltheit verleibt. Vgl. auch meine

Rezension in der DLZ Jahrg. 1944, Sp. 358ff. — Hinzuweisen ist auch nachdrücklich auf die wichtigen Darstellungen von Muschg und Grundmann (Literaturverz. S. 283). Besonders bei Muschg finden sich sehr viele gültige Ergänzungen im Stofflichen zu meinem Überblick über den Wandel in den mystischen Erscheinungsformen, auf die ich im einzelnen nicht jedesmal verweisen kann. Dagegen tritt bei ihm die unio-Auffassung als einheitliches Merkmal viel stärker zurück. Mit Grundmanns Forschungen verbindet mich enger die grundsätzliche Fragestellung nach den Wirkungen mittelalterlicher Mystik bis zur Neuzeit und nach dem Wesen deutscher Mystik.

22. Vgl. Mehlis (s. o.), S. 19.

23. Vgl. dazu Spamer, „Über die Zersetzung und Vererbung in den deutschen Mystikertexten", Diss. Gießen 1910. — Derselbe: „Texte aus der deutschen Mystik des 14. und 15. Jahrhunderts", Jena 1912.

24. Vgl. dazu meine Rezension in der DLZ. Jg. 63, Sp. 1059.

25. Vgl. dazu bes. die Arbeit von Grete Lüers, „Die Sprache der deutschen Mystik im Werk der Mechthild von Magdeburg", München 1926.

26. Vgl. „Deutsche Dichtung des Mittelalters" (s. o.), S. 304. Wichtiges Material dürfte dafür die Arbeit von E. F. Ohly bieten (vgl. Anm. 42).

27. Vgl. dazu Merkel (s. o.), S. 58ff. und E. Underhill, „Mystik", München 1928, S. 81, sowie die psychologisch gerichtete Fachliteratur (Literaturverz.).

28. Dagegen wendet sich mit Recht A. Grabmann in „Kulturwerte der deutschen Mystik des Mittelalters", Augsburg 1923.

29. Vgl. O. Karrer, „Die große Glut", Textgeschichte der Mystik des Mittelalters, München 1926ff., Bd. 2.

30. Vgl. den Brief an den Mönch Wibert von Gembloux, der weiter unten noch ausführlich besprochen wird (S. 26ff. der Untersuchung).

31. Vgl. A. Dempf, „Sacrum Imperium", München-Berlin 1929, S. 231. Auf Grund dieser Denkform fordert Dempf sogar eine klare Trennung von Mystik und dem Symbolismus des 12. Jahrhunderts: „Alles gute Endliche ist heilig. Alles Sichtbare ist Zeichen, jede Form ist Gleichnis, weil im Symbolismus anders als bei der Mystik nichts in der gefühlten oder geahnten Unendlichkeit einer Einigung mit Gott versinken soll, sondern in aller Form die Hand des formenden Meisters und das Geheimnis der dreifaltigen Ordnung in Gott aufgespürt werden soll. Das Weltbild wird visionär, weil die Symbolschau durch alle Weltdinge und Weltereignisse hindurchblickt und von ihrer Bildform auf die makrokosmische und transkosmische Ordnung des Gotteswerkes sieht". (Aus Dempfs Einleitung zu Hildegards von Bingen „Der Weg der Welt", übers. v. Maria-Louise Lascar, München-Berlin 1929. S. 2.) — Trotz der Richtigkeit dieser Voraussetzungen aber scheinen mir bei Hildegard Vorformen der Mystik sichtbar zu werden, wie im folgenden gezeigt werden soll. (Die Tatsache der Wechselbeziehung von kosmischem Geschehen und Heilsgeschichte wurzelt zwar im Symbolismus, aber schon

diese Weltauffassung scheint zur Mystik Linüberzuweisen.) — Vgl. dazu weiter die Arbeiten von Liebeschütz und Ungrund (Literaturverz. S. 290/1).

32. Vgl. A. Dempf, ebd. S. 1: „Dieser Geist des 12. Jahrhunderts ist uns darum so schwer zugänglich, weil unsere eigene Frömmigkeit allzusehr vom religiösen Einzelmenschen ausgeht....und weil sie die religiöse Welt kaum mehr als Gotteswerk, als absolut eigenständige Wirklichkeit, als Heilsvorgang und Heilsgeschichte sieht. Gott und die Einzelseele, das ist unsere intime und private Religiosität, Gott und alle Geister vom Engelsturz bis zum jüngsten Gericht, das ist die monumentale Frömmigkeit des kosmischen, weltweiten und ewigkeitstrunkenen 12. Jahrhunderts".

33. Vgl. die Ausgabe der „Schriften der heiligen Hildegard von Bingen", hg. von Joh. Bühler, Leipzig 1922, S. 12 (zitiert als „Bühler").

34. Der Originaltext findet sich in den schwer zugänglichen „Analecta Sanctae Hildegardis Opera Spicilegio Solesmensi", edidit Joannes Baptista Card. Pitra, Sacri Montis Casinensis 1882, S. 331ff. (zitiert als „Pitra"). Hier wie oft in der Mystikforschung zeigt sich der Mangel eines Textbandes in der Art Oehls, der die Hauptbriefe der Mystik im Original und in der Übersetzung zugänglich macht. — Die deutsche Übersetzung wird gegeben nach W. Oehl, „Deutsche Mystikerbriefe des Mittelalters", München 1931 (zitiert als „Oehl").

35. Ich zitiere hier nach Migne P. L. 197 und stelle daneben die Übersetzung Bühlers (s. o.), damit die Möglichkeit des Verständnisses und der Nachprüfung geboten ist.

36. Ich verweise hier ausdrücklich auf den lateinischen Text, in dem das Beiwort „mysticus" als Attribut auftaucht: „mystica erudatione".

37. Der Inhalt des „Scivias": Das Werk stellt (nach der Forschung von M. Böckeler) ein zusammenhändes System von Visionen dar, mit dem Thema der Kirchengeschichte vom Engelsturz bis zum jüngsten Gericht. Im 1. Buch: Ursprung und Macht der Sünde. Der Engelsturz als kosmische Katastrophe. Das Bild des ptolemäischen Weltsystems. Die Seele als Kämpferin in der Disharmonie von Geist und Leib. Die Synagoge als Vorbereitung. Das Erkenntnisstreben des Menschen, das sein Ziel in der Schau Gottes und der Größe des Universums finden soll. Im 2. Buch: Christi Erlösungswerk. Die Menschwerdung als „kosmisches Licht- und Gnadenwunder...der Rückverbindung des Seelenweltreiches in die Gottnatur" (Dempf (s. o.), S. 4). Die Offenbarung der Trinität als Grund alles Glaubens. Die Gestalt der Kirche als Lebensraum der Seele. Die Sakramente. Der endliche Sieg über den Teufel. Im 3. Buch: Noch einmal das gesamte Weltgeschehen als Geschichte der Erlösung gesehen. Christi Menschwerdung und seine Rettung der Seele liegen schon in der Entstehung der Welt beschlossen. Der Weg der Menschheit durch die Weltzeitalter der Kirchengeschichte, dargestellt am Bild der Gottesstadt. Der Kampf mit dem Antichrist bis zur Endkatastrophe. Das Weltgericht. Ausklang im „Ordo virtutum" (Kampf der Tugenden um die reuige Seele).

38. Alle Visonen Hildegards bauen sich auf aus dem reichen Formen- und Bilderschatz des Symbolismus, der seine Fülle aus Spätantike, orientalischem Mythus und Patristik nimmt (vgl. die Arbeit von Hans Liebeschütz, „Das allegorische Weltbild der heiligen Hildegard von Bingen", Leipzig 1930). Dazu kommen bei Hildegard die Quelle der naturwissenschaftlichen Beobachtung (vgl. ihre naturwissenschaftlichen Schriften), eigene Phantasie und Bildkraft und schließlich das rege Gebetsleben der Benediktinerklöster.

39. Hier ist darauf hinzuweisen, daß nur an einzelnen Stellen bei Hildegard Vorstellungen der Brautmystik auftauchen, besonders in den Sequenzen; es setzt sich hier jedoch keine selbständige Ausformung durch, sondern es bleibt bei der traditionsgebundenen Erinnerung an das Hohe Lied.

40. Vgl. die Arbeit von Liebeschütz (s. o.), in der besonders S. 146ff. das Problem der Prophetie aus Zeitnöten sichtbar wird, — hierzu auch der Abschnitt über Hildegard bei E. Underhill (s. o.) S. 599.

41. Hederer (s. o.) wird in seiner Darstellung dieser echten mystischen Poesie nicht gerecht (vgl. S. 225/7). — Vgl. dazu Muschg (s. o.) S. 242ff.

42 Wie ich durch J. Schwietering erfuhr, bereitet E. F. Ohly eine umfangreiche Arbeit über die Geschichte des Hohen Liedes im deutschen Mittelalter vor, in der auch seine Beziehung zur Mystik dargestellt werden soll. Diese Ergebnisse sind auch für das bisher fast unausgewertete St. Trudperter Hohe Lied abzuwarten. Es soll hier nur ein skizzenhafter Überblick im Rahmen unserer Gesamtgesichtspunkte und als Ergänzung der Gestalt Hildegards gegeben werden.

43. Zitiert wird nach der Ausgabe von Hermann Menhardt, „Das St. Trudperter Hohe Lied", Halle 1934.

44. Vgl. dazu ebd. 8, 28ff., 42, 31—43, 5.

45. Vgl. dazu ebd. 22, 21—23,9; 41, 5—42, 17; 51, 11—51,22; 56, 27—57, 24; 139, 25—140, 15.

46. ZfdA. 75, 1938, S. 82.

47. An dem Ansatzpunkt der Mariendichtung aber hätten auch wohl die Fragen nach den Vorstufen dieser mystischen Frömmigkeitsform und ihren frühesten Formen des Niederschlags in der deutschen Literatur einzusetzen, aus denen diese Dichtung in so reiner Ganzheit mystischer Frömmigkeit plötzlich sich entfalten konnte. Diese Fragen sind bei Schwietering angedeutet, aber im einzelnen noch so gut wie ganz unbearbeitet. — Vgl. dazu auch Muschg. (s. o.) S. 54ff., bes. auch S. 84ff., S. 93ff.

48. Vgl. dazu „Das St. Trudperter Hohe Lied" (s. o.), 139, 6—13; 31, 24—28; 84, 15—26; 90, 14—23; 92, 17—19.

49. Vgl. dazu ebd. 17, 1—9; 59, 8—12; 69, 9—12; 92, 32—93, 3; 106, 11—15; 107, 4—6.

50. Vgl. ebd. 65, 16—20; 112, 28—113, 8.

51. Vgl. dazu etwa ebd. 58, 6—12; 62, 6—63, 17.

52. Vgl. ebd. 97, 15—25; 16, 17—17, 11.

53. Vgl. ebd. 124, 17—125, 10.

54. Vgl. ebd. 68, 10—69, 5; 124, 17—125, 10.
55. Vgl. ebd. 133, 1—135, 7.
56. Vgl. ebd. 103, 8—106, 4; 32, 22—33.
57. Vgl. ebd. 37, 29—40, 8; 73, 1—30.
58. Vgl. ebd. 18, 30—19, 1.
59. Vgl. a. ebd. 58, 17.
60. Vgl. ebd. 90, 9—13.
61. Vgl. ebd. 72, 8—32.
62. Vgl. a. ebd. 18, 7—18.
63. Vgl. ebd. 118, 18—30.
64. Vgl. ebd. 132, 6—14.
65. Vgl. ebd. 132, 6—14.
66. Vgl. ebd. 129, 19—23.
67. Vgl. ebd. 13, 23—14, 2.
68. Vgl. dazu ebd. 8 28; 12, 23.
69. Vgl. ebd. 117, 28,—118, 30.
70. Vgl. ebd. 72, 8ff.; 18, 18ff.; 117, 28—118, 30; 136, 20ff.
71. Vgl. ebd. 37,6'—9; 135, 25—28; 27, 5; 89, 12—32.
72. Vgl. ebd. 117, 4—5; 136, 7ff.
73. Vgl. ebd. 71 8—24.
74. Vgl. ebd. 30, 22—29; 35, 11—15.
75. Vgl. dazu Grete Lüers (s. o.) bes. S. 71ff.
76. Vgl. dazu bes. Hederer (s. o.) S. 131 und G. Lüers (s. o.) S. 6.

77. Diese Wendungen sind größtenteils aus dem später interpretierten Dialog, I, 44 vorweggenommen.

78. Zum Dialogproblem sind besonders die Dissertationen von Heinrich Tillmann und Edith Zinter (Literaturverz. S. 293) heranzuziehen. In der letzten Arbeit ist das Parallelismus-Problem im Vordergrund der Behandlung geblieben (bes. S. 85ff.). Ich verweise in der Arbeit von E. Zinter S. 1ff.) auf die ausführliche Besprechung und Inhaltswiedergabe des Buches von Ancelet-Hustache (Literaturverz. S. 293), da dieses Werk sonst für die vorliegenden Zusammenhänge wegen der Überbetonung des psychologischen Problems weniger wichtig ist.

79. Gerade für das sprachliche und dichterische Ausdrucksvermögen der Mystik des Mittelalters wären hier noch über die Ergebnisse von G. Lüers (s. o.) und Kunisch („Das Wort Grund in der Sprache der deutschen Mystik des 14. und 15. Jahrhunderts", Diss. Münster 1929) hinaus viele Beweisstellen zu finden und Formen zu interpretieren.

80. Zitiert wird im folgenden nach der Auswahlsammlung von Joseph Quint, „Deutsche Mystikertexte"(I, Bonn 1929, die gegenüber Gall Morel die bessere Textherstellung bietet (zitiert als „Quint").

81. Vgl. dazu Tillmann (s. o.) S. 85, außerdem in der Auswahl von Quint (s. o.) die Beispiele für den Liedstil (S. 12/3) und den Lehrstil (S. 18) im Dialog.

82. Es taucht hier die Frage nach der Herkunft der Minneterminologie bei Mechthild und nach ihrem Verhältnis zum Minnesang auf. (Sie ist nur als Diskussionsbeitrag zu verstehen): Zwar besteht zwischen weltlichem Minne dienst und geistlicher Minne der Unterschied von Fiktionsdichtung ohne Erfüllung und unaufhaltsamem Hindrängen auf Verwirklichung, ja zur dichterischen Gestaltung eines Wirklichkeitsbegriffes (in der geistlichen Minne), wie er sonst im Mittelalter kaum erreicht wird. Und doch besteht wohl eine Wechselbeziehung: der Anfang des Minnesangs gründet mit einer seiner Wurzeln in der frühen Mariendichtung, deren mystische Elemente und Vorformen einmal nachzuweisen wären. So ist die Ausbildung des weltlichen Minnebegriffs abhängig von einem geistlich-mystischen Unterstrom (Schwietering). Auf der Stufe Mechthilds nun scheint eine rückläufige Wirkung einzusetzen, ein Einströmen von Sprache, Bildvorstellung und vielleicht auch Tugendsystem des hohen Minnesangs in die geistliche Dichtung, wobei allerdings der Rahmen des höfisch Möglichen gesprengt wird. Aber solche Durchbrechung des Minnebegriffs vollzieht sich ja auch schon in den Tagliedern besonders Wolframs. Wenn als Quelle des Minnesangs Ströme vormystischer geistlicher Dichtung anzunehmen sind, so ist zu überlegen, ob nicht in der zweiten Schicht mystischer Dichtung, bei Mechthild, der in der ersten Schicht verhüllte Minnebegriff erweitert und gesprengt wird. Im Vergleich zum St. Trudperter Hohen Lied jedenfalls erfährt er bei Mechthild durch die Beteiligung der Affekte, durch das Einströmen persönlicher Leidenschaft, durch die neue Kraft zur Forderung der Erfüllung, völlige Verwandlung.

83. Vgl. Grete Lüers (s. o.) S. 64ff.

84. Die Interpretationen von Tillmann S. 30 und 33ff. reichen für dieses Ziel nicht aus.

85. Hier ist auf den verschiedenen Gebrauch des Verbums „kůlen" und „erkůlen" zu achten, auf den schon Grete Lüers (s. o.) S. 75 hinweist. Ich halte die einfache Bedeutung des Wortes „erkulen" in 18, 10 im Sinne von 'sich kühlen' für richtig. Erst in 18, 13ff. könnte die vertiefte und übertragene Bedeutung im Sinne der Minneeinigung Verwendung finden. Doch auch hier ist die Entscheidung nicht ganz sicher zu fällen, da in 18, 15 noch immer das Bild des ungemischten Weines beibehalten wird. Man beachte auch hier wieder das Hinüberspielen der Wortbedeutungen als Kunstmittel.

86. Für die Vollständigkeit des Bildes vgl. Oehl, bes. S. 197/99.

87. Vgl. Tillmann, „Studien zum Dialog der Mechthild von Magdeburg", Diss. Marburg 1933.

88. „Margarete Ebner und Heinrich von Nördlingen", hg. v. Philipp Strauch, S. 69, 15—17 (zitiert als „Strauch").

89. „Das Leben der Schwestern von Töss, beschrieben von Elsbeth Stagel", hg. v. Ferdinand Vetter, DTM. Bd. 6, Berlin 1906 (zitiert als „Vetter"): S. 57—59.

90. Vgl. dazu die ausführliche Schilderung im Tösser Schwesternbuch bei Mechthild von Stans, in der die erflehte Stigmatisation als Gottesgeschenk

dargestellt wird (Vetter S. 64). — Vgl. auch bei Muschg (s. o.) das Kap. „Die Frauenklöster", S. 205ff.

91. Vgl. dazu Literaturverz. und Anm. 89.

92. Vgl. die Einleitung zur Übersetzung von Josef Prestel, „Die Offenbarungen der Margaretha Ebner und der Adelheid Langmann", Weimar 1939, S. 2.

93. Bes. wichtig die Einleitung zur nhd. Ausgabe von Margarete Weinhandl, „Deutsches Nonnenleben", München 1921.

94. Vgl. die Literaturangaben zu den einzelnen Schwesternbüchern im Literaturverz.

95. Im übrigen verlieren die Visionen dieses Schwesternbuches mehr und mehr den Zusammenhang mit der echten, geisterfüllten unio. Bei Jüzzi Schulthessin, Vetter S. 69ff., dringt ein Abglanz der Gotterkenntnis aus der spekulativen Mystik durch, aber verdichtet sich nicht zur Spekulation, sondern nur zur Betrachtung: zur „unbildelichen" Schau Gottes Auge in Auge. Als Jüzzi keine Visionen mehr hat, glaubt sie sich von Gott verstoßen; aber eine Stimme sagt ihr, daß nicht die Erscheinung das Wichtige sei, sondern der Glaube. Hier zeigt sich eine Entwicklung, die an das 17. Jahrhundert gemahnt. Dort führt der Weg des einzelnen aus der Gläubigkeit der Konfessionen über eine Zwischenstufe vertiefter mystischer Frömmigkeitsform zurück in die feste Verankerung im Glauben, die schließlich — besonders dem Todesgedanken gegenüber — als einzige Sicherung sich erweist.

96. Vgl. Seuse, „Deutsche Schriften", hg. v. Karl Bihlmeyer, Stuttgart 1907 (zitiert als „Bilhmeyer"), S. 107.

97. Hg. von E. G. Graff, Diutiska III, Stuttgart-Berlin 1829, S. 4.

98. Zu scheiden sind davon nur die Zeugnisse, die die Wirkung der großen Meister im Volksliedton weitergeben und so die Größe und Verehrung des einzelnen widerspiegeln (vgl. S. 87f. der Arbeit).

99. Hg. von Karl Bartsch, im Anhang zur Ausgabe der „Erlösung", Quedlinburg-Leipzig 1858, S. 242ff.

100. Hg. in „Altdeutsche Blätter" II (hg. von Moriz Haupt und Heinrich Hoffmann), Leipzig 1840, S. 359ff.

101. Hg. in „Altdeutsche Blätter" II (s. o.), Leipzig 1840, S. 366ff.

102. Vgl. Heino Pfannenschmid, „Zur Geschichte der deutschen und niederländischen Geißler", in: „Die Lieder und Melodien der Geißler des Jahres 1349", hg. v. Paul Runge, Leipzig 1900. Vgl. Arthur Hübners Auseinandersetzung damit in seiner Veröffentlichung „Die deutschen Geißlerlieder", Berlin-Leipzig 1931 (zitiert als „Hübner"), S. 7f.

103. Vgl. Joseph Bernhart, „Die philosophische Mystik des Mittelalters", München 1922, S. 165/67. — Vgl. auch Muschg's Darstellung S. 156ff., der ich aber nicht zustimmen kann.

104. In der speziellen Geißler-Literatur, die bei Hübner (s. o.) S. 6/7 besprochen wird, findet sich kein besonderer Hinweis darauf.

105. Ich verzichte hier auf die Darstellung der Einzelzüge dieses Zeit-

bildes und verweise auf A. Hübners ausführliche Darstellung der Voraussetzungen und Grundlagen des deutschen Geißlerliedes (bes. S. 56ff.).

106. Vgl. dazu die mehrfachen Hinweise, die Hübner S. 59 in den Anmerkungen anführt.

107. Vgl. für die folgenden Belege Pfannenschmid (s. o.), S. 92ff.

108. Vgl. Pfannenschmid (s. o.) S. 94 und Hübner S. 12.

109. Vgl. dazu Joseph Koch, „Cusanustexte" I, 2/5 („Vier Predigten im Geiste Meister Eckharts"). Sitzungsber. d. Heidelb. Akad. Jg. 1936/37, Nr. 2; dazu die Rezension von Grabmann, DLZ. Jg. 59, 1938, Sp. 329ff.

110. Vgl. Pfannenschmid (s. o.) S. 145.

111. Vgl. Pfannenschmid (s. o.) S. 155.

112. Die „Straßburgische Chronik des Fritsche Closener", hg. in den „Chroniken der oberrheinischen Städte", Straßburg I, Leipzig 1870, S. 104ff. (zitiert als „Closener").

113. Diese Strophe mit dem Bild des blutüberströmten Kreuzes taucht in allen drei Überlieferungen auf, in R, C und O. Vgl. dazu Hübner S. 106, 107 und 115.

114. Das ausführlich gegebene Zitat soll der Verdeutlichung der ganzen Szene dienen. Darum wurde der Zwischentext mit abgedruckt, aus dem hervorgeht, wie hier eine frühe Kontrafraktur zugrunde gelegen hat, indem wohl anzunehmen ist, daß an der Stelle des Wortes „bussen" das Wort „tantzen" gestanden hat.

115. Ich denke dabei an die vielen Predigten Taulers, in denen das Thema von der „Erneuerung" im Vordergrund stand, d. h. das alte Eckhartische Problem der Geisterneuerung wiederkehrte.

116. Vgl. das „Chronicon Hugonis Sacerdotis de Rutelinga ad annum MCCCXLIX", hg. von Paul Runge, in „Die Lieder und Melodien der Geißler." (s. o.) S. 41, Z. 80ff.

117. Man könnte darin noch weiter gehen und Textvergleiche durchführen zwischen dem Inhalt der Geißlerpredigt und Äußerungen Mechthilds, die auffallende Übereinstimmungen ergeben würden. Man vergleiche bei Mehtchild von Magdeburg z. B. die Warnungen vor Ehebruch, Totschlag, Sinnenlust, die in allen Geißlerliturgien auftaucht, ohne hierbei auf direkte Zusammenhänge zu schließen, da es sich ja um allgemeine Vergehen handelte. Dochmag das späteren Untersuchungen vorbehalten bleiben.

118. Die Absolution durch Laien erfolgte schon 1262 (vgl. Pfannenschmid (s. o.) S. 203, Anm. 2).

119. Ich verweise besonders auf die Schlußfolgerungen, die Joseph Bernhart (s. o.) aus der Einführung der Predigt in deutscher Sprache zieht. Vgl. bes. S. 168.

120. Ich verweise hier auf den Überblick über die Vorläufer Eckharts bei Joseph Bernhart (s. o.) S. 169—174. Es wäre wünschenswert, daß den einzelnen Persönlichkeiten Monographien unter dem Gesichtspunkt der Mystik gewidmet würden.

121. Das ganze Lied ist veröffentlicht von Höfler in der Zeitschrift „Germania" XV, S. 98. — Bezeichnend ist weiter die 5. Strophe, die ganz in mystischer Terminologie bleibt, und die für ein Volkslied völlig unverstandene Vokabeln bringt:

Ich kan vch nit gedulden
waz man vch hat gosat.
ir svlet vch gar vernichen
in der geschaffenheit.
geit in daz ungeschaffen,
verlisent vch selber gar,
aldar hat sich ein kaffen
al in das wesen gar.
Scheiden abe gar,
nement godes in vch war,
senkent vch in eynekeit,
so werdent ires gewar.

122. Vgl. dazu besonders Bernhart (s. o.) S. 165 und Hermann Gumbel, „Deutsche Kultur vom Zeitalter der Mystik bis zur Gegenreformation" im Handbuch der Kulturgeschichte, S. 109ff.

123. Ich verweise auf die schöne Zusammenfassung, die jetzt Quint gegeben hat in seinem Beitrag „Meister Eckhart" (in „Von deutscher Art in Sprache und Dichtung", Bd. III, S. 3).

124. „Buch der göttlichen Tröstung", hg. von Philipp Strauch, Berlin 1933, S. 19.

125. Hg. und übersetzt von Karrer-Piesch, Erfurt 1927, S. 18.

126. Vgl. dazu Georg Mehlis, „Die Mystik in der Fülle ihrer Erscheinungsformen", München o. J., S. 86ff. und Joseph Bernhart (s. o.), S. 36ff.

127. „Buch der göttlichen Tröstung" (s. o.), S. 18.

128. Ebd. S. 9.

129. Ebd. S. 43/44.

130. Ebd. S. 8.

131. Meister Eckhart, „Die deutschen und lateinischen Werke", Die deutschen Werke, Bd. I, S. 113, 3—6: „noch man ensol dienen noch würken, umbe kein warumbe, noch umbe got noch umbe sîn êre noch umbe nihtes niht, daz ûzer im sî, wan aleine umbe daz, daz sîn eigen wesen und sîn eigen leben ist in im."

132. „Buch der göttlichen Tröstung" (s. o.), S. 24.

133. „Reden der Unterscheidung", hg. von Ernst Diederichs, Bonn 1925, S. 8/9.

134. Zu den „guten Werken", vgl. außer dieser Stelle meine Ausführungen in den Tauler-Studien (s. o.), S. 7f.

135. Vgl. dazu meine Stellungnahme ebd. (s. o.), S. 5ff. und die dort angegebene Spezialliteratur.

136. Meister Eckhart, „Die deutschen und lateinischen Werke", Die deutschen Werke, Bd. I, S. 110.

137. Ebd. S. 109, Z. 2—11. Die Fortsetzung dieser Stelle bringt weitere Klärung.

138. Ebd. S. 110, Z. 1—2.

139. Käte Oltmanns, „Meister Eckhart", Frankfurt 1935, S. 86 (Zitat von mir gesperrt).

140. Vgl. Meister Eckharts „Rechtfertigungsschrift", hg. von Karrer und Piesch, Erfurt 1927, S. 90/91.

141. Heinrich Ebeling, „Meister Eckharts Mystik", Stuttgart 1941, S. 345/46. Ich verweise auf die ausführliche Darstellung dieses Buches, die hier nur in der Zusammenfassung gegeben werden kann. Vgl. dazu die Rezension von Ernst Reffke, DLZ. 64. Jg. 1943, Sp. 345ff.

142. Von theologischer Seite sind hier bereits durch Erich Seebergs Arbeiten zum deutschen Spiritualismus wichtige Beiträge geliefert worden (s. Literaturverz.). Aus seiner Schule stammen die maßgeblichen Arbeiten von Ernst Benz („Ecclesia spiritualis" 1934), Peter Meinhold („Luther und die deutsche Mystik mit besonderer Berücksichtigung Meister Eckharts", EvErz. 46, 1935, S. 400ff.) und Ernst Reffke („Studien zum Problem der Entwicklung Meister Eckharts im Opus tripartitum". ZKG, Bd. 57, S. 19—95).

143. Ebeling (s. o.) S. 341/42. Ich verweise auch an dieser Stelle auf Quints Zusammenfassung seines Eckhartbildes (vgl. Anm. 123 der Arbeit).

144. Vgl. die Nachweise, die die Arbeit von Adolf Korn, „Tauler als Redner", Münster 1928, brachte.

145. Vgl. besonders in der Arbeit von H. Kunisch, „Das Wort Grund in der Sprache der deutschen Mystik des 14. und 15. Jahrhunderts", Diss. Münster 1929, die Abschnitte S. 45ff.

146. „Studien zur Lebenslehre Taulers", Abh. d. Preuß. Akad. d. Wiss., Jg. 1939, Nr. 15, Berlin 1940. — Da die Auflage z. Zt. vergriffen ist, fasse ich hier das Wesentliche zusammen und übernehme einige Gedankengänge der Untersuchung in diese Darstellung (vgl. ebd. S. 27ff.). — Auf Muschg's Abschnitt über den Engelberger Prediger möchte ich besonders hinweisen, S. 310ff.

147. Vetter S. 245ff. (vgl. meine Tauler-Studien S. 49ff.).

148. Vgl. dazu die bereits nahezu 50 Jahre zurückliegenden Studien von Fiebiger, „Über die Selbstverleugnung bei den Hauptvertretern der deutschen Mystik des Mittelalters", Progr. Brieg 1889/90.

149. Vetter S. 259ff.

150. Vgl. besonders Korn (s. o.).

151. Käte Grunewald, „Studien zu Johann Taulers Frömmigkeit", Diss., Leipzig 1930, S. 51.

152. Ebd. S. 52ff.

153. Vgl. dazu die bei Vetter abgedruckten Texte und die bei Wacker-

nagel, „Das deutsche Kirchenlied", Leipzig 1864ff. aufgenommenen Lieder. Vgl. auch Friedrich Schulze-Maizier, „Mystische Dichtungen aus sieben Jahrhunderten", Leipzig 1927, S. 174—185.

154. Vgl. Seuse „Deutsche Schriften", hg. von Bihlmeyer, Stuttgart 1907, S. 107 (zitiert als „Bihlmeyer").

155. Vgl. dazu Wilhelm Pinder, „Die dichterische Wurzel der Pietà", Repertorium für Kunstwissenschaft 42, S. 145ff. und Romano Guardini, „Kultbild und Andachtsbild", Würzburg 1932.

156. Vgl. das Vorwort von Bilhmeyer in seiner Seuse-Ausgabe, bes. S. 45ff.

157. Auf diese Zusammenhänge zwischen Kunst und Mystik hat die von Arthur Hübner angeregte Arbeit von Ursula Weymann, „Die Seusesche Mystik und ihre Wirkung auf die bildende Kunst", Berlin 1938, hingewiesen. Es ist jedoch vor einer Überbewertung des Einflusses der Mystik zu warnen.

158. Zur Echtheitsfrage, vgl. die Einleitung von Bihlmeyer und die Arbeiten von Rieder und Senn (vgl. Literaturverz.). — Vgl. dazu auch Muschg S. 252ff., bes. S. 257/58.

159. Der handschriftliche Nachlaß Daniel Sudermanns, der in der Berliner Staatsbibliothek liegt, überliefert eine Fülle von erläuternden Zeichnungen zu sonst unverständlichen Texten. Bisher konnte ich, durch die Kriegsverhältnisse behindert, noch nicht zur Bearbeitung der Manuskripte kommen.

160. Bihlmeyer, Einleitung S. 47/48.

161. Bihlmeyer S. 19/20.

162. Bihlmeyer, Einleitung S. 50/51.

163. Zitiert nach Bihlmeyers Anmerkung auf S. 342.

164. „Reallexikon der deutschen Literaturgeschichte", hg. von Merker und Stammler, Bd. IV, Sp. 83.

165. Es wäre hier die Frage nach dem Einfluß des Minnesangs auf die Sprache Seuses zu stellen.

166. Eine ähnliche Verwandlung in lyrische Prosa vollzieht sich beim „Sursum corda" im 9. Kap. der Vita (Bihlmeyer S. 27). Es ist bezeichnend für die Erfüllung alter Erlebnisformen mit neuen dichterischen Gehalten, wie sie sich bei Seuse vollzieht.

167. Martin Grabmann, „Mittelalterliches Geistesleben" I, S. 477ff.

168. Vgl. Karl Rieder, „Der Gottesfreund im Oberland, eine Erfindung des Straßburger Johanniterbruders Nikolaus von Loewen", Innsbruck 1905.

169. Vgl. „Die deutsche Literatur des Mittelalters", Verfasserlexikon, Innsbruck 1905, Bd. III, Sp. 367 (Engelbert Krebs).

170. Für die Streitfrage um Herkunft und Benennung der „Gottesfreunde" in der Forschung verweise ich auf die sehr ausführliche Darstellung bei Gottfr. Fischer, „Geschichte der Entdeckung der deutschen Mystiker Eckhart, Tauler und Seuse im 19. Jahrhundert", Diss. Freiburg 1931.

171. Vgl. dazu auch die Einleitung zu den kritischen Ausgaben der Werke des Rulmann Merswin von Philipp Strauch in der Altdeutschen Textbibliothek, Bd. 22, 23 und 27, Halle 1927—29.

172. Vgl. Oehl, „Mystikerbriefe", S. 411ff.

173. „Reallexikon der deutschen Literaturgeschichte", hg. von Merker und Stammler, Bd. IV, Sp. 85.

174. Hier sind besonders die Arbeiten zu erwähnen, die sich um den Nachweis der Zusammenhänge mit der deutschen Mystik bemühen (vgl. Literaturverz.). Besonders erwähnt sei Rudolf Langenberg, „Quellen und Forschungen zur Geschichte der deutschen Mystik", Bonn 1902.

175. Jan van Ruysbroek, „Die Zierde der geistlichen Hochzeit", übers. von Friedrich Marcus Hübner, Leipzig 1924.

176. Vgl. die Zusammenfassung über Ruysbroeck bei Oehl, S. 425.

177. Vgl. dazu die Arbeiten von Dolezich und Kuckhoff (vgl. Literaturverz.). Beide sind bewußt vom katholischen Standpunkt geschrieben. Besonders deutlich wird das in der Arbeit bei Kuckhoff, in der jedem Nicht-Katholiken das Verständnis der Mystik und besonders Eckharts und Ruysbroecks abgesprochen wird. Daraus erklärt sich die Einseitigkeit der Darstellung (besonders S. 1—80).

178. Vgl. für die Gegnerschaft Gersons die Arbeit von Stelzenberger, „Die Mystik des Johann Gerson", Berslau 1928, S. 57ff. und 102ff.

179. Oehl, S. 459ff.

180. Über die Verfasserfrage, vgl. Peter Hagen, „Das Buch von der Nachfolge Christi und Thomas a Kempis", ZfdA. 59, S. 23ff. — Ders., „Zwei Urschriften der 'imitatio Christi' in mittelniederdeutscher Übersetzung", DTM. 34, Berlin 1930.

181. Oehl, S. 462.

182. Vgl. dazu Oehl, S. 466ff. und 488ff.

183. Hier folge ich weitgehend den Ergebnissen der Forschung von H. Kunisch, ZfdA. 75, 1938, S. 141ff. (zitiert als „Kunisch").

184. Vgl. Franz Jostes, „Meister Eckhart und seine Jünger", Freiburg 1885.

185. Wieland Schmidt, „Die 24 Alten Ottos von Passau", Leipzig 1938. — Vgl. dazu die Rezension von Max Pahncke, DLZ. 61, 1940, Sp. 906. Ich folge in meinem Überblick den Ergebnissen dieser Untersuchung.

186. Vgl. dazu bei Wieland Schmidt besonders S. 29 und 280ff.

187. Vgl. Wieland Schmidt, S. 350, wo die Begegnung Daniel Sudermanns mit Otto von Passau nachgewiesen wird. Vgl. H. G. Schmidt, „Daniel Sudermann", Diss. Leipzig 1923 (masch.).

188. „Cusanus-Texte" I, 2/5, hg. von Jos. Koch, Sitzungsber. d. Heidelb. Akad. d. Wiss., Jg. 1936/7, Nr. 2, Heidelberg 1937; vgl. dazu die Rezension von Martin Grabmann, DLZ. 59, Sp. 329, 1938.

189. „Eine lateinische Rechtfertigungs schrift des Meister Eckhart (1326)", hg. von Augustinus Daniels, Münster 1923.

190. Vgl. Herm. Gumbel, „Deutsche Kultur im Zeitalter der Mystik bis zur Gegenreformation" im Handbuch der Kulturgeschichte, S. 141ff., — dem ich hier in der Übernahme einzelner Thesen folge.

191. Rudolf Stadelmann, „Vom Geist des ausgehenden Mittelalters", Halle 1929.

192. Vgl. die Auseinandersetzung mit der Literatur bei Jos. Lenz, „Die docta ignoratia oder die mystische Gotterkenntnis des Nikolaus Cusanus", Würzburg 1923, S. 5ff. Hier erfolgt auch eine ausführliche Auseinandersetzung mit der Frage des Pantheismus und der Rechtgläubigkeit beim Cusaner.

193. Heinz Heimsoeth, „Die 6 großen Themen der abendländischen Metaphysik", Berlin-Darmstadt 1922, S. 40/1.

194. Jos. Quint, „Meister Eckhart" in: Von deutscher Art in Sprache und Dichtung, Bd. III, S. 34/5.

194a. Vgl. Mahnke (s. o.) S. 144—156.

195. Vgl. Gumbel (s. o.), S. 142.

196. Lenz (s. o.), S. 45. — Vgl. Nicolai de Cusa, Opera Omnia, hg. von der Heidelb. Akad. d. Wiss. 1932, Bd. I, S. 10 (De docta ignorantia I, 4).

197. Ebd. S. 47/8.

198. Gerhard Kallen, „Nikolaus von Cues als politischer Erzieher", Leipzig 1937, S. 21.

199. Heinz Heimsoeth (s. o.), S. 41/2.

200. Ebd. S. 43.

201. Jos. Quint, „Meister Eckhart" (s. o.) S. 37.

202. „Über den Beryll", hg. von Karl Fleischmann, Leipzig 1938, S. 132 (vgl. dazu Nicolai de Cusa „Opera omnia" XI/I ed. Baur S. 52.)

203. Franz Böhm, „Anti-Cartesianismus", Leipzig 1938, S. 144/5.

204. Lenz (s. o.), S. 9.

205. Rudolf Odebrecht, „Nikolaus von Cues und der deutsche Geist", Berlin 1934, S. 9/10.

206. Kallen, (s. o.), S. 19/20.

207. Gumbel (s. o.), S. 143.

208. Edward Schröder, „Die Überlieferung des 'Frankforters'", Götting. Akad. Ber., Gruppe IV, N. F., Bd. II, 2.

209. Ebd. S. 65.

210. Gottlob Siedel, Einleitung zur Ausgabe der „Theologia Deutsch", Gotha 1929.

211. Vgl. die Ausgabe der „Theologia Deutsch" von Hermann Mandel, Leipzig 1908 (Einleitung!).

212. Vgl. die Einleitung zur Ausgabe der „Theologia Deutsch" von Hermann Mandel, Leipzig 1908, besonders S. XXIIff.

213. Bezeichnend dafür ist, wie immer das Verhalten des Menschen „in leidender Weise" im Vordergrund steht, dem nur gleichsam nachträglich und weil es das Gebot verlangt, ein „und manchmal auch in tuender Weise" angefügt wird (vgl. 35. Kap.).

214. Da Luther in der Theologia Deutsch ein mystisches Werk sah, das

er Tauler zuschrieb, müßte auch von diesem Punkt aus Licht auf die Frage fallen, was Luther von der Mystik erwartete und wie er sie verstand.

215. Der Text wird zitiert nach der Ausgabe von Willo Uhl, „Der Frankforter", Bonn 1912 (zitiert als „Uhl").

216. Vgl. Siedel (s. o.), Anmerkung zu S. 190.

217. Wentzlaff-Eggebert, Taulerstudien (s. o.), S. 22/23.

218. Luther-Werke, Weimarer Ausg. I, S. 153.

218a. Nur so ist es zu erklären, daß Luther sich vom Areopagiten völlig abwendet und doch noch die Theologia und Tauler gelten läßt. — Vgl. die Gegensätzlichkeit der ersten und zweiten Psalmenvorlesung (vgl. Weim. Ausg. 3, 72 und 3, 124 gegenüber Weim. Ausg. 5, 187f. und Weim. Ausg. 5, 165).

219. Johannes von Walter, „Mystik und Rechtfertigung beim jungen Luther", Gütersloh 1937.

220. Zu Römer 8,26: Zitiert nach Joh. v. Walter, S. 8, da der betreffende Band der Weim. Ausg. (6, 562) nicht zugänglich war.

221. Luther, Weim. Ausg. Briefe I, S. 79.

222. Ebd. S. 96.

223. Vgl. Joh. v. Walter (s. o.), S. 8ff.

224. Luther, Weim. Ausg. I, S. 378.

225. Luther, Weim. Ausg. I, S. 557. Übersetzung nach v. Walter (s. o.) S. 9.

226. J. v. Walter (s. o.), S. 40.

227. Vgl. dazu Erich Seeberg, „Luthers Theologie", 2 Bde., Göttingen-Stuttgart 1929 und 1937.

228. H. Maier, „Der mystische Spiritualismus Valentin Weigels", Gütersloh 1926, S. 15.

229. Bodo Sartorius von Waltershausen, „Paracelsus am Eingang der Bildungsgeschichte", Leipzig 1942, S. 1.

230. Vgl. Theophrastus von Hohenheim gen. Paracelsus, „Sämtliche Werke", hg. von Karl Sudhoff, München-Berlin 1292—33, Bd. XII, 1. Abt. („Astronomia Magna oder die ganze Philosophia sagax der großen und kleinen Welt", 1534—38), — zum „limus terrae" vgl. S. 33, 37ff., 47, 55.

231. Zur Drei-Prinzipienlehre, vgl. ebd. Bd. I X, S. 45ff., S. 180ff. (Opus Paramirum 1531), Bd. III, S. 41ff. (De mineralibus, etwa 1526), Bd. XII, S. 20 (Philosophia Magna).

232. Paracelsus, „Die Geheimnisse", Ein Lesebuch aus seinen Schriften, hg. von Will-Erich Peuckert, Leipzig 1941, S. 12.

233. Ebd. S. LVI.

234. Ebd. S. LV.

235. Hans Maier, „Der mystische Spiritualismus Valentin Weigels", Gütersloh 1926. Vgl. dazu weiter: Winfried Zeller, „Die Schriften Valentin Weigels. Eine literarkritische Untersuchung", Diss. Berlin 1940. Auch die gründliche Arbeit von Julius Otto Opel, „Valentin Weigel. Ein Beitrag zur Literatur- und Kulturgeschichte Deutschlands im 17. Jahrhundert", Leipzig 1864, ist trotz ihres Alters noch durchaus aufschlußreich.

236. Hans Maier (s. o.), S. 57ff.
237. Ebd. S. 57ff.
238. Ebd. S. 69.
239. Ebd. S. 72.
240. Ebd. S. 44.
241. Ebd. S. 47.
242. Ebd. S. 48.
243. Ebd. S. 22.
244. Ebd. S. 23, Anm. 1.
245. Zu Jakob Böhme kann hier nur ein Ausschnitt gegeben werden, der die Verbindungslinien zwischen Paracelsus und der Mystik des beginnenden 17. Jahrhunderts skizziert. Zitiert wird nach der neuen Ausgabe: Jakob Böhme, „Sämtliche Schriften", hg. von August Faust, Faksimile-Neudruck der Ausgabe von 1430 in 11 Bden., — Bd. II („Beschreibung der Drey Principien Göttlichen Wesens" (zitiert als „DreiPr.")).
246. Vgl. in der Ausgabe von Schiebler, „Jacob Böhme. Sämtliche Werke" 7 Bde., Leipzig 1831 (Anastatischer Neudruck 1922); vgl. dazu auch die leichter zugängliche Übersetzung von Hans Kaiser, „Jacob Böhme, Sex puncta theosophica". Nach der Ausgabe von 1730 hg., Leipzig, Inselbücherei Nr. 337.
247. Vgl. Anm. 245.
248. Heinrich Bornkamm, „Luther und Böhme", Bonn 1925, S. 19.
249. Ebd. S. 101ff.
250. Ebd. S. 102.
251. Für die Deutung Böhmes sind folgende Werke heranzuziehen: Ernst Benz, „Der vollkommene Mensch nach Jacob Böhme", Stuttgart 1937, — Heinrich Bornkamm (s. o.), — Paul Hankamer, „Jacob Böhme, Gestalt und Gestaltung", Bonn 1924, — Hans Heckel, „Die Geschichte der deutschen Literatur in Schlesien", Bd. 1, „Von den Anfängen bis zum Ausgang des Barock", Breslau 1929, — Will-Erich Peukert, „Das Leben Jacob Böhmes", Jena 1924. — Felix Voigt, „Beiträge zum Verständnis Jacob Böhmes. Vom Wesen seiner Persönlichkeit und seine Gedankenwelt". — In: „Jacob Böhme, Gedenkgabe der Stadt Görlitz", Görlitz 1924, S. 77—129, — H. G. Jungheinrich, „Das Seinsproblem bei Jacob Böhme", Hamburg 1940, — außerdem die Einleitungen von August Faust zu seiner neuen Ausgabe (s. o.).
252. Der Abschnitt über das 17. Jahrhundert ist besonders stark zusammengezogen und nur mit wenigen Beispielinterpretationen belegt worden, zumal dafür eigene Arbeiten des Verf. vorliegen, die das Problem der Neumystik behandeln: „Das Problem des Todes in der deutschen Lyrik des 17. Jahrhunderts", Leipzig 1931 (vgl. bes. S. 109ff.), „Die Wandlung im religiösen Bewußtsein Daniel von Czepkos", ZKG. Bd. 51, Heft 3/4, 1932.
253. Paul Hankamer: „Deutsche Gegenreformation und deutsches Barock", Stuttgart 1935, S. 103ff.
254. Will-Erich Peukert, „Pansophie", Stuttgart 1936.

255. Hans Heckel, „Geschichte der deutschen Literatur in Schlesien", Bd. 1, Breslau 1929, S. 263ff., — vgl. zum Lyrikproblem besonders auch Günther Müller, „Geschichte des deutschen Liedes", München 1925, — und Karl Viëtor, „Geschichte der deutschen Ode", München 1923, S. 68ff.

256. Vgl. dazu Marie-Luise Wolfskehl, „Die Jesusminne in der Lyrik des deutschen Barock", Gießen 1934, S. 11ff.

257. Ebd. S. 129.

258. Friedrich von Spe, „Güldenes Tugend-Buch", Köln 1649, S. 284, vgl. auch S. 251. Die wenigen Zitate aus der Barocklyrik habe ich außerdem im Text nach Cysarz, „Barocklyrik", Bd. I—III (Deutsche Literatur...in Entwicklungsreihen, Reihe Barock) wiedergegeben, da diese Bände z. Zt. am ehesten zugänglich sind (zitiert als „Cysarz, Lyrik I—III").

259. Friedrich Spee, „Trutznachtigall", hg. von Gustave Otto Arlt, Halle 1936, S. 18.

260. Ebd. S. 52.

261. Wolfskehl (s. o.), S. 123ff. und Hankamer (s. o.), S. 116ff. Dazu Günther Müller, „Geschichte des deutschen Liedes", S. 111ff.

262. Wentzlaff-Eggebert, „Das Problem des Todes" (s. o.), S. 115/116ff.

263. Zitiert wird nach der Ausgabe: Jacobi Balde „Lyricorum Libri IV", Coloniae 1660, Tom. 1 S. 127 (zitiert als „Lyr. Lib.").

264. Vgl. Victor Manheimer, „Die Lyrik des Andreas Gryphius", Berlin 1904, S. 145ff. Für die Balde-Übersetzungen des Gryphius vgl. meine Abhandlung über „Dichtung und Sprache des jungen Gryphius", Abh. d. preuß. Akad. d. Wiss., 1936, bes. S. 71ff.

265. Vgl. Wentzlaff-Eggebert, „Das Problem des Todes" (s. o.), S. 118ff.

266. Jacobi Balde „Lyricorum" (s. o.), Tom. 3, S. 127ff.

267. Herder hat als Übersetzer alle Aufmerksamkeit und Kunst gerade auf diese Strophen verwendet. Von 25 lateinischen Strophen übersetzt Herder nur 15, und so erhält das Gedicht, das Herder „Die langsam Sterbende" überschreibt, ausgesprochen mystischen Grundcharakter, in der das Erlebnis der Gottbegegnung und Liebesvereinigung im Tode zum Mittelpunkt wird. Einzelne Strophen wirken in Herders Übersetzung besonders stark, denn bei Herders unvergleichlicher Einfühlungsgabe reiht sich eine kongeniale Bildwiedergabe an die andere. — Die Übersetzung Herders wird zitiert nach der Ausgabe von Suphan, Bd. 27, S. 91f. — Ich habe es vermieden, an dieser Stelle die Übersetzung von Gryphius heranzuziehen, da bei ihm zwar der barocke Stil, aber viel weniger der mystische Gehalt zum Ausdruck kommt (vgl. Gryphius, „Lyrische Gedichte", hg. von Palm, Tübingen 1884, S. 360ff.).

268. Vgl. Wentzlaff-Eggebert, „Das Problem des Todes" (s. o.), S. 110.

269. Ebd. S. 162ff., vgl. auch die dort angegebene Spezialliteratur.

270. „Der Kühlpsalter Oder Di Funffzehngesaenge", Amsterdam 1684, — hier zitiert nach Cysarz, „Lyrik" III, S. 184ff.

271 Vgl. Erich Trunz, Zeitschrift für Ästhetik und allgemeine Kunstwissenschaft, Bd. 35, S. 202ff.

272. Vgl. Anm. 252.

273. ZKG. Bd. 51, Heft 3/4, 1932.

274. Diese Festellung gewinnt besondere Bedeutung, weil durch eine neue Untersuchung die Abhängigkeit Schefflers in seinem „Cherubinischen Wandersmann" von Czepkos „Sexcenta Monodisticha" bewiesen ist und gleichzeitig die Eigenart des Unio-Erlebens beider gezeigt werden konnte (vgl. Ursula Riemschneider, „Die unio mystica in der Dichtung Daniel von Czepkos und Johann Schefflers", Diss. Straßburg 1942 (masch.)), — während in der bisherigen Forschung die Individualität des Dichters im 17. Jahrhundert sehr stark umstritten ist. Vgl. dazu besonders die Arbeiten von Willi Flemming, „Die Auffassung des Menschen im 17. Jahrhundert", Dt Vjs 6, S. 403ff., — Gerhard Fricke, „Die Bildlichkeit in der Dichtung des Andreas Gryphius", Berlin 1933, — Richard Alewyn, „Vorbarocker Klassizismus und griechische Tragödie", Heidelberg 1926.

275. Vgl. dazu Ursula Riemschneider (s. o.), S. 19 und Karl Theodor Strasser, „Der junge Czepko", Münchener Archiv III, 1912.

276. Zitiert wird nach der Ausgabe von Werner Milch, „Daniel von Czepko, Geistliche Schriften", Breslau 1930 (zitiert als „Czepko"). Auch hier sind nur einige ausgewählte Beispiele herangezogen, und ich verweise auf meinen obengenannten Aufsatz in der ZKG. Bd. 51, Heft 3/4, 1932.

277. Ebd. bes. S. 500f.

278. Vgl. Anm. 274.

279. Es ist jedoch darauf hinzuweisen, daß wir bereits in dem Einleitungsgedicht der Monodisticha „Deutscher Phaleucus" Andeutungen über Czepkos Beschäftigung mit Naturmystik und Kabbala (Czepko S. 203ff.) finden; die Einleitung zum „Heiligen Drey Eck" (Czepko S. 278—315) lebt aus namystischen und kabbalistischen Vorstellungen. Jedoch ist auf Grund der tur Auswahlausgabe Milchs noch nicht die Richtung der Entwicklung Czepkos zu verfolgen; auch genügen hierzu wohl kaum die Angaben, die Milch über wichtige der Ausgabe fehlende Schriften Czepkos gibt (Czepko S. XLff.; vgl. a. Werner Milch, „Daniel von Czepko", Breslau 1934, S. 137ff.). Besonders aufschlußreich wäre in diesem Zusammenhang wahrscheinlich „Trostschrift an Herrn Christian Charissen" 1654 und „Parentatio in funere Hertzogin Louyse" 1660.

280. Vgl. Ursula Riemschneider (s. o.), bes. Teil C, IIa, S. 137ff.

281. Hier sind die Materialsammlungen von Marie-Luise Wolfskehl (s. o.) heranzuziehen, vgl. bes. S. 97, S. 128ff.

282. Hankamer, „Deutsche Gegenreformation und deutsches Barock" Stuttgart 1935, S. 115ff.

Heranzuziehen sind weiter die Einleitungen der Scheffler-Ausgaben von Held und Ellinger, sowie die Scheffler-Biographie Ellingers (vgl. Literaturverz.).

283. Vgl. Benno von Wiese, „Die Antithetik in den Alexandrinern des Angelus Silesius", Euph. 29, S. 503.

284. Die einzelnen Sinnsprüche Schefflers sind hier numeriert zitiert, damit sie in jeder Ausgabe auffindbar sind. Aus dem gleichen Grunde werden die Proben aus der „Heiligen Seelenlust" nach Cysarz' „Barocklyrik" (s. o.) zitiert.

285. Vgl. hierzu die Ausgabe des „Cherubinischen Wandersmannes", hg. von Georg Ellinger, Halle 1895, S. 15.

286. Vgl. dazu Heckel (s. o), S. 285 und H. L. Held, „Johann Scheffler. Sämtliche poetische Werke", Bd. 1 S. 101 und 197—99.

287. „Heilige Seelenlust", hg. von Georg Ellinger, Halle 1901 S. 58/59.

288. Die Ansicht Willy Flemmings („Deutsche Kultur im Zeitalter des Barock", Potsdam o. J., im „Handbuch der Kulturgeschichte", vgl. bes. den Abschn. „Geist", S. 246ff.), der der Barockdichtung jeden mystischen Charakter völlig abspricht, und Mystik nur auf das Spätmittelalter begrenzt, teile ich nicht. Dann gäbe es sowohl für die Mystik wie für den Pietismus nur einen Generalnenner: den Spiritualismus. Ich sehe allerdings wichtige Unterschiede gegenüber den mystischen Erscheinungsformen des hohen Mittelalters. Wenn aber von Flemming die deutsche Mystik der Meister so gekennzeichnet und geradezu definiert wird (S. 256/57), daß ihr erstens jegliches Streben zur „Individualität" fehle, und daß zweitens die quietistische Seelenhaltung mit einer höchsten Inaktivität im Diesseitigen ihr echtestes Anliegen sei, so wird schließlich jegliche Unterscheidungsmöglichkeit von deutscher und außerdeutscher Mystik hinfällig.

289. Zum Pietismus-Abschnitt sind besonders außer Ritschls Gesamtdarstellung Erich Seebergs grundlegende Arbeiten über Gottfried Arnold heranzuziehen (vgl. Literaturverz.).

290. Erich Seeberg, „Gottfried Arnold", München 1934, S. 5, Anm. 31 (zitiert als „Arnold").

291. Ebd. S. 2ff. (Einleitung).

292. Ebd. S. 12ff. (Einleitung).

293. Werner Mahrholz, „Der deutsche Pietismus", Berlin 1921, S. 6ff.— Vgl. dazu auch „Pietismus und Rationalismus" hg. von Marianne Beyer-Fröhlich, Deutsche Literatur . . . in Entwicklungsreihen, Reihe Deutsche Selbstzeugnisse, Bd. 7, Leipzig 1933.

294. Zu dem Schleiermacher-Überblick verweise ich nur auf die Hauptschriften: 1. „Über die Religion. Reden an die Gebildeten unter ihren Verächtern", hg. von Rudolf Otto, Göttingen 1926, 5. Aufl. (zitiert als „Reden"). (Die genannten Seitenzahlen beziehen sich auf die im Text der Ausgabe eingefügte Seitenzählung der Erstausgabe.) 2. „Monologen", hg. von Friedrich Michael Schiele, Leipzig 1914, 2. Aufl. (zitiert als „Monologen"), 3. „Aus Schleiermachers Leben in Briefen", hg. von Wilhelm Dilthey, 4 Bde., Berlin 1860/61 (zitiert als „Briefe"). Dazu ist heranzuziehen Wilhelm Dilthey „Das Leben Schleiermachers", hg. von Hermann Mulert, Berlin 1922,

2. Aufl. Für sonstige Spezialliteratur, vgl. die Hinweise im Literaturverz.

295. Dilthey, „Das Leben Schleiermachers" (s. o.), S. 338.

296. Aus dem 3. Tagebuch (1801/02), hg. v. W. Dilthey in „Leben Schleiermachers", Berlin 1870, 1. Aufl., Anhang, S. 139.

297. Heinz Finke, „Meister Eckhart und Johann Gottlieb Fichte in ihren religiösen Vorstellungen", Diss. Greifswald 1934.

298. Ernst von Bracken, „Meister Eckhart und Fichte", Würzburg 1943. Vgl. S. 463, 488, 497, 565ff., 570ff.

299. Vgl. S. 514ff.

300. Vgl. S. 410.

301. Vgl. dazu besonders S. 471, 480, 491ff.

302. Vgl. besonders S. 471ff.

303. Joh. Gottl. Fichtes sämtl. Werke, hg. von J. H. Fichte, Leipzig o. J. I. Bd., S. 412ff.

304. Dietrich Mahnke, „Unendliche Sphäre und Allmittelpunkt", Halle 1937, S. 9.

304a. Johann Gottlieb Fichte, „Sämtliche Werke", hg. von J. H. Fichte, 5. Bd., S. 397, vgl. dazu Nicolai Hartmann, „Die Philosophie des deutschen Idealismus", Teil I, Berlin 1923, S. 119—22.

305. Für die einzelnen Ergebnisse des Novalis-Abschnitts verweise ich auf die Straßburger Diss. von Maria Hamich, „Die Wandlungen der mystischen Vereinigungsvorstellung bei Friedrich von Hardenberg", Diss. Straßburg 1943 (masch.).

306. So z. B. bei Werner Herzog, „Mystik und Lyrik bei Novalis", Diss. Jena 1926. Der Verf. gibt jedoch niemals eine Definition des Begriffes oder der Erlebnisform der Mystik, sondern bleibt bei sehr allgemeinen und unbestimmten Aussagen. Die Arbeit bietet für unsere Fragestellung keine Ergebnisse.

307. Anregungen zu solcher Deutung der Hymnen werden gegeben bei Karl Justus Obenauer, „Hölderlin, Novalis", Jena 1925, vgl. bes. S. 146ff.

308. Vgl. hierzu Hamich (s. o.), Teil A.

309. Ebd. Teil B, Kap. I.

310. Vgl. Joseph Bernhart, „Die philosophische Mystik des Mittelalters", München 1923, S. 81ff.

311. Vgl. Hamich (s. o.), Teil B, Kap. II.

312. Vom Gesichtspunkt der mathematischen Philosophie her weist die Untersuchung von Mahnke, „Unendliche Sphäre und Allmittelpunkt", Halle 1937, mystische Denkvorstellungen bei Novalis nach (S. 3 und 4).

313. Vgl. Hamich (s. o.), Teil B, Kap. III.

314. Zum Verhältnis von Mystik und Magie zum Dichterischen, vgl. Hederer, „Mystik und Lyrik", München, Berlin o. J., S. 278. Zum Künstlertum überhaupt: Karl Jaspers, „Philosophie", Bd. III, Berlin 1932, S. 193.

315. Vgl. Hamich (s. o.), Teil B, Kap. IV. In diesem Teil der Untersuchung

erfolgt eine erstmalige Scheidung der Begriffe „magischer Idealismus" und „Moralphilosophie". Der moralphilosophische Standpunkt wird bewußt als Überhöhung und Lösung des magischen Idealismus aufgefaßt.

316. Vgl. ebd., Teil C, Kap. I—III.

317. Über das Christus-Bild des Novalis, vgl. Irmtraud von Minnigerode, „Die Christus-Anschauung des Novalis", Diss., Tübingen, ersch. Berlin 1941.

318. Vgl. Hamisch (s. o.), Teil D, I—III.

319. Vgl. Obenauer (s. o.), S. 113ff.

Bibliographie

Die nachfolgende Bibliographie wählt aus umfassenderen Materialsammlungen das aus, was zur Wegweisung in dem Gebiet der Mystik notwendig erscheint, ohne Vollständigkeit anzustreben. Sie richtet sich in ihrem Gesamtaufbau nach der Kapiteleinteilung der Untersuchung. Innerhalb der einzelnen Kapitel jedoch folgt sie in der Anordnung den Gesetzen der Bibliographie und der möglichst klaren Übersichtlichkeit.

Ein allgemeiner Teil, der Abhandlungen zur Geschichte der Mystik und besonders der deutschen Mystik (Gesamtdarstellungen und Einzelfragen) umfaßt, geht voraus. Für die Einzelfragen (philosophische, sprachliche u. dgl.) finden sich viele Ergänzungen in der Spezialliteratur zu den verschiedenen Mystikern, die im allgemeinen Teil nicht nochmals angegeben sind. — Die mehr theoretisch-systematischen Abschnitte „Theologie", „Phänomenologie", „Psychologie" liegen dem eigentlichen Inhalt und Charakter der Untersuchung ferner. Es wird hier nur eine kleine Auswahl grundsätzlicher Erörterungen dieser Fragen herausgehoben. Aus der großen Zahl kleinerer Forschungsberichte zur Mystik seien nur wenige umfassendere genannt, die gleichzeitig Einblick in die Geschichte der Mystikforschung geben.

Die Abschnitte über einzelne Mystiker gliedern sich in Ausgaben und Spezialliteratur. Die Reihenfolge der Nennung ist bei Ausgaben chronologisch nach dem Erscheinungsjahr, bei der Spezialliteratur alphabetisch nach dem Verfasser. Auf die Angabe von Originalausgaben wird in fast allen Fällen verzichtet. Genannt werden die kritischen Neudrucke und die heranzuziehenden Übersetzungen, von den Auswahlen nur solche, die zur Einführung in das Thema wichtig sind oder die sonst ungedrucktes Material enthalten. Ob es sich um kritische Ausgabe, Übersetzung oder Auswahl handelt, ist aus der Einordnung und der Kennzeichnung im Titel ersichtlich.

Nach den Textausgaben eines einzelnen Mystikers wird eine beschränkte Auswahl der Spezialliteratur über ihn (Gesamtdarstellungen und wichtige Einzelfragen) angeführt (alphabetisch nach Verf.). Reihentitel bei selbständigen Büchern werden im allgemeinen nicht angegeben. Für die Zeitschriftentitel vgl. das Abkürzungsverzeichnis. — Vorausgesetzt und im allgemeinen nicht einzeln aufgeführt sind die Artikel der germanistischen, theologischen und philosophischen Handbücher:

1. Reallexikon der deutschen Literaturgeschichte, hg. von Merker und Stammler, 4 Bde., Berlin 1925/26ff.
2. Die deutsche Literatur des Mittelalters, Verfasserlexikon, hg. von Wolfgang Stammler, Berlin, Leipzig 1933ff.

3. Allgemeine deutsche Biographie, 56 Bde., Leipzig 1875ff.
4. Die Religion in Geschichte und Gegenwart, Handwörterbuch, 5 Bde., hg. von Friedrich Michael Schiele, Tübingen 1909.
5. Wetzer und Weltes Kirchenlexikon, 13 Bde., Freiburg 1903., 2. Aufl.
6. Lexikon für Theologie und Kirche, hg. von M. Buchberger, 10 Bde., Freiburg 1930—38.
7. Realenzyklopädie für protestantische Theologie und Kirche, hg. von Albert Hauck, 21 Bde., Leipzig 1896—1908.
8. Friedrich Überwegs Grundriß der Geschichte der Philosophie, Teil II, B. Geyer, Die patristische und scholastische Philosophie, 12. Aufl., Berlin 1926, Teil III, M. Frischeisen-Köhler und W. Moog, Die Philosophie der Neuzeit bis zum Ende des 18. Jahrhunderts, Berlin 1924, 12. Aufl.

Reichhaltige bibliographische Angaben finden sich ferner in:

Underhill, Evelyn: Mystik. Eine Studie über Natur und Entwicklung des religiösen Bewußtseins im Menschen. Übers. von H. Meyer-Franck und H. Meyer-Benfey, München 1928.

Oehl, Wilhelm: Deutsche Mystikerbriefe des Mittelalters 1100—1550, München 1931.

Abkürzungsverzeichnis

ABA	= Abhandlungen der Preußischen Akademie der Wissenschaften, Berlin.
ABl	= Altdeutsche Blätter, hg. von Moriz Haupt und Heinrich Hoffmann, Leipzig 1836—40.
AdfA	= Anzeiger für deutsches Altertum, Berlin 1876ff.
Alem	= Alemannia, Zeitschrift für Sprache, Literatur und Volkskunde des Elsasses und des Oberrheins, hg. von A. Birlinger und Fr. Pfaff, Bonn 1873ff.
AMA	= Abhandlungen der Münchner Akademie der Wissenschaften.
Ant	= Antonianum, periodicum philosophico-theologicum, Rom 1926ff.
ArchDL	= Archives d'histoire doctrinale et littéraire du moyen-âge, dirigé par É. Gilson et G. Théry 1926ff.
ArchFrat	= Archivum Fratrum Praedicatorum, Lutetiae, Parisiorum et Romae 1932ff.
ArchKG	= Archiv für Kulturgeschichte, hg. von W. Goetz und G. Steinhausen, Berlin 1903ff.
ArchLK	= Archiv für Literatur- und Kirchengeschichte des Mittelalters, hg. von H. Denifle und Fr. Ehrle, Freiburg 1885—93.
ArchPh	= Archiv für Geschichte der Philosophie 1887ff.; ab 1894: Archiv für Philosophie. I. Abt.: Archiv für Geschichte der Philosophie 1887ff. II. Abt.: Archiv für systematische Philosophie 1895ff.

ArchRef = Archiv für Reformationsgeschichte, hg. von W. Friedensburg, Berlin 1903/4ff.

ArchRelg = Archiv für Religionswissenschaft, Leipzig 1898ff.

ArchRW = Archiv für Rechts- und Wirtschaftsphilosophie, Berlin 1907/8ff.

ArchUtrecht = Archief voor de Geschiedenis van het Aartsbistom Utrecht, 1875ff.

AT = Altdeutsche Textbibliothek, begr. von H. Paul, hg. von G. Baesecke, Halle 1881ff.

BeitrGPh = Beiträge zur Geschichte der Philosophie des Mittelalters, hg. von Clemens Baeumker, Münster 1891/95ff.

BenM = Benediktinische Monatsschrift, hg. von der Erzabtei Beuron 1919ff.

BSB = Sitzungsberichte der Preußischen Akademie der Wissenschaften, Berlin.

BullSM = Bulletin de S. Martin et de S. Bénoît, Revue bénédictine mensuelle, 1892ff.

ChrK = Zeitschrift für christliche Kunst, Düsseldorf 1888ff.

CongSc = Compte rendu du troisième congrès scientifique international des catholiques, Brüssel 1895.

DivThom = Divus Thomas, Jahrbuch für Philosophie und spekulative Theologie, Freiburg, Schw. 1887ff., 2. Serie 1914ff., 3. Serie 1923ff.

DLZ = Deutsche Literaturzeitung, Berlin 1880ff.

DMyst = Deutsche Mystiker, Sammlung Kösel, 5 Bde. (vgl. Literaturverz., Abschn. I G 2, S. 287).

DPsych = Deutsche Psychologie, Zeitschrift für reine und angewandte Seelenkunde, hg. von Giese, Langensalza, 1916ff.

DTM = Deutsche Texte des Mittelalters, hg. von der Preußischen Akademie der Wissenschaften, Berlin 1904ff.

DtVjs = Deutsche Vierteljahresschrift für Literaturwissenschaft und Geistesgeschichte, Halle 1923ff.

ElsJb = Elsaß-lothringisches Jahrbuch, Berlin-Leipzig 1922ff.

Euph = Euphorion, Bamberg 1894ff., (ab 1933 „Dichtung und Volkstum").

EvErz = Deutsche evangelische Erziehung. Zeitschrift für den evangelischen Religionsunterricht, 1889ff.

FreibDiöz = Freiburger Diözesanarchiv, Freiburg/Breisgau 1865ff.

Fundgruben = Fundgruben für Geschichte deutscher Sprache und Litteratur, hg. von Heinrich Hoffmann, Breslau 1830ff.

GAB = Göttinger Akademie-Berichte.

GeistK = Geisteskultur. Monatshefte der Comeniusgesellschaft 1892ff.

Germ = Germania, Vierteljahresschrift für deutsche Altertumskunde, hg. von Franz Pfeiffer, Stuttgart 1856—92.

GGA = Göttinger gelehrte Anzeigen, 1753ff.

HessQ = Quartalblätter des historischen Vereins für das Großherzogtum Hessen, Darmstadt 1861—90.

HistJb = Historisches Jahrbuch der Görresgesellschaft, 1880ff.

HistpolBll = Historisch-politische Blätter für das katholische Deutschland, München 1838ff.

Hochl = Hochland, Monatsschrift für alle Gebiete des Wissens, der Literatur und Kunst, Kempten 1903ff.

HSB = Sitzungsberichte der Heidelberger Akademie der Wissenschaften.

HZ = Historische Zeitschrift, hg. von Sybel, Lehmann u. a., München 1859ff.

Individ = Individualität, Vierteljahrsschrift für Dichtung, Philosophie und Kunst 1926ff.

Inselb = Inselbücherei, Leipzig.

JbGörr = Literaturwissenschaftliches Jahrbuch der Görresgesellschaft, Freiburg 1926ff.

JbSchw = Jahrbuch für Schweizerische Geschichte, Zürich 1876—1920.

Kath = Der Katholik. Eine religiöse Zeitschrift zur Belehrung und Warnung. Straßburg-Mainz 1821ff. (Ab 1895: Zeitschrift für katholische Wissenschaft und kirchliches Leben).

KJbGörr = Kunstwissenschaftliches Jahrbuch der Görresgesellschaft, 1928ff.

KorrBl = Korrespondenzblatt des Vereins für niederdeutsche Sprachforschung, 1877ff.

KRA = Archief voor kerkelijke geschiedenis, hg. von N. C. Kist und H. J. Royaards, Leiden 1829ff. (Ab 1841: Nederlandsch Archief voor kerkel. geschied . . . — Ab 1852: Nieuw Archief voor kerkel. geschied . . .).

LH = Literarischer Handweiser für das katholische Deutschland, Münster 1862ff.

LitBer = Literarische Berichte aus dem Gebiet der Philosophie hg. von Arthur Hoffmann, Erfurt 1923ff.

Logos = Logos. Internationale Zeitschrift für Philosophie und Kultur, Tübingen 1910/11ff.

LV = Bibliothek des Literarischen Vereins in Stuttgart.

MBelg = Mémoires couronnées et autres Mémoires de l'Académie de Belgique, Brüssel 1840ff.

MeM = Monuments et Mémoires, publiés par l'Académie des Inscriptions et Belles-Lettres (Fondation Eugène Piot), Paris 1894ff.

Migne P. L. = Patrologiae cursus completus omnium patrum, doctorum scriptorumque ecclesiasticorum, hg. von Migne, Paris.

MLaach	= Stimmen aus Maria Laach, Katholische Monatsschrift, Freiburg 1869ff. (Ab 1915: Stimmen der Zeit).
MM	= Münchner Museum für Philologie des Mittelalters und der Renaissance, München 1911ff.
MRKg	= Monatshefte für Rheinische Kirchengeschichte, Essen 1907ff.
MSB	= Sitzungsberichte der Münchner Akademie der Wissenschaften.
NA	= Neues Archiv der Gesellschaft für ältere deutsche Geschichtskunde, Berlin 1876ff.
NDB	= Die großen Deutschen. Neue deutsche Biographie, hg. von W. Andreas und W. v. Scholz. Berlin (1935ff.).
Neoph	= Neophilologus, Groningen, Den Haag 1916ff.
Neudr.	= Neudrucke deutscher Literaturwerke des 16. und 17. Jahrhunderts, Halle 1876ff.
NGW	= Nachrichten der Gesellschaft der Wissenschaften zu Göttingen.
NJbb	= Neue Jahrbücher für das klassische Altertum, Geschichte und deutsche Literatur, hg. von J. Ilberg, 1898ff. (Ab 1925: Neue Jahrbücher für Wissenschaft und Jugendbildung).
NKZ	= Neue kirchliche Zeitschrift, Leipzig 1888ff.
NlArch	= Nederlandsch Archief voor Kerkgeschiedenis, 's-Gravenhage 1885ff.
NSM	= Nationalsozialistische Monatshefte, 1930ff.
NRev	= Nouvelle revue théologique. Museum Lessianum, Section théologique, publ. du Compagnie de Jésus à Louvain, 1869ff.
PBB	= Beiträge zur Geschichte der deutschen Sprache und Literatur, hg. von Paul und Braune, Halle 1874ff.
PhGörr	= Philosophisches Jahrbuch der Görresgesellschaft, Fulda 1888ff.
PhM	= Philosophische Monatshefte, Berlin 1868ff.
PrJb	= Preußische Jahrbücher, Berlin 1858ff.
QF	= Quellen und Forschungen, hg. von B. ten Brink, W. Scherer, A. Brandl, E. Schmidt, Straßburg 1874—1918.
RenJb	= Renaissance-Jahrbuch (Jahrbuch des Verbandes der Renaissance-Gesellschaften, Basel).
RevA	= Revue d'Ascétique et de Mystique, 1920ff.
RevB	= Revue Bénédictine de Critique, d'Histoire et de Littérature religieuse, 1884ff.
RevBelg	= Revue Belge de Philologie et d'Histoire, publ. par la Société pour le Progrès des Etudes philologiques et historiques, 1922ff.
Revel.G.M.	= Revelationes Gertrudianae ac Mechtildianae, hg. von den Mönchen von Solesmes, Paris 1875ff.

RevNéosc = Revue Néoscolastique de Philosophie publ. par la Société philosophique de Louvain, 1894ff.
RevPh = Revue de Philosophie, 1900ff.
RevSc = Revue des Sciences philosophiques et théologiques, 1907ff.
RevThom = Revue Thomiste, Toulouse 1914ff.
RG = Religion und Geisteskultur, Göttingen 1907ff.
RL = Reallexikon für deutsche Literaturgeschichte, hg. von P. Merker und W. Stammler, Berlin 1925/26, 4 Bde.
SchlesJb = Jahresberichte der schlesischen Gesellschaft für vaterländische Kultur, Breslau 1822ff.
Schol = Scholastik. Vierteljahresschrift für Theologie und Philosophie, Freiburg 1926ff.
Schwbl = Katholische Schweizerblätter für Wissenschaft und Kunst, Schwyz 1859—68.
SchwRs = Schweizerische Rundschau, Monatsschrift für Geistesleben und Kultur, Einsiedeln 1901ff.
StBTh = Studien en Bijdragen op't gebied der historischen Theologie, verzam. door W. Moll en J. G. de Hoop Scheffer, Amsterdam 1868ff.
StK = Theologische Studien und Kritiken, Hamburg-Gotha 1828ff.
StMBen = Studien und Mitteilungen zur Geschichte des Benediktinerordens, München 1880ff. (Ab 1911 N. F.: Studien und Mitteilungen aus dem Benediktiner- und Cisterzienserorden).
Studiën = Studiën. Tijdschrift voor godsdienst, wetenschap en letteren, Hertogenbusch, Antwerpen 1868ff.
StZ = Stimmen der Zeit (Neue Folge von: Stimmen aus Maria Laach), 1915ff.
TheolQ = Theologische Quartalschrift, Augsburg 1819ff.
ThRev = Theologische Revue, Münster 1902ff.
ThürZ = Thüringisch-sächsische Zeitschrift für Geschichte und Kunst, Halle 1911ff.
Tijdschr = Tijdschrift voor Nederlandsche Taal- en Letterkunde, Leiden 1881ff.
Verh = Verhandlingen van de algemeene katholieke vlaamsche hoogeschooluitbreiding, Antwerpen.
Versl = Verslagen en mededeelingen der koninklyke Vlaamsche Academie voor Taal- en Letterkunde, Gent 1887.
WSB = Sitzungsberichte der Wiener Akademie der Wissenschaften.
WürtVjh = Württembergische Vierteljahreshefte für Landesgeschichte, Stuttgart 1878ff.
ZAM = Zeitschrift für Askese und Mystik, Innsbruck 1925ff.
ZBfr = Zeitschrift für Bücherfreunde, hg. von G. Witkowski, Leipzig 1897ff.
ZblPsych = Zentralblatt für Psychoanalyse, Wiesbaden 1911ff.

ZfdA = Zeitschrift für deutsches Altertum, hg. von Moriz Haupt u. a., Leipzig, Berlin 1841ff.
ZfdB = Zeitschrift für deutsche Bildung, Frankfurt a. M. 1925ff.
ZfDk = Zeitschrift für Deutschkunde, Berlin-Leipzig 1919ff (N. F. der Zeitschrift für den deutschen Unterricht, 1887ff. Jahrg. 1—33).
ZfdPh = Zeitschrift für deutsche Philologie, Halle 1869ff.
ZfhistTh = Zeitschrift für historische Theologie, hg von F. Illgen u. a. Leipzig, Gotha 1832—75.
ZfKPhil = Zeitschrift für deutsche Kulturphilosophie, N. F. des Logos, Tübingen 1935ff.
ZfkTheol = Zeitschrift für katholische Theologie, Innsbruck 1877ff.
ZflTh = Zeitschrift für die gesamte lutherische Theologie und Kirche, Leipzig 1840ff.
ZfsystTh = Zeitschrift für systematische Theologie, Gütersloh, Berlin 1923/24ff.
ZfTheolK = Zeitschrift für Theologie und Kirche, hg. von J. Gottschick, Freiburg, Leipzig, Tübingen 1891ff.
ZGOR = Zeitschrift für deutsche Geschichte am Oberrhein, hg. von Joseph Mone, Karlsruh 1850ff.
ZKG = Zeitschrift für Kirchengeschichte, hg. von Th. Brieger, Gotha 1876ff.
ZKult = Zeitschrift für deutsche Kulturgeschichte, hg. von Joh. Müller und Joh. Falke, Nürnberg 1856ff.
ZKWL = Zeitschrift für kirchliche Wissenschaft und kirchliches Leben, hg. von Luthart, 1880—89.
ZMusikw = Zeitschrift für Musikwissenschaft, 1918/19ff.
ZPhK = Zeitschrift für Philosophie und philosophische Kritik, hg. von J. H. Fichte (N. F. der Zeitschrift für Philosophie und spekulative Theologie Bd. 17ff.), 1847ff.
ZRPsych = Zeitschrift für Religionspsychologie, 1928/29ff.

Zu Kapitel I: Voraussetzungen zum Verständnis der deutschen Mystik

A. Handbücher

Zur Religionsphilosophie des Mittelalters

Benz, Ernst: Ecclesia spiritualis. Kirchenidee und Geschichtstheologie der franziskanischen Reformation, Stuttgart 1934.

Dempf, Alois: Sacrum Imperium, München 1929.

— Die Hauptformen mittelalterlicher Weltanschauung, München-Berlin 1925.

— Ethik des Mittelalters, München-Berlin 1927.

— Metaphysik des Mittelalters, München-Berlin 1930.
— Religionsphilosophie, Wien 1937.
Grabmann, Martin: Geschichte der scholastischen Methode, 2 Bde., Freiburg 1909—11.
— Mittelalterliches Geistesleben, 2 Bde., München 1926—36.
Harnack, Adolf: Lehrbuch der Dogmengeschichte III, Tübingen 1910, 4. Aufl.
Hauck, Albert: Kirchengeschichte Deutschlands, 4 Bde., Leipzig 1898, 2. Aufl.
Heiler, Friedrich: Das Gebet, München 1923, 5. Aufl.
Otto, Rudolf: Das Heilige, Breslau 1927, 15. Aufl.
Schwarz, Hermann: Der Gottesgedanke in der Geschichte der Philosophie, Teil I (Heraklit bis Böhme), Heidelberg 1913.
Seeberg, Reinhold: Lehrbuch der Dogmengeschichte III, Leipzig 1913, 3. Aufl.

Zur Literaturgeschichte

Ehrismann, Gustav: Geschichte der deutschen Literatur bis zum Ausgang des Mittelalters, Bd. II, München 1935.
Golther, Wolfgang: Die deutsche Dichtung im Mittelalter 800—1500, Stuttgart 1922, 2. Aufl.
Gumbel, Hermann: Deutsche Kultur vom Zeitalter der Mystik bis zur Gegenreformation, Handbuch der Kulturgeschichte Abt. 1, Potsdam (1936).
Huizinga, Johann: Herbst des Mittelalters, München 1939, 5. Aufl.
Nadler, Joseph: Literaturgeschichte des deutschen Volkes. Dichtung und Schrifttum der deutschen Stämme und Landschaften, 4 Bde., Berlin 1939ff., 4. Aufl.
Schneider, Hermann: Heldendichtung, Geistlichendichtung, Ritterdichtung, Heidelberg 1925, 2. Aufl. 1943.
Schwietering, Julius: Die deutsche Dichtung des Mittelalters, Handbuch der Literaturwissenschaft, Potsdam o. J.
Stadelmann, Rudolf: Vom Geist des ausgehenden Mittelalters, Halle 1929.
Stammler, Wolfgang: Von der Mystik zum Barock (1400—1600), Stuttgart 1927.

B. Zur ausserdeutschen Mystik

Allgemeines

Heiler, Friedrich: Die Bedeutung der Mystik für die Weltreligionen (Vortrag), München 1919.
Lehmann, Edvard: Mystik in Heidentum und Christentum, übersetzt von A. Grundtvig, Leipzig, 1908, 2. Aufl. 1918.
Mehlis, Georg: Die Mystik in der Fülle ihrer Erscheinungsformen in allen Zeiten und Kulturen, München (1926).

Merkel, Rudolf Franz: Die Mystik im Kulturleben der Völker, Hamburg 1940.
Merx, Adalbert: Idee und Grundlinien einer allgemeinen Geschichte der Mystik, Rede, Heidelberg 1893.
Otto, Rudolf: Westöstliche Mystik, Gotha 1926.
Underhill, Evelyn: Mystik. Studie über Natur und Entwicklung des religiösen Menschen, übersetzt von H. Meyer-Franck und H. Meyer-Benfey, München 1928.
— The mystics of the church, New York 1926.

Geschichte der Mystik fremder Völker

[Besonders genannt wird hier nur je ein richtunggebendes Hauptwerk zur Mystik der einzelnen Völker. Vgl. dazu die ausführliche Bibliographie von Evelyn Underhill (s. o.).]

Allison, Edgar: Studies of the spanish mystics, London 1927.
Dasgupta, Surendra Nath.: Hindu mysticism, Chicago 1927.
Gebhart, Émile: L'Italie mystique. Histoire de la renaissance religieuse au moyen-âge, Paris 1906, 5. Aufl.
Heiler, Friedrich: Die Mystik in den Upanishaden, München 1925.
Hoffmann, Ernst: Platonismus und Mystik im Altertum, Heidelberg 1935.
Lewy, Hans (Jd.): Sobria ebrietas. Untersuchungen zur Geschichte der antiken Mystik, Gießen 1929.
Knowles, David: The English mystics, London 1927.
Prel, Carl du: Die Mystik der alten Griechen, Leipzig 1838.
Sainz Rodriguez, Pedro: Introducción a la historia de la literatura mistica en España, Madrid 1927.

C. Geschichtliche Entwicklung der deutschen Mystik

Bernhart, Joseph: Die philosophische Mystik des Mittelalters von ihrem antiken Ursprung bis zur Renaissance, München 1922.
Böhringer, Fr.: Die deutschen Mystiker des 14. und 15. Jahrhunderts, Zürich 1877, 2. Aufl.
Chuzeville, Jean: Les mystiques allemands du XIIIe au XIXe siècle, Paris 1935.
Clemen, Otto: Deutsche Mystik, Frankfurt 1926.
Delacroix, Henri: Essai sur le mysticisme spéculatif en Allemagne au XVe siècle, Paris 1899.
— Études d'histoire et de psychologie du mysticisme. Les grands mystiques chrétiens, Paris 1908.
Heimsoeth, Heinz: Die sechs großen Themen der abendländischen Metaphysik und der Ausgang des Mittelalters, Darmstadt, Berlin 1922. 2. Aufl. 1934.
Helfferich, Adolph: Die christliche Mystik in ihrer Entwicklung und ihren Denkmalen, 2 Teile, Hamburg 1842.

Hornstein, Xavier de: Les grands mystiques allemands; Eckhart, Tauler, Suso, Karlsruhe 1923.
Jundt, Auguste: Histoire du panthéisme populaire au moyen-âge et au seizième siècle, Paris 1875.
Koepp, W.: Wurzeln und Ursprung der orthodoxen Lehre der unio mystica, ZfTheolK, Bd. 29, 1921, S. 46f. und S. 139f.
Mahnke, Dietrich: Unendliche Sphäre und Allmittelpunkt, Halle 1937.
Mehlhorn, Paul: Vom Dreigestirn der deutschen Mystik des Mittelalters, Protestantenblatt, Jahrg. 46, Nr. 47, 1913.
— Die Blütezeit der deutschen Mystik, Tübingen 1907.
Müller, Günther: Das Zeitalter der Mystik, ZfDk, 1928, S. 177ff.
Naumann, Leopold: Deutsche Mystik, Leipzig 1925.
Preger, Wilhelm: Geschichte der deutschen Mystik im Mittelalter, 3 Bde., Leipzig 1874ff.
Noack, Ludwig: Die christliche Mystik des Mittelalters, Königsberg 1853.
Pourrat, Pierre: La spiritualité chrétienne, Bd. 2: Le moyen-âge, Paris 1925.
Quint, Joseph: Mystik, RL, Bd. IV, S. 65ff.
Schellenberg, Ernst Ludwig: Die deutsche Mystik, Berlin 1939, 3. Aufl.
Schmidt, Carl W. A.: Essai sur les mystiques du XIVe siècle précédé d'une introduction sur l'origine et la nature du mysticisme, Diss. Straßburg 1836.
Schreyer, Lothar: Die Mystik der Deutschen, Hamburg 1933.
Schwarz, Hermann: Auf Wegen der Mystik, Erfurt 1924.
— Über neuere Mystik, Gütersloh 1920.

D. Einzelfragen zur geschichtlichen Gestalt der deutschen Mystik

Theologie und Philosophie

Altmann, Ulrich: Vom heimlichen Leben der Seele. Eine Einführung in die Frömmigkeit der deutschen Mystik, Breslau 1939, 2. Aufl.
Appel, Heinrich: Die Synteresis in der mittelalterlichen Mystik, ZKG, Bd. XIII, 1892, S. 535—44.
— Die Lehre der Scholastiker von der Synteresis, Rostock 1891.
Baeumker, Clemens: Der Platonismus im Mittelalter, München 1916.
Barrau, Albert: Études sur quelques tendences du mysticisme avant la réformation, Straßburg 1868.
Benz, Ernst: Über den Adel in der deutschen Mystik, Dt Vjs, Bd. 14, 1936, S. 505—35.
Bihlmeyer, Karl: Kleine Beiträge zur Geschichte der deutschen Mystik, in: Beiträge zur Geschichte der Renaissance und Reformation, Festschrift für Jos. Schlecht, Freising 1917.
Boeckl, Karl: Die Eucharistie-Lehre der deutschen Mystiker des Mittelalters, Freiburg 1924.

— Die Bedingtheit der deutschen Mystik des Mittelalters, in: Aus der Geisteswelt des Mittelalters; Studien und Texte Martin Grabmann gewidmet, Münster 1935, S. 1011—20.

— Die sieben Gaben des heiligen Geistes in ihrer Bedeutung für die Mystik nach der Theologie des 13. und 14. Jahrhunderts, Freiburg 1931.

Delbos, Victor: Le mysticisme allemand, in: Qu'est-ce que la mystique? Paris 1925.

Denifle, Heinrich Seuse: Über die Anfänge der Predigtweise der deutschen Mystiker, ArchLK 2, 1886, S. 641 ff.

Dyroff, A.: Über Name und Begriff der Synteresis, PhGörr, Bd. 25, 1912, S. 487.

Fiebiger, Ernst: Über die Selbstverleugnung bei den Hauptvertretern der deutschen Mystik des Mittelalters, Programm Brieg Nr. 170 und 173, 1889/90.

Grabmann, Martin: Neuaufgefundene lateinische Werke deutscher Mystiker, MSB 1921, Nr. III, München 1922.

— Bayrische Benediktinermystik am Ausgang des Mittelalters, BenM 1920, S. 196—202.

Greith, Carl: Die deutsche Mystik im Predigerorden, Freiburg 1861.

Grundmann, Herbert: Mystik und Aufklärung im Mittelalter, ZfdB, Bd. 4, 1928, S. 449—455.

Keil, Ernst Wolfgang: Deutsche Sitte und Sittlichkeit im 13. Jahrhundert nach den damaligen deutschen Predigern, Dresden 1931.

Lucka, Emil: Die Religion der deutschen Mystiker, PrJb Bd. 151, 1913, S. 50—65.

Müller, Günther: Zur Bestimmung des Begriffs „Altdeutsche Mystik", DtVjs, Bd. 4, 1926, S. 97—126.

Politzer, Anny: Über den Schulungsweg der mittelalterlichen Mystiker, Individ, Bd. 2, S. 33 ff.

Richstätter, Karl: Die Herz-Jesu-Verehrung des deutschen Mittelalters, Regensburg, München, 1924, 2. Aufl.

Scholz, Wilhelm von: Deutsche Mystiker, Berlin 1927.

Wechßler, Eduard: Deutsche und französische Mystik, Meister Eckhart und Bernhard von Clairvaux, Euph, Bd. 30, 1929, S. 40—93.

Kulturelles, Soziologisches, Verbreitung

Achelis, Thomas: Über die kulturgeschichtliche Bedeutung der Mystik, RG Jahrg. I, S. 158 ff.

Auener, Wilhelm: Volksfrömmigkeit im späten Mittelalter, Leipzig 1926.

Bernhart, Joseph: Zur Soziologie der Mystik. Süddeutsche Monatshefte 1929.

Drees, Wilhelm: Katholische Mystik als soziologisches Phänomen, Elberfeld 1929.

Grabmann, Martin: Die Kulturwerte der deutschen Mystik des Mittelalters, Augsburg 1923.

Grundmann, Herbert: Die geschichtlichen Grundlagen der deutschen Mystik, DtVjs, Bd. 12, 1934, S. 400—429.

— Religiöse Bewegungen im Mittelalter, Untersuchungen über die geschichtlichen Zusammenhänge zwischen Ketzerei, dem Bettelorden und der religiösen Frauenbewegung im 12. und 13. Jahrhundert und über die geschichtlichen Grundlagen der deutschen Mystik, Berlin 1935.

Spamer, Adolf: Über die Zersetzung und Vererbung in den deutschen Mystikertexten, Diss. Giessen 1910.

Zippel, Willy: Die Mystiker und die deutsche Gesellschaft des 13. und 14. Jahrhunderts, Diss. Leipzig 1935.

Baeumker, Clemens: Der Anteil des Elsaß an den geistigen Bewegungen des Mittelalters (Rede), Straßburg 1912.

Gumbel, Hermann: Mystik im Elsaß, ElsJb, 10, S. 39ff.

Knepper, Jos.: Das Schul- und Unterrichtswesen im Elsaß von den Anfängen bis 1530, Straßburg 1905.

Muschg, Walter: Die Mystik in der Schweiz, 1200—1500, Frauenfeld 1935.

Stammler, Wolfgang: Studien zur Geschichte der Mystik in Norddeutschland, ArchRelg, Bd. 21, Leipzig, Berlin 1922, S. 122f.

Beziehung zu Sprache, Dichtung, bildender Kunst

Berger, Kurt: Die Ausdrücke der Unio mystica im Mittelhochdeutschen, Berlin 1935.

Kunisch, Hermann: Das Wort Grund in der Sprache der deutschen Mystik des 14. und 15. Jahrhunderts, Diss. Münster 1929.

— Spätes Mittelalter (1250—1500), in: Deutsche Wortgeschichte, hg. von Fr. Maurer und Fritz Stroh, Berlin 1943, Bd. I, S. 211.

Zirker, Otto: Die Bereicherung des deutschen Wortschatzes durch die spätmittelalterliche Mystik, Jena 1923.

[Außerdem Spezialuntersuchungen zu den einzelnen Mystikern. Vgl. die betr. Abschnitte im Literaturverzeichnis.]

Benary, Eleonore: Liedformen der deutschen Mystik im 14. und 15. Jahrhundert, Diss. Greifswald 1936.

Bremond, Henri: Mystik und Poesie (übersetzt von E. F. Neufforge), Freiburg 1929.

Hagen, Hans W.: Mystische Weltanschauungsformen und ihr Ausdruck in der Stilgebung, ZfdPh, Bd. 58, S. 117—140.

Hederer, Edgar: Mystik und Lyrik, München-Berlin 1941.

Silberer, Herbert: Probleme der Mystik und ihrer Symbolik, Wien 1914.

Bebermeyer, G.: Die deutsche Dicht- und Bildkunst im Spätmittelalter. Ein Durchblick auf ihre Wechselbeziehungen, DtVjs, Bd. 7, 1929, S. 305ff.

Benz, Ernst: Christliche Mystik und christliche Kunst, DtVjs, Bd. 12, 1934, S. 22—48.

Hintze, Erwin: Der Einfluß der Mystik auf die Kölner Malerschule, Diss. Breslau 1901.

Kalthoff, Leo: Die bildlichen Darstellungen der unio mystica bei den deutschen Mystikern des 13. und 14. Jahrhunderts, Diss. Rostock 1920 (masch.).

Peltzer, Alfred: Mystik und deutsche Kunst, Diss. Heidelberg 1899 (Straßburg 1899).

Sauer, Joseph: Mystik und Kunst unter besonderer Berücksichtigung des Oberrheins, KJbGörr, Jahrg. 1, 1928, S. 3—28.

Witte, F.: Mystik und Kreuzbild um 1300, ChrK, Jahrg. 33, 1920.

E. Grundsätzliches zur Theologie, Phänomenologie und Psychologie der Mystik

Theologie

Blondel, Maurice: Le problème de la mystique, in: Qu'est-ce que la mystique? Paris 1925.

Garrigou-Lagrange, Reginald: Objet et méthode de la théologie mystique. La vie spirituelle, 1919, Tom. I, S. 7—19.

— Perfection chrétienne et contemplation selon S. Thomas d'Aquin et S. Jean de la croix, 2 Bde., St. Maximin 1926, 6. Aufl. (Übersetzung: Mystik und christliche Vollendung, Augsburg 1927).

— L'Amour de Dieu et la croix de Jésus. Étude de théologie mystique, 2 Bde., Juvisy 1931.

Grabmann, Martin: Wesen und Grundlagen der katholischen Mystik, München 1923, 2. Aufl.

Krebs, Engelbert: Grundfragen der kirchlichen Mystik, Freiburg 1921.

Lercher, L.: Grundsätzliches über Mystik aus Theologie und Philosophie, ZfkTheol, Bd. 42, 1919, S. 1—45.

Mager, Alois: Theosophie und Christentum, Berlin 1922.

Masson, Y. E.: Vie chrétienne et vie spirituelle. Introduction à l'étude de la théologie ascétique et mystique, Paris 1929.

Poulain, Auguste: Des grâces d'oraison. Traité de théologie mystique, Paris 1931. (Übersetzung: Die Fülle der Gnaden. Handbuch der Mystik, Freiburg 1925, 3. Aufl.).

Stolz, Anselm: Theologie der Mystik, Regensburg 1936.

Zahn, Joseph: Einführung in die christliche Mystik, Paderborn 1922, 5. Aufl.

Verhältnis von Mystik und Christentum

Fresenius, Sigismund Wilhelm: Mystik und geschichtliche Religion. Eine systematische Untersuchung, Göttingen 1912.

Krüger, Theodor: Das Verhältnis des historischen und des mystischen Elements in der christlichen Religion, theol. Diss. Königsberg 1918.

Otto, Rudolf: Mystische und gläubige Frömmigkeit, in: Sünde und Urschuld, München 1932, S. 140—177 (auch ZfTheolK, N. F., Bd. 3, 1922).
Schumann, Friedrich Karl: Der christliche und der mystische Gottesgedanke, ZfsystTh, Bd. 3, 1925, S. 298—333.
Usteri, Johann Martin: Die Bedeutung und Berechtigung des mystischen Elements in der christlichen Religion, Zürich 1889.
Simon, Gottfried: Die Auseinandersetzung des Christentums mit der außerchristlichen Mystik, Gütersloh 1930.

Phänomenologie

Bennett, Charles Andrew Arnold: A philosophical study of mysticism, New Haven 1923.
Beth, Carl: Frömmigkeit der Mystik und des Glaubens, Leipzig 1927.
Clemen, Carl: Die Mystik nach Wesen, Entwicklung und Bedeutung, Bonn 1923.
Farges, Albert: Les phénomènes mystiques, 2 Bde., Paris 1925.
Görres, Joseph von: Die christliche Mystik, 4 Bde., Hamburg 1846ff.
Holl, Karl: Grundfragen zur Mystik, Gesammelte Aufsätze zur Kirchengeschichte I, Tübingen 1921.
Hügel, Friedrich von: The mystical element of religion, 2 Bde., London 1908.
Mehlis, Georg: Formen der Mystik, Logos II, 1911, S. 242—256.
Nebe, Otto Henning: Gestaltwandel der Mystik, Gütersloh o. J.
Pacheu, Jules: Les mystiques interprétés par les mystiques, RevPh, Bd. XIII, 1913, S. 616—650.
Prel, Carl du: Die Philosophie der Mystik, Leipzig 1885.
Walther, Gerda: Zur Phänomenologie der Mystik, Halle 1923.

Psychologie

Andrae, Tor: Mystikens Psykologi, Stockholm 1926.
Boutroux, Emile: Psychologie du mysticisme, Bulletin de l'Institut Psychologique, Paris 1902.
James, William: The varieties of religious experience, London 1902. (Deutsch bearbeitet von G. Wobbermin: Die religiöse Erfahrung in ihrer Mannigfaltigkeit, Leipzig 1925, 2. Aufl.).
Leuba, James H.: Psychologie du mysticisme religieux, Paris 1925.
— Die Psychologie der religiösen Mystik, übersetzt von Erica Pfohl-Hamburg, München 1927.
Maréchal, Joseph: Études sur la psychologie des mystiques, Brüssel 1924—1937.
Müller-Reif, Willy: Zur Psychologie der mystischen Persönlichkeit, Berlin 1921.
Pacheu, Jules: Introduction á la psychologie des mystiques, Paris 1901.
— Psychologie des mystiques chrétiens, Paris 1909.

Schumann, Fr. K.: Zur grundwissenschaftlichen Betrachtung des mystischen Erlebnisses, ZPhK, Bd. 165, 1918, S. 47—61.

F. Zur Geschichte der Mystikforschung

Bernhart, Joseph: Vom Geistesleben des Mittelalters. Ein Literaturbericht. DtVjs, Bd. 5, 1927, S. 172—212.
Fischer, Gottfried: Geschichte der Entdeckung der deutschen Mystiker Eckhart, Tauler, Seuse im 19. Jahrhundert, Freiburg 1931.
Heussi, Karl: Zur Geschichte der Beurteilung der Mystik, ZfTheolK, Bd. XXVII, 1917, S. 154—172 (Festgabe für Wilh. Heermann).
Krüger, Hanfried: Verständnis und Wertung der Mystik im neueren Protestantismus, München 1938.
Spamer, Adolf: Die Mystik (Bericht zur Forschung), in: Germanische Philologie, Festschrift für Behaghel, S. 331, Heidelberg 1934.

G. Textsammlungen (Auswahl-Bände)

1. Kritische Ausgaben

Christus und die minnende Seele, zwei spätmhd. mystische Gedichte, Untersuchungen und Texte, hg. von Romuald Banz, Breslau 1908.
Auswahl geistlicher Dichtungen [mystisches Liedgut], im Anhang zur „Erlösung", hg. von Karl Bartsch, Quedlinburg, Leipzig 1858.
Beiträge zur Literatur der deutschen Mystiker I und II, hg. von Joseph Haupt, Wien 1874 und 1879 [Hermann von Fritzlar, Hartung von Erfurt].
Quellen und Forschungen zur Geschichte der deutschen Mystik, hg. von Rudolf Langenberg, Bonn 1902 [Niederdeutsche Texte].
Mystische Texte aus dem Mittelalter, hg. von Walter Muschg, Basel (1943).
Deutsche Mystiker des 14. Jahrhunderts, hg. von Franz Pfeiffer, 2 Bde., Leipzig 1845—1857 (Neudruck Göttingen 1906—1907), [1. Bd.: Hermann von Fritzlar, Nicolaus von Straßburg, David von Augsburg; 2. Bd.: Meister Eckhart].
Predigten und Sprüche deutscher Mystiker, hg. von Franz Pfeiffer, ZfdA, Bd. 8, 1851, S. 208—258.
Predigten und Traktate deutscher Mystiker, hg. von Franz Pfeiffer, ZfdA, Bd. 8, 1851, S. 422—63.
Sprüche deutscher Mystiker, hg. von Franz Pfeiffer, Germ, Bd. 3, 1858, S. 225—243.
Deutsche Mystikertexte I, hg. von Joseph Quint, Bonn 1929 [Mechthild von Magdeburg, Hadewych, Meister Eckhart].
Texte aus der deutschen Mystik des 14. und 15. Jahrhunderts, hg. von Adolf Spamer, Jena 1912 [aus den Kreisen um Meister Eckhart].

Paradisus anime intelligentis, hg. von Philipp Strauch, DTM 30, Berlin 1919, [Predigten Meister Eckharts und seiner Jünger].

Deutsche Mystikerpredigten, hg. von Friedrich Wilhelm, MM, Bd. 1, 1911, S. 1—36.

2. Übersetzungen

Ekstatische Konfessionen, hg. von Martin Buber, Jena 1909 [Anthologie aus allen Literaturen].

Die minnende Seele, hg. von Br. Bardo (Pseud. Wilhelm Schleußner), Mainz 1920, [nhd. Übertragungen mystischen Liedgutes].

Der Cyperwein. Lieder der deutschen Mystik, hg. von Joseph Bernhart, Paderborn 1940.

Das geistliche Leben. Deutsche Mystiker des 14. Jahrhunderts, hg. von Heinrich Seuse Denifle, bearb. von Albert Auer, Salzburg 1936.

Mystik deutscher Frauen im Mittelalter, hg. von Anne Marie Heiler, Berlin 1929.

Textgeschichte der Mystik, hg. von Otto Karrer, 3 Bde., München 1926—27 [1. Bd.: Der mystische Strom. Von Paulus bis Thomas von Aquin, 1926. 2. Bd.: Die große Glut. Textgeschichte der Mystik im Mittelalter, 1926. 3. Bd.: Gott in uns. Mystik der Neuzeit, 1927.]

Deutsche Frömmigkeit. Stimmen deutscher Gottesfreunde (von Meister Eckhart bis Bonus), hg. von Walther Lehmann, Jena 1917.

Deutsche Mystiker, 5 Bde., Sammlung Kösel, Bd. 35, 48, 77, 85, 86, Kempten-München [1. Bd.: Seuse, ausgew. von Wilhelm Oehl, 1910; 2. Bd.: Mechthild von Magdeburg, ausgew. von Wilhelm Oehl, 1911; 3. Bd.: Meister Eckhart, ausgew. von Joseph Bernhart, 1914; 4. Bd.: Johann Tauler, ausgew. von Wilhelm Oehl, 1919; 5. Bd.: Frauenmystik im Mittelalter, ausgew. von Maria David-Windstoßer, 1919].

Deutsche Mystikerbriefe des Mittelalters 1100—1550, hg. von Wilhelm Oehl, München 1931.

Vom inwendigen Reichtum. Texte unbekannter Mystiker aus dem Kreise Meister Eckharts, hg. von Angela Rozumek, eingel. von Alois Dempf, Leipzig 1937.

Deutsche Mystik, hg. von Lothar Schreyer, Berlin (1925) [Auswahl der deutschen Buchgemeinschaft].

Mystische Dichtungen aus sieben Jahrhunderten, hg. von Friedrich Schulze-Maizier, Leipzig 1925.

Deutsches Nonnenleben. Das Leben der Schwestern von Töß und der Nonne von Engelthal, Büchlein von der Gnaden Überlast, hg. von Margarete Weinhandl, München 1921.

Zu Kapitel II: Frauenmystik des Mittelalters

Auswahlen

Frauenmystik im Mittelalter, in Ausw. übers. von Maria David-Windstoßer, München-Kempten 1919, DMyst, Bd. 5.

Mystik deutscher Frauen im Mittelalter, übertr. und erläutert von Anne Marie Heiler, Berlin 1929.

Literatur

Escherich, Mela: Das Visionenwesen in den deutschen Frauenklöstern, DPsych, Bd. 1, 1916.

Grabmann, Martin: Deutsche Frauenmystik, in: Mittelalterliches Geistesleben, Bd. 1, München 1926, S. 465.

Greith, Carl: Die deutsche Mystik im Predigerorden (von 1250—1350) nach ihren Grundlehren, Liedern und Lebensbildern, Freiburg 1861.

Greven, Joseph: Der Ursprung des Beginenwesens, HistJb, Bd. 35, 1914, S. 26ff. und S. 291ff.

Größler, H.: Die Blütezeit des Klosters Helfta bei Eisleben, Progr. Eisleben 1887.

Grundmann, Herbert: Zur Geschichte der Beginen im 13. Jahrhundert, ArchKg, Bd. 21, 1931, S. 296—320.

Liebe, G.: Das Beginenwesen in seiner sozialen Bedeutung, ArchKg I, 1903, S. 35ff.

Lüers, Grete: Marienverehrung mittelalterlicher Nonnen, München 1923.

Pieller, Georgina: Deutsche Frauenmystik im 13. Jahrhundert, Diss. Wien 1928.

Wilms, Hieronymus: Das Beten der Mystikerinnen, dargestellt nach Chroniken von Adelhausen, Diessenhofen, Engelthal..Töß, Unterlinden u. a., Leipzig 1916.

— Geschichte der deutschen Dominikanerinnen 1206—1916, Dülmen 1920.

— Das Tugendstreben der Mystikerinnen (nach alten Chroniken der deutschen Dominikanerinnen), Vechta 1927.

Wilmart, A.: Helfta, BullSM, 1927, S. 289ff.; 325ff.; 347ff.

Hildegard von Bingen (1098—1179)

Geboren auf Burg Böckelheim an der Nahe als Tochter eines Ministerialen. Mit 8 Jahren von einer Reklusin in der Frauenklause des Benediktinerklosters Disibodenberg a. d. Nahe unterrichtet. 1136 „Meisterin" der vorwiegend adligen weiblichen Klostergemeinde. Sie löst das Verhältnis der Frauenklause von der Abtei Disibodenberg und verlegt das Kloster auf den Rupertsberg bei Bingen (wahrscheinlich 1147/48).

Seit 1141 Niederschrift ihrer Gesichte mit Hilfe der Nonne Richardis und des Mönches Volmar. 1147 wird das „Scivias" Papst Eugen III. vorgelegt (seine Entscheidung ist nicht erhalten). Nach 1147 Briefwechsel mit dem heiligen Bernhard, nach 1155 mit Barbarossa. Drei größere Reisen (nach Lüttich, Trier und Metz, Hirsau und Zwiefalten). 1165 Gründung des Filialstiftes Eibingen bei Rüdesheim. Seit 1177 Wibert von Gembloux Seelsorger und Mitarbeiter Hildegards. 1178 Rechtsstreit mit der Mainzer Kurie, die das Interdikt über das Kloster verhängt; 1179 Aufhebung des Interdikts erreicht.

Um 1220 verfaßt Prior Geveno von Eberbach eine Sammlung von Prophezeihungen aus Hildegards Werken („Pentachronon" oder „Speculum futurorum temporum").

Werke

Zwischen 1141 und 1147 „Liber Scivias",
zwischen 1150 und 1158 „Liber simplicis medicinae" oder „Physica",
zwischen 1150 und 1158 „Liber compositae medicinae" oder „Causae et curae",
zwischen 1159 und 1164 „Expositiones evangeliorum"
zwischen 1159 und 1164 „Liber vitae meritorum",
zwischen 1163 und 1170 „Liber divinorum operum".

Außerdem: Selbstbiographie, 70 Sequenzen, Erklärung der Benediktinerregel, Heiligenleben, die Lingua ignota u. a.

Ausgaben

S. Hildegardis abbatissae opera omnia: Migne P. L. Bd. 197, Paris 1855.
Briefe, hg. von Martène und Durand, „Veterum scriptorum et monumentorum . . . amplissima collectio", Bd. II, Paris 1724.
Nova S. Hildegardis opera, hg. von Joannes Baptista Card. Pitra, „Analecta Sacra Spicilegio Solesmensi", Bd. 8, Paris 1882. (Nachlese dazu in den „Analecta Bollandiana" I, Genf 1882.)
Causae et curae, hg. von Paul Kaiser, Leipzig 1903.

Übersetzungen

Briefe, hg. von Ludwig Clarus, 2 Bde., Regensburg 1854.
Scivias ou les trois livres des visions, trad. littéralement du latin en français, Paris 1909—14, 3 Bde.
Schriften, ausgew. von Johannes Bühler, Leipzig 1922.
Der Äbtissin St. Hildegardis mystisches Tier- und Artzeneyen-Buch [Liber simplicis medicinae, Auszug], übertr. und eingel. von Alfons Huber, Wien (1923).
Reigen der Tugenden (Ordo virtutum), hg. übertr. und eingel. von der Abtei St. Hildegard (Ildefons Herwegen und Maura Böckeler), Berlin 1927.
Wisse die Wege (Scivias), übertr. und bearb. von Maura Böckeler, Berlin 1928.

Der Weg der Welt (Scivias), in Ausw. übers. von Maria Louise Lascar, München, Berlin 1929.
Die Lieder, hg. übers. und eingel. von M. David-Windstoßer, München (1929).
Ursachen und Behandlungen der Krankheiten (Causae et curae), vollst. übers. von Hugo Schulz, München 1933.
Hildegard von Bingen und ihre Schwestern, hg. von Karl Koch, Leipzig 1935. [Schwesternbiographien.]
Die Kompositionen der hl. Hildegard, phototypisch hg. von J. Gmelch, Düsseldorf o. J. (1913).

Literatur

Baillet, Louis: Les miniatures du 'Scivias' de Sainte Hildegarde conservé à la bibliothèque de Wiesbaden, MeM, Bd. 19, Paris 1911.
Bernhart, Joseph: Die hl. Hildegard, ArchKg 20 (1920), S. 249—60.
Bronarski, Ludwig: Die Lieder der hl. Hildegard; eine stilistische Untersuchung, Diss. Freiburg/Schw. 1922.
— Die Lieder der hl. Hildegard. Ein Beitrag zur Geschichte der geistlichen Musik des Mittelalters, Leipzig 1922.
Dempf, Alois: Sacrum Imperium, München, Berlin 1929, S. 289ff.
Fischer, Hermann: Die hl. Hildegard von Bingen, die erste deutsche Naturforscherin und Ärztin, ihr Leben und Werk, München 1927.
Herwegen, Ildefons: Die hl. Hildegard im Licht ihrer geschichtlichen Sendung, in: Vom christlichen Sein und Leben. Ges. Vorträge, Stuttgart 1931, S. 154—185.
— Les collaborateurs de Sainte Hildegarde, RevB, Bd. 21, 1904, S. 192—203. 302—315, 381—403.
Karrer, Otto: Über Hildegards Offenbarungen, SchwRs, Bd. 29, 1929, S. 11—20, 138—147.
Keller, Hiltgart L.: Mittelrheinische Buchmalereien in Handschriften aus dem Kreise der Hildegard von Bingen, Diss. Frankfurt 1933.
Kohl, Johannes (Hg.): Festschrift zur St. Hildegardis-Jubelfeier, Bingen 1929.
Liebeschütz, Hans: Das allegorische Weltbild der hl. Hildegard von Bingen, Leipzig 1930 (dazu Rez. von H. Grundmann, HZ, Bd. 144, 1931, S. 340—344).
— Hildegard von Bingen und die Kulturbewegung des 12. Jahrhunderts, HZ, Bd. 146, 1932, S. 497—500.
Linde, Antonius von der: Die Handschriften der kgl. Landesbibliothek in Wiesbaden, 1877. [Enthält Angaben über die ältere Hildegard-Literatur.]
Kaiser, Paul: Die naturwissenschaftlichen Schriften Hildegards, Progr. des Königstädtischen Gymnasiums zu Berlin Nr. 59, 1901.
May, Johannes: Die hl. Hildegard von Bingen, München 1929.
Riesch, Helene: Die hl. Hildegard von Bingen, Freiburg 1920, 3. Aufl.

Roth, F. W. E.: Zur Bibliographie der hl. Hildegardis, HessQ, 1886, S. 221 —233, 1887, S. 78—88.
—Die Codices des Scivias der hl. Hildegardis O. S. B. in Heidelberg, Wiesbaden und Rom in ihrem Verhältnis zueinander, HessQ, 1887, S. 18—26.
— Beiträge zur Biographie der Hildegard von Bingen O.S.B. sowie zur Beurteilung ihrer Visionen, ZKWL, 9. Jahrg., 1888, S. 453—471.
— Studien zur Lebensbeschreibung der hl. Hildegard, StMBen 39, N. F., Bd. 8, 1918, S. 68—118.
Rozumek, Angela: Die sittliche Weltanschauung der hl. Hildegard von Bingen, Diss. Bonn 1934.
Schmelzeis, J. Ph.: Die Werke der hl. Hildegard und ihr neuester Kritiker [gegen Preger], HistpolBll, Bd. 76, 1875, S. 604—628, 659—689.
— Das Leben und Wirken der hl. Hildegardis, Freiburg 1879.
Schrader, Marianna: Die Heimat und Abstammung der hl. Hildegard, StMBen 54, 1936, S. 199—221.
Singer, Charles: The scientific views and visions of S. Hildegard, Oxford 1917.
Sommerfeldt, Gustav: Zu den Lebensbeschreibungen der hl. Hildegard von Bingen, NA, Bd. 35, 1910, S. 572—581.
Steele, Francesca Maria: The life and visions of St. Hildegard, London 1914.
Sternberg, Leo: Die Mystikerin Hildegard in der deutschen Geistesgeschichte, Hochl 26/II, 1928/9, S. 26—33.
Ungrund, Magna: Die metaphysische Anthropologie der hl. Hildegard von Bingen, Münster 1938.
Winterfeld, Paul von: Die vier Papstbriefe in der Briefsammlung der hl. Hildegard, NA, Bd. 27, 1902, S. 237—244.

Elisabeth von Schönau (um 1129—1164)

Tochter eines rheinischen Edlen Hartwig. Zwölfjährig im Kloster Schönau bei St. Goarshausen. 1147 als Benediktinerin eingekleidet, 1152 Beginn der Visionsschau. Die Visionen von ihrem Bruder Ekbert von Schönau lateinisch niedergeschrieben und redigiert. Ab 1157 „Meisterin" des Convents. Kleinere Reisen und Bekanntschaft mit Hildegard von Bingen.

Werke

Zwischen 1152 und 1160 Drei Bücher „Visiones",
zwischen 1152 und 1160 „Liber viarum Dei" (Decem exhortationes ad varios hominum status),
zwischen 1152 und 1160 „Liber revelationum de sacro exercitu virginum Coloniensium",
Briefsammlung.

Ausgaben

Werke, Migne PL, Bd. 195, 1855.
Die Visionen der hl. Elisabeth und die Schriften der Äbte Ekbert und Emecho von Schönau, hg. von F. W. E. Roth (Brünn 1884).

Literatur

Ibach, Johann: Das Leben der hl. Jungfrau Elisabeth von Schönau, O.S.B., nebst den schönsten ihrer Visionen, Limburg 1898.
Oliger, L.: Revelationes Beatae Elisabethae, Ant, Rom 1926, S. 24—83.
Roth, F. W. E.: Aus einer Handschrift der Schriften der Elisabeth von Schönau, NA, Bd. 36, 1911, S. 219ff.
Spieß, Emil: Ein Zeuge mittelalterlicher Mystik in der Schweiz. Zum Codex Wolhusensis. Rorschach 1935 [Inhalt des Codex: Schriften der Elisabeth von Schönau, Mechthild von Magdeburg].

St. Trudperter Hohes Lied (2. Hälfte des 12. Jahrhunderts)

Ausgaben

Das Hohe Lied (übers. von Willeram, erklärt von Rilindis und Herrat), hg. von Joseph Haupt, Wien 1864.
Das St. Trudperter Hohe Lied, hg. von Hermann Menhardt, 2 Bde., Halle 1934.

Literatur

Landgraf, Margot: Das St. Trudperter Hohe Lied, Diss. Erlangen 1935.
Müller, Victor: Studien über das St. Trudperter Hohe Lied, Diss. Marburg 1901.

Mechthild von Magdeburg (um 1207—1282 oder 1295)

Geboren in Niedersachsen, aus einer wahrscheinlich nicht adligen Familie Mit 12 Jahren erste mystische Begnadungen. Gute weltliche Bildung. Um 1230 in freiwilliger Verbannung in Magdeburg als Begine (Armen- und Krankenpflege übend), unter geistlicher Leitung von Dominikanern. 1250 bis 1265 Niederschrift des „Fließenden Lichts der Gottheit" unter der Mentorschaft Heinrichs von Halle (ihres Seelsorgers), der das Werk redigiert. Um 1270(?) Eintritt in das Zisterzienserinnenkloster Helfta, dort gleichzeitig mit Gertrud der Großen (gest. 1302) und Mechthild von Hackeborn (gest. 1299).

Werke

1250—1265 „Das fließende Licht der Gottheit" (Niederdt. Original verloren).
Um 1344 oberdt. Bearbeitung des Heinrich von Nördlingen.
Um 1290 lateinische Bearbeitung.

Ausgaben

Offenbarungen der Schwester Mechthild von Magdeburg oder das fließende Licht der Gottheit, hg. von Gall Morel, Regensburg 1869.
Lux Divinitatis, Revel.G.M. II, Paris 1875.

Übersetzungen

Leben und Offenbarungen der hl. Mechthildis und der Schwester Mechthildis (von Magdeburg), hg. von J. Müller, 2 Bde., Regensburg 1880—1881.
Das fließende Licht der Gottheit, in Ausw. hg. von Mela Escherich, Berlin 1909 [unzureichend].
Das fließende Licht der Gottheit, in Ausw. hg. von Sigmund Simon, Berlin 1907.
Das fließende Licht der Gottheit, in Auw. hg. von Wilhelm Oehl, Kempten-München 1911, DMyst 2.
Das fließende Licht der Gottheit. Nach einer neuaufgefundenen Handschrift [Würzburg], hg. von Wilhelm Schleußner, Mainz 1929.
Die Gesichte der Schwester Mechthild von Magdeburg. Aus dem fließenden Licht der Gottheit, hg. von H. A. Grimm, Inselb. 236, Leipzig 1918.

Literatur

Ancelet-Hustache, Jeanne: Mechthild de Magdebourg, Paris 1926.
Hünicken, R.: Studien über Heinrich von Halle, ThürZ, Bd. 23, 1935/6, S. 102—117.
Lüers, Grete: Die Sprache der deutschen Mystik des Mittelalters im Werk der Mechthild von Magdeburg, München 1926.
Michael, E.: Zur Chronologie der Mystikerin Mechthild von Magdeburg, ZfkTheol, Bd. 25, 1901, S. 177ff.
Preger, Wilhelm: Mechthild von Magdeburg, MSB 1869 II Nr. 12, S. 151ff.
Stierling, Hubert: Studien zu Mechthild von Magdeburg, Diss. Göttingen 1907.
Tillmann, Heinz: Studien zum Dialog bei Mechthild von Magdeburg, Diss. Marburg 1933.
Zinter, Edith: Zur mystischen Stilkunst Mechthilds von Magdeburg, Diss. Jena 1931.

Mechthild von Hackeborn (1241 oder 1242—1299)

Aus begütertem Adelsgeschlecht. Als Siebenjährige (1249) auf ihr Bitten Eintritt in Zisterzienserinnenkloster Rodersdorf bei Halberstadt, wo ihre Schwester Gertrud Nonne war und 1251 Äbtissin wurde. Diese verlegt den Konvent nach Helfta. Die geistliche Leitung des Klosters erfolgt durch Hallenser Dominikaner. Mechthilds Amt ist das einer Vorsängerin („Cantrix"). Erst 50jährig enthüllt sie ihre Visionen. Sie werden zuerst ohne Mechthilds Kenntnis durch ihre Schülerin Gertrud die Große aufgeschrieben.

Werke

„Liber specialis gratiae" (erhalten nur in lateinischer Übertragung).

Ausgabe

Liber specialis gratiae, Revel.G.M. II, Poitiers-Paris 1875.

Übersetzung

Leben und Offenbarungen der hl. Mechthildis und der Schwester Mechthildis (von Magdeburg), hg. von J. Müller, 2 Bde., Regensburg 1880/81.

Literatur

Strauch, Philipp: Mechthild von Hackeborn, ZfdA, Bd. 27, 1883, S. 376—381.

Widder, Matthäus: Das geistliche Leben (nach Mechthild von Hackeborn), Einsiedeln 1907.

Gertrud die Große (1256 bis etwa 1302)

Aus Thüringen. Familie und Herkunft unbekannt. 5jährig der Äbtissin des Zisterzienserinnenklosters Helfta (Gertrud von Hackeborn, Schwester der hl. Mechthild) zur Erziehung übergeben. Gründliches Studium der 'septem artes liberales'. Seit 1280 Wendung zum mystischen Leben, Visionen. Ab 1289 eigenhändige Niederschrift von Buch II—V des „Legatus..". Alle Werke ursprünglich lateinisch. Von Gertrud gehen starke Anregungen zur Herz-Jesu-Verehrung aus. (Einfluß der Liturgie auf Gertruds Mystik.)

Werke

Seit 1289 „Legatus divinae pietatis", 5 Bücher (Buch I von unbekannter Hand).

„Exercitia spiritualia septem".

Ausgabe

Legatus divinae pietatis. Accedunt ejusdem exercitia spiritualia, Revel.G.M. I, Paris 1875.

Übersetzungen

Der hl. Gertrud d. Gr. Gesandter der göttlichen Liebe, hg. von J. Weißbrodt, 2 Bde., Freiburg 1876 (10. Aufl. 1932, bearbeitet von Anselm Manser).

Das neue Gertrudenbuch, übers. von Willibrord Verkade, Freiburg 1936. [St. Gertrudis geistliche Übungen und Gebete.]

Literatur

Dolan, Gilbert: Sainte Gertrude. Sa vie intérieure, Paris 1922.

Michael, E.: Die hl. Mechthild und die hl. Gertrud die Große Benediktinerinnen? ZfkTheol, Bd. 23, 1899, S. 548—552.

Molenaar, M.: Gertruid van Helfta, Amsterdam 1921.
Müller-Reif, Willy: Zur Psychologie der mystischen Persönlichkeit [zu Gertrud von Helfta], Berlin 1921.
Strauch, Philipp: Die jüngere Gertrud, ZfdA, Bd. 27, 1883, S. 373—376.
Terhünte, P. A. J.: Die hl. Gertrud von Helfta, ZAM, Bd. 2, Heft 2, 1927.

Katharina von Gebweiler (um 1260—?)

Gebweiler = Geberschweier. Als Kind ins Dominikanerinnenkloster zu Unterlinden bei Kolmar aufgenommen, das erst 1232 gegründet worden war. Katharina gehört also etwa zur zweiten Schwesterngeneration. Im Alter schreibt sie die Viten der zwei ersten Generationen auf.

Werke

Zwischen 1310—1320 „Vitae Sororum".

Ausgaben

Vitae Sororum, hg. v. Bernhard Pez, Bibliotheca ascetica, Bd. 8, Ratisbonae 1725, S. 3—399 [Nachdruck der nicht erhaltenen Erstausgabe des Matthäus Thanner, 1625].
Les 'Vitae Sororum' d'Unterlinden, hg. von Jeanne Ancelet-Hustache, ArchDL, Bd. 5, Paris 1930, S. 317—509.

Übersetzung

Lebensbeschreibungen der ersten Schwestern des Klosters der Dominikanerinnen zu Unterlinden, hg. von Ludwig Clarus, Reliquien aus dem Mittelalter, Bd. 4, Regensburg 1863.

Literatur

Beuchot, I.: Das frühere Unterlindenkloster zu Colmar in seiner Blütezeit, 1916.
Deny, Achille: Unterlinden zu Colmar, Colmar 1912.
Ingold, Augustin M. P.: Le monastère des Unterlinden au 13ᵉ siècle, Straßburg, Paris 1896.
Winterer, Landolin: Les religieuses dominicaines de Colmar au 13ᵉ siècle, Rixheim 1912.

Christine Ebner (1277—1355)

Geboren in Nürnberg aus dem dortigen Geschlecht der Ebner. Mit 12 Jahren Dominikanerin in Engelthal. Asketisches Leben. Schon seit 1297 im Ruf der Heiligkeit. Seit 1317 Aufzeichnung ihrer Visionen auf Anregung ihres Beichtvaters, des Dominikaners Konrad von Füssen. 1345 Priorin. 1350 Besuch Karls IV. bei der Seherin. 1351 Heinrich von Nördlingen bei ihr, der sie in Seuses und Taulers Lehre einführt.

Werke

Vor 1346 „Büchlein von der Gnaden Überlast".

Ausgaben

Christina Ebners Leben und Gesichte zu Engelthal, hg. von Georg Wolfgang Karl Lochner, Nürnberg 1872 [unvollständig].

Der Nonne von Engelthal Büchlein von der Gnaden Überlast, hg. von C. Schröder, LV, Bd. 108, Tübingen 1871.

Übersetzungen

Das Büchlein von der Gnaden Überlast, hg. von Wilhelm Oehl, Paderborn 1924.

Deutsches Nonnenleben: Der Nonne von Engelthal Büchlein von der Gnaden Überlast und das Tösser Schwesternbuch, hg. von Margarete Weinhandl, München 1921.

Literatur

Grabmann, Martin: Deutsche Mystik im Kloster Engelthal, in: Sammelband des Hist. Vereins Eichstätt, Bd. 25/26, 1912, S. 33—45.

Graf, Alfred: Von der Minne Überlast. Die himmlische und irdische Liebe der Nonne Christina Ebnerin, Nürnberg 1922.

Lechner, Peter: Das mystische Leben der hl. Margarete von Cortona (im Anhang: Leben der Christina und Margareta Ebner), Regensburg 1862, 2. Aufl. 1890.

Elsbeth Stagel (gest. zwischen 1350 und 1360)

Vater Züricher Ratsherr. Zwischen 1337 und 1350 (oder 1360) Dominikanerin im Kloster Töß bei Winterthur. Seit 1336/37 geistliche Freundin Seuses; sie erbittet von ihm Einführung in die Lehre Eckharts und Taulers. Später sammelt sie seine Briefe, übersetzt seine lateinischen Sprüche ins Deutsche, regt zu seiner Autobiographie an und verfaßt die Vitensammlung des Klosters Töss.

Werke

Vor 1340 „Leben der Schwestern zu Töß".

Ausgabe

Das Leben der Schwestern zu Töß, hg. von Ferdinand Vetter, DTM VI, Berlin 1906.

Übersetzung

Deutsches Nonnenleben. Das Leben der Schwestern zu Töß (und der Nonne von Engelthal Büchlein von der Gnaden Überlast), hg. von Margarete Weinhandl, München 1921.

Literatur

Ancelet-Hustache, Jeanne: La vie mystique d'un monastère de Dominicaines au moyen-âge d'après la Chronique de Töss, Paris 1928.

Schiller, Ernst: Das mystische Leben der Ordensschwestern zu Töß, Diss. Bern 1903.

Vetter, Ferdinand: Ein Mystikerpaar des 14. Jahrhunderts (Elsbeth Stagel und Seuse), Basel 1882.

Margarete Ebner (1291—1351) und **Heinrich von Nördlingen**

Margarete Ebner: Wahrscheinlich aus dem Donauwörther Geschlecht der Ebner. Dominikanerin in Medingen. Seit 1311 religiöse Wandlung, Anschluß an die Gottesfreunde. Seit diesem Zeitpunkt leidend und durch Gesichte erleuchtet. 1332 Begegnung mit Heinrich von Nördlingen. Seit 1338 im Briefwechsel mit ihm. Seit 1344 Niederschrift ihrer Offenbarungen auf Wunsch Heinrichs.

Werke

Um 1345 „Offenbarungen".

Briefwechsel (nur in Bruchstücken erhalten).

Heinrich von Nördlingen: Lebensdaten unbekannt. Weltpriester in Nördlingen. Mittelpunkt eines Kreises von Gottesfreunden. Seit 1332 Beziehungen zu Margarete Ebner. 1335—1337 Avignon-Reise (infolge des Streites Ludwigs des Bayern mit dem Papst). 1338 als Gegner Ludwigs des Bayern nach Konstanz und Basel übergesiedelt. Dort Berührung mit Tauler. In Basel 1345 Übersetzung des „Fließenden Lichts der Gottheit". Weitverzweigte seelsorgerische Tätigkeit, besonders in Frauenklöstern wie Klingenthal und Unterlinden. 1341 und 1344 wieder Besuche in Medingen. 1345 in Straßburg (Umgang mit Rulman Merswin). Ab 1346 Reisen (um Reliquien zu sammeln) nach Köln, Aachen, Bamberg. 1348—1349 in Sulz im Elsaß. 1350 Rückkehr nach Nördlingen. 1351 Besuch der 74jährigen Christine Ebner.

Werke

1332—1350 Briefwechsel mit Margarete Ebner.

1345 Übersetzung des „Fließenden Lichts der Gottheit" der Mechthild von Magdeburg.

Ausgabe

Margareta Ebner und Heinrich von Nördlingen, hg. von Philipp Strauch, Freiburg 1882.

Übersetzungen

Der sel. Margareta Ebner Offenbarungen und Briefe, hg. von Hieronymus Wilms, Vechta 1928.

Die Offenbarungen der Margareta Ebner und Adelheid Langmann, hg. von Josef Prestel, Weimar 1939.

Literatur

Lechner, Peter: Das mystische Leben der hl. Margareta von Cortona (im Anhang: Leben der Margareta und Christine Ebner), Regensburg 1862 (2. Aufl., 1890).

Pfister, O.: Hysterie und Mystik bei Margarete Ebner, ZblPsych, 1. Jahrg., Wiesbaden 1911, Heft 10/11, S. 468—485.

Pummerer, A.: Margareta Ebner, MLaach, Bd. 81, 1911, S. 1—11, 132—44, 244—57.

Schauenberg, Anna: Leben der gottsel. Schwester Margareta Ebner, Dülmen 1915.

Traber, Johannes: Die Herkunft der sel. genannten Dominikanerin Margareta Ebner, Donauwörth 1910.

Zoepf, Ludwig: Die Mystikerin Margarete Ebner, Leipzig, Berlin 1914.

Adelheid Langmann (gest. 1375)

Aus ratsfähigem Nürnberger Geschlecht. Gleichzeitig mit Christina Ebner im Dominikanerinnenkloster Engelthal in Mittelfranken. Eintritt ins Kloster zwischen 1325 und 1330. Aus Tagebuchaufzeichnungen (1340—1347) und mündlicher Überlieferung erfolgt die Zusammenstellung ihrer „Offenbarungen".

Werke

„Offenbarungen".

Ausgabe

Offenbarungen, hg. von Philipp Strauch, QF, Bd. 26, Straßburg 1878.

Übersetzung

Die Offenbarungen der Margaretha Ebner und der Adelheid Langmann, hg. von Josef Prestel, Weimar 1939.

Schwesternviten:

Anna von Munzingen (Adelshausen)

Aus Freiburger Familie. 1316/17 und 1327 belegt als Priorin des Dominikanerinnenklosters Adelshausen (gegr. 1234).

Ausgabe

Die Chronik der Anna von Munzingen, hg. von J. König, FreibDiöz, Bd. 13 (1880), S. 129—236.

Literatur

Krebs, Engelbert: Die Mystik in Adelshausen, in: Festgabe für Heinrich Finke, S. 41—105, Münster 1904.

Katharinenthal

Ausgabe

Die Nonnen von St. Katharinenthal bei Diessenhofen, hg. von A. Birlinger (= Leben hl. alemannischer Frauen im Mittelalter V), Alem, Bd. 15, Bonn 1887, S. 150—187.

Kirchberg bei Haigerloch

Ausgabe

Die Nonnen von Kirchberg bei Haigerloch, hg. von A. Birlinger (= Leben hl. alemannischer Frauen im 14. und 15. Jarhundert IV), Alem, Bd. 11, Bonn 1883, S. 1—20.

Kirchberg bei Sulz

Ausgabe

Aufzeichnungen über das mystische Leben der Nonnen von Kirchberg bei Sulz während des 14. und 15. Jahrhunderts, hg. von F. W. E. Roth, Alem, Bd. 21, Bonn 1893, S. 103—48.

Oetenbach

Ausgabe

Die Stiftung des Klosters Oetenbach und das Leben der sel. Schwestern daselbst, hg. von H. Zeller-Werdmüller und J. Bächtold, Züricher Taschenbuch 1889, N. F., 12. Jahrg. S. 213.

Schönensteinbach

Ausgabe

Dieter Seraphin O. S. D., Chronik des Klosters von Schönensteinbach, hg. von J. v. Schlumberger, Gebweiler 1897.

Söflingen

Ausgabe

Die Söflinger Briefe und das Klarissenkloster Söflingen bei Ulm im Spätmittelalter, hg. von Max Miller, Würzburg 1940 (theol. Diss. Tübingen 1940).

Weiler (bei Eßlingen)

Ausgabe

Mystisches Leben in dem Dominikanerinnenkloster Weiler bei Eßlingen im 13. und 14. Jahrhundert, hg. von Karl Bihlmeyer, WürtVjh, N. F. 25, Stuttgart 1916, S. 61—93.

Juliana Ernst (Bickenkloster)

Ausgabe

Chronik des Bickenklosters zu Villingen, hg. von K. J. Glatz, Tübingen 1881, LV 151.

Mystische Reimdichtungen:

Der Mönch von Heilsbronn

Der Verfasser des „Buchs der sechs Namen" wird als Zisterzienser bezeichnet. Danach wäre das Kloster auf Heilsbronn zwischen Ansbach und Nürnberg festzulegen. Verf. vielleicht identisch mit Abt Konrad von Brundelsheim, der von 1303 bis 1306 und von 1317 bis 1321 dort Abt ist, jedenfalls Zeit- und Klostergenosse dieses Abtes, von dem Predigten mystischen Geistes erhalten sind.

Werke

Wahrscheinlich zwischen 1306 und 1321: „Buch der sechs namen des fronleichnam".

Wahrscheinlich zwischen 1306 und 1321: „Buch von den siben graden".

Ausgabe

Mönch von Heilsbronn, hg. von Theodor Merzdorf, Berlin 1870.

Literatur

Schürer, Josef Maria: Des Mönchs von Heilsbronn Lehre vom Kontemplieren, theol. Diss. Freiburg 1923 (masch.).

Wagner, Albrecht: Über den Mönch von Heilsbronn, QF 15, Straßburg 1876.

— Zum Mönch von Heilsbronn, ZfdA, Bd. 20, 1876, S. 92ff.

Wimmer, Joh. Bapt.: Beiträge zur Kritik und Erklärung der Werke des Mönchs von Heilsbronn, Progr. Kalksburg bei Wien, 1895.

Tochter Syon

Ausgaben

Tochter Syon, hg. von E. G. Graff, in: Diutiska, Bd. III, Stuttgart, Tübingen 1829, S. 3—21.

Daz buochlîn von der tohter Syon, hg. von Oskar Schade (Diss. Halle), Berlin 1849.

Übersetzung

Die Tochter Syon oder die minnende Seele, hg. v. Karl Simrock, Bonn 1851.

Lamprecht von Regensburg

Ausgaben

Sanct Francisken Leben und Tochter Syon, hg. von Karl Weinhold, Paderborn 1880.

Tochter Syon, Auszug hg. von Heinrich Hoffmann, Fundgruben 1, S. 307ff.

Literatur

Wichgraf, Wiltrud: Der Tractat von der Tochter Syon und seine Bearbeitungen, Diss. Greifswald 1920 und PBB, Bd. 46, 1922, S. 173—231.

Anonyme mystische Reimdichtungen

Klausnerin Engelbirn, hg. von Moriz Haupt und Heinrich Hoffmann, ABl, Bd. II, S. 366ff.

— Hg. von J. A. Schmeller in „Berno von Reichenau, St. Ulrichs Leben von Albertus", München 1844, S. VIII.

Christus und die minnende Seele, Untersuchungen und Texte, hg. von Romuald Banz, Breslau 1908.

Rede von den 15 Graden, hg. von W. Dolfel, Germ, Bd. 6, S. 144—160.

Schürebrand. Ein Traktat aus dem Kreise der Straßburger Gottesfreunde, hg. von Philipp Strauch, Halle 1903.

Granum sinapis, hg. von F. Bech (nebst Teilen des lateinischen Kommentars und Anmerkungen), Progr. Zeitz, 1883.

— Hg. in: Karl Bartsch: „Erlösung", Quedlinburg, Leipzig 1858, S. 193ff.

Das buoch von dem grunde aller bôsheit, hg. von Franz Pfeiffer, ZfdA, Bd. VIII, 1851, S. 452—64.

Zu Kapitel III: Die Geißlerbewegung

Abhandlungen mit Textausgaben

Lieder und Melodien der Geißler des Jahres 1349 nach Aufzeichnungen Hugos von Reutlingen. Nebst einer Abhandlung über die italienischen Geißlerlieder von Heinrich Schneegans, und einem Beitrag zur Geschichte der deutschen und niederländischen Geißler von Heino Pfannenschmid, hg. von Paul Runge, Leipzig 1900.

Hübner, Arthur: Die deutschen Geißlerlieder, Berlin, Leipzig 1931.

Literatur

Haupt, Hermann: Zur Geschichte der deutschen Geißler, ZKG, Bd. 9, 1888, S. 114ff.

Lechner, Karl: Die große Geißelfahrt des Jahres 1349, HistJb, Bd. 5, 1884, S. 437.

Müller-Blattau, Josef: Die deutschen Geißlerlieder, ZMusikw. Bd. 17, S. 6 bis 18.

Zacher, Julius: Artikel 'Geißler', bei Ersch-Gruber, „Allgemeine Enzyklopädie der Wissenschaften und Künste" I, S. 56 und 242ff.

Zu Kapitel IV: Die Mystik der Meister

Meister Eckhart (um 1260—1327)

Um 1260 zu Hochheim bei Gotha geboren. Aus ritterlichem Geschlecht. Dominikaner in Erfurt. Nach dem üblichen Studium dort Prior und Vikar von Thüringen. 1302 in Paris Magister. 1303 zum Provinzial der Provinz Saxonia erwählt. 1307 außerdem Generalvikar der böhmischen Provinz (Auftrag der Reform in Böhmen). Nach 1311 Eckhart wieder in Paris mit Vorlesungen beauftragt, 1314 in Straßburg, später in Köln. 1326 von Erzbischof Heinrich von Virneburg Prozeß gegen ihn eingeleitet, der erst nach Eckharts Tod 1329 mit der Verurteilung von 28 seiner Sätze beendet wird. Gest. in Köln.

Werke

Lateinische Schriften: „Opus tripartitum". (Darin: „Opus propositionum" (nur Prolog erhalten), „Opus quaestionum" (unbekannt), „Opus expositionum" (Sermones und Kommentare der Schrift, daraus erhalten: Kommentare der Genesis, Exodus und Sapientia.)
Erklärungen des Paternoster.
Pariser Quaestionen.
Die Rechtfertigungsschrift.
Deutsche Schriften: „Reden der Unterscheidung".
„Buch der göttlichen Tröstung".
„Vom edlen Menschen."
Predigten: (vermutlich echt bei Pfeiffer Nr. 6, 8, 10—14, 21, 25, 29, 31, 32, 40, 43, 45, 48, 55, 56, 65, 66, 82—84, 87, 90, 96, bei Jundt Nr. 11, bei Jostes Nr. 10 und 28, bei Pahnke (ZfdA 49, 1908) S. 400—404).

Gesamtausgabe

Die deutschen und lateinischen Werke, hg. im Auftrag der Deutschen Forschungsgemeinschaft, Stuttgart, Berlin 1936ff. 1. Die deutschen Werke, hg. von Joseph Quint, 2. Die lateinischen Werke, hg. von Joseph Koch und Ernst Benz, 3. Untersuchungen von Joseph Quint.

Deutsche Schriften

Ausgaben

Deutsche Mystiker des 14. Jahrhunderts, Bd. 2, Meister Eckhart, hg. von Franz Pfeiffer, Leipzig 1857, 4. Aufl. Göttingen 1924.
Predigten, hg. von Eduard Sievers, ZfdA, Bd. 15, 1872, S. 373—439.
Meister Eckhart und seine Jünger. Ungedruckte Texte zur Geschichte der deutschen Mystik, hg. von Franz Jostes, Freiburg/Schw. 1895.
Buch der göttlichen Tröstung, hg. von Philipp Strauch, Bonn 1910.
Die Reden der Unterscheidung, hg. von Ernst Diederichs, Bonn 1913.

Übersetzungen

Mystische Schriften, hg. von Gustav Landauer, Berlin 1903.
Meister Eckhart, ausgew. von Joseph Bernhart, DMyst, Bd. III, Kempten, München 1914.

Schriften und Predigten, hg. von Hermann Büttner, 2 Bde., Jena 1903 (4. Aufl. 1943).

Meister Eckhart, ausgew. von Walther Lehmann, Göttingen 1919.

Reden der Unterweisung, hg. von Joseph Bernhart, München 1922.

Meister Eckhart, das System seiner religiösen Lehre und Lebensweisheit (Textbuch mit Einführung), hg. von Otto Karrer, München 1926.

Deutsche Predigten und Traktate, ausgew. von Friedrich Schulze-Maizier, Leipzig 1938, 3. Aufl.

Vom Wunder der Seele, Auswahl aus den Traktaten und Predigten mit Benutzung der Pfeifferschen Ausgabe, hg. von Friedrich Alfred Schmid Noerr, Leipzig 1936.

Reden der Unterweisung, hg. von Friedrich Schulze-Maizier, Inselb. Nr. 490, Leipzig 1936.

Lateinische Schriften

Ausgaben

Eine lateinische Rechtfertigungsschrift des Meisters Eckhart (1326), hg. von Augustinus Daniels, BeitrGPh, Bd. XXIII, Heft 5, Münster 1923.

Questions inédites de maître Eckhart, hg. von F. Longpré, RevNéosc, Bd. 29, 1927, S. 69—78.

Commentaire du Maître Eckhart sur le livre de Sagesse [Sapientia-Commentar], hg. von G. Théry, Paris, ArchDL III, 1928, S. 321ff., IV, 1929, S. 233ff.

Quaestiones et Sermo Parisienses, hg. von Bernhardus Geyer, Bonn 1931,

Opera Latina, hg. von Gabriel Théry und Raymund Klibansky, Bde. 1, 2, 13, Leipzig. [1. Super oratione Dominica, hg. von Raymund Klibansky, 1934, 2. Opus tripartitum, hg. von H. Bascour, 1935, 13. Questiones Parisienses, hg. von A. Dondaine, 1936].

Übersetzungen

Rechtfertigungsschrift von 1326, hg. von Otto Karrer und Herma Piesch, Erfurt 1927.

Aus Meister Eckharts Johanneskommentar, hg. von Otto Karrer, RenJb 1928/29, S. 20—31.

Texte über Eckhart

Akten zum Prozeß Meister Eckharts, l. c. 616 bis 640, hg. von Heinrich Seuse Denifle, ArchLK, Bd. II, 1886, S. 616—40.

Edition critique des pièces relatives au procès de l'Eckhart, contenues dans les mscr. 33b de la bibliothèque de Soest, hg. von G. Théry, ArchDL, I, Paris 1926/27, S. 129—268.

Ein Gutachten aus dem Eckhart-Prozeß in Avignon, hg. von Franz Pelster, in: Aus der Geisteswelt des Mittelalters. Studien und Texte Martin Grabmann gewidmet, Münster 1935, S. 1099—1124.

Aktenstücke zu Meister Eckharts Prozeß, hg. von Heinrich Seuse Denifle, ZfdA, N. F. 17, 1885, S. 259—266.

Literatur

Ausführliche Bibliographien bei:

Hornstein, X. de: Les grands mystiques allemands du XIVe siècle, Karlsruhe 1923.

Überweg-Heintze (s. o.) Bd. 2, Die patristische und scholastische Philosophie, 1928, 11. Aufl., S. 561ff., bes. S. 779ff. (bearb. von Bernhard Geyer).

Bange, W.: Meister Eckharts Lehre vom göttlichen und geschöpflichen Sein s. u.]

Achelis, W.: Das Verhältnis Meister Eckharts zum Areopagiten Dionysius, Diss. Marburg 1922 (masch.).

Bach, Joseph: Meister Eckhart, der Vater der deutschen Spekulation, Wien 1864.

Bange, Wilhelm: Meister Eckharts Lehre vom göttlichen und geschöpflichen Sein, Limburg 1937.

Benz, Ernst: Zur neuesten Forschung über Meister Eckhart, ZKG, Bd. 57, 1938, S. 566—596.

Bernhart, Joseph: Bernhardinische und Eckhartische Mystik, Kempten—München 1912.

— Meister Eckhart und Nietzsche, Leipzig 1935.

Böhmer, E.: Meister Eckhart, Giesebrechts Damaris 1865, S. 52ff.

Bolza, Oskar: Meister Eckhart als Mystiker, München 1938.

Brethauer, Karl: Die Sprache Meister Eckharts im „Buch der göttlichen Tröstung", Diss. Göttingen 1931.

Browe, Peter: Die neueren Eckhart-Forschungen, Schol 3, 1928, S. 557 bis 571.

Dempf, Alois: Meister Eckharts Verhängnis, Hochl, Bd. 32, 1934/35, S. 28.

— Meister Eckhart, Einführung in sein Werk, Leipzig 1934.

Denifle, Heinrich S.: Meister Eckharts lateinische Schriften und die Grundanschauung seiner Lehre, ArchLK, II, 1886, S. 417ff.

— Das Cusanische Exemplar lateinischer Schriften Eckharts in Cues, l. c. 673—687, ArchLK II, 1886, S. 673.

— Die Heimat Meister Eckharts, ArchLK V, 1889, S. 349.

— Der Plagiator Nikolaus von Straßburg, ArchLK IV, 1888, S. 312—329.

Diederichs, Ernst: Meister Eckharts „Rede der Unterscheidung". Eine literarkritische Untersuchung, Diss. Halle 1912.

Ebeling, Heinrich: Meister Eckharts Mystik, Stuttgart 1941.

Fahrner, Rudolf: Wortsinn und Wortschöpfung bei Meister Eckhart, Marburg 1929.

Geyer, Bernhard: Seelenfünklein und archa in mente bei Meister Eckhart, ThRev, Bd. 26, 1927, S. 394ff.

Grabmann, Martin: Neue Eckhart-Forschungen im Licht neuer Eckhart-Funde [Bemerkungen zu Karrers und Thérys Eckhart-Arbeiten], Div Thom, Bd. 5, 1927, S. 74—96.

— Neuaufge undene Pariser Questionen Meister Eckharts und ihre Stellung in seinem geistigen Entwicklungsgange (Untersuchungen und Texte), AMA, Bd. 32, Nr. 7, München 1927.

Grundmann, Herbert: Meister Eckhart, NDB 1. Bd., 1935, S. 230ff.

Gurk, Paul: Meister Eckhart, Trier 1925.

Haacke, Margarete: Der Gottesgedanke und das Gotteserlebnis bei Eckhart, Diss. Greifswald 1919.

Hampe, Susanne: Der Begriff der Tat bei Meister Eckhart, Weimar 1926.

Holzmair, Eduard: Eckhart und Tauler, Ein Vergleich, Diss. Wien 1931.

Jundt, Auguste: Essai sur le mysticisme spéculatif de maître Eckhart, Straßburg 1871.

Junker, P.: Wesen und Bedeutung der Minne in der Mystik Eckharts, in: Vom sittlich-religiösen Erleben, Festschrift für Hermann Schwarz, Greifswald 1924.

Karrer, Otto: Das Göttliche in der Seele bei Meister Eckhart, Würzburg 1928.

— Eigenbericht über neue Eckhart-Forschung, LitBer, 1926, S. 16—27.

— Um Meister Eckhart. Fortführung der früheren Berichte, LitBer, Heft 17/18, 1928, S. 54—64.

Koch, Joseph: Meister Eckhart und die jüdische Religionsphilosophie des Mittelalters, SchlesJb, Bd. 161, Breslau 1928, S. 134—148 und S. 164f.

— Meister Eckhart, in: Die Kirche in der Zeitwende, hg. von E. Kleineidam und O. Kuss. Paderborn 1935.

Kramm, E.: Meister Eckharts Terminologie in ihren Grundzügen, ZfdPh, Bd. 16, 1884, S. 1 ff.

Langenberg, Rudolf: Über das Verhältnis Meister Eckharts zur niederdeutschen Mystik, Diss. Köln 1895.

Lasson, Adolf: Meister Eckhart, der Mystiker, Berlin 1868.

Lehmann, Walther: Meister Eckhart, der gotische Mystiker, Lübeck 1933.

Linsenmann, Franz Xaver: Der ethische Charakter Meister Eckharts, Tübingen 1873.

Meerpohl, Franz: Eckharts Lehre vom Seelenfünklein, Würzburg 1926.

Messer, Hans: 'Edeliu sele' bei Meister Eckhart, Diss. Greifswald 1923.

Meyer-Erlach, Wolf: Meister Eckhart, Jena 1937.

Müller, Marianus: Meister Eckharts Seelenlehre und ihr Verhältnis zur Scholastik, Diss. Bonn 1935.

Oltmanns, Käte: Meister Eckhart, Frankfurt 1935.

Otto, Rudolf: Meister Eckharts Mystik im Unterschiede von der östlichen Mystik, ZfTheolK. N. F. Bd. 6, 1925, S. 325—350 und S. 418—436.

Pahncke, Max: Eckharts Lehre von der Geburt Gottes im Gerechten, Arch Relg. Bd. 23, 1925, S. 15—24, S. 256—264.
— Neue Texte aus dem Eckhartkreis, ZKG, Bd. 56, 1937, S. 489—496.
— Ein Grundgedanke der deutschen Predigt Meister Eckharts, ZKG, Bd. 34, 1913, S. 58ff.

Peters, Barthold: Der Gottesbegriff Meister Eckharts, Hamburg 1936.

Piesch, Herma: Meister Eckharts Lehre vom „Gerechten", in: Festschrift der National-Bibliothek Wien, Wien 1926, S. 617—630.
— Zum Kampf um Meister Eckhart, Hochl, Bd. 25, 1928, S. 96ff.
— Meister Eckharts Ethik, Luzern 1935.

Preger, Wilhelm: Ein neuer Traktat Meister Eckharts und die Grundzüge der Eckhartischen Theosophie, ZfhistTh, Bd. 34, 1864, S. 163—204.

Quint, Joseph: Die gegenwärtige Problemstellung der Eckhartforschung, ZfdPh, Bd. 52, 1926/27, S. 271—288.
— Die Sprache Meister Eckharts als Ausdruck seiner mystischen Geisteswelt, DtVjs, Bd. 6, 1928, S. 671ff.
— Die Überlieferung der deutschen Predigten Meister Eckharts, Bonn 1932.
— Meister Eckhart, in: Von deutscher Art in Sprache und Dichtung, Bd. III, S. 3ff., Stuttgart, Berlin 1941.

Rattke, Robert: Abstraktionsbildungen auf -heit bei Meister Eckhart, Diss. Jena 1906.

Reffke, Ernst: Studien zum Problem der Entwicklung Meister Eckharts im Opus tripartitum, ZKG, Bd. 57, 1938, S. 19—95.

Rosenberg, Alfred: Die Religion des Meister Eckhart. S.A. aus dem Mythos des 20. Jahrhunderts, München 1934, 2. Aufl.

Rudolf, M. E. A.: Meister Eckhart und seine Geistesverwandten seit Leibniz, ZRPsych, Bd. 2, 1929, S. 162—83.

Schleußner, W.: Die Rechtfertigungsschrift Meister Eckharts, LH, Bd. 63/4, 1926/7, S. 487ff.

Schanze, Wolfgang: Meister Eckharts Buch der göttlichen Tröstung, Diss. Leipzig 1923.

Schneider, Theophora: Der intellektuelle Wortschatz Meister Eckharts, Berlin 1935.

Schreyer, Lothar: Die Gottesgeburt im Menschen. Gespräch um Meister Eckhart, Regensburg 1935.

Schulze-Maizier, Friedrich: Der Kampf um Meister Eckhart, „Die Tat", Bd. 27, 1935, S. 339ff. und S. 480.

Schwarz, Hermann: Eckehart der Deutsche. Völkische Religion im Aufgang, Berlin 1935.

Seeberg, Erich: Eckhartiana I, ZKG, Bd. 56, 1937, S. 87—105.
— Die verlorene Handschrift. Zur Geschichte der Meister Eckhart-Ausgabe, NSM, Bd. 8, 1937, S. 408—421.
— Meister Eckhart. Vortrag, Tübingen 1934.

Spamer, Adolf: Zur Überlieferung der Pfeifferschen Eckhart-Texte, PBB, Bd. 34 1909, S. 307—420.
Stammler, Wolfgang: Meister Eckhart in Norddeutschland, ZfdA, Bd. 59, 1922, S. 181—216.
Strauch, Philipp: Meister Eckhart-Probleme, Rede, Halle 1912.
Théry, Gabriel: Contribution à l'histoire du procès d'Eckhart. Première phase (1325—26), Ligugé, Vienne, Aubin 1926, Supplément à „La vie spirituelle" 1924/25.
Walter, Johann von: Meister Eckhart im Kreuzfeuer neuzeitlicher Weltanschauungskämpfe, Zeitwende, Bd. 12, 1936, S. 233—241.
Wechßler, Eduard: Deutsche und französische Mystik: Meister Eckhart und Bernhard von Clairvaux, Euph, Bd. 30, 1929, S. 40—93.
Weinhandl, Ferdinand: Meister Eckhart im Quellpunkt seiner Lehre, Erfurt 1926, 2. Aufl.
Weiß, Konrad: Die Seelenmetaphysik des Meister Eckhart, ZKG, Bd. 52, 1934, S. 467ff.
Wilhelm, Otto: Meister Eckhart und sein deutsches Erbe, München 1942, 2 Aufl.
Zeller, Winfried: Meister Eckhart bei Valentin Weigel, ZKG, Bd. 57, 1938, S. 309—335.
Ziegler, Leopold: Philosophische und religiöse Bedeutung des Meister Eckhart, PrJb, Bd. 115, S. 503—17, Berlin 1904.
Zuchhold, Hans: Des Nikolaus von Landau Sermone als Quelle für die Predigt Meister Eckharts und seines Kreises, Halle 1905.

Johannes Tauler (um 1300—1361).

Geboren in Straßburg als Sohn eines Bürgers. Mit 15 Jahren Eintritt in das dortige Dominikanerkloster. Dort Unterricht und Studium. Dann Studium in Köln. (In Straßburg oder Köln wird er Schüler Eckharts). Danach wohl wieder in Straßburg. Zur Zeit des Interdikts wandert Taulers Straßburger Konvent nach Basel aus (1339/43). Tauler seit 1339 in Basel, das Mittelpunkt eines Gottesfreundkreises ist (Heinrich von Nördlingen). Erst 1347 Tauler wieder in Straßburg. Auch dort Kreis von Gottesfreunden (Rulman Merswin Taulers Beichtkind); Seelsorge in Frauenklöstern. Zwischen 1350 und 1360 Tauler nochmals in Köln. Gestorben 1361 in Straßburg.

Werke

Zuverlässig echt 80 Predigten und ein Brief an Margaretha Ebner.

Ausgaben

Predigten, hg. von Ferdinand Vetter, DTM, Bd. 11, Berlin 1910.
Ausgewählte Predigten, hg. von Leopold Naumann, Bonn 1914.

Sermons de J. Tauler et autres écrits mystiques, 2 Bde. (Le codex Vindobonensis 2744 et le codex Vindobonensis 2739), édités pour la première fois, avec les variantes des éditions de Vetter (1910), de Leipzig (1498), d'Augsburg (1508) et de Cologne (1543) par A. L. Corin, Liège, Paris 1924—1929.

Übersetzungen

Predigten, 3 Bde., Frankfurt a. M. 1826 (Neudruck von Johannes Hamberger 1864 und 1872).

Predigten, hg. von Walter Lehmann, 2 Bde., Jena 1913.

Johannes Tauler, in Ausw. hg. von Wilhelm Oehl, Kempten—München, DMyst, Bd. IV.

Predigten, in Ausw. hg. von Leopold Naumann, Leipzig 1923.

Literatur

Absil, Theodor: Die Gaben des heiligen Geistes in der Mystik des Johannes Tauler, ZAM, Bd. 2, 1926/27, S. 254ff.

Corin, A. L.: Zur Filiation der Taulerischen Handschriften, RevBelg, Bd. III, 1924, S. 223—231.

— Textkritische Vorschläge zur Vetterschen Ausgabe der Predigten Taulers, Neoph, Bd. 8, Groningen 1923, S. 30—39.

Grunewald, Käte: Studien zu Johannes Taulers Frömmigkeit, Diss. Leipzig 1930.

Helander, Dick: Johannes Tauler als Prediger, Diss. Lund 1923.

Hornstein, Xavier de: Jean Tauler. Sa vie, ses écrits, sa doctrine, RevThom, 1918, S. 244—265, 1919, S. 45—71.

Hugueny: La doctrine mystique de Tauler, RevSc, Bd. 10, 1921, S. 194 bis 221.

Just, Joseph: Der Gemeinschaftsgeist in der Mystik Johann Taulers, Diss. Breslau 1923.

Kirmße, Curt: Die Terminologie des Mystikers Johannes Tauler, Diss. Leipzig 1930 (masch.).

Korn, Adolf: Tauler als Redner, Münster 1928.

Lieftinck, G. J.: De middelnederlandsche Tauler-Handschriften, Diss. Groningen 1936.

Müller, Günther: Scholastikerzitate bei Tauler, DtVjs, Bd. 1, 1923, S. 400 bis 418.

Naumann, Leopold: Die Wiener Taulerhandschriften 2739 und 2744, ZfdPh, Bd. 46, 1915 S. 269—285.

— Untersuchungen zu Taulers deutschen Predigten, Diss. Rostock 1911.

Rohkohl, Walter: Die Bedeutung Jesu Christi bei Johannes Tauler, Diss. Halle 1922.

Scheel, Otto: Taulers Mystik und Luthers reformatorische Entdeckung, Festgabe für Julius Kaftan, Tübingen 1920, S. 298—318.

Siedel, Gottlob: Die Mystik Taulers nebst einer Erörterung über den Begriff der Mystik, Leipzig 1911.

Strauch, Philipp: Zu Taulers Predigten, PBB, Bd. 44, 1920, S. 1—26.

— Besprechung der Vetterschen Taulerausgabe, DLZ, Bd. 39, 1918, Sp. 183f.

Vogt-Terhorst, Antoinette: Der bildliche Ausdruck in den Predigten Johannes Taulers, Diss. Marburg 1920.

Waag, Paul: Die Mystik Taulers, Diss. Erlangen 1925 (masch.).

Wentzlaff-Eggebert, Friedrich-Wilhelm: Studien zur Lebenslehre Taulers, Berlin 1940, ABA, 1939, phil.-hist. Kl. Nr. 15.

Zahn, Josef: Taulers Mystik in ihrer Stellung zur Kirche, in: Ehrengabe deutscher Wissenschaft von kathol. Gelehrten, hg. von F. Feßler, Freiburg 1920, S. 125—146.

Zoepf, Ludwig: Der Mystiker Johannes Tauler, Tübingen 1915.

Heinrich Seuse (um 1295—1366)

Geboren wahrscheinlich in Konstanz aus dem Patriziergeschlecht von Berg. Mit 13 Jahren Eintritt in das Konstanzer Dominikanerkloster. Regelmäßiger theologischer Studiengang (in Konstanz oder Straßburg). Um 1324 Generalstudium in Köln, dort Schüler Eckharts. Nach Verfassung des „Büchleins der Wahrheit" von den gegen Eckhart gerichteten Maßnahmen betroffen und vor eine niederländische Ordensversammlung zitiert (1327 Antwerpen ?), 1327 Rückkehr nach Konstanz, dort Lektor des Klosters (verantwortlich für die wissenschaftliche Ausbildung). Zwischen 1329 und 1334 dieses Amtes entsetzt. Danach (etwa 40jährig) Seelsorge als Hauptamt: ausgedehnte Pastorationsfahrten (Schweiz, Elsaß, Rhein), besonders in Frauenklöstern. Standquartier bis 1338 Konstanz. 1339—1349 Ausweisung der Mönche ins Schottenkloster Diessenhofen wegen Einhaltung des Interdikts (Seuse Gegner Ludwigs des Bayern). 1343 oder 1344 Wahl zum Prior. Um 1347 Versetzung nach Ulm auf Grund einer Verleumdung. 1362—1363 Redaktion des „Exemplars". Gestorben 25. 1. 1366 in Ulm.

Werke

Um 1327 (in Köln) „Büchlein der Wahrheit".

Zwischen 1327 und 1334 „Büchlein der Ewigen Weisheit".

Zwischen 1327 und 1334 „Horologium Sapientiae" (erw. lat. Bearb. des vorgenannten Werkes).

Bis 1362 „Vita".

1362—1363 Prolog des „Exemplars".

Außerdem: „Großes Briefbuch" (Sammlung der Elsbeth Stagel aus Seuses Briefen an sie), „Briefbüchlein" (gekürzte Redaktion des obigen).

Ausgaben

Deutsche Schriften, hg. von Karl Bihlmeyer, Stuttgart 1907.

Horologium Sapientiae, hg. von Joseph Strange, Köln 1861.

Horologium Sapientiae, hg. von Carolus Richstätter, Turin 1929, [Bearbeitung der Strangeschen Ausgabe].

Übersetzungen

Leben und Schriften, hg. von Melchior Diepenbrock [Einleitung von Joseph Görres], Regensburg 1829 (Augsburg 1884, 4. Aufl.).

Die deutschen Schriften, hg. von Heinrich Seuse Denifle, München 1876 bis 1880.

Eine Auswahl aus den deutschen Schriften (mit der Einleitung von Joseph Görres zur Suso-Ausgabe von 1829), hg. von Wilhelm von Scholz, München 1906.

Heinrich Seuse, in Ausw. hg. von Wilhelm Oehl, Kempten-München 1910, DMyst, Bd. 1.

Deutsche Schriften, 2 Bde., hg. von Walther Lehmann, Jena 1911 (1922, 2. Aufl.).

Deutsche Schriften, in Ausw. hg. von Anton Gabele, Leipzig 1924.

Deutsche Schriften, vollständig übersetzt von Nikolaus Heller, Regensburg 1926.

Gottesminne, in Ausw. hg. von E. Ludwig Schellenberg, Rudolstadt 1924.

Das Büchlein der ewigen Weisheit, in Ausw. hg. von Martin Greiner, Leipzig 1935, Inselb. Nr. 472.

Literatur

Bavinck, Johann Hermann: Der Einfluß des Gefühls auf das Assoziationsleben bei Heinrich Seuse, Diss. Erlangen 1919.

Bihlmeyer, Karl: Zur Chronologie einiger Schriften Seuses, HistJb, Bd. 25, 1904, S. 176—90.

— Einleitung zu seiner Seuse-Ausgabe (s. o.).

— Heinrich Seuses deutsche Schriften, ThRev, Bd. 27, 1928, S. 82—88.

Clemen, O.: Seuse, in: Unsere religiösen Erzieher hg. von B. Bess, Bd. I. Leipzig 1908.

Denifle, Heinrich Seuse: Zu Seuses ursprünglichem Briefbuch, ZfdA, Bd. 19, 1876, S. 346ff. — Ein letztes Wort zu Seuses Briefbüchern, ZfdA, Bd. 21, 1877, S. 89ff.

Fischer, Berta: Die heilige Schrift in den Werken des Mystikers Heinrich Seuse, Diss. München 1936.

Gebhard, Adam: Briefe und Predigten Heinrich Seuses nach ihren weltlichen Motiven und dichterischen Formeln, Berlin, Leipzig 1920.

Görres, Joseph: Einleitung zur Ausgabe von Diepenbrock (s. o.), (wieder abgedruckt in der Seuse-Auswahl von Wilhelm von Scholz, München 1906).

Greith, Karl: Heinrich Suso und seine Schule unter den Ordensschwestern von Töß, bei Winterthur, im 14. Jahrhundert, Schwbl, Bd. 2, 1860, S. 65—77, 137—151, 399—416.
Gröber, Conrad: Der Mystiker Heinrich Seuse, Freiburg 1941.
Hahn, S.: Heinrich Seuses Bedeutung als Philosoph, in: Festgabe für Clemens Baeumker, Münster 1913.
Heieck, Ludwig: Das Verhältnis des Ästhetischen zum Mystischen, dargestellt an Heinrich Seuse, Diss. Erlangen 1935.
Heitz, Paul: Zur mystischen Stilkunst Heinrich Seuses (Diss. Jena 1914), Teildr. Halle 1914.
Heller, Nikolaus: Einleitung zur Seuse-Ausgabe (s. o.), Regensburg 1926.
Heyer, Carl: Stilgeschichtliche Studien über Heinrich Seuses Büchlein der ewigen Weisheit. Diss. Kiel 1915 (auch in ZfdPh, Bd. 46, 1915, S. 175—228).
Lichtenberger, Henri: Le mysticisme allemand. Revue des Cours et Conférences, Bd. 18, Paris 1909—1910, Nr. 27, 30, 32, Bd. 19, 1910/11, Nr. 1, 2, 4, 5 [zur Frage der Vita].
Man, D. de: Heinrich Suso en de Moderne Devoten, NlArch, N. S., Bd. 19, 1926/27, S. 279ff.
Nicklas, Anna: Die Terminologie des Mystikers Heinrich Seuse, Diss. Königsberg 1914.
Pummerer, A.: Seuses Büchlein der Wahrheit nach formalen Gesichtspunkten betrachtet. Progr. Mariaschein 1908.
Pflanzer, Dominicus: Das Horologium Sapientiae und die Echtheit der Vita des Sel. Heinrich Seuse, ArchFrat, Bd. 1, 1932, S. 181—221.
Rieder, Karl: Rez. der Bihlmeyerschen Seuse-Ausgabe, GGA, Jahrg. 171, Berlin 1909, S. 450—500. [Zur Frage der Vita.]
Schwarz, Richard: Das Christusbild des deutschen Mystikers Heinrich Seuse, Diss. Greifswald 1934.
Seitz, Agnes: Gott und Mensch in der Mystik des Mittelalters [über Seuse], PhGörr 43, 1930, S. 207ff. und 357ff.
Senn, Reinhard: Die Echtheit der Vita Heinrich Seuses, Diss. Bern 1930 (dazu Rez. von Philipp Strauch, AdfA, Bd. 51, 1932).
Thimme, W.: Über Verfasserschaft und Zuverlässigkeit der Vita Seuses StK, Bd. 103, Heft 4, 1931.
Weymann, Ursula: Die Seusesche Mystik und ihre Wirkung auf die bildende Kunst, Berlin 1938.
Wilms, Hieronymus: Der sel. Heinrich Seuse, Dülmen 1914.

Zu Kapitel V: Die „Gottesfreunde“ und die „Devotio moderna“

Rulman Merswin (1307—1382) und die Gottesfreundfrage

Geboren in Straßburg, wird dort Kaufmann und Wechsler. 1347 Umkehr zu religiösem und enthaltsamem Leben, Tauler als Beichtvater. 1367 Benutzungsrecht des verödeten Klosters Grünenwörth auf 100 Jahre erworben. Durch weitere geschäftskluge Maßnahmen gerät das Johanniter-Ordenshaus fast ganz in Abhängigkeit Merswins und zweier anderer Kaufleute. Merswin zieht sich als Pfründner in seine Stiftung zurück, die unter ihm aufblüht, und stirbt 75jährig im Kloster Grünenwörth.

Die sog. „Autographa" sind nach Rieder Erfindungen des Johanniterbruders Nikolaus von Löwen. Die Gestalt des Gottesfreundes ist wohl legendär. Merswin bleibt der einzige Vermittler dieser sagenhaften Gestalt. Diese fiktive Persönlichkeit wird nach seinem Tode immer mehr konkretisiert bis in die Forschung des 19. Jahrhunderts hinein und erst von Denifle als Mystifikation nachgewiesen.

Gottesfreundschrifttum (die sog. „Autographa")

Um 1352 „Buch von den Neun Felsen".
„Buch von den Vier Jahren".
„Zwei-Mannenbuch".

Für das weitere z. T. noch unedierte Gottesfreundschrifttum vgl. „Die deutsche Literatur des Mittelalters", Verfasserlexikon, hg. von Wolfgang Stammler, Bd. III, Sp. 359ff., Berlin 1938 (Artikel 'Merswin' von E. Krebs.)

Ausgaben

Buch von den Neun Felsen, hg. von Karl Schmidt, Leipzig 1859.

Nicolaus von Basel, Leben und ausgewählte Schriften (enthält: Das Buch von den zwei Mannen), hg. von Karl Schmidt, Wien 1866.

Des Gottesfreundes im Oberland Buch von den zwei Mannen, hg. von Friedrich Lauchert, Bonn 1896.

Sieben bisher unveröffentlichte Traktate und Lektionen, hg. von Philipp Strauch, AT, Bd. 22, 1927.

Merswins Vier anfangende Jahre. Des Gottesfreundes Fünfmannenbuch, hg. von Philipp Strauch, AT, Bd. 23, 1927.

Merswins Neun-Felsen-Buch, hg. von Philipp Strauch, AT, Bd. 27, 1929. [Außerdem: Rahmenedition von Texten in: Karl Rieder, Der Gottesfreund vom Oberland, eine Erfindung des Straßburger Johanniterbruders Nikolaus von Löwen, 1905, und in den Schriften von A. Jundt (s. u.).]

Literatur

Chiquot, A.: Histoire ou légende? Jean Tauler et le Meister-Buch, Straßburg, Paris 1923.

Cordes, Werner: Der zusammengesetzte Satz bei Nikolaus von Basel, Leipzig 1889.

Denifle, Heinrich Seuse: Der Gottesfreund im Oberland und Nicolaus von Basel, HistpolBll, 1875, Bd. 75, S. 17—38, 93—122, 245—266, 340—354.

— Taulers Bekehrung kritisch untersucht, QF 36, Straßburg 1879.

— Taulers Bekehrung, Antikritik gegen A. Jundt, HistpolBll, Bd. 84, S. 797—815, 877—97. München 1879.

— Die Dichtungen des Gottesfreundes im Oberland (Rulman Merswins), ZfdA, Bd. 24, 1880, S. 200—219, 280—324, 463ff.; Bd. 25, S 101ff.

Dehnhardt, Ernst: Die Metaphorik der Mystiker Meister Eckhart und Tauler in den Schriften des Rulman Merswin, Diss. Marburg 1940.

Egenter, Richard: Die Idee der Gottesfreundschaft im 14. Jahrhundert, in: Aus der Geisteswelt des Mittelalters, Studien und Texte, Martin Grabmann gewidmet, Münster 1935, S. 1021—1036.

— Die Lehre von der Gottesfreundschaft in der Scholastik und Mystik dse 12. und 13. Jahrhunderts, Augsburg 1928.

Ehrle, Fr.: Das Einst und Jetzt in der Geschichte des Gottesfreundesbundes, MLaach, Bd. 21, 1881, S. 38ff. u. S. 252ff.

Falke, Johann: Die Gottesfreunde und Dr. Joh. Tauler, ZKult, Bd. 1, 1856, S. 295ff.

Jundt, Auguste: Les amis de Dieu au 14e siècle, Paris 1879.

— Rulman Merswin et l'ami de Dieu de l'Oberland. Un problème de psychologie religieuse, Paris 1890.

Kothe, Wilhelm: Kirchliche Zustände Straßburgs im 14. Jahrhundert, Freiburg 1903.

Lütolf, Alois: Der Gottesfreund im Oberland, JbSchw, Bd. I, 1876, S. 3ff.

Rieder, Karl: Zur Frage der Gottesfreunde, ZGOR, N. F. 17, 1902, S. 205ff. u. S. 480ff.

— Der Gottesfreund vom Oberland, eine Erfindung des Straßburger Johanniterbruders Nikolaus von Löwen, Innsbruck 1905.

Rieger, Max: Die Gottesfreunde im deutschen Mittelalter, Heidelberg 1880.

Röhrich, Th. W.: Die Gottesfreunde und die Winkeler am Oberrhein, ZfhistTh, Bd. X, 1840, S. 118—161.

Schmidt, Carl: Die Gottesfreunde im 14. Jahrhundert, Jena 1854.

— Nicolaus von Basel und die Gottesfreunde, in: Basel im 14. Jahrhundert, hg. von der Basler historischen Gesellschaft, Basel 1856, S. 253ff.

Strauch, Philipp: Zur Gottesfreundfrage, ZfdPh, Bd. 34, S. 235f., Bd. 41, S. 18f.

Watrigant, H.: La méditation méthodique et l'école des frères de la vie commune, RevA, Bd. 3 (1922), S. 134—155.

Wattenbach, Wilhelm: Über die Sekte der Brüder vom freien Geiste, BSB, 1887, S. 517—544.

Niederländische Mystik (Allgemeines)

Auger, A.: Étude sur les mystiques des Pays-Bas au moyen-âge, in: MBelg, Bd. 46, Brüssel 1892.

Barnikol, E.: Studien zur Geschichte der Brüder vom gemeinsamen Leben, ZfTheolK, Erg.-Heft, 1917.

Bruggemann, Edmond: Les mystiques flamands et le renouveau catholique français, Lille 1928.

Delprat, G. H. M.: Die Brüderschaft des gemeinsamen Lebens, übersetzt von G. Mohnicke, Leipzig 1840.

Dolch, Walter: Die Verbreitung oberländischer Mystiker im Niederländischen, Diss. Leipzig 1909.

Groult, Pierre: Les mystiques des Pays-Bas et la littérature du seizième siècle, Louvain 1927.

Hyma, Alb.: The christian renaissance. A history of the „Devotio moderna" New York 1924.

Jostes, Franz: Beiträge zur Kenntnis der niederdeutschen Mystik, Germ, Bd. 31, 1886, S. 1—41 und 164—204.

Klein, Karl Friedrich: Étude sur l'association des frères de la vie commune, ses fondateurs et son influence, Thèse Straßburg 1860.

Langenberg, Rudolf: Über das Verhältnis Meister Eckharts zur niederdeutschen Mystik, Diss. Göttingen 1895.

Loeffler, Kl.: Das Schrift- und Buchwesen der Brüder vom gemeinsamen Leben, ZfBfr XI, 1907/08, S. 286—93.

Man, D. de: Heinrich Suso en de Moderne Devoten, NlArch, NS 19, 1926/27, S. 279—283.

Schaepdryver, E. de: La dévotion moderne, NRev, Bd. 54, Tournai 1927, S. 742—72.

Schoengen, Michael: Die Schule von Zwolle, Diss. Freiburg-Schweiz 1898.

Stammler, Wolfgang: Niederdeutsche Mystik, KorrBl, Bd. 37, 1921, S. 67ff.

Verschaewe, Cyriel: Christlich-nordischer Geist in der flämischen Mystik, Wolfshagen 1937.

Vooys, C. G. N. de: M. Eckhart en de Nederlandse mystiek, NlArch III, 1904/05.

Wilbrink, G. G.: Das geistliche Lied der Devotio Moderna, ein Spiegel deutsch-niederländischer Beziehungen, Diss. Nijmwegen 1930.

Wildenhahn: Die Schulen der Brüder vom gemeinsamen Leben, Progr. Annaberg 1867.

Jan van Ruysbroeck (1293—1381)

Geboren im Dorf Ruysbroeck bei Brüssel. Mit 11 Jahren Besuch der Brüsseler Kapitelschule. Weiterbildung durch private weltliche und geistliche Studien. Bekanntschaft mit der mittellateinischen und deutschen Mystik. 1318 Weltpriester und Vikar an St. Gudula in Brüssel. Kampf gegen häretische Bewegungen (besonders gegen die Schwärmerin Bloemardinne). Mit 60 Jahren Gründung der Einsiedelei Groenendal, die später in ein reguliertes Augustiner Chorherren-Kloster umgewandelt wird. Von dort aus weiter Wirkungsbereich, Beziehungen zu Mystikern und Kirchenreformern, seit 1397 zu Groote, wohl auch zu Merswin und Tauler. Ruysbroeck wird von

Gerson (gest. 1429) angegriffen und des Pantheismus der Brüder vom freien Geist beschuldigt, von Johann von Schoonhoven verteidigt.

Werke

Um 1330 „Vom Reich der Liebenden".
Um 1336 „Die Zierde der geistlichen Hochzeit"
„Vom glänzenden Stein"
„Von den vier Versuchungen"
„Vom Christenglauben"
„Von den geistlichen Tabernakeln".
„Von den sieben Klausuren".
Vor 1359 „Der Spiegel der ewigen Seligkeit".
„Von den sieben Stufen geistlicher Minne."
„Von den zwölf Beginen".
„Von der höchsten Wahrheit."
„Von den zwölf Tugenden" (Autorschaft unsicher).

Ausgabe

Werken, 6 Bände, hg. von Jean Baptiste David, Gent 1858—1867.

Übersetzungen

Oeuvres de Ruysbroeck l'Admirable, Traduction du flamand par les Bénédictins de S. Paul de Wisques, Brüssel 1919—1921.
Die Zierde der geistlichen Hochzeit, hg. von Willibrord Verkade, Mainz (1922).
Die Zierde der geistlichen Hochzeit. Vom glänzenden Stein. Das Buch von der höchsten Wahrheit, hg. von F. A. Lambert, Leipzig (1901).
Das Reich der Geliebten, hg. von Willibrord Verkade, Mainz (1924).
Von den sieben Stufen der Liebe, hg. von Edgar Schacht, Habelschwerdt 1927.
Vom blinkenden Stein, hg. von Edgar Schacht, Graz, Leipzig, Wien (1937).
Die Zierde der geistlichen Hochzeit und die kleineren Schriften, hg. von Marcus Friedrich Hübner, Leipzig 1924.
Das Büchlein von der höchsten Wahrheit, hg. von Willibrord Verkade, Mainz (1935).
Das Buch von den zwölf Beginen, hg. von M. F. Hübner, Inselb. Nr. 206.
Aus dem Buch von den zwölf Beginen, hg. von Willibrord Verkade, Mainz (1923).
Johannes Ruysbroeck, Einführung in sein Leben, Auswahl aus seinen Werken, hg. von Joseph Kuckhoff, München 1938.

Literatur

d'Asbeck, Melline: La mystique de Ruusbroec l'admirable, Thèse Paris 1928.
— Documents relatifs à Ruusbroec, Thèse Paris 1928.

Auger, A.: Une doctrine spéciale des mystiques du 14e siècle en Belgique. Ruysbroeck et la vie commune, CongSc 3, Brüssel 1895.
Bouman, A. C.: Johannes Ruusbroec en de duitsche mystiek, Tijdschr, Bd. 41, 1922, S. 1ff., Bd. 42, 1923, S. 81ff., Bd. 43, 1924, S. 249ff.
Cuylits: Ruysbrock en de mystiek, Verh, 1910.
Claeys, H.: J. v. Ruysbroeks taal en styl, Versl, 1894.
de Vreese, M. W.: Bijdragen tot de kennis van het leven en de werken van J. v. Ruysbroeck, Gent 1896 (2. Aufl. 1911).
— De handschriften van J. v. Ruysbroecks werken, 2 Bde., Gent 1900 bis 1902.
— Jean de Ruysbroeck, Brüssel 1909.
Dolezich, Gabriele: Die Mystik Jan von Ruysbroecks des Wunderbaren, Habelschwerdt 1926.
Mierlo, J. van: J. Ruysbroeck en de duitsche Mystiek, Studiën, Bd. 98, 1924, S. 439—467.
— Jan van Ruysbroeck, der vader van het dietsche proza, Versl, 1931, S. 1067—93.
Otterloo, A. A. v.: Joh. Ruysbroeck, Haag 1896, 2. Aufl.
Poppel, G. van: Jan van Ruysbroeck, HistpolBll, Bd. 149, 1912, S. 188ff. und 272ff.
— Een en ander over Ruysbroeck, De Katholiek 1912/13.
Reypens, L.: Ruusbroec, Brüssel 1926.
(Für weitere Aufsätze des Verf. vgl. Dolezich (s. o.).)
Schmidt, Chr.: Étude sur Jean Ruysbroeck, Straßburg 1859.
Scully, V.: A medieval mystic, John Ruysbroeck, London 1910.
Underhill, Evelyn: Ruysbroeck, London 1915.
Wautier d'Aygalliers, Alfred: Ruysbroeck l'Admirable, Paris 1923.
Jan van Ruusbroec. Leven, werken, hg. von der Ruusbroec-Genootschap, Antwerpen, Mecheln 1932 (enthält Arbeiten von Lindemann, Stracke, Huijben, Reypens, van Mierlo, Roemans).

Geert Groote (1340—1384)

Geboren in Deventer. Geistliches und weltliches Studium in Aachen, Paris und Köln, Prag(?). Um 1362 Lehrer an der Kapitelschule in Deventer. 1366 Entsendung nach Avignon zu Urban V. Danach als Inhaber zweier Kanonikate zu Utrecht und Aachen ein glänzendes Weltleben führend. 1374 durch den Karthäuser Heinrich von Kalkar bekehrt, gibt er seine Pfründen auf und zieht sich vom Weltleben zurück. 1377—1379 in der Karthause Monnickhuizen. 1379 Diakonatsweihe. Seit 1381 als Bußprediger mit bischöflicher Vollmacht durch das Bistum Utrecht ziehend, leidenschaftliche Predigten für die Imitatio Christi und die Reform der Kirche. Ab 1383 Predigtverbot durch den Bischof; Groote appelliert an den Papst, stirbt aber vor der Entscheidung. Auf Grootes Anregungen geht die Gründung der Bruderschaft vom gemeinsamen Leben (erstes Bruderhaus in Deventer, 1381) und die spätere Begründung der Windsheimer Kongregation (1387) zurück. Sie wird durch Florentius Radewijns fortgesetzt.

Werke

Seelsorgerische Traktate und Sermone, Briefe und Übersetzungen, aufgezählt bei A. Auger: Études sur les mystiques des Pays-Bas au moyen-âge, Brüssel 1892, S. 272 und in der Realenzyklopädie für protestantische Theologie und Kirche, Bd. 7, S. 188ff. (dort auch Angaben über die Teilabdrucke in niederländischen Zeitschriften).

Ausgaben

In: Clarisse, J.: Over den geest en de denkwijze van Geert Groote, KRA, Bde. I, II, III, VIII, 1829—37.

Enthält folgende Textausgaben:

Publica protestatio de veridica evangelii praedicatione, KRA, Bd. I, 1829, S. 359.

Sermo de focariis, KRA, Bd. I, 1829, S. 365—75, Bd. II, 1830, S. 307—95, Bd. VIII, 1857, S. 5—117.

Briefe, KRA, Bd. III, 1831, Beilage Nr. 1—3.

De locatione ecclesiarum, KRA, Bd. VII, 1837, S. 119—52.

Tractatus de incommodis matrimonii, KRA, Bd. VIII, 1837, S. 153—249.

Conclusa et proposita, KRA, Bd. VIII, 1837. S. 371—83.

Zedelijke toespraaken, hg. von J. van Vloten, KRA, Bd. II, 1854, S. 295—309.

Sermo in festo Palmarum de paupertate, hg. von W. Moll, StBTh, Bd. II, Amsterdam 1872, S. 432—69.

Gerardi magni epistulae, XIV, hg. von J. G. R. Acquoy und H. W. Moog, s'Gravenhage 1857.

16 Briefe, hg. von Wilhelm Preger (Beiträge zur Geschichte der religiösen Bewegung in den Niederlanden in der 2. Hälfte des 14. Jahrhunderts), AMA, Bd. III, 21, 1894.

23 brieven van Geert Groote, hg. von Hyma, Arch Utrecht, Bd. 53, 1927, S. 1 ff.

Gerardi magni epistulae, hg. von Willelmus Mulder, Nijmwegen 1933.

De simonia ad beguttas, hg. von Willem de Vreese, s'Gravenhage 1940.

Literatur

Bähring, Bernhard: Gerhard Groot und Florentius, die Stifter der Brüderschaft vom gemeinsamen Leben, Hamburg 1849.

Clarisse, J.: Over den geest en de denkwijze van Geert Groote, KRA, Bd. I, 1829, S. 355—79, Bd. II, 1830, S. 245—395, Bd. III, 1831, Beilage Nr. 1—3, Bd. VIII, 1837, S. 1—383.

Ginneken, Jacobus van: De navolging van Christus of het dagboek van Geert Groote, Brüssel 1929.

— Geert Groot's levensbeeld naar de oudste gegevens bewertet, Amsterdam 1942.
Mrube, Karl: Gerhard Groot und seine Stiftungen, Köln 1883.
Gulders, M. H.: Geerd Groote en het Huwelijk, Nijmwegen 1941.

Thomas Hemerken a Kempis (1380—1471)

Geboren in Kempen bei Krefeld. Von etwa 1392—1399 Schüler des berühmten Florentius Radewijns in Deventer. 1399 Eintritt in das Kloster der Regularkanoniker auf dem St. Agnetenberg bei Zwolle. 1406 als Mönch eingekleidet. 1413 Emfang der Priesterweihe. 1429—1432 verbannt das Interdikt des Papstes Eugens IV. das ganze Kloster nach Lunenkerk an der Zuiderzee. 1425 und 1447 Thomas im Amt des Subpriors und Prokurators, später dieser Pflicht enthoben und ganz der seelsorgerischen und literarischen Arbeit überlassen.

Werke

1410—20 „Imitatio Christi" (Verfasserschaft umstritten).
Lateinische Predigtsammlungen und Traktate (aufgezählt in ADB, Bd. 38, S. 78).
Niederländischer Traktat: „Van goeden woerden to horen ende die to spreken".
Historische Schriften und Biographien (u. a. des Geert Groote, Florentius Radewijns, Lidwina von Schiedam).

Ausgaben

Opera omnia, 7 Bde., hg. von Michael Joseph Pohl, Freiburg 1910ff.
De imitatione Christi, hg. von Carolus Hirsche, Berlin 1874.

Übersetzungen

4 Bücher von der Nachfolge Christi, übers. von Johann Arndt, Stuttgart 1617.
Das Buch von der Nachfolge Christi, hg. von Joh. Michael Sailer, München 1794.
Zwei Urschriften der 'Imitatio Christi' in mittelniederdeutscher Übersetzung, hg. von Paul Hagen, DTM 34, Berlin 1930.
Ein deutscher Mystiker. Leben und ausgewählte Schriften, hg. von Carl Richstätter und Hubert Kroppenberg, Hildesheim 1939.
Die Nachfolge Christi, übers. von Felix Braun, Leipzig (1935).

Literatur

Bähring, Bernhard: Thomas von Kempen, der Prediger der Nachfolge Christi, Berlin 1849, 2. Aufl. Leipzig 1872.
Butler, Dugald: Thomas a Kempis. A religious study, London 1908.
Byron, May: Thomas a Kempis, London 1910.

Gleumes, Heinrich: Welche Mystiker haben den Verfasser der Imitatio Christi beeinflußt, Diss. Münster 1926.
Hagen, Paul: Das Buch von der Nachfolge Christi und Thomas a Kempis, ZfdA, Bd. 59, 1922, S. 23—35.
Kettlewell, S.: Thomas a Kempis and the Brothers of Life, London 1882.
Klöckner, Anton: Lebensbeschreibung des Thomas von Kempen, Kempen/Rhein 1921.
Montmorency, G. de: Thomas a Kempis, his age and his book, London 1906.
Pohl, Jos.: Thomas a Kempis ist der Verfasser der Nachfolge Christi, in: Festschrift für Georg von Hertling, München-Kempten 1913.
Preston, G. H.: Studies in Thomas a Kempis in the light of to-day, London 1912.

Otto von Passau

Lesemeister im Franziskanerkloster zu Basel und dort 1362 als Lektor, 1363 als Kustos, 1385 als Konventual urkundlich bezeugt. Verfaßte für den Kreis der Gottesfreunde das Werk „Die 24 Alten oder der goldene Thron der minnenden Seele", die Schlußredaktion erfolgte wahrscheinlich 1386 in Basel. 100 Handschriften erhalten, Hauptverbreitungszeit zwischen 1400 bis 1480.

Ausgabe

„Die Krone der Ältesten", Regensburg 1836.
[Sonstige Drucke vgl. bei Wieland Schmidt (s. u.), S. 249—252.]

Literatur

Schmidt, Wieland: Die 24 Alten Ottos von Passau, Leipzig 1938.
Wackernagel, Wilhelm: Über Otto von Passau, in: Kleine Schriften Bd. 2, Leipzig 1873, S. 189f.
[Zu Ottos Beziehung zu Daniel Sudermann vgl. Schmidt, Gottfried Hermann: Daniel Sudermann, Diss. Leipzig 1923 (masch.).]

Johannes Veghe (zwischen 1430 und 1440—1504)
(Prediger in Münster)

Werke

Predigten. Außerdem wahrscheinlich allegorische Traktate: „Wyngarden der Seele", „Das geistliche Blumenbeet", „Die geistliche Jagd".

Ausgabe

Ein deutscher Prediger des XV. Jahrhunderts, hg. von Franz Jostes, Halle 1883.

Literatur

Kunisch, Hermann: Johann Veghe und die oberdeutsche Mystik des 14. Jahrhunderts, ZfdA, Bd. 75, 1938, S. 141—171.

Rademacher, Heinrich: Mystik und Humanismus der Devotio moderna in den Predigten und Traktaten des Johannes Veghe, Diss. Münster 1935.

Triloff, Hermann: Die Traktate und Predigten Veghes, untersucht auf Grund des „Lectus floridus" der Berliner Handschrift, Halle 1904.

Zu Kapitel VII: Zeitalter des Humanismus und der Reformation

Nicolaus von Cues (1400—1464)

Geboren 1400 oder 1401 als Sohn des Moselschiffers Henne Krebs in Kues bei Berncastel. Erste Ausbildung in Deventer bei den Brüdern vom gemeinsamen Leben. 1416/17 Studium in Heidelberg, 1417/23 in Padua, 1425 in Köln. 1430 Dechant in Koblenz. 1432 Teilnahme am Basler Konzil (als Advokat Ulrichs von Manderscheid). 1437/8 Teilnahme an einer Gesandtschaft nach Konstantinopel. Zwischen 1438 und 1448 Gesandter Eugens IV. auf deutschen Reichstagen. Danach Erhebung in die Kardinalswürde und Erhalt des Bistums Brixen. 1451 Reise durch Deutschland als Papstlegat (Reformbestrebungen und Ablaßfrage). In Brixen Konflikt mit Herzog Sigismund um die Durchsetzung der alten Bischofsrechte. Nikolaus muß Brixen verlassen und verbringt die letzten Lebensjahre in Italien mit wissenschaftlichen Arbeiten und Kirchenreformplänen. Gestorben 1464 in Todi.

Werke

Kirchenpolitische Schriften:

1433 „De concordantia catholica".
1434 „De auctoritate praesidendi in concilio generali".
1453 „De pace fidei"
1460/1 „Cribratio Alchorani".

Philosophische Schriften:

1439/40 „De docta ignorantia".
1440 „De coniecturis".
1440 „Dialogus de Deo abscondito".
1445/46 „De quaerendo Deum".
„De filiatione Dei".
„De dato patris luminum".
1447 „De Genesi".
1449 „Apologia doctae ignorantiae".
1450 „Idiota" (Dialogus de sapientia I und II, Dialogus de mente).
1453 „Liber pius de visione Dei".

1458 „De beryllo".
1499 „Tu quis es?"
1460 „Dialogus de possesst".
1462 „De non aliud".
1462/64 „Dialogus de ludo globi".
„Compendium".
„De venatione sapientiae".
„Dialogus de apice theoriae".
„Elucidatio epistulae ad Collocenses."

Naturwissenschaftliche Schriften:
1463/64 „De figura mundi" (verloren).
„De staticis experimentis".

Predigten:
„Excitationum Libri X".
1440 und 1451 zwei deutsche Predigten über das Vaterunser.
Briefe.

Ausgaben

Opera, hg. von J. Lefèvre d'Étaples, Paris 1514.
Opera omnia, hg. von der Heidelberger Akademie der Wissenschaften, Leipzig:
1. De docta ignorantia, hg. von Ernst Hoffmann und Raimund Klibansky, 1932.
2. Apologia doctae ignorantiae, hg. von Raimund Klibansky, 1932.
5. Idiota (De sapientia I und II, De mente, De staticis experimentis), hg. von Ludwig Baur, 1937.
11, 1. De beryllo, hg. von Ludwig Baur, 1940.
14. De concordantia catholica I und II, hg. von Gerhard Kallen, 1939/41.
Cusanus-Texte:
I, 2/5. Predigten „Vier Predigten im Geiste Eckharts", hg. von Josef Koch, HSB, Jg. 1936/37, Nr. 2, Heidelberg 1937.
I, 6. Predigten: Die Auslegung des Vaterunsers in 4 Predigten, lat. und deutsch hg. von Josef Koch und Hans Teske, HSB, Jg. 1938/39, Nr. 4, Heidelberg 1940.
II, 1. Traktate: De auctoritate presidendi in concilio generali, lat. und deutsch hg. von Gerhard Kallen, HSB, Jg. 1935/36, Nr. 3, Heidelberg 1935.
De docta ignorantia libri tres (Neuausgabe von P. Rotta), Bari 1913.
De concordantia catholica libri tres (Faksimiledruck der Ausg. Paris 1514), hg. von Gerhard Kallen, Bonn 1928.
Le „De ignota litteratura" de Jean Wenck de Herrenberg contre Nicolas de Cuse, hg. von E. Vansteenberghe, BeitrGPh VIII, 6, Münster 1910.

Übersetzungen

Des Kardinals und Bischofs Nikolaus von Cues wichtigste Schriften, hg. von Franz Anton von Scharpff, Freiburg 1862.

Vom Wissen des Nichtwissens, hg. von Alexander Schmid, Hellerau 1919.

Nicolaus von Cues, Schriften in deutscher Übersetzung, hg. von Ernst Hoffmann (Philosophische Bibliothek), Leipzig:

I. Bd. 216a: Der Laie über die Weisheit (übers. von Elisabeth Bohnenstädt) 1936.

II. Bd. 217: Über den Beryll (übers. von K. Fleischmann), 1938.

III. Bd. 218: Vom verborgenen Gott (übers. von Elisabeth Bohnenstädt), 1940.

IV. Bd. 219: Von Gottes Sehen (übers. von Elisabeth Bohnenstädt), 1942.

V. Bd. 220: Der Laie über die Versuche mit der Waage (übers. von H. Menzel-Rogner), 1942.

Literatur

Albert, P.: Nicolaus von Cues und seine Stellung zu der Lehre vom päpstlichen Primat, in: Festgabe für Hermann Grauert, Freiburg 1910.

Bohnenstädt, Elisabeth: Kirche und Reich im Schrifttum des Nikolaus von Cues, HSB, Jg. 1938/39, Nr. 1, Heidelberg 1939.

Clemens, F. J.: Giordano Bruno und Nicolaus von Cues, Bonn 1846.

Creutz, Rudolf: Medizinisch-physikalisches Denken bei Nikolaus von Cues, HSB, Jg. 1938/9, Nr. 3, Heidelberg 1939.

Düx, Joh. Martin: Der deutsche Cardinal und Bischof Nicolaus von Cues und die Kirche seiner Zeit, 2 Bde., Regensburg 1848.

Eucken, Rudolf: Nicolaus von Kuez als Bahnbrecher neuer Ideen, in: Beiträge zur Einführung in die Geschichte der Philosophie, 2. Aufl. Leipzig 1906, S. 2ff.

Falckenberg, Richard: Grundzüge der Philosophie des Nicolaus Cusanus, Breslau 1880.

Grüning, G.: Wesen und Aufgabe des Erkennens nach Nikolaus Kusanus, Progr. Nr. 273, Quedlinburg 1902.

Hasse, Karl Paul: Nicolaus von Cues, Berlin 1913.

Hemmerle, G.: Der Gottbegriff bei Nikolaus von Kues, Kath, Bd. 85, 1905, S. 126 und 202ff.

Hoffmann, Ernst: Das Universum des Nicolaus von Cues, Heidelberg 1930, HSB, 1929/30, Nr. 3.

— Nikolaus von Cues, NDB, 1. Bd., 1935, S. 246—266.

Hommes, Jacob: Die philosophischen Grundlagen des Nikolaus Kusanus über Gott und das Verhältnis Gottes zur Welt, Augsburg 1926.

Honecker, Martin: Nikolaus von Cues und die griechische Sprache, HSB, Jg. 1937/38, Nr. 2, Heidelberg 1938.

— Der Name des Nikolaus von Cues in zeitgenössischer Etymologie, HSB, Jg. 1939/40, Nr. 2, Heidelberg 1940.

Jacobi, Max: Das Weltgebäude des Kardinals Nicolaus von Cues, Berlin 1905.
Kästner, Oskar: Der Begriff der Entwicklung bei Nicolaus Cusanus, Diss. Jena 1896.
Kallen, Gerhard: Nikolaus von Cues als politischer Erzieher, Leipzig 1937.
Lenz, Joseph: Die docta ignorantia oder die mystische Gotteserkenntnis des Nikolaus Cusanus, Würzburg 1923.
Marx, Jacob: Verzeichnis der Handschriften-Sammlung des Hospitals zu Cues, Trier 1905.
— Nicolaus von Cues und seine Stiftungen zu Cues und Deventer, in: Festschrift für Bischofsjubiläum, Trier 1906, S. 129—243.
Mennicken, Peter: Nikolaus von Cues, Leipzig 1932.
Neumann, Peter: Die Psychologie des Nicolaus von Cues nach ihren Beziehungen zur hellenistischen und scholastischen Philosophie, Diss. Münster 1912.
Odebrecht, Rudolf: Nikolaus von Cues und der deutsche Geist, Berlin 1934.
Posch, Andreas: Die „Concordantia catholica" des Nikolaus von Cues, Paderborn 1930.
Ranft, Joseph: Schöpfer und Geschöpf nach Nikolaus von Cues, Würzburg 1924.
Ritter, Joachim: Docta ignorantia, Die Theologie des Nichtwissens bei Nikolaus Cusanus, Leipzig, Berlin 1927.
Rogner, Hildegund: Die Bewegung des Erkennens und das Sein in der Philosophie des Nikolaus von Cues, Diss. Berlin 1937.
Scharpff, Franz Anton: Der Kardinal und Bischof Nicolaus von Cues, I. Das kirchliche Wirken, Mainz 1843. — II. Als Reformator in Kirche, Reich und Philosophie, Tübingen 1871.
Schmitt, Christian: Cardinal Nicolaus Cusanus, Festschrift des Realgymnasiums, Coblenz 1907.
Storz: Die spekulative Gotteslehre des Nicolaus Cusanus, TheolQ, Jahrg. 55, 1873 S. 3—57.
Uebinger, Johann: Die Gottlehre des Nicolaus von Cues, Paderborn 1888 [darin veröffentlicht „De non aliud" 1462].
— Der Begriff der docta ignorantia in seiner geschichtlichen Entwicklung, ArchPh, Bd. VIII, S. 1ff. und S. 206ff.
— Die mathematischen Schriften des Nicolaus Cusanus, PhGörr, 1896ff., Bd. 8, S. 301ff., 403ff.; Bd. 9, S. 54ff., 391ff.; Bd. 10, S. 144ff.
— Die philosophischen Schriften des Nicolaus Cusanus, ZPhK, 1894ff., Bd. 103, S. 65ff., Bd. 105, S. 46ff., Bd. 107, S. 48ff.
Vansteenberghe, Edmond: Autour de la docte ignorance. Une controverse sur la théologie mystique au XVe siècle, in: BeitrGPh, Bd. 14, Heft 2/4, Münster 1915.
— Le cardinal Nicolaus de Cues. L'action. La pensée, Paris 1920.
Zimmermann: Der Kardinal Nikolaus Cusanus als Vorläufer Leibnizens, WSB, Jahrg. 1852, Bd. VIII, Nr. 4, S. 306ff.

Theologia Deutsch

Verfaßt wahrscheinlich in der zweiten Hälfte des 14. Jahrhunderts von einem Frankfurter (richtiger: Sachsenhausener) Deutschherren. Vielleicht auch kein selbständiges Werk, sondern eine Nachschrift von zyklisch angelegten „Collationes" nach der Art der „questiones quodlibeticae". Originalhandschrift nicht erhalten. Älteste bekannte Abschrift von 1497.

Die Schrift ist im Verlaufe der Jahrhunderte immer wieder herausgegeben worden und wird in jeder Welle mystischer Bewegung erneut von Bedeutung:

Neben vielen anderen Nachdrucken wird sie herausgegeben: 1516 von Luther, Teilausgabe, — 1518: zweite (vollständige) Ausgabe Luthers (Vorrede!), — lateinische erweiterte Bearbeitung von Sebastian Franck (ungedruckt), — 1558 lateinische Übersetzung von Sebastian Castellio, — 1597 Ausgabe von Johann Arndt, — 1676 französische Übersetzung von Peter Poiret, — 1681 Ausgabe von Philipp Jacob Spener (im Anhang zu Taulers Predigten). 1621 stand die Schrift auf dem Index.

Ausgaben

Theologia Deutsch, hg. von Franz Pfeiffer, Stuttgart 1851 (Gütersloh 1923, 5. Aufl.), [nach der Hs. von 1497].

— Hg. von Hermann Mandel, Leipzig 1908 [nach Lutherdruck 1518].

Der Franckforter (Eyn deutsch Theologia), hg. von Willo Uhl, Bonn 1912 [nach Hs. von 1497].

Theologia Deutsch, hg. von Gottlob Siedel (mit Einleitung: Über die Lehre von der Vergottung in der dominikanischen Mystik), Gotha 1929 [nach Lutherdruck 1518].

Übersetzungen

Das Büchlein vom vollkommenen Leben, hg. von Hermann Büttner, Jena 1907 [nach Lutherdruck 1518].

Eine deutsche Theologie, hg. und eingeleitet von Joseph Bernhart, Leipzig 1922 [nach Hs. von 1497].

Theologia Deutsch. Mit den Vorreden Luthers und Johann Arnds, hg. von E. Dinkelacker, Stuttgart 1934 [nach Hs. von 1497].

Literatur

Hegler, Alfred: Sebastian Francks lateinische Paraphrase der Deutschen Theologie und seine holländisch erhaltenen Traktate, Tübingen 1901.

Lisco, Friedr. Gust.: Die Heilslehre der Theologia Deutsch, Stuttgart 1857.

Mauff, B. M.: Der religionsspekulative Standpunkt der sogenannten Deutschen Theologie, dargestellt unter vornehmlicher Berücksichtigung von Meister Eckhart, Diss. Jena 1890.

Müller, Karl: Kritische Beiträge zur Theologia Deutsch, BSB, 1919, S. 631 bis 658.

Paquiers, Jules: Un mystique allemand du XIVe siècle. L'orthodoxie de la Théologie germanique, Paris 1922.
Plitt, G. L.: Einige Bemerkungen über die „Deutsche Theologie", ZflTh, Bd. 26, 1865, S. 49—62.
Reifenrath, F.: Die deutsche Theologie des Frankfurter Gottesfreundes aufs Neue betrachtet und empfohlen, Halle 1863.
Schröder, Edward: Die Überlieferung des „Franckforters", GAB, Gruppe IV, N. F., Bd. II, Nr. 2, 1937.
Uhl, Willo: Kritische Beiträge zur stilistischen Kunst der Theologia Deutsch, Diss. Greifswald 1912.
Windstoßer, Maria: Étude sur la „Théologie germanique", Paris 1911.

Luther und die Mystik

Bornkamm, Heinrich: Luther und Böhme, Bonn 1925.
— Luther und der deutsche Geist, Tübingen 1934.
— Eckhart und Luther, Stuttgart 1936, 2. Aufl. 1939.
Gerhardt, Ferd. Aug.: Untersuchung über das Wesen des mystischen Grunderlebnisses. Ein Beitrag zur Mystik Meister Eckharts, Luthers und Böhmes, Diss. Greifswald 1923 (masch.).
Harnack, Theodosius: Luthers Theologie mit besonderem Bezug auf seine Versöhnungs- und Erlösungslehre, München 1927.
Heiler, Friedrich: Luthers religionsgeschichtliche Bedeutung, München 1918.
Holl, Karl: Luther, Gesammelte Aufsätze zur Kirchengeschichte I, Tübingen 1932, 6. Aufl.
Kekow, Rudolf: Luther und die Devotio moderna, Diss. Hamburg 1937.
Müller, Alphons Victor: Luther und Tauler auf ihren theologischen Zusammenhang neu untersucht, Bern 1918.
Meinhold, Peter: Luther und die deutsche Mystik mit besonderer Berücksichtigung Meister Eckharts, EvErz, Bd. 46, 1935, S. 400—408.
Otto, Rudolf: Luthers Rechtfertigungslehre und die Mystik, in: Sünde und Urschuld, München 1932, S. 178—184.
Seeberg, Erich: Luthers Theologie, 2 Bde., Stuttgart. 1. Die Gottesanschauung, 1929, 2. Christus, Wirklichkeit und Urbild, 1937.
— Die Anfänge der Theologie Luthers, ZKG, Bd. 53, 1934, S. 229—41.
— Martin Luther, ZKG, Bd. 52, 1933, S. 525—44.
— Mystische und lutherische Frömmigkeit, in: Die Akademie, hg. von Rólf Hoffmann, Bd. 3, Erlangen 1925.
— Grundzüge der Theologie Luthers, Stuttgart 1940.
Seeberg, Reinhold: Die religiösen Grundgedanken des jungen Luther und ihr Verhältnis zu dem Ockamismus und der deutschen Mystik, Berlin, Leipzig 1931.
Walter, Johann von: Die Theologie Luthers, Gütersloh 1940.
— Mystik und Rechtfertigung beim jungen Luther, Gütersloh 1937.

16. Jahrhundert

Allgemeines

Bornkamm, Heinrich: Mystik, Spiritualismus und die Anfänge des Pietismus im Luthertum (Vortrag), Gießen 1926.
— Renaissancemystik, Luther und Böhme, in: Lutherjahrbuch Bd. 9, 1927.
— Protestantismus und Mystik, Schriften der hessischen Hochschulen, Heft 1, Gießen 1934.
Borngräber, Otto: Das Erwachen der philosophischen Spekulation der Reformationszeit in ihrem stufenweisen Fortschritt beleuchtet an Schwenckfeld, Thamer, Sebastian Franck, Diss. Erlangen 1909.
Dilthey, Wilhelm: Weltanschauung und Analyse des Menschen seit Renaissance und Reformation, in: Gesammelte Schriften, Bd. II, Leipzig, Berlin 1921.
Dornseiff, Franz: Das Alphabet in Mystik und Magie, Leipzig 1922.
Forsthoff, K.: Die Hauptwerke der protestantischen Mystik, MRKg, Bd. 14, 1920.
Hegler, Alfred: Beiträge zur Geschichte der Mystik in der Reformationszeit, (aus dem Nachlaß hg. von Walther Köhler), ArchRef, Ergbd. I, Berlin 1906.
Ihringer, Bernhard: Der Schuldbegriff bei den Mystikern der Reformationszeit, (Bern) 1912.
Janentzky, Christian: Mystik und Rationalismus, München 1922.
Joël, Karl: Der Ursprung der Naturphilosophie aus dem Geiste der Mystik, Jena 1926.
Koepp, Wilhelm: Mystik, Gotteserlebnis und Protestantismus, Berlin 1913.
Lasch, Gustav: Mystik und Protestantismus, RG, Bd. V, 1911.
Peuckert, Will-Erich: Pansophie. Ein Versuch zur Geschichte der weißen und schwarzen Magie, Stuttgart 1936.
Strunz, Franz: Astrologie, Alchemie, Mystik, München-Planegg 1928.
Tietz, J.: Die Mystik und ihr Verhältnis zur Reformation, ZflTh, Jahrg. 29, 1868, Jahrg. 30, 1869.

Theophrastus v. Hohenheim (Paracelsus) (1493—1541)

Bei Einsiedeln an der Sihl geboren. Aus verarmtem schwäbischem Adelsgeschlecht. 1502, nach dem Tod der Mutter, mit dem Vater nach Villach übergesiedelt. 1517 in Ferrara zum Doktor der Medizin promoviert. Reisen durch Spanien, Portugal, England, Niederlande, Dänemark, Schweden, Preußen, Litauen, Polen, Balkan und Italien. 1524 in Salzburg, von wo er wegen religiöser Unruhen vertrieben wird. 1526 Professor in Basel, das er 1528 verlassen muß. 1528/29 in Nürnberg. Nach 1530 in Kärnten als Arzt tätig. Gestorben in Salzburg.

Werke

Außer medizinischen und naturwissenschaftlichen Schriften eine große Anzahl philosophischer und theologischer Werke [vgl. Sudhoff (s. u.)]. Die Untersuchung nimmt Bezug auf die „Astronomia Magna oder die ganze Philosophia Sagax der großen und kleinen Welt", 1537—38.

Ausgabe

Sämtliche Werke. München-Berlin 1922—33. I. Abteilung: Medizinisch naturwissenschaftliche und philosophische Schriften, hg. von Karl Sudhoff, Bd. 1—14. II. Abteilung: Die theologischen und religionsphilosophischen Schriften, hg. von Karl Sudhoff und Wilhelm Matthiessen, I. Bd.

Auswahlen

Die Geheimnisse. Ein Lesebuch aus seinen Schriften, hg. von Will-Erich Peuckert, Leipzig 1941.

Schriften, hg. von Hans Kayser, Leipzig 1924.

Literatur

Englert, Ludwig: Paracelsus, Mensch und Arzt, Berlin 1941.

Hartmann, R. Jul.: Theophrastus von Hohenheim, sein religiöser Standpunkt und seine Stellung zur Reformation, Blätter für württembergische Kirchengeschichte, Bd. 9, 1894.

Hartmann, Franz: Theophrastus Paracelsus als Mystiker, Leipzig 1930, 3. Aufl.

Matthiessen, Wilhelm: Die Form des religiösen Verhaltens bei Theophrastus von Hohenheim, Diss. Bonn 1917.

Peuckert, Will-Erich: Das Leben Theophrasti Paracelsi, Stuttgart 1941.

Strunz, Franz: Theophrastus Paracelsus. Idee und Problem seiner Weltanschauung, Salzburg-Leipzig 1937.

Waltershausen, Bodo Sartorius von: Paracelsus am Eingang der deutschen Bildungsgeschichte, Leipzig 1942, 2. Aufl.

Valentin Weigel (1533—1588)

In Naundorf bei Großenhain in Sachsen geboren. 1577 Pfarrer in Zschopau, wo er bis zu seinem Tod ein zurückgezogenes Leben führte.

Werke

Ersch. 1615 „Nosce te ipsum".
„ 1616 „Der güldene Griff".
„ 1705 „Ein nützliches Traktätlein vom Ort der Welt".
„ 1609 „Libellus de vita beata".
„ 1618 „Vom himmlischen Jerusalem in uns".
„Kurzer Bericht und Anleitung zur teutschen Theologey."
„Ein Büchlein vom wahren seligmachenden Glauben."

Ausgabe

Gespräch vom wahren Christentum, hg. von Alfred Ehrenreich, Hamburg 1922.

Literatur

Koyré, Alexandre: Un mystique protestant, maître Valentin Weigel, Paris 1930.
Maier, Hans: Der mystische Spiritualismus Valentin Weigels, Gütersloh 1926.
Opel, Julius Otto: Valentin Weigel. Ein Beitrag zur Literatur- und Kulturgeschichte Deutschlands im 17. Jahrhundert, Leipzig 1864.
Schiele, F.: Zu den Schriften Valentin Weigels, ZKG, Bd. 48, 1929.
Zeller, Winfried: Die Schriften Valentin Weigels. Eine literarkritische Untersuchung, Diss., Berlin 1940.
— Meister Eckhart bei Valentin Weigel, ZKG, Bd. 57, 1938, S. 309—335.

Jacob Böhme (1575—1624)

In Altseidenberg bei Görlitz geboren. Nach Abschluß der Lehr- und Wanderzeit erhält er 1599 in Görlitz die Meisterwürde im Schusterhandwerk. Nach 1610 verkauft er seinen Schuhladen, um sich seinen Schriften widmen zu können. Der Görlitzer Hauptpastor Gregorius Richter, ein starrköpfiger Lutheraner, bekämpft seine Schriften bis zu Böhmes Tod.

Wichtigste Werke

1612 „Morgenröthe im Aufgang".
1619 „Die drei Principien göttlichen Wesens".
1620 „Sex puncta theosophica".
1621 „De signatura rerum".
1623 „Mysterium magnum".

Kritische Ausgaben

Sämtliche Schriften, hg. von August Faust. Faksimile-Neudruck der Ausgabe von 1730 in 11 Bänden, Stuttgart 1942ff. [Bisher erschienen: II. Band: Beschreibung der Drey Principien Göttlichen Wesens, III. Band: Vom Dreyfachen Leben des Menschen. Viertzig Fragen Von der Seelen. Das umgewandte Auge, Von der Seelen und ihrer Bildniß].
Sämtliche Werke, 7 Bde., hg von K. W. Schiebler, Leipzig 1831, Neudr. 1922.

Übersetzungen (Teilausgaben)

Morgenröte im Aufgang. Von den drei Principien. Vom dreifachen Leben, hg. von J. Grabisch, München 1912, 3. Aufl.
Sex puncta theosophica, hg. von H. Kayser, Inselb Nr. 337, Leipzig 1921.
Von der Gnadenwahl, hg. von H. Kayser, Leipzig 1924.

Seraphisch Blumen-Gärtlein. Auslese aus den mystisch-religiösen Schriften. Nach der Amsterdamer Ausgabe von 1770 neu hg. von A. v. Linden, Berlin 1918.

Vom übersinnlichen Leben. Gespräche eines Meisters und Jüngers, hg. von Walter vom Bühl, Berlin (1920), 5. Aufl.

Schriften, ausgew. von H. Kayser, Leipzig 1920.

Vom dreifachen Leben des Menschen (De triplici vita hominis), (nach der Ausgabe von 1730), hg. von Lothar Schreyer, Hamburg (1924).

Worte Jacob Böhmes, ausgew. von Bornkamm, Görlitz 1924.

Das Böhme-Lesebuch, ausgew. von Paul Hankamer, Berlin 1925.

Schriften, ausgew. von Friedrich Schulze-Maizier, Leipzig 1938.

Literatur

Benz, Ernst: Zur metaphysischen Begründung der Sprache bei Jacob Böhme, Euph, Bd. 37, 1936, S. 340—357.

— Die Geschichtsmetaphysik Jakob Böhmes, DtVjs, Bd. 13, 1935, S. 421—455.

— Der vollkommene Mensch nach Jakob Böhme, Stuttgart 1937.

Bommersheim, Paul: Die Welt Jakob Böhmes, DtVjs, Bd. 20, Heft 3, 1942, S. 340—358.

Bornkamm, Heinrich: Jakob Böhme, NDB, 1. Bd., 1935, S. 546—559.

— Luther und Böhme, Bonn 1925.

Ederheimer, Edgar: Jakob Böhme und die Romantiker, Heidelberg 1904.

Elert, Werner: Die voluntaristische Mystik Jakob Böhmes, Berlin 1913.

Faust, August: Jacob Böhme als „Philosophus Teutonicus". Ein Beitrag zur Unterscheidung deutschen und westeuropäischen Denkens, Stuttgart, Berlin 1941.

— Die weltanschauliche Grundhaltung Jakob Böhmes, ZfKPhil. Bd. 6, 1940, S. 89—111.

Grunsky, Hans Alfred: Jacob Böhme als Schöpfer einer germanischen Philosophie des Willens, Hamburg 1940.

Jungheinrich, Hans Georg: Das Seinsproblem bei Jakob Böhme, Hamburg 1940.

Kayser, W.: Böhmes Natursprachenlehre und ihre Grundlagen, Euph, Bd. 31, 1930, S. 521—62.

Koyré, Alexandre: La philosophie de Jacob Boehme, Paris 1929.

— Die Gottlehre Jacob Böhmes. In: Festschrift für Edmund Husserl, Halle 1929.

Martensen, H.: Jakob Böhme, übers. von A. Michelsen, Leipzig 1882.

Peuckert, Will-Erich: Das Leben Jakob Böhmes, Jena 1924.

Voigt, Felix: Beiträge zum Verständnis Jakob Böhmes. Vom Wesen seiner

Persönlichkeit und seiner Gedankenwelt, in: Jakob Böhme, Gedenkgabe der Stadt Görlitz zu seinem 300jährigen Todestag, Görlitz 1924.

Zu Kapitel VII: Neumystik des Barock

17. Jahrhundert

Allgemeines

Benz, Ernst: Zur Sprachalchimie der deutschen Barockmystik, Euph, Bd. 37, 1936, S. 482—498.

Dilthey, Wilhelm: Leibniz und sein Zeitalter (Gesammelte Schriften, Bd. III) Leipzig, Berlin 1927.

Flemming, Willi: Deutsche Kultur im Zeitalter des Barock, Handbuch der Kulturgeschichte, Potsdam o. J. (1937).

— Die Auffassung des Menschen im 17. Jahrhundert, DtVjs, Bd. 6, S. 403ff.

Goebel, Martin: Die Bearbeitungen des Hohen Liedes im 17. Jahrhundert, Diss. Leipzig 1914.

Hankamer, Paul: Deutsche Gegenreformation und deutsches Barock, Stuttgart 1935.

Heckel, Hans: Geschichte der deutschen Literatur in Schlesien, Bd. 1: Von den Anfängen bis zum Ausgange des Barock, Breslau 1929.

Krüger, Gustav: Die Rosenkreuzer, Berlin 1932.

Lundgreen, Friedrich: Die Fama über die Brüderschaft des Rosenkreuzes. Eine kritische Untersuchung, NKZ, Jahrg. 14, Heft 2, Erlangen, Leipzig 1903.

Müller, Günther: Deutsche Dichtung von der Renaissance bis zum Ausgang des Barock, Handbuch der Literaturwissenschaft, Potsdam 1928/9.

Oppel, Arnold: Das Hohelied Salomonis und die deutsche religiöse Liebeslyrik, Diss. Freiburg 1911.

Peuckert, Will-Erich: Die Rosenkreutzer. Zur Geschichte einer Reformation, Jena 1928.

Pust, R.: Das Rosenkreuzerproblem, GeistK, Jahrg. 37, Berlin, Leipzig 1928, Heft 4, S. 87—92.

Seeberg, Erich: Zur Frage der Mystik. Ein theologischer Vortrag. Leipzig, Erlangen 1921.

Trunz, Erich: Dichtung und Volkstum in den Niederlanden im 17. Jahrhundert, München 1937.

Wentzlaff-Eggebert, Friedrich-Wilhelm: Das Problem des Todes in der deutschen Lyrik des 17. Jahrhunderts, Leipzig 1931.

Windel, Rudolf: Mystische Gottsucher der nachreformatorischen Zeit, Bern 1912.

Wolfskehl, Marie-Luise: Die Jesusminne in der Lyrik des deutschen Barock, Diss. Gießen 1934.

Friedrich von Spe (1591—1635)

Geboren zu Kaiserswerth am Rhein. Erzogen im Jesuitengymnasium in Köln. 1610 Eintritt in den Jesuitenorden. Als Novize in Trier Lehrer am Gymnasium. 1621 zum Priester geweiht. In Köln Lehrer der Theologie und Moralphilosophie. Darauf als Domprediger in Paderborn. 1627 in Würzburg Beichtvater der zum Tode verurteilten Hexen. 1628 im Dienst der Glaubenspropaganda in Norddeutschland. 1635 erliegt er nach der Belagerung Triers von den Kaiserlichen und Spaniern bei der Betreuung der Verwundeten einem pestartigen Fieber.

Werke

1631 „Cautio Criminalis".
1644 „Trutznachtigall".
1644 „Güldenes Tugendbuch".

Ausgaben

Trutz-Nachtigall, hg. von Otto Arlt, Halle 1936, Neudr, 292—301.
Trutz-Nachtigal, hg. von G. Balke, Leipzig 1879, Dt. Dichter des 17. Jahrhunderts, Bd. 13.
Trutz-Nachtigall nebst den Liedern aus dem Güldenen Tugendbuch, hg von A. Weinrich, Freiburg 1908.
Goldenes Tugendbuch, hg. von F. Hattler, Freiburg 1887.

Literatur

Diel, Johannes: Friedrich Spe, Freiburg 1901, 2. Aufl.
Kosch, Wilhelm: Friedrich Spe, München-Gladbach 1921, 2. Aufl.

Jacob Balde (1604—1668)

In Ensisheim im Oberelsaß geboren. Vom Vater zum Rechtsstudium bestimmt, wird er mit 10 Jahren auf die Schule von Belfort gegeben. Mit 14 Jahren Rückkehr nach Ensisheim, wo inzwischen ein Jesuitengymnasium entstanden ist. 1620 bezieht er die hohe Schule von Molsheim. Seit 1622 Studium in Ingolstadt (Zentrum katholischer Geistigkeit). Dort 1623 zum Doktor der Philosophie promoviert, danach Studium der Rechtswissenschaften. 1624 Eintritt in den Jesuitenorden. 1628 als Lehrer der Rhetorik in München. 1630 Theologiestudium in Ingolstadt. 1633 Empfang der Priesterweihe. 1635 Professur der Rhetorik in Ingolstadt. 1637 an das Münchener Gymnasium abberufen. 1640 unter die Professen der Gesellschaft Jesu aufgenommen. 1651—1653 nach Landshut versetzt. 1653 Stadtpfarrer von Amberg in der Oberpfalz. 1654 nach Neuburg an der Donau versetzt.

Werke

1643 „Epodon. Liber unus".
1643 „Silvae." 9 Bücher.

1654 „Jephtes. Tragödia".
1660 „Lyricorum Libri IV".

Ausgaben

Carmina lyrica, hg. von Benno Müller, München 1844.
— Hg. von Fr. Hipler, München 1856.

Übersetzungen

Lyrische Gedichte, übersetzt von J. G. Herder, in: Herder, Sämtliche Werke hg. von B. Suphan, Berlin 1877—1913, Bd. 27.
Renaissance. Ausgewählte Dichtungen von Jacob Balde, übertr. von Joh. Schrott und M. Schleich, München 1870.
Jakob Balde als Mariensänger. Ges. Mariengedichte in freier Übertragung, hg. von Peter Baptist Zierler, München 1897.

Literatur

Bach, Joseph: Jacob Balde, Freiburg 1904.
Henrich, Anton: Die lyrischen Dichtungen Jacob Baldes, QF, Bd. 122, Straßburg 1915.
Westermayer, Georg: Jacob Balde, München 1868.

Quirinus Kuhlmann (1651—1689)

Geboren in Breslau. Seit 1670 in Jena Studium der Juristerei und Polyhistorie. 1673 Reise nach Leyden. Hier Berührung mit Schwärmerkreisen. Dann Aufenthalt in England, Bekanntschaft mit dem Theosophen Johann Brathurst. 1678 Reise nach Konstantinopel. Danach wechselnder Aufenthalt in Kreisen von Propheten und Schwärmern in Holland, Frankreich und England. 1684 aus England ausgewiesen. Seit 1689 in Moskau als Anführer einer Schar von Böhmisten. Dort als politischer Agitator und Ketzer verbrannt.

Werke

1671 „Himmlische Liebes-Küsse".
1684 „Der Kühlpsalter".

Ausgaben

Der Kühlpsalter Oder Di Funffzehngesaenge, Amsterdam 1684.
Ausgewählte Dichtungen, hg. von Oda Weitbrecht, Potsdam 1923.

Literatur

Eschrich, Käthe: Studien zur geistlichen Lehre Quirin Kuhlmanns, Diss. Greifswald 1929.
Hoffmeister, Johannes: Quirinus Kuhlmann, Euph, Bd. 31, 1930, S. 591ff.
Ihringer, Bernhard: Quirinus Kuhlmann, ZfBfr, N. F., Jahrg. 1, 1, Leipzig 1909, S. 179ff.

Scholte, J. H.: Quirinus Kuhlmann als Dichter des Hochbarock, in: Vom Geiste neuer Literaturforschung, Festschrift für Oskar Walzel, Wildpark-Potsdam (1924), S. 38ff.

Daniel von Czepko (1605—1660)

In Koischwitz bei Liegnitz geboren. Studiert zwei Semester Medizin in Leipzig, in Straßburg Rechtswissenschaft. Mit Christoph Köler befreundet. Gehört in Straßburg den Kreisen um Matthias Bernegger an. 1625 Rückkehr in die Heimat, Hauslehrerstellen, schließlich Zuflucht bei den katholischen Brüdern von Czigan gefunden. Seit 1635 in Schweidnitz ansässig.

Werke

1632 „Das Innwendige Himmel Reich".
1632 „Gegen Lage der Eitelkeit".
1633 „Consolatio ad Baronissam Cziganeam".
1640—47 „Sexcenta Monodisticha Sapientium".
1652/7 „Semita Amoris Divini".
[Ein systematisches Verzeichnis der Werke Czepkos in: Werner Milch, Daniel v. Czepko, Breslau 1934, S. 257ff.]

Ausgaben

Geistliche Schriften, hg. von Werner Milch, Breslau 1930.
Weltliche Dichtungen, hg. von Werner Milch, Breslau 1932.

Literatur

Milch, Werner: Daniel von Czepko, Persönlichkeit und Leistung, Breslau 1934.
— Daniel von Czepkos Stellung in der Mystik des 17. Jahrhunderts, ArchKg 20, 1920, S. 261ff.
Strasser, Karl Theodor: Der junge Czepko, München 1912.
Riemschneider, Ursula: Die Erscheinung der unio mystica in den Dichtungen Daniel von Czepkos und Johann Schefflers, Diss. Straßburg 1942, (masch.).
Wentzlaff-Eggebert, Friedrich-Wilhelm: Wandlungen im religiösen Bewußtsein Daniel von Czepkos, ZKG, 3. Folge II, Bd. 51, Heft III/IV, 1932, S. 480—511.
Wyrtki, W.: Czepko im Mannesalter, Diss. Breslau 1919 (masch.).

Johann Scheffler (1624—1677)

Geboren in Breslau. 1643 in Straßburg Medizinstudium. 1648 in Padua promoviert. 1649 Leib- und Hofmedicus des Herzogs Sylvius Nimrod von Württemberg und Oels. Bekanntschaft mit dem Schüler Böhmes Abraham von Franckenberg. 1653 Konversion zum Katholizismus. 1661 Empfang der Priesterweihe.

Werke

1657 „Geistreiche Sinn- und Schlußreime" („Cherubinischer Wandersmann").
1657 „Heilige Seelenlust".
1675 „Sinnliche Beschreibung der vier letzten Dinge".
Streitschriften.

Ausgaben

Sämtliche poetische Werke und eine Auswahl aus seinen Streitschriften, mit einem Lebensbild, hg. von Georg Ellinger (Jd), 2 Bde., Berlin 1924.
Sämtliche poetische Werke. Nebst Urkunden, Dokumenten und Abbildungen, hg. von Hans Ludwig Held, 3 Bde., München 1925, 2. Aufl.
Cherubinischer Wandersmann, hg. von Georg Ellinger (Jd), Neudr. 135/38, Halle 1895.
Heilige Seelenlust, hg. von Georg Ellinger (Jd), Neudr. 177/81, Halle 1901.
Cherubinischer Wandersmann, hg. von Will-Erich Peuckert, Leipzig o. J.

Literatur

Ellinger, Georg (Jd): Angelus Silesius. Ein Lebensbild, Breslau 1927.
— Zur Beurteilung des Cherubinischen Wandersmannes, ZfdB, Jg. 5, 1929, S. 80—83.
— Zur Frage nach den Quellen des Cherubinischen Wandersmannes, ZfdPh, Bd. 52, 1927, S. 127—37.
Gies, Hildburgis: Ein Dichter und Mystiker des Barock, JbGörr, Bd. IV, 1929, S. 129—42.
— Eine lateinische Quelle zum Cherubinischen Wandersmann des Angelus Silesius, Diss. Münster 1929.
Kahlert, August: Angelus Silesius. Eine literarhistorische Untersuchung, Breslau 1853.
Karrer, Otto: Angelus Silesius, Hochl, XXVIII. Jahrg., 10. Heft, 1930/1, S. 297—314.
Kern, Franz: Johann Schefflers Cherubinischer Wandersmann. Eine literarhistorische Untersuchung, Leipzig 1866.
Köhler, Willibald: Angelus Silesius, München 1929, Religio, Nr. 8.
König, Paula: Die mystische Lehre des Angelus Silesius in religionsphilosophischer und -psychologischer Deutung, Diss. München 1942 (masch.).
Langosch, Karl: Die „heilige Seelenlust" des Angelus Silesius und die mittellateinische Hymnik, ZfdA, Bd. 67, 1930, S. 155—68.
Linde, Fritz: Das Gegensätzliche in Johann Schefflers Lebensgefühl, Diss. Leipzig 1924 (masch.).
Mahn, Paul: Die Mystik des Angelus Silesius, Diss. Rostock 1892.
Müller, Günther: Streit um den Cherubinischen Wandersmann, ZfdB, Bd. 4, 1928, S. 513.

Neuwinger, Rudolf: Johann Schefflers Cherubinischer Wandersmann und die deutsche Mystik, Diss., Leipzig 1937.
Richstätter, Karl: Angelus Silesius, Mystiker und Konvertit, StZ, Bd. 111 (1926), S. 361.
— Barocke Mystik bei Angelus Silesius, StZ, Bd. 121 (1931), S. 326.
Schoemann, Johannes: Barocke Mystik in Angelus Silesius' Cherubinischem Wandersmann, JbGörr IV, Freiburg 1929, S. 115.
Seltmann, C.: Angelus Silesius und seine Mystik, Breslau 1896.
Treblin, A.: Angelus Silesius. Ein Vortrag, Breslau 1877.
Vincenti, Leonello: Angelo Silesio, Turin 1931.
Wiese, Benno von: Die Antithetik in den Alexandrinern des Angelus Silesius, Euph, Bd. 29, 1928, S. 503ff.

Zu Kapitel VIII: Mstiyk in Pietismus und Romantik

Pietismus

Auswahlen

Der deutsche Pietismus. Auswahl von Zeugnissen, Urkunden... aus dem 17., 18. und 19. Jahrhundert, hg. von Werner Mahrholz, Berlin 1921.
Pietismus und Rationalismus, hg. von Marianne Beyer-Fröhlich, Deutsche Literatur ... in Entwicklungsreihen, Reihe Deutsche Selbstzeugnisse Bd. 7, Leipzig 1933.

Literatur

Alverdes, Paul: Der mystische Eros in der geistlichen Lyrik des Pietismus, Diss. München 1921 (masch.).
Goeters, Wilhelm: Die Vorbereitung des Pietismus in der reformierten Kirche der Niederlande, Leipzig 1911.
Günther, H. R. G.: Psychologie des deutschen Pietismus, DtVjs, Bd. IV, 1926, S. 144—76.
Heppe, Heinrich: Geschichte des Pietismus und der Mystik in der reformierten Kirche, namentlich der Niederlande, Leiden 1879.
Mahrholz, Werner: Deutsche Selbstbekenntnisse, ein Beitrag zur Geschichte der deutschen Selbstbiographie von der Mystik bis zum Pietismus, Berlin 1919.
Reinhardt, Kurt: Mystik und Pietismus, München 1925.
Ritschl, Albrecht: Geschichte des Pietismus, 3 Bde., Bonn 1880—1886.
Sachsse, Eugen: Ursprung und Wesen des Pietismus, Wiesbaden 1884.
Schmid, Heinrich: Die Geschichte des Pietismus, Nördlingen 1863.
Wieser, Max: Der sentimentale Mensch, gesehen aus der Sicht holländischer und deutscher Mystiker im 18. Jahrhundert, Gotha, Stutgart 1924.
— Peter Poiret, der Vater der romanischen Mystik in Deutschland, München 1932.

Gottfried Arnold (1666—1714)

Geboren in Annaberg. Studiert lutherische Theologie. 1694 Geschichtsprofessor in Gießen. Als ihm diese Tätigkeit nicht zusagt, zieht er sich ins Privatleben zurück. Von 1698—1701 in Quedlinburg, befreundet mit Gichtel und Dippel. Übernimmt dann landeskirchliche Pfarrämter, stirbt in Perleberg.

Werke

1699ff. „Unparteiische Kirchen- und Ketzerhistorie".
„Geheimnis der göttlichen Sophia".
Geistliche Lieder.

Ausgaben

Sämtliche geistliche Lieder, hg. von K. C. E. Ehmann, Stuttgart 1856.
Geistliche Minnelieder, hg. von K. C. E. Ehmann, Stuttgart 1856.
Gottfried Arnold: In Auswahl hg. von Erich Seeberg, München 1934.

Literatur

Dibelius, Franz: Gottfried Arnold, Sein Leben und seine Bedeutung für Kirche und Theologie, Berlin 1873.
Schroeder, William von: Gottfried Arnold, Heidelberg 1917.
Seeberg, Erich: Gottfried Arnold, die Wissenschaft und die Msytik seiner Zeit, Meerane 1923.
Seeberg, Erich: Einleitung zur Ausgabe (s. o.).

Romantik

[Zum Abschnitt Romantik werden jeweils nur wenige einschlägige Textausgaben genannt und von der Spezialliteratur, ohne jede Vollständigkeit, nur einiges, was als Ansatzpunkt zu der Grundlage unserer Fragestellung dienen könnte.]

Allgemeines

Ederheimer, Edgar: Jacob Böhme und die Romantiker, Heidelberg 1904.
Friedemann, Käte: Das Erkenntnisproblem in der deutschen Romantik, ArchPh, II. Abt. N. F. Bd. 22, S. 258—74, 1916.
— Die Religion der Romantik, PhGörr, Bd. 38, S. 118ff., 249ff., 345ff.
Hartmann, Nicolai: Die Philosophie des deutschen Idealismus, I. Teil: Fichte, Schelling und die Romantik, Berlin 1923.
Hönigswald, Richard: Vom philosophischen Problem der Romantik, Euph, Bd. 30, 1929, S. 433ff.
Lütgert, Wilhelm: Die Religion des deutschen Idealismus und ihr Ende, Gütersloh 1923.
Martin, A. v.: Das Wesen der romantischen Religiosität, DtVjs, Bd. 2, 1924 S. 367—417.

Medicus, F.: Die religiöse Mystik und die klassische deutsche Philosophie, Beiträge zur Philosophie des deutschen Idealismus, 1. Bd. Erfurt 1918, S. 158—69.
Mehlis, Georg: Die deutsche Romantik, München 1922.
Reiff, P. F.: Plotin und die deutsche Romantik, Euph, Bd. 19, 1912, S. 591—612.
Schmitz, Günther: Der Seelenaufschwung in der deutschen Romantik, Diss. Münster 1935.
Wundt, Max: Plotin und die Romantik, NJbb Bd. 35, 1915, S. 649ff.

Schleiermacher

Ausgaben

Sämtliche Werke, Berlin 1835—1864, Abt. I: Theologie (Bd. 1—13), Abt. II: Predigten (Bd. 1—10), Abt. III: Philosophie (Bd. 1—8).
Werke. Auswahl in 4 Bden., hg. von Otto Braun und Joh. Bauer, Leipzig 1910—13.
Schleiermacher als Mensch. Sein Werden und Wirken. Familien- und Freundesbriefe, hg. von Heinrich Meißner, Gotha 1922.
Über die Religion, hg. von Rudolf Otto, Göttingen 1899 (5. Aufl. 1926).
Monologen, nebst Vorarbeiten, hg. von Michael Schiele, 2. Aufl. von Hermann Mulert, Leipzig 1914.

Literatur

Brunner, Emil: Die Mystik und das Wort. Der Gegensatz zwischen moderner Religionsauffassung und christlichem Glauben, dargestellt an der Theologie Schleiermachers, Tübingen 1924.
Dilthey, Wilhelm: Leben Schleiermachers, Berlin 1870, 2. Aufl. hg. von Hermann Mulert, Berlin-Leipzig 1922.
Huber, Eugen: Die Entwicklung des Religionsbegriffes bei Schleiermacher, Leipzig 1901.
Hunziger, Walther: Der Begriff des Gefühls und seine Wandlung in Schleiermachers Religionsauffassung, Diss. Hamburg 1930.
Krumbholz, Friedrich: Schleiermachers Weltanschauung in den Monologen und die literarisch-philosophischen Voraussetzungen dazu, Diss. Leipzig 1904.
Neubauer, Ernst: Die Begriffe der Individualität und Gemeinschaft im Denken des jungen Schleiermacher, Stuttgart-Gotha 1923, Diss. Frankfurt 1923.
Ritschl, Otto: Schleiermachers Theorie von der Frömmigkeit, in: Theologische Studien, B. Weiß zu seinem 70. Geburstag dargebracht, Göttingen 1897.
Schütz, Paul: Das künstlerische Element in der Metaphysik Schleiermachers, Diss. Jena 1914, Bremen 1914.

Schultz, Werner: Das Verhältnis von Ich und Wirklichkeit in der religiösen Anthropologie Schleiermachers, Göttingen 1935.
— Die Grundprinzipien der Religionsphilosophie Hegels und der Theologie Schleiermachers. Ein Vergleich, Berlin 1937.
Seifert, Paul: Zur Deutung der Begriffe 'Universum' und 'Religion' in Schleiermachers Reden, Diss. Bonn 1938, Düsseldorf 1938.
Siegfried, Theodor: Das romantische Prinzip in Schleiermachers Reden über die Religion, Diss. Berlin 1916.
Stamer, Ludwig: Das Übernatürliche bei Schleiermacher, Würzburg 1925.
Stammer, Martin Otto: Schleiermachers Ästhetizismus in Theorie und Praxis während der Jahre 1796—1802, Leipzig 1913.
Wendland, Joh.: Die religiöse Entwicklung Schleiermachers, Tübingen 1915.
Wienecke, Georg: Schleiermachers Gottesbegriff, verglichen mit demjenigen Fichtes, Diss. Greifswald 1914.

Fichte

Ausgaben

Sämtliche Werke, hg. von J. H. Fichte, 8 Bde., Leipzig (1844ff.).
Werke, Auswahl in 6 Bänden, hg. von Fritz Medicus, Leipzig 1911—1912, 2. Aufl. 1922.
Nachgelassene Werke, 3 Bde., hg. von J. H. Fichte, Bonn 1834/35.

Literatur

Bracken, Ernst von: Fichte und Eckhart, Würzburg 1943.
Ebeling, Ernst: Darstellung und Beurteilung der religionsphilosophischen Lehren J. G. Fichtes, Diss. Halle 1886.
Finke, Heinz: Meister Eckhart und Fichte, verglichen in ihren religiösen Vorstellungen, Diss. Greifswald 1934.
Fischer, Kuno: Fichtes Leben, Werke und Lehre, Heidelberg 1914, 4. Aufl.
Haack, Hans Georg: J. G. Fichtes Theologie, Diss. Heidelberg 1914.
Heimsoeth, Heinz: Fichte, München 1923.
Hofe, Joh. v.: J. G. Fichtes religiöse Mystik, theol. Diss. Kiel 1904.
Kirchner, Achim: Fichtes Religionsbegsiff in der letzten Periode seines philosophischen Denkens, Diss. Jena 1904.
Limper, Werner: Fichte und die Romantik, Berlin, Wien, Zürich 1940.
Mahnke, Dietrich: Ewigkeit und Gegenwart. Eine fichtische Zusammenschau, Erfurt 1922.
Schmidt, W.: Fichtes Einfluß auf die ältere Romantik, Euph, Bd. 20, 1913, S. 435ff.
Schwarz, Hermann: Fichtes religiöse Entwicklung, 1925.
— Fichte und wir. 6 Vorlesungen, Osterwieck, Leipzig 1917.
Wundt, Max: Johann Gottlieb Fichte, Stuttgart 1927.

Novalis

Kritische Ausgabe

Schriften, hg. von Richard Samuel und Paul Kluckhohn, 4 Bde., Leipzig 1929. [Wertvolle Einleitungen und Bibliographie.]

Literatur

Dilthey, Wilhelm: Das Erlebnis und die Dichtung (Lessing, Goethe, Novalis, Hölderlin), Leipzig 1907, 2. Aufl.
Ederheimer, Edgar: Jacob Böhme und die Romantiker, Heidelberg 1904.
Emge, C. A.: Das Unendliche bei Novalis, ArchRW, Bd. XVII, 1923/24.
Eyselein, Heinrich: Novalis' Gedanken zur Bildung des Menschen, Diss. Erlangen 1930.
Feilchenfeld, Walter: Der Einfluß Jacob Böhmes auf Novalis, Berlin 1922.
Hamburger, Käthe: Novalis und die Mathematik, in: Romantikforschungen, DtVjs, Buchreihe 16, Halle 1929.
Hamich, Maria: Die Wandlungen der mystischen Vereinigungsvorstellung bei Friedrich von Hardenberg. Diss. Straßburg 1943 (masch.).
Herzog, Werner: Mystik und Lyrik bei Novalis, Diss. Jena 1926.
Kleeberg, Ludwig: Studien zu Novalis (Novalis und Eckartshausen), Euph, 23, 1921, S. 603ff.
Kluckhohn, Paul: Die Auffassung der Liebe in der Literatur des 18. Jahrhunderts und in der deutschen Romantik, Halle 1922.
Minnigerode, Irmtraud von: Die Christusanschauung des Novalis, Berlin 1941.
Obenauer, Karl Justus: Hölderlin — Novalis, Jena 1925.
Oberbeck, H.: Die religiöse Weltanschauung des Novalis, Diss. Berlin 1928.
Simon, Heinrich: Der magische Idealismus, Studien zur Philosophie des Novalis, Heidelberg 1906.
Stange, C.: Novalis' Weltanschauung, ZfsystTh, Bd. 1, 1924, S. 609—36.
Thierstein, J. R.: Novalis und der Pietismus, Diss. Bern 1912/13.
Unger, Rudolf: Herder, Novalis und Kleist. Studien über die Entwicklung des Todesproblems im Denken und Dichten vom Sturm und Drang zur Romantik, Frankfurt a. M. 1922.
— Das Wort „Herz" und seine Begriffssphäre bei Novalis, NGW, 1937.

FSC
www.fsc.org
MIX
Papier | Fördert
gute Waldnutzung
FSC® C083411

Kolibri 360 GmbH
Ferdinand-Jühlke-Straße 7
99095 Erfurt, Deutschland
produktsicherheit@kolibri360.de